博学而笃志，切问而近思。
（《论语·子张》）

博晓古今，可立一家之说；
学贯中西，或成经国之才。

复旦博学·复旦博学·复旦博学·复旦博学·复旦博学·复旦博学

主编简介

郑琴琴，复旦大学管理学院企业管理系教授、博士生导师，现任复旦大学国际企业管理研究中心主任，国家社科基金重大项目首席专家。研究领域包括商业伦理、企业社会责任、国际商务等。

唐素君，彩色星球创始人，全球可持续旅游委员会（GSTC）理事与执行委员，复旦大学管理学院商业文明和共同体研究所ESG项目主任，Valuable 500联合行动方案项目顾问专家，China ESG Alliance特聘专家，Bloomberg Green "ESG前线" 专栏主理人。唐素君女士致力于推动可持续发展相关事务，主要关注领域包括可持续旅游、生物多样性保护以及残障包容。

副主编简介

鲍勇剑，加拿大莱桥大学迪隆商学院终身教授，复旦大学管理学院EMBA项目特聘教授，曾任烟台万华化工股份有限公司独立董事，复旦大学国际政治学学士、美国南加州大学公共管理硕士和博士，获莱桥大学授予的"迪隆商学院杰出学者"称号，十次获得"复旦大学EMBA优秀教师"荣誉，被清华大学管理学院的《清华管理评论》评为"年度中国十大管理创新思想者"。他与其他研究者发表了75篇英文学术文章、出版了10本管理学专著。鲍博士为多家媒体的专栏撰稿人，先后发表了800多篇专栏文章。

何明璐，北京大学国际政治专业法学学士，美国哥伦比亚大学东亚区域研究专业文学硕士。现任复旦大学管理学院商业文明和共同体研究所项目经理、研究助理。

国家社科基金重大项目"企业低碳价值创造的理论与实践研究（21&ZD138）"

复旦博学·大学管理类教材丛书

COLLEGE MANAGEMENT SERIES

ESG理论与实践

郑琴琴　唐素君　主　编

[加]鲍勇剑　何明璐　副主编

复旦大学管理学院商业文明和共同体研究所出品

復旦大學出版社

内容提要

本书结合了ESG前沿理论知识与ESG前线实践者观点，可供管理学相关专业、MBA和EMBA师生选作教材，也可作为相关工作人员的培训教材或参考资料。

本书共分为四个篇章：第一篇为ESG理论，介绍了ESG的核心理念、相关概念、发展沿革及相关理论；第二篇为ESG实践体系，分环境、社会、企业治理三个方面分别介绍了企业在实践中的体系；第三篇为ESG披露、评级与投资，介绍了现阶段主流的ESG披露标准、评级体系和投资发展；第四篇为对话ESG实践者，通过介绍在ESG领域总体表现突出或有创造性作为企业（如联想、微软、蚂蚁集团等），服务机构或金融机构（如德勤、明泽投资等），评级机构、标准制定机构、非政府组织（如伦敦证券交易所集团、全球报告倡议组织、保尔森基金会等），和所在组织的高管或ESG领域负责人的访谈，试图以实践者的视角解读如何能够将ESG战略在企业落地，以实现企业高质量发展。

本书内容新颖，覆盖了国内外机构的经验和中外实践者的观点，兼顾了学术理论与商业世界中的实践，同时具备系统性、严谨性、普及性、可读性、启发性，将有助于中国商业实践者思考ESG话题并推动企业绿色低碳转型。

鸣　谢

国家社科基金重大项目"企业低碳价值创造的理论与实践研究（21&ZD138）"

超媒体集团商业周刊事业群Bloomberg Green团队

《管理视野》杂志

序言一

2004 年联合国全球契约组织（UN Global Compact）发布报告首次正式提出 ESG 概念，至今已 20 年，但是 ESG 真正进入中国企业家视野的时间并不算长。我国在 2020 年提出"2030 年实现'碳达峰'"与"2060 年实现'碳中和'"的"双碳"目标，低碳意识和 ESG 理念迅速崛起，ESG 已经成为国内外企业经营管理领域非常重要而且备受关注的议题。

ESG 作为一个综合性框架，所列出的环境（E）、社会（S）、治理（G）三个维度简洁精练，顺口易记，但内容又可以包罗万象。其优点是基本涵盖了企业关切的诸多核心议题，有利于企业与利益相关者达成共识。然而，ESG 的这一综合性特点也引发一定的问题和争议。同时，全球的 ESG 实践也呈现出"野蛮生长"的状态：各种政策、法规、倡议和引导层出不穷；不同的披露标准各有侧重；商业评级机构如雨后春笋蓬勃发展；各类评级指数让企业家和投资者应接不暇。不同立场的各类行动者——企业、服务机构、投资机构、评级机构、标准制定机构，又往往有着不同的观点态度和方法论，"横看成岭侧成峰"，增添了 ESG 问题的复杂性。

本书写作的初衷是帮助管理者、投资者和其他相关从业者更好地理解 ESG，以应对 ESG 议题重要性上升、复杂性凸显的现状。毋庸置疑，ESG 概念的提出和被热议，是企业管理领域在理论和实践中的巨大进步。在 ESG 浪潮下，企业家和管理者们在埋头苦干之前，有必要进一步了解 ESG 发展的历史演变过程和最新的指导原则，才能更加准确地理解 ESG 的内涵，把握未来发展大趋势；在具体践行过程中，才能更加有的放矢，勇立潮头。此外，了解在该领域富有经验的实践者采用的思路和方法，也有助于管理者们在企业组织中建立 ESG 思维、管理架构、话语体系,并与国际标准沟通和对话。

本书分为四篇共十一章,涉及理论和实践两大部分。理论部分围绕企业 ESG 管理主题,重点从四个与中国企业密切相关的议题来探讨:第一章 ESG 综述部分,详细介绍了 ESG 的核心理念、发展沿革,以及 ESG 和与其相关的其他概念之间的区别和联系;第二章全面梳理了 ESG 相关理论,从企业社会责任相关理论、企业环境责任相关理论和公司治理相关理论,对已有研究对于企业的 ESG 实践指导进行了阐述;第三章、第四章、第五章 ESG 企业实践体系部分,更进一步深入解析了企业在实践中对环境、社会、治理三个维度的具体责任履行内容和方式;第六章至第八章 ESG 披露、评级与投资,总结归纳了目前国内外主流披露标准的特点、国际国内六大主要 ESG 评级机构的框架指标设置,以及 ESG 投资在全球和中国的发展态势。对这些议题的选择,是建立在已有理论研究和企业 ESG 实践基础上的全面归纳和新拓展,与中国企业当下 ESG 履行中的难点和关键点高度紧密契合,旨在为中国企业未来 ESG 实践的稳步提升提供理论指导和参考。

本书第九章至第十一章的每一小节采取"企业/机构介绍＋访谈记录"的结构,收录了本书的两位作者——鲍勇剑教授和唐素君女士——与 20 位 ESG 实践者的对谈。这些访谈记录于 2022 年 10 月至 2023 年 11 月间首发于彭博《商业周刊》绿金平台和绿金公众号。第九章收录 10 位企业 ESG 实践者访谈,嘉宾均为所在企业的高级管理人员或 ESG 相关部门主理人,他们来自科技、物流、地产与建筑、酒店业、化工、农业等多种行业,包括联想、微软、菜鸟、太古地产、万华化学、金伯利农场等企业。第十章收录 2 位服务机构实践者与 1 位金融机构实践者访谈。第十一章的 7 位受访者来自评级机构、标准制定机构或在可持续发展领域有建树的非政府组织,包括国际可持续准则理事会、全球报告倡议组织、保尔森基金会等。我们把对全景的概括描述与对实践亮点的详细探讨结合,以期启发读者从多种视角思考自身企业在 ESG 浪潮中会遭遇的风险和机会,以及可以寻求哪些相关的资源和帮助。

在本书的最后,我们以"怎样掌握 ESG 话语权?"收束。ESG 议题关乎思想、关乎实践,也关乎话语策略和话语体系。我们希望,本书通过呈现 ESG 前线的理论知识、实践者们采取的行动,能够帮助读者深化关于 ESG 的理性认知和感性认知,提升 ESG 实践水平。

本书受到许多机构和朋友的支持。复旦大学管理学院商业文明和共同体研究所为我们的研究提供全面的支持,本书也是研究所商业文明共同体系列丛书之一。在研究过程中,复旦大学管理学院的邓贻龙博士和胡雅菡博士积极参与资料收集整理,为本书部分章节做出重大贡献。同时,我们也要感谢彩色星球的岳怡辰和杨冉在开展访谈和整理文稿过程中做出的贡献。

ESG 是众人之事。在全球经济出现部落化趋势背景下,ESG 为再全球化提供了一个凝聚全球共识的视角。聚沙成塔,集腋成裘,我们也希望通过本书,为凝聚全球新共识做些许贡献!

序言二

怎样驯服 ESG 难题

鲍勇剑　胡雅菡

　　对于可持续发展的重要性,联合利华前首席执行官保罗·波尔曼(Paul Polman)有个形象的陈述:人类利用资源程度是地球资源复原程度的 1.5 倍。这样的发展如何可以持续? 2015 年,联合国成员国一致通过改变世界的 17 项目标(SDGs)。其重要意义就在于扭转经济与社会发展过程中制造的负外部性,重新思考人与环境之间的关系,缔结新的社会契约。

　　在此之前,联合国曾经于 2004 年提出 ESG 的概念框架,强调从环境(E)、社会(S)和公司治理结构(G)的维度组织负责任的投资行为。当可持续发展的理念得到全体成员认可后,ESG 的概念框架便成为推动、执行、评估可持续发展的一个重要工具。ESG 也成为西方国家约束和监管企业商业活动对环境影响的一个手段。欧盟和美国的监管机构陆续推出上市企业 ESG 报告要求。顺应世界趋势,对应人类命运共同体的政治理念,2018—2022 年,国资委、证监会和上交所也制定系列政策,鼓励中国企业落实 ESG 战略。ESG 因此承接了社会实现 SDGs 进程中对商业企业寄托的期望。

　　于是,所有企业都认识到 ESG 的战略重要性,即未来获取资源、接受监管、开拓市场均会受到 ESG 标准的检验,不达标,无法通行。同时,ESG 成为管理的一大难题! 它几乎符合管理中"刁怪问题"的全部八项指标。

　　ESG 达标必须要做,却不知如何下手。本书将提供一个怎样想、如何做的简洁框架。

一、ESG 是个"刁怪问题"

驯服 ESG 难题,首先从理解它的刁怪性(wicked problem)开始。它有下面的八种表现。

（1）ESG 的定义五花八门,至今还没有一个统一的框架。例如,除了环境、社会、治理三个维度得以明晰外,在内涵上,彭博商业周刊曾发文质疑现有评级机构如摩根坦利资本国际公司(MSCI)等将 ESG 解读为环境风险带给公司和股东的潜在影响,而非公司对地球和社会的影响[①];在内容上,不同投资机构、评级机构以及政府部门列出的各维度议题也并不统一。比如摩根坦利(Morgan Stanley)将隐私与数据安全归为社会维度,而在标准普尔(S&P)的框架下,隐私保护属于公司治理的一部分。

（2）ESG 关系到多个利益相关者:政府监管机构、供应链上下游企业、证券交易所、投资人、消费者、内部员工、社区居民……利益相关者之间的目标不一致,甚至相互冲突。社区团购也许是消费者的福音,但却是对底层商贩的重大打击;大数据给政府监管和商业决策带来巨大便利,但却可能侵犯消费者的合法权益;关闭一家高污染公司对气候有利,但对其供应商和员工却很糟糕。商业的基础逻辑本就是剩余价值的再分配,ESG 框架下更广泛的利益相关者增加了权衡复杂性和难度。

（3）ESG 涉及的领域远不止经济活动本身。它还与社会文化、政治体制、环境科学、人口科学等领域相联系。交叉领域的特征增加了ESG 问题的复杂度。这一现象在社会和治理维度体现得尤为明显,即使在共识程度最高的环境维度,不同的理念也会导致标准化的实现异常困难。（比如西方建筑将自然屏蔽、恒温恒湿等作为典型的绿色技术,而中国建筑则讲究尽可能地接近自然,顺应自然条件。）

（4）在环境、社会和治理结构的三个范畴内,一个问题解决了,但却会引发在另外两个范畴内的新问题。这也就不难理解在极端气候和

---

① https://www.bloomberg.com/graphics/2021-what-is-esg-investing-msci-ratings-focus-on-corporate-bottom-line.

地缘政治的双重影响下,德国政府只能通过紧急法律,重新开放被封存的燃煤电厂,以应对能源供应缺口。

(5) ESG 表现的评估标准既有价值判断,例如正确与错误,又包括效能指标,例如更好或更糟糕。多重标准往往让企业无所适从。例如,在是否招募更多包括残疾人在内的就业弱势人群方面,管理者面临如何调节全体员工工作效率的难题。

(6) 每家企业的 ESG 难题都有独特性。例如,能源企业难题主要在碳排放,高科技企业在人才培养,消费品企业在社会名誉和市场美誉度。即使同样是实现净零目标,强调范畴 1 的能源企业与强调范畴 2 的消费品企业以及强调范畴 3 的高科技企业的碳中和路径也完全不同。

(7) ESG 表现的实际效果往往要经过许多年才能显现。环境和社会问题的解决不是朝夕之功,即使是公司治理结构的调整也需要适应时间。比如 DEI 即多元(Diversity)、平等(Equity)和包容(Indusion)在短期内也许会造成冲突,增加协调成本,但在长期却能激发创新,提升学习能力。麦肯锡在其 2020 年的多元化报告中分析了 15 个国家/地区超过 1 000 家大公司,发现随着时间的推移,管理团队多元化与财务业绩之间的关系越来越强[①]。

(8) 一些 ESG 问题不是能够彻底解决的管理挑战,而是始终伴生的管理现象。比如制药行业的专利保护增加了药品成本,降低了药品可及性,但也正是专利带来的高额利润促进了药企的研发活动,使更多疾病的治愈变得可能——创新的动力与有限的药品可及性始终伴生。

二、ESG 的四种管理策略

管理 ESG 的刁怪问题有两种极端现象。一是操控(manipulation),比如供应链中有垄断地位的企业——链主企业,积极投入到 ESG 战略中。结合 ESG,它们形成对上下游供应商新的监督体系,强化自己在产业链中的地位。例如沃尔玛建立了 ESG 的积分卡。它对加盟企业提出额外的规则,使得这些企业则依

---

① https://www.mckinsey.com/featured-insights/diversity-and-inclusion/diversity-wins-how-inclusion-matters.

赖沃尔玛的达标系统，获得认证。二是无意识（unawareness），许多中小企业缺乏内部专业人员和外部专家指导，对 ESG 处于无知状态，往往是碰到强监管后才认识到风险。例如，跨境电商遭遇亚马逊平台对环保超标产品的强监控。

目前，ESG 系统规则还处于完善过程中，众多企业难以判断自己对 ESG 的投入规模和深度。在这个阶段，每家企业需要根据自己的组织能力和市场战略选择与 ESG 融合的道路。迈尔斯（Miles）和斯诺（Snow）曾经对战略做过四种分类。经过修改，企业也可以有四种 ESG 融合战略（见图 0-1）。

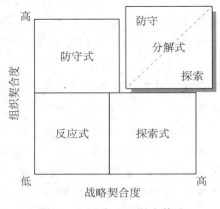

图 0-1　四种 ESG 融合策略

首先，选择什么样的 ESG 融合战略取决于两个维度。一是企业目前的组织能力。二是企业未来的市场战略定位。

组织能力涉及多个方面。与 ESG 融合相关的有组织领导力、组织结构、组织任务属性。未来市场战略则主要考虑企业未来发展是以巩固当前市场为中心，还是以开辟新产品线和新业务市场为中心。

1. 反应式融合战略

如果企业领导层还缺乏对 ESG 的理解，还需要进一步学习 ESG 的影响程度；如果组织结构侧重垂直功能的控制和效率；如果目前的组织任务比较单一且环环相扣，那么组织还需要时间和资源去学习 ESG 带来的管理要求。同时，如果企业的未来市场战略放在巩固现有市场产品和份额上，那么 ESG 能够带来的创新价值也会是有限的。在这样的情况下，组织能力和市场战略与 ESG 的契合度还不高，还需要磨合。此时，对企业而言，最合适的选择是反应式的 ESG 融合。典型案例比如贵州茅台，贵州茅台的 ESG 管理能力还亟待发展，未来战略也建立在现有产品的基础上，因此面对国际评级和国内监管的双重压力，茅台对 ESG 更多采取保守谨慎的态度，直至 2022 年才发布首份 ESG 报告，报告内容也仅停留在基础信息披露。需要强调指出的是，反应式融合战略不一定是坏选择。它可能是企业因地制宜而做出的合适决策。随着组织能力和市场战略定位的变化，反应式融合战略可以再调整。反之亦然，当其他选择不合适的时候，企业可以回归到反应式的保守战略。

反应式融合包括下面几项措施：

（1）了解监管部门和行业供应链中的 ESG 基本规则。

（2）力求基本要求上达标。

（3）收集行业中 ESG 实践的成功与失败案例，以备内部学习讨论。

（4）征召内部员工中对 ESG 有强烈兴趣的志愿者，建立 ESG 观察组。

（5）董事会每个季度讨论 ESG 融合情况，并适时调整 ESG 战略。

2. 防守式融合战略

如果企业组织能力中有快速识别环境变化、灵活调整内部协同流程、主动结合新技能的动态组织能力；如果组织结构可以做横向延展，为开发和应用动态能力服务，例如成立专项团队，为引进 ESG 实践做横向跨部门协调；如果未来市场战略定位中 ESG 的角色还不明确，那么，企业可以选择防守式的融合战略。典型案例比如港铁公司，轨道交通本身具备绿色基因，而港铁对于 ESG 议题也有意识与能力，在充分识别 ESG 带来的商业机会之前，港铁更多在现有服务中加入 ESG 元素，实现服务增值。

防守式融合战略包括下面几项措施：

（1）积极思考怎样让 ESG 实践为加强企业的市场地位服务。

（2）努力结合现有的产品、技术和市场，体现 ESG 实践带来的经营效率。

（3）与同行友商沟通，共同向监管部门就引入 ESG 的路径、节奏和标准建言。

（4）密切关注现有市场外企业，利用 ESG 价值，重新定义市场、产品和价值。

（5）董事会委任高管专项负责 ESG 与现有业务融合的任务，强化核心竞争力。

3. 探索式融合战略

如果企业符合下面情形,则要选择探索式的 ESG 融合战略:企业未来必须靠新产品和新业务。虽然企业当前组织能力不包括 ESG 人才和功能,但组织成员灵活性高,学习能力强。企业领导层善于放权,重视新产品和业务的开发。典型案例比如宝业集团,在建筑行业越来越重视环境与社会影响的背景下,宝业集团虽未参与 ESG 评级,但在业务方面已经通过"百年宅"、装配式建筑等项目积极探索节能创新带来的巨大增长潜力。

探索式融合战略可以包括下面的措施:

(1)董事会成立专门小组,扶持 ESG 推广活动。

(2)建立一系列将 ESG 与产品和服务创新结合的动议。

(3)在财务预算上为 ESG 设立专项基金。

(4)跨行业寻找结合 ESG 创新的机会。

(5)把 ESG 纳入年度考评,让每个管理阶层看到 ESG 是重要的创新驱动力。

4. 分解式融合战略

成熟企业的成熟 ESG 战略一般是随境遇条件而设立的。它们力求在组织能力和战略定位上都能够达到与 ESG 相契合。ESG 的规范标准有多个方面。它们也为契合创造了机会。如果 ESG 要求能够强化和巩固企业目前的战略定位,那么企业就倾向于防守式的融合战略。例如,通过绿色技术降低成本;利用 ESG 要求,优化上下游合作伙伴之间的流程。如果 ESG 能够刺激新价值维度,为开拓新市场和新产品服务,那么企业就更倾向于探索式的融合策略。例如联想在防守上始终如一推进负责任的供应链管理,推动供应商导入"全物质声明"措施管控有害物质使用;而在探索方面,联想在 PC 行业首推"零碳服务",协助其客户更好地实现碳中和目标,打造新的核心竞争力。

综上所述,根据境遇条件,基于组织能力和战略定位的高度契合,企业的第四种选择就包含两种动态选项。一是分解式中的防守型,二是分解式中的探索型。

分解式融合战略可以有下面的措施:

(1)建立组织内部的分析团队,收集市场情报,设计多种融合方法与路径。

(2)从董事会到一线经理,形成对 ESG 融合的高度共识。

（3）演绎以 ESG 为北极星，指导组织和战略的变革内容与路径。

（4）制定 3～5 年规划，建设以 ESG 为核心价值观的超级竞争能力。

（5）根据内部能力和市场条件，动态执行防守型和探索型融合战略。

ESG 实践方兴未艾。从最近几年的实施案例中，我们看到战略迟疑的现象。一方面，ESG 本身是一个管理难题；另一方面，企业决策者有许多瞻前顾后的现实原因。我们认为，在趋势已明但标准未现的情况下，过度迟疑或冒进承诺都有隐患和风险。对于 ESG 这样的变化中的趋势，企业可以结合自身的组织能力和市场战略定位在上述四种战略中进行选择。目前的选择没有最好的，但有更合适的。

三、驯服 ESG 难题的执行方法

ESG 代表着全球市场经济一个巨大的范式转型，从股份制企业向利益相关者制度转型。

建立在市场经济基础上的股份制企业（joint-stock company）有很长一段时间是非法组织。受南海公司（South Sea Co.）股权欺诈影响，1720—1825 年之间，英国国会认定股份制企业为非法行为。现代意义上的商业企业的法人地位一直到 1886 年才被美国最高法院认定。从此，股份制企业获得与自然人一样的地位，受法律保护。

股份制企业引发争议的一个重要原因是它带来的社会负外部性（negative externalities）。工业革命 250 多年来，商业企业引发的社会负外部性问题越来越多，越来越明显。为纠偏纠错，企业社会责任和利益相关者企业（stakeholders corporation）逐渐成为主流思想和商业实践。ESG 则是企业社会责任实践从自觉到自新的升华与绽放。它代表着商业企业必然的治理方向与道路。以此观之，无论现有的衡量标准是否成熟，企业都必须接纳 ESG 的新要求。先接纳，先合规，早实践，早转型。

这个转型肯定不会容易。在驯服 ESG 难题过程中，企业可以尝试下面的五个步骤，其中第一个步骤在完成后续步骤后需要重新迭代升级，即整体是一个循环改进的过程。取其英文首个字母，我们称之为 CROSS 方法。

1. 顶层设计

ESG 这样的长期战略决策需要始于顶层设计（Command），新于顶层设计，由上至下让 ESG 成为企业战略思维和组织文化的有机成分。为此，企业领导者可以推动三件事：

(1) 从董事会开始，把 ESG 实践化为企业领导力实践的一部分。

(2) 结合 ESG，做企业价值观系统的培训。

(3) 寻找最佳实践的示例，让普通员工的行为成为模仿对象。

2. 重新框定

重新框定（Reframe）ESG 的战略价值并在集团内部传播。它至少有下面的三个视角：

(1) ESG 的必然性。它成为企业风控的关键要素，无法躲避。

(2) ESG 为提升产品和服务，创造新价值带来机遇。

(3) ESG 是每个产业链中超级企业的超级竞争力的合金元素。

3. 行动动议

根据战略设计能够行动的 ESG 动议（Operationalize）。它可以包括下面三个方面：

(1) 描述 ESG 任务：具体活动，功能效果，绩效评估指标。

(2) 分配任务到部门和角色：哪个部门的责任，谁是任务责任人。

(3) 设立实现任务的阶段性里程碑：庆祝每一个里程碑。

4. 业务巡检

在具体业务上巡检（Screen）市场环境中能够利用 ESG 实践制造差异化价值的机会。它可以从三个问题开始：

(1) 现有明星产品和服务有没有与 ESG 实践结合的机会？

(2) 消费者对 ESG 的价值偏好能否通过产品和服务创新体现出来？

(3) 怎样把一系列产品和服务中的 ESG 价值串联在一起，形成品牌效益？

5. 创造感知

初见成效后创造感知联系（Sense-making），让抽象的 ESG 有可以体验的载

体。它的着重点有三个方面:

(1) 为内部员工创造感知联系,让大家看到工作的意义。

(2) 为消费者创造感知联系,帮助他们识别和欣赏 ESG 价值。

(3) 为供应链上下游利益相关者创造感知联系,使得他们由衷地拥护 ESG,推广 ESG,形成从价值观到实践的共同体。

在实施 ESG 过程中,我们听到最多的抱怨是很难衡量,因此无法执行。大家往往引用德鲁克的一条管理智慧:不能测量的,就无法管理。可是,面对 ESG 的管理实践,我们还需要延伸德鲁克的智慧:必须治理的,必能测量! ESG 事关 21 世纪商业组织的命运。有条件,肯定要测量;没有条件,创造条件,也一定要测量。我们的 CROSS 执行方法就属于这样的尝试(见图 0-2)。

图 0-2 ESG 行动的 CROSS 方法

四、结论

回顾资本主义市场经济发展过程中制造的严重负外部性,我们能够理解为何古希腊戏剧家索福克勒斯(Sophocles)做出下面的断言:世上有许多可怕的事情,但没有什么比人类更可怕。(There are many terrible things, but there is nothing more terrible than man.）

ESG力图改变这一历史现象，推动更多的社会正外部性（positive externalities）。站在古希腊哲学家的肩上，我们希望给后代留下新的总结：世上有许多美好的事情，人类的创造最美好！

目 录

第三篇　ESG 披露、评级与投资

第四篇　对话 ESG 实践者

第一篇

ESG 理论

第一章

ESG 综述

第一节 ESG 定义与核心理念

一、ESG 的定义

ESG,即英文 Environmental(环境)、Social(社会)、Corporate Governance (公司治理)的缩写,是一种关注企业环境、社会、治理绩效而非财务绩效的投资经营理念和框架体系。2004 年,联合国全球契约组织发布报告,首次正式提出了 ESG 概念[①],要求企业在营收、利润等财务指标之外,综合考虑环境、社会和治理层面的非财务指标,制订更全面的经营策略,提升可持续发展绩效。ESG 三个维度通常包括如下内容:

"E"(环境)代表与环境责任相关的议题。企业需要关注提升生产经营中的环境绩效,降低单位产出带来的环境成本,同时也关注与评估和自然相关的风险。主要议题包括企业生产经营中涉及的环境污染、碳排放、能源消耗和自然资源的使用以及生物保护等内容。

"S"(社会)代表与社会责任相关的议题。企业应当坚持商业伦理、社会伦理和法律标准,重视企业与社会之间的内在联系,包括人的权利、相关方利益和行业生态改进。主要关注如何有效平衡、协调企业与各类利益相关者之间的关系,例如员工、消费者、政府、社区、上下游供应链等的关系。

"G"(治理)代表与公司治理相关的议题。公司应当完善现代企业制度,围绕受托责任合理分配股东、董事会、管理层权力,形成从发展战略到具体行动的

---

① United Nations Global Compact (UNGC). Who Cares Wins—Connecting Financial Markets to a Changing World[R], 2004.

科学管理制度体系。内容主要涵盖董事会结构、股权，审计委员会结构，风险管控，投资者关系，薪酬机制，贿赂与腐败，公司发展战略，信息透明度等。

二、ESG 的特点

作为一个通用性的纲领和指南，ESG 具有框架简明清晰、内容高度包容、范围适用广泛三大特点。

1. ESG 作为一个综合框架，环境、社会、治理三个维度简洁精练，每一维度都包含一系列考量标准，用来指导企业发展方向和具体行动实践。ESG 框架既方便企业把握大方向，也有利于对标开展具体实践行动。

2. ESG 三个维度中的每个维度下面都各自有更具体针对性的内容和指标，基本涵盖了企业应对诸多挑战的核心关切，有利于企业与利益相关方达成共识，也确保了更多利益相关方的参与，具有更强的包容性。

3. ESG 议题内容并没有形成完全统一的明确具体指标，往往会根据行业、公司特征和商业模式，按照 ESG 的三个维度，以不同的方式进行界定。因此 ESG 具有广泛的适应性，能够较好地满足不同环境、不同发展阶段的企业和利益相关主体的需求，使不同利益相关者能够在这一松散灵活的框架下各取所需，这在无形中扩大了 ESG 的支持者群体[1]。

当然，上述特点也相应地给 ESG 概念带来了一定的问题和争议。首先，由于不同的社会和行业都有不同的 ESG 发展优先议程，因此 ESG 框架在实际应用中，整合相关的准则和指标难度较大，也缺乏处理内在冲突的手段。其次，ESG 强调指标量化和信息披露，并且 ESG 绩效表现直接影响投资决策和企业的市场绩效。有批评指出 ESG 过度追求定量化指标评价可能会导致道德挤出效应，即企业不关注 ESG 行为是否道德，甚至采取不道德的手段达成 ESG 指标，这显然与 ESG 概念提出的初衷背道而驰。最后，部分先行国家已经在 ESG 的规则制定方面具有更多的经验和能力，也相应地拥有更大的影响力和话语权，这可能会不利于后续其他国家的 ESG 实践。

三、ESG 的核心理念

ESG 强调企业负责任的态度和可持续发展的理念，倡导企业在创造商业价值的同时，达成环境保护、社会责任履行以及科学高效治理的一系列企业管理活

---

① 俞建拖，李文. 国际 ESG 投资政策法规与实践［M］. 社会科学文献出版社，2021.

动,更加契合企业在当前诸多不确定环境下需要遵循的长期、持续、稳定的长期主义和健康发展观。已有研究和企业实践表明,企业在一味追逐经济利益最大化的过程中,往往会产生外部性问题,带来更大的社会福利损失[①]。ESG理念旨在将企业传统的股东利益导向(shareholder orientation),转变为利益相关者导向(stakeholder orientation),弥补纯经济指标衡量企业经营绩效的不足,通过纳入多维度的非财务指标,更全面评价企业的经营表现,从而助力企业和社会形成互利共赢的良性可持续发展模式。

传统的企业评价主要是基于偿债能力、营运能力、盈利能力等财务指标,以"是否实现企业利润最大化或股东权益最大化"作为衡量企业表现优劣的唯一标准。ESG不只考虑企业经营带来的经济性盈利,更关注以多元化、公平、包容的方式提升企业活动的社会性收益,将环境、社会和治理作为衡量企业可持续发展的三大要素,以识别不断变化的市场和非市场条件所产生的重大风险和成长机会。ESG已经成为各类利益相关者对于企业发展经营的综合评价标准和重要投资依据。

ESG本身并不着眼于有形资产,但企业如何对ESG相关议题进行规划和处理,会对企业的经营及财务状况产生重要影响,因此ESG往往被视为企业的无形资产,是企业价值评估的重要组成部分[②]。目前,越来越多企业都在年度报告或独立的可持续发展报告中对ESG议题进行披露,ESG报告成为继企业财务三张表[③]之后的"第四张表"。企业对ESG事项的处理方式和披露内容,也作为合作伙伴、投资者、消费者等核心利益相关者群体评价该企业的重要依据,进而对企业的生产经营产生积极或消极的影响。

随着ESG理念被广泛接受和采纳,许多国家和地区都出台了ESG信息披露相关要求和规定。根据联合国可持续证券交易所倡议组织数据统计,截至2022年8月,全球已有67家成员交易所已发布相关ESG信息披露指引[④],覆盖了诸如上交所、深交所、纽约证交所、纳斯达克、伦敦证交所等全球主要交易所。

---

① Hartman, Laura Pincus; Desjardins, Joseph; MacDonald, Chris, Business Ethics: Decision Making for Personal Integrity and Social Responsibility[M]. McGraw-Hill Education, 2015.

② CFA Institute, A Framework to Drive ESG Financial Discipline, https://blogs.cfainstitute.org/investor/2021/06/11/aframework-to-drive-esg-financial-discipline/.

③ 即资产负债表、现金流量表和利润表。

④ https://sseinitiative.org/esg-guidance-database/.

同时,ESG 的核心理念在中国近年来经济社会发展的纲领性指导文件中也得以充分体现。2017 年,党的十九大报告中明确提出"我国经济已由高速增长阶段转向高质量发展阶段",要求打造环境友好型经济,这一新发展理念能够更好地满足人民日益增长的美好生活需要。2021 年,在《中华人民共和国国民经济和社会发展第十四个五年规划和 2035 年远景目标纲要》中强调了发展绿色经济的重要性,并且对绿色发展进行补充定义,将"十三五"规划纲要强调"改善生态环境"换成了要实现"人与自然和谐共生"。2020 年,习近平主席在第七十五届联合国大会一般性辩论上宣布,中国将提高国家自主贡献力度,采取更加有力的政策和措施,二氧化碳排放力争于 2030 年前达到峰值,努力争取 2060 年前实现碳中和。"双碳"目标的提出,充分体现了中国的大国担当,ESG 理念也逐步深入经济社会各个层面。

第二节　ESG 的相关概念

ESG 的提出是一系列相关概念在长期发展过程中不断更新迭代的结果。在诸多流行的概念里,其中一部分是源自投资金融领域,用来推广和提升投资决策评价标准,而另一部分则是源自学者和企业实践领域,用来构建和完善企业可持续发展的管理体系。因此,了解相关概念有助于更好地理解 ESG 的含义、理念及其发展脉络。

一、企业伦理

企业伦理(business ethics)是指企业及其成员的行为规范以及相应的道德准则在企业经营活动中的运用,并对企业行为带来的影响进行价值判断。换言之,企业伦理是组织协调内外部关系的基础和原则,它为企业决策提供了道德判断依据。

自从企业诞生开始,对于其行为的经济性和伦理性的相关讨论就一直在持续。亚当·斯密的两部传世经典著作《道德情操论》和《国富论》通常被认为是理论界对企业伦理与经济效益之间关系分析的起点。经济学主要关注企业行为所带来的经济效益;而企业伦理则主要关注企业行为正确与否及其带来的社会福祉。许多学者认为企业伦理与经济效益天然对立。

斯密难题在现实中似乎普遍存在,当管理者努力为企业的经营业绩提升、市场份额扩大而绞尽脑汁时,他们很少愿意去讨论所采取的战略、策略、营销手段等是否符合伦理道德。虽然管理者们大都早已具备了伦理判断能力，但他们避免讨论这一看似与企业发展无关抑或是与经济效益对立的话题，企业关注的大都是业绩、利润、实用性等。当管理者忽视伦理道德，忘记经营中最基本的伦理原则和道德底线，那么企业和社会的良性健康发展自然就会存在隐患。

在斯密之后，许多经济学家也曾试图将经济与伦理统一起来，如李嘉图。李嘉图分析的基础是建立在生产力发展上，所以，他认为所有行为的最终目的就是促进生产力的发展，基于此，个人利益和公众利益统一也是道德衡量的基准。诺贝尔经济学奖得主阿马蒂亚·森在《伦理学与经济学》一书中指出："在很长一段时间内，经济学科曾经被认为是伦理学的一个分支。"他还深刻地指出："现代经济学不自然的'不涉及伦理'（non-ethical）特征，与现代经济学是作为伦理学的一个分支而发展起来的事实之间存在矛盾。"阿马蒂亚·森认为需要打破道德与经济对立悖论，两者才能够实现相互融合补充，共同发展。

1980 年美国企业伦理学会（Society for Business Ethics）正式成立，之后两年《企业与应用伦理学报》（*Business and Professional Ethics Journal*）和《企业伦理学刊》（*Journal of Business Ethics*）先后创立，标志着企业伦理的相关研究和实践得到了快速发展。1987 年，美国证券交易委员会前主席约翰·雪德捐赠给哈佛商学院 3 000 万美元用于企业伦理的研究和教学①。20 世纪 90 年代初，商业教育中由于缺乏企业伦理相关内容而受到了大量的批评。管理学家亨利·明茨伯格指出："商学院课程训练出来的毕业生犹如雇佣兵，除了少数的例外，他们对任何行业或企业都没有承诺感。这些 MBA 课程创造了一套错误的企业价值观。"沃伦·本尼斯教授认为，在 2000 年左右美国一系列公司丑闻发生之前，商科学生"95％的时间都在学习如何计算，以求财富最大化"，只有 5％的时间花在发展道德能力上。进入 21 世纪，随着商学院对企业伦理教育的重视及大力推动，企业实践中逐渐开始引入伦理管理机制，包括设立伦理委员会、伦理主管，制定伦理准则和开展伦理培训等。近年来，我国社会主义市场经济蓬勃发展，中国加入世界贸易组织（World Trade Organization，简称 WTO），企业经营自主权进一步扩大，对企业伦理在我国的进步与发展产生了直接的影响，企业伦理建设越

---

① Akers, Ronald L. A Social Behaviorist's Perspective on Integration of Theories of Crime and Deviance. In Theoretical Integration in the Study of Deviance and Crime: Problems and Prospects, Editors Steven F. Messner, Marvin D. Krohn, and Allen E. Liska[D]. Albany: State University of New York Press, 1989.

来越普遍化。如今,企业伦理已经逐渐成为大多数企业行为准则中不可或缺的重要组成部分。

二、企业社会责任

企业社会责任(Corporate Social Responsibility,简称 CSR)就是企业在生产经营过程中对经济、社会和环境目标进行综合考虑,在对股东负责、获取经济利益的同时,主动承担起对企业利益相关者的责任,主要涉及员工权益保护、环境保护、商业道德、社区关系、社会公益等问题[①]。

随着企业在社会中的地位和影响力越来越大,企业是否需要像自然人一样,作为社会公民承担社会责任,开始受到更多关注。英国律师瑟洛曾表示:公司既没有灵魂可以被诅咒,也没有躯体可以被摔打,难道你指望它有什么良心吗?

企业社会责任的概念是 1923 年英国学者谢尔顿在其《管理的哲学》一书中最早提出的,他认为无论对于管理层还是劳工,制定企业生活的基本道德规范很有必要,这样企业发展可以有明确的目标,不会被自私、贪婪和懈怠所制约,而是被服务、民主、效率所驱动。良好的服务只有在有效合作的基础上才有可能实现。管理方面的社会责任是在服务中开辟合作之路,使社区的经济服务不仅可以产生物质财富,还可以产生精神福祉[②]。1962 年美国作家蕾切尔·卡森创作了广为人知的科普读物《寂静的春天》[③],描述了人类滥用农药和杀虫剂导致环境污染和生态破坏的后果,唤起了社会各界对环境问题的广泛关注,对企业承担社会责任的呼吁日益高涨,也推动了美国一系列环境保护法案的颁布和第一个地球日(1970 年 4 月 22 日)的诞生。

随后,社会各界对于企业需要承担哪些社会责任以及在多大程度上需要承担社会责任进行了大量的讨论。诺贝尔经济学奖得主米尔顿·弗里德曼1970 年在《纽约时报》上发表的经典文章《企业的社会责任就是增加利润》中提出企业唯一的社会责任是履行自身所服务的经济职能。值得注意的是,弗里德曼在他的分析中并没有忽视伦理责任,他认为管理者需要遵循游戏规则,即基本的社会规则(既包括在法律中的社会规则,又包含在伦理习惯中的社会规则),通

①　Hartman, Laura Pincus; Desjardins, Joseph; MacDonald, Chris, Business Ethics: Decision Making for Personal Integrity and Social Responsibility[M]. McGraw-Hill Education, NY, 2015.
②　Sheldon, O. The Philosophy of Management[M]. Sir I. Pitman, 1923.
③　Carson R. Silent Spring[M]. Houghton Mifflin, 1962.

过伦理道德的方式来增加股东财富和追求利润。这也就是说,"在没有诡计与欺诈的情况下,从事公开的、自由的竞争"。

随着企业社会责任讨论的深入,对于企业社会责任的界定也更加广泛和深入。卡罗尔提出了企业社会责任金字塔模型,他进一步将企业社会责任划分为经济责任、法律责任、伦理责任和慈善责任四大类型,并认为企业社会责任是集四种责任于一体的综合责任[①]。1994年,英国学者约翰·埃尔金顿提出了三重底线(triple bottom line)的概念,包括经济底线、环境底线和社会底线,即企业必须履行的经济责任、环境责任和社会责任,为获取资源和经济价值的时候兼顾保护环境和维持社会和谐,从而达到经济、社会和自然环境的平衡。三重底线作为平衡公司、社会、环境和经济影响的可持续发展框架,其根本目的是帮助转变当前以财务为重点的业务系统,从而采用更全面的方法来衡量企业运营的成功与否。三重底线的概念与如今的ESG理念在核心思想和评价维度上已经非常接近。

2001年,出于对经济活动对社会和环境的影响的关注,欧盟委员会提交了一份名为《欧洲企业社会责任推进的框架》的文件,首次将企业社会责任概念作为一项独特的战略提出。该战略包括宣传企业应对其对社会的影响负责的概念,并阐述了这些企业应如何履行这一责任。欧盟委员会将企业社会责任定义为:公司在自愿的基础上把对社会和环境的关切整合到它们的经营运作以及它们与其利益相关者的互动中的一系列企业活动。世界银行将企业社会责任定义为,企业为善利益相关者的生活质量而贡献于可持续发展的一种承诺。ISO 26000对社会责任的定义是,组织通过透明和合乎道德的行为,为其决策和活动对社会和环境的影响而承担的责任。这些行为贡献于可持续发展,包括健康和社会福利,考虑利益相关方的期望,遵守适用的法律,并与国际行为规范相一致,且全面融入组织,并在其关系中得到实践。

2019年,美国商业组织"商业圆桌会议"(Business Roundtable)在华盛顿召开,181家美国顶级公司首席执行官联合签署了《公司宗旨宣言书》。宣言重新定义了公司运营的宗旨,承诺股东利益不再是企业最重要的目标,企业的首要使命是创造一个更美好的社会。这份宣言强调了更广泛利益相关者维度,提出"虽

---

① Carroll, A. B. A Three-Dimensional Conceptual Model of Corporate Performance[J]. Academy of Management Review, 1979, 4(4): 497-505.

Carroll, A. B. Carroll's pyramid of CSR: taking another look[J]. International Journal of Corporate Social Responsibility, 2016, 1(1): 1-8.

然我们每个公司都有各自目标,但我们对所有利益相关方都有一个共同且基本的承诺",这些承诺包括为客户提供价值、投资于公司的员工、公平和道德地对待公司的供应商、支持公司所在的社区,还有为股东创造长期价值。

三、社会责任投资

社会责任投资(Socially Responsible Investment,简称 SRI)是一种将投资目的和投资决策与企业社会责任议题紧密关联的投资模式。即在选择投资时不仅关注企业的财务和业绩表现,也增加了对环境保护、社会道德以及公共利益等方面的考量,是一种更全面考察企业的投资方式。社会责任投资者同时还可以用其股东身份的影响力,敦促企业更好地履行社会责任。

在投资金融领域,社会责任投资理念的提出最早可以追溯到 18 世纪,一些拥有宗教信仰的投资者开始尝试“基于价值的投资”。1872 年,卫斯理宗(Methodism)的创始人约翰·卫斯理的布道“金钱的使用”指明要采用不妨碍或者损害其他人机会的方式投资和使用资金,这一阐述构成了社会责任投资的基本内容,也成为卫理公会对社会责任投资实践的基础[①]。这一时期其他各种信仰宗教的投资者也会有意识地回避对酒精、赌博、烟草以及战争相关的行业的投资,同时期的贵格会(Quakers)也采用特定问题筛选策略来抵制奴隶贸易。这种排除性投资准则背后是受到了宗教道德规范和文化价值观的驱动,成为社会责任投资雏形,为投资中环境、社会和治理因素的评估提供了最初的经验[②]。

到 20 世纪 60 年代末,越南形势恶化和由此发起的反战运动,进一步推动了社会责任投资的发展和实践。一些反战投资者开始出售或拒绝购买军火相关公司的股票。1971 年 Pax World 推出了第一只可持续共同基金(PAXWX),随后的一些共同基金(mutual fund)也开始将公民权利、环境保护等社会责任标准纳入投资决策,这给传统利润导向型投资持有的“股东利益至上”的观点带来了巨大的冲击和挑战。次年,美国学者米尔顿·莫斯科维茨(Milton Moskowitz)在其创办的《商业与社会》杂志上发布了一份“负责任”股票的清单,有效地引导了

① Wesley, J., & Hughes, H. M. The Use of Money. Wesleyan Methodist Union for Social Service, 1912.
② Murphy, J. W. Faithful Investing: The Power of Decisive Action and Incremental Change[M]. Church Publishing, Inc, 2020.

对社会责任投资理念的关注[1]。

1990年，由Kinder、Lydenberg和Domini & Co., Inc.成立的独立调查评级机构（合称为KLD）发布多米尼400（Domini 400）社会指数（现称为MSCI KLD 400社会指数），是美国第一个以社会与环境为筛选准则的指数，为社会责任型投资者提供了一种企业社会责任的测量方法和参考基准。2006年，当时的联合国秘书长科菲·安南邀请世界上最大的机构投资者共同制定了《联合国负责任投资原则》（The United Nations-supported Principles for Responsible Investment，简称UN PRI）报告框架[2]，旨在帮助投资者理解环境、社会和公司治理等要素对投资价值的影响，并支持各签署机构将这些要素融入投资战略、决策及积极所有权中，推动并践行负责任投资。

2009年，全球影响力投资网络（Global Impact Investing Network，简称GIIN）成立，该组织提出的"影响力投资"概念也与社会责任投资理念一脉相承。GIIN宗旨就是促进影响力投资者的沟通交流，促使更多资金用于解决全球共同面临的难题，推动影响力投资的发展。随着投资界对绿色环保的关注，绿色金融概念也在社会责任投资基础上逐渐兴起，主要聚焦在为支持环境改善、应对气候变化和资源节约高效利用的经济活动。相关的概念还有环境金融、气候金融、碳金融等，随着时代变化和聚焦领域不同而不断丰富发展。社会责任投资逐渐成为投资领域的主流理念。

四、可持续发展

可持续发展（sustainable development）通常包括两层含义，从全社会层面来看，可持续发展是指经济社会的发展在满足当下人类需求的同时，不会损害未来经济社会的延续和后代人类的需求。用于企业层面时，可持续发展强调企业自身在获取短期经济利益的同时，也需要充分兼顾长期效益和经营的可持续性。

自18世纪60年代起，在资本快速扩张以及经济的粗放发展过程中，人类与自然之间的矛盾逐步加深，并影响了人类自身及其他物种的可持续发展。可持续发展的概念最早出现于1980年国际自然保护同盟（International Union for

---

[1]　Moskowitz, Milton R. Choosing Socially Responsible Stocks[J]. Business and Society Review, 1972, 1: 71-75.

[2]　Baumast, A. Principles for Responsible Investment. S. O. Idowu, N. Capaldi, L. Zu, & A. D. Gupta (ed), Encyclopedia of Corporate Social Responsibility (1898-1904)[M]. Springer, 2013.

Conservation of Nature,简称 IUCN)的《世界自然资源保护大纲》中。1987 年，世界环境与发展委员会(World Commission on Environment and Development,简称 WCED)出版《我们共同的未来》(也被称为《布伦特兰报告》),该报告正式使用了可持续发展概念,并将其定义为:"既能满足当代人的需要,又不对后代人满足其需要的能力构成危害的发展。"这份报告系统阐述了可持续发展的思想,并产生了广泛的影响,成为诸如《里约环境宣言》(又称《地球宪章》)、《千年纲领》等文件中重要的理念和指导原则。1992 年联合国环境与发展大会召开后,中国政府编制了《中国 21 世纪人口、资源、环境与发展白皮书》,首次把可持续发展战略纳入我国经济和社会发展的长远规划。1997 年,中共十五大把可持续发展战略确定为我国现代化建设中必须实施的战略。其中,可持续发展这一概念主要包括社会可持续发展、生态可持续发展和经济可持续发展。同年,环境责任经济联盟与联合国环境规划署共同成立了全球报告倡议组织(Global Reporting Initiative,简称 GRI)。该组织编制并发布了首个《可持续发展报告标准》,致力于推动企业进行经济、环境和社会三方面的信息披露,走可持续发展之路。该准则也是目前广泛使用的可持续发展报告编制标准之一,为今后 ESG 的实践提供了重要的参考框架[1]。

2000 年,隶属于联合国秘书处的联合国全球契约组织正式成立,这不仅是基于原则的政策平台,也致力于为企业可持续发展和符合社会责任的商业实践提供负责任的切实可行的框架,将关于人权、劳工、环境和反腐败的"全球契约十项原则"纳入企业运营中。2011 年,可持续发展会计准则委员会(Sustainability Accounting Standards Board,简称 SASB)成立,并对 77 个行业的可持续发展会计和衡量标准进行标准化,为企业在 ESG 问题上建立行业特定的标准。SASB 的使命是"建立和改善以环境、社会和治理为主题的行业特定披露标准,以促进公司和投资者之间针对决策的相关信息进行沟通"。

2015 年,联合国 193 个成员国在峰会上,正式确立了 17 个可持续发展目标(Sustainable Development Goals,简称 SDGs)。可持续发展目标旨在从 2015 年到 2030 年间以综合方式彻底解决社会、经济和环境三个维度的发展问题,转向可持续发展道路。越来越多的企业和各类组织都主动响应,制定服务于发展目标的各种解决方案,并采取积极行动为 SDGs 做出贡献。

① Bradley, B. ESG Investing for Dummies. Wiley, 2021. https://learning.oreilly.com/library/view/esg-investing-for/9781119771098/.

2019 年,欧洲银行管理局(EBA)发布了《可持续金融行动计划》,概述了 EBA 将针对环境、社会和公司治理(ESG)因素以及与之相关风险所展开的任务内容与具体时间表,并重点介绍了有关可持续金融的关键政策信息。《可持续金融行动计划》旨在传达 EBA 政策方向,为金融机构的未来实践与经济行为提供指引,以期支持欧盟的可持续金融发展稳步推进。同年,中欧领导人展开会晤并发表第二十一次会晤联合声明,其中也重点关注了可持续发展与绿色金融,涉及的中欧可持续发展领域广泛,包括落实可持续发展议程,应对气候变化、绿色金融合作、生物多样性保护及可持续的海洋等,双方在可持续发展领域合作前景广阔。2018 年 7 月,《中欧领导人气候变化和清洁能源联合声明》在北京发布,双方共同表明需要可持续投资和绿色金融驱动温室气体低排放。目前,中欧在可持续发展领域的合作不断推进。

五、低碳

低碳(low carbon)是指在可持续发展理念指导下,通过技术创新、制度创新、产业转型、新能源开发等多种手段,实现较低(更低)的温室气体(以二氧化碳为主)排放,旨在倡导一种以低能耗、低污染、低排放为基础的行动模式。"低碳"与"碳排放"的概念略有不同:碳排放更偏向从技术层面关注温室气体排放量的增加或减少;而低碳则更偏向于从理念和治理模式层面来关注温室气体排放行为的改变,达到经济社会发展与生态环境保护双赢的一种发展形态。低碳概念目前几乎拓展至经济社会的各个领域,例如低碳社会、低碳经济、低碳生产、低碳消费、低碳生活、低碳城市、低碳社区、低碳旅游、低碳文化、低碳哲学等。

工业革命带来了人类历史上前所未有的经济繁荣,但是随着化石燃料如石油、煤炭等大量使用,产生了大量的二氧化碳,即温室气体,导致地球温度上升,即温室效应。它不仅危害自然生态系统的平衡,还影响人类健康甚至威胁人类的生存。"气候变化"议题于 1972 年在第一次联合国人类环境会议上首次提出,由西方发达国家率先开展节能减排及金融化的实践。1992 年,首届联合国环境与发展大会在巴西里约热内卢召开,通过了世界上第一个控制温室气体排放、应对全球变暖的国际公约《联合国气候变化框架公约》。1997 年《联合国气候变化框架公约》第三次缔约方会议在日本京都召开,149 个国家和地区的代表通过了旨在限制发达国家温室气体排放量以抑制全球变暖的《京都议定书》,为全球碳交易市场制度的形成奠定了制度基础。

2000 年碳披露项目(Carbon Disclosure Project,简称 CDP)在英国成立,致

力于通过披露企业对环境的影响来激励企业减少温室气体排放，并提供分析报告帮助决策者更好地做决策、管理风险和把握机会。2003 年英国政府发表的《我们未来的能源：创建低碳经济》白皮书中首次明确提出"低碳经济"概念，自此全球开始步入低碳经济时代。

2009 年《联合国气候变化框架公约》第十五次缔约方会议在哥本哈根召开，商讨《京都议定书》一期承诺到期后的后续方案，即 2012—2020 年的全球减排协议。在此次会议上，中国主动承诺将大幅减少单位 GDP 碳排放。2015 年，近 200 个缔约方在巴黎气候变化大会上达成《巴黎协定》。《巴黎协定》提出的目标是，各方将加强对气候变化威胁的全球应对，要把全球气温升幅控制在 2 摄氏度以内，尽力不超过 1.5 摄氏度。这是继《京都议定书》后第二份有法律约束力的气候协议，为 2020 年后全球应对气候变化行动做出了更加具体明确的安排，开启了全球低碳治理新篇章。

2015 年，由 G20 辖下的金融稳定委员会牵头成立了气候相关财务信息披露工作组（Task Force on Climate-Related Financial Disclosure，简称 TCFD），其目标是议定一套一致性、自愿性的气候相关财务信息揭露建议，协助投资者了解相关实体的气候风险。企业、城市，甚至是非营利组织等实体都可以采用 TCFD 的建议来衡量气候风险，并向其股东或利益相关者报告。2017 年，工作组发布《气候相关财务信息披露工作组建议报告》（简称 TCFD 框架），旨在通过形成低碳和具有较强气候适应性的经济体系，为投资者、贷款人和保险公司等金融机构对与气候相关风险和机遇进行适当评估提出了框架和建议，以便揭示气候因素对金融机构收入、支出、资产、负债以及资本和投融资等方面实际和潜在的财务影响，并最终为全球经济进行更适当的风险定价和资本配置提供支持。

2020 年，国家主席习近平在第七十五届联合国大会一般性辩论上向全世界郑重宣布，中国将提高国家自主贡献力度，采取更加有力的政策和措施，二氧化碳排放力争于 2030 年前达到峰值，努力争取 2060 年前实现碳中和。"双碳"目标的提出，彰显了全球气候治理领域的中国担当，标志着中国全面进入低碳转型。2021 年 5 月，碳达峰碳中和工作领导小组第一次全体会议在北京召开，同年 7 月全国碳市场正式开市。2021 年 10 月 24 日，中共中央、国务院印发的《中共中央　国务院关于完整准确全面贯彻新发展理念做好碳达峰碳中和工作的意见》以及《2030 年前碳达峰行动方案》两个重要文件的相继出台，共同构建了中国碳达峰、碳中和"1＋N"政策体系的顶层设计，而重点领域和行业的配套政策也围绕以上意见及方案陆续出台。低碳的意识已经深入中国社会的各个层面。

六、总结

表 1-1 中归纳了 ESG 相关概念的核心关注点和主要内容,可以较清晰地看出各个概念之间的区别和联系。企业伦理为企业的行动及其社会影响提供了重要的道德判断依据;企业社会责任则从利益相关方的视角为企业指出了具体的责任方向和内容,重点关注了利益相关者诉求并进行回应;社会责任投资从投资人和金融视角对企业行为准则和标准提出了要求,进一步推动了企业社会责任的履行;可持续发展(投资)则把企业关注的利益相关方进一步拓展到了自然和生态领域,并且从长期视角强调社会的可持续和企业自身的可持续发展议题;低碳概念是重点针对气候环境提出的,它把过去在企业社会责任中较宽泛的环境议题进一步聚焦,也凸显出环境责任区别于其他社会责任的重要性。ESG 概念则是在前述概念的基础上,进一步将环境责任以及治理机制重点单列出来,并在三大维度下都列出了具体企业实践需要落实的指标体系,既体现出 ESG 框架的完备性,也为企业实践提供了可操作性。

表 1-1　ESG 相关概念的核心关注点和主要内容

相关概念	核心关注点	主要内容	时代背景
企业伦理	价值观、规范	企业行为决策的价值判断和道德原则	对企业行为的经济性和伦理性的讨论
企业社会责任	利益相关者诉求	对各类利益相关者的责任履行	对股东至上主义和利益相关者主义的讨论
社会责任投资	投资原则	投资的原则和风险,及其对企业社会责任的推动	企业丑闻破产冲击下对传统利润导向型投资的反思
可持续发展(投资)	长期发展(投资)	人与自然的和谐发展,以及企业自身的长期发展	对短期利益和长期效益的兼顾
低碳/绿色投资	气候环境(投资)	气候变化、碳减排	全球变暖趋势下,为实现气温升幅控制在 2 摄氏度以内的全球行动
ESG	综合框架体系	环境、社会、治理	将 E、S、G 三大重要议题全面纳入企业决策和投资分析中

总体来看,尽管各个主要概念的提出都具有时代背景和不同的关注点,但它们还是高度一致的,既打破了企业短视的利润导向,更强调了人类整体的福祉和

共生发展。如今 ESG 理念的提出，正是在此基础上应运而生的一个综合框架，它与其他相关概念紧密联系，并且一脉相承。此外，由于 ESG 的综合框架特点，使其更具包容性和实践操作性，也将成为未来经济社会重要而具有普适性的纲领和指南。

第三节　ESG 的发展沿革

ESG 融合了一系列相关概念，在长期发展过程中不断归纳提炼。ESG 概念最早由联合国提出，各政府和其他非政府组织在 ESG 制度化的过程中积极参与并推动，使得 ESG 理念不断完善和发展，如今已经成为一种全球趋势。当然不同国家的发展情况也不尽相同，例如欧盟在政策和立法层面推进 ESG 理念转化落地方面，在全球处于领先地位。与欧洲市场 ESG 政策驱动的发展路径有所不同，美国的 ESG 发展更多体现出了基于风险管控的市场驱动特征。ESG 在亚太和拉美地区则呈现一个新兴但不断增长的趋势。

一、ESG 全球发展沿革

虽然 ESG 相关的概念很早就出现了，但是 ESG 概念被权威机构正式提出是在 2004 年联合国全球契约组织发布《有心者胜》(*Who Cares Wins*)的报告中，将全球企业公认的价值观和原则总结为环境、社会和治理三个维度。该报告认为，公司在追求利润时需要充分考虑外部性，即经济活动对社会和利益相关方的影响。因此，企业关注的焦点不应仅局限在单纯的公司治理，还应该承担得更多，比如社会担当和环境保护的责任。

ESG 概念提出后在投资领域产生了巨大影响，通过投资这一强有力的抓手，ESG 理念得到了广泛的倡导和推动。2005 年，联合国环境规划署金融倡议(United Nations Environment Programme Finance Initiative，简称 UNEP FI)联合富而德律师事务所(Freshfields)共同撰写并发布了《将环境、社会和治理问题纳入机构投资的法律框架》(也称 Freshfields 报告)。报告认为，投资公司不仅可以将 ESG 议题纳入投资分析，而且是公司管理人受托责任的一部分。该报告成为促进 ESG 因素被纳入机构投资的最重要的文件。

2006 年，联合国责任投资原则组织(United Nation-Supported Principles for Responsible Investment，简称 UN PRI)在纽交所正式发布负责任投资原则，以期推动商界在投资决策时系统地纳入对 ESG 因素的考量。负责任投资的六项原则包括"将 ESG 问题纳入投资分析和决策过程"（原则 1）、成为"积极的股东并将 ESG 问题纳入所有权政策和实践"（原则 2）以及由签署方投资的"实体对ESG 问题进行适当的披露"（原则 3）①。UN PRI 的创立可以说是 ESG 责任投资发展历程上一个重要的里程碑，在这个阶段，全球许多国家也顺应 ESG 责任投资思路，建立了可持续投资相关组织。

由图 1-1 统计可知，UN PRI 全球签署机构数量及管理规模自 2006 年成立以来，呈迅速上升趋势。截至 2023 年 6 月末，已有超过 5 300 家机构签署了 UNPRI 原则，旗下管理资产规模超过 120 万亿美元。UN PRI 通过提供框架为投资者 ESG 披露进行初步指引，并为投资者提供协作平台、报告反馈与同业 ESG状况对比等多种方式，进一步引导投资者规范披露 ESG 信息。自 UN PRI 成立以来，ESG 投资、可持续投资相关话题引发全球关注②。

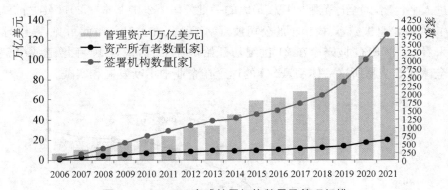

图 1-1　UN PRI 全球签署机构数量及管理规模

资料来源：根据 UN PRI 官网数据资料统计整理。

此后，在联合国机构的持续推动下，ESG 的理念和投资实践依托全球证券交易所体系得以有效普及。2009 年，由联合国贸易和发展会议（UNCTAD）、联合国全球契约组织、联合国环境署金融倡议组织及联合国责任投资原则组织共同发起成立了联合国可持续证券交易所倡议（UN Sustainable Stock Exchange Initiative，简称 UNSSE）。该倡议的宗旨在于推广交易所在支持可持续发展方面的最佳实践，特别是推动上市公司加强 ESG 信息披露工作。2017 年，中国的上交所和深交所加入了联合国可持续证券交易所倡议，分别成为其第 65 家和第

①　Preqin Impact Report, 2022, https://assets. ctfassets. net/zf87m07ner47/5jYSTpR3xA3QKWL5x
　　kDatn/db8c5dae603e8045fa94c29589e65005/Preqin-Impact-Report-2022. pdf.

②　https://www. unpri. org/about-us/about-the-pri.

67 家伙伴交易所。截至 2022 年 8 月,UNSSE 拥有 120 家伙伴交易所,覆盖超过 6.2 万家上市公司,总市值超过 126.9 万亿美元[①]。其中有 56％即 67 家交易所发布了上市公司 ESG 报告指导原则。UNSSE 通过与投资者、监管机构和企业的合作,有效促进和提升企业的透明度和 ESG 披露,并进一步鼓励企业的 ESG 发展与实践。

在该体系下,全球企业对 ESG 相关概念的重视程度正逐步提升,对 ESG 信息披露工作逐步重视。根据毕马威统计,如图 1-2 所示,在 52 个国家或地区分别选出营收排名前 100 的公司作为 N100 公司(即样本总数＝5 200),2002—2013 年 N100 公司可持续发展信息披露率从 18％快速上升至 71％,此后增速放缓。若选取《财富》全球 500 强中排名前 250 的公司作为 G250 公司,1999 年约有 35％的 G250 公司披露了 ESG 相关信息,2011 年 G250 的 ESG 信息披露率升至约 95％,此后进入平台期,即全球范围内规模最大的一批公司(G250)基本在 2011 年之前就开始了 ESG 信息披露,规模稍小的公司披露率至今仍在上升。由此可见,从全球范围来看,企业 ESG 披露率在 21 世纪初开始快速上升,最近 10 年增速放缓。依托全球证券交易所这一体系,ESG 的理念在企业中不断发展和实践。

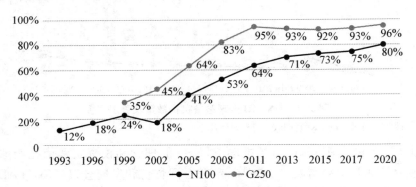

图 1-2　N100 和 G250 企业的 ESG 披露率

资料来源:西部证券,《从境外经验看 ESG 信息披露的发展趋势及影响》,2022 年 2 月 11 日。

二、欧盟

欧盟十分重视 ESG 理念转化落地,早期关注治理方面议题,后续对环境污

---

① https://sseinitiative.org/exchanges-filter-search/.

染与气候变化议题特别关注,较早就开始着手从政策和立法层面推进 ESG 报告相关规划。

为了推动温室气体减排改善气候环境,2005 年欧盟正式启动实施碳排放权交易体系(Emissions Trading System,简称 ETS)落实温室气体排放交易,这是世界第一个国际碳排放交易体系,是一种以最具成本效益的方式控制和减少碳排放的制度机制。

2007 年,欧洲议会和欧盟理事会发布的第一版的《股东权利指令》(Shareholder Rights Directive,简称 SRD),主要侧重于公司治理方面的问题。该指令旨在鼓励欧盟境内注册办事处的企业在股东大会上行使股东权利,并推动有效代理投票,从而加强公司治理水平[1]。为进一步改善在欧盟监管市场进行证券交易的公司的治理情况,新修订的《股东权利指令》(Shareholder Rights Directive Ⅱ, SRD Ⅱ)于 2017 年 6 月生效,就上市公司对薪酬政策的公布、股东身份的确认、关联方交易、中介机构的义务以及机构投资者和资产管理公司的透明度等内容进行了补充。并且,SRD Ⅱ大部分条款必须在 2019 年 6 月之前落实为国家法律,这不仅在内容上得到较大的完善,也在法律效力上有了质的提升[2]。

2014 年,欧盟颁布了《非财务报告指令》(Non-Financial Reporting Directive,简称 NFRD),首次正式将 ESG 三要素系统纳入法规条例,明确提出对企业 ESG 治理的约束。该指令表明,大型企业(员工人数超过 500 人)的非财务信息披露内容须涵盖 ESG 相关内容。其中,指令明确规定环境方面(E)须强制披露的内容,而关于社会(S)和公司治理(G)两个领域则提出了参考性的披露范围。NFRD 的发布,充分显示欧盟对主体非财务信息的披露的重视,尤其是环境相关信息,由此欧盟国家的 ESG 披露开始迅速发展,并且更加侧重对环境方面的关注。

欧盟随后制定并出台了一系列 ESG 政策法规及战略规划,以推动 ESG 理念的发展。为了避免 ESG 规则体系发展过快导致繁多的标准缺乏可靠性和明晰性,从而导致部分企业利用"环保"概念进行难辨真伪的商业宣传,欧盟致力于打击"漂绿"行为,建立具有连贯性和一致性的 ESG 政策框架。2019 年欧盟发

---

[1]　Directive 2007/36/EC of the European Parliament and of the Council, 2007. https://eur-lex. europa. eu/legal-content/EN/TXT/?uri=CELEX%3A32007L0036.

[2]　BNY Mellon. Shareholder Rights Directive II. BNY Mellon, 2020. https://www. bnymellon. com/emea/en/insights/all-insights/shareholder-rights-directive-ii. html.

布了《可持续金融披露条例》(Sustainable Finance Disclosure Regulation,简称SFDR),其主要目标是引导资本流向可持续投资,从而实现可持续经济的包容性增长,提高金融和经济活动的透明度和长期主义趋势[①]。SFDR 不仅要求金融主体披露一般政策,还增加了 ESG 风险管理的要点,即对尽职调查披露进行规定。SFDR 第一阶段于 2021 年 3 月生效,要求所有资产管理者都必须发布有关可持续流程的信息,并根据其产品对气候和社会的影响分为深绿色、浅绿色和不可持续三类;第二阶段推迟至 2023 年 1 月生效,要求资产管理者报告碳足迹,例如投资化石能源行业相关公司的情况。

2019 年 12 月,欧盟委员会发布的《欧洲绿色新政》(The European Green Deal)作为欧盟长期发展战略,旨在将欧盟转变为一个公平、繁荣的社会,以及富有竞争力的资源节约型现代化经济体。它将绿色主线贯穿于交通、建筑、农业、工业、基础设施、能源、环境污染防治、生物多样性等领域,从时间到空间制定了不同领域减排路线图,综合使用立法、政策、金融、碳市场等多种方式,对欧盟绿色转型进行了全面部署。《欧洲绿色新政》是目前欧盟 ESG 方面具重要指导意义的纲领性文件,它对过往一系列绿色发展战略文件进行升级,囊括了几乎所有经济领域,为欧盟未来经济发展趋势指明了方向[②]。

欧盟于 2020 年采用了《可持续分类法》(EU Sustainability Taxonomy),其作为《欧盟可持续发展融资计划行动》的重要组成部分,提供了可持续发展相关的经济活动分类依据,成为促进可持续投资和践行欧洲绿色协议的重要推动力。2021 年,欧盟委员会发布了《企业可持续发展报告指令的提议》(Corporate Sustainability Reporting Directive,简称 CSRD),进一步修订了《非财务报告指令》的披露要求,其中包括将扩大有披露义务的公司范围,要求对披露信息进行审计等,进一步细化了披露要求。作为欧盟 ESG 信息披露三大法规之一,CSRD 于 2022 年 11 月 28 日获得欧盟最高决策机构欧洲理事会通过和签署后,在《欧盟官方公报》(EU Official Journal)公布。

2023 年 6 月,欧洲议会通过关于《公司可持续发展尽调指令》(Corporate Sustainability Due Diligence Directive,简称 CSDDD)修正案,规定所有的满足特定员工人数和营业额门槛的大型企业及特定行业企业都要进行尽调。2023 年

[①] Dolan, C. & Zalles, B. Z. Transparency in ESG and the Circular Economy: Capturing Opportunities Through Data[M]. Business Expert Press, 2021.

[②] Eckert, E. & Kovalevska, O. Sustainability in the European Union: Analyzing the Discourse of the European Green Deal[J]. JRFM, MDPI, 2021, 14(2): 1-22.

7月,欧盟委员会审批通过了《欧洲可持续报告标准》(ESRS)。ESRS 从 2024 年
1月1日起启用,企业要按照统一的 ESRS 准则进行信息披露。ESRS 作为
CSRD 的配套准则,对企业的可持续信息披露做出具体规范。

　　总体而言,与其他地区相比,欧洲在 ESG 政策法规制定方面更为活跃,政府
环保以及相关主管部门是 ESG 主流化的主要推动者。根据 Google 搜索显示,
欧盟 ESG 监管的相关信息从 2014 年的 2.6 万条增至 2023 年的 165 万条。
10 年时间,增长了约 60 倍。欧盟 ESG 体系发展最初侧重于对上市公司治理方
面的内容,尤其是公司内部治理架构的设计。随着联合国加大对可持续发展的
重视和相关文件的出台,以及欧盟面临的现实问题,例如对能源进口的高度依赖
带来的不稳定性,欧盟的 ESG 发展战略也逐渐开始侧重于气候和环境相关方
面,试图预防因能源紧缺可能带来的经济危机。

　　作为 ESG 投资和实践最积极的倡导者,欧盟通过自上而下的方式陆续出
台了 ESG 相关的政策和指令,其中一大部分包含"不遵守就解释"的强制或半
强制的披露要求,从而通过较高的法律效力和权威性以较快的速度贯彻对
ESG 的理解和实施,同时将繁杂的 ESG 实践规则转化为具有透明度、一致性
和可比性的制度体系。面对近年来持续低迷的经济大环境,欧盟将环境、社会
和公司治理的诸多可持续发展议题与可持续发展目标相结合,纳入区域可持续
发展战略规划,通过实施 ESG 政策法规促进绿色经济发展,在新一轮经济发展
中实现经济转型,并有效推动欧洲可持续发展目标的实现。根据《2023 年度中
国资管行业 ESG 投资发展研究报告》显示,2023 年全球 ESG 基金有 84% 来自
欧洲。

　　欧盟拥有全球较完备的 ESG 体系,在具体的规则制定上往往较复杂,虽然
欧盟较为完善的战略框架可以为全球标准制定者起到参考作用,但过于详细的
标准和指导使欧盟企业所需承担的成本也更高,这可能会削弱国际社会对欧盟
战略框架的认可[①]。

三、美国

　　美国联邦政府推出的 ESG 政策法规数量不多,主要侧重于市场的合规管理

---

① Zetzsche, Dirk Andreas and Anker-Sørensen, Linn, Regulating Sustainable Finance in the Dark[J].
European Business & Organisation Law Review (EBOR) Forthcoming, University of Luxembourg
Law Research Paper No. 2021-007, European Banking Institute Working Paper Series 2021-No. 97.

方面，虽然部分州政府基于本地可持续发展在 ESG 政策法规引导方面较为积极，但整体而言，美国更多是由市场力量推动企业 ESG 的落实和提升。

自 19 世纪以来，美国一直是全球第一大经济体，在经济发展中出现了一系列企业负面的外部性问题，例如环境污染、种族歧视、劳工问题等。尤其是美国历史上曾发生数次严重的工业污染事件，让美国政府意识到环境污染的严重后果并采取了相应的治理举措。

自 20 世纪 70 年代起，随着环境和社会问题受到空前的关注，美国联邦政府先后推出了一系列法案，包括《国家环境政策法》(1970 年)、《清洁空气法》(1970 年)、《清洁水法》(1972 年)、《综合环境反应、赔偿和责任法》(1980 年，又称"超级基金法案")等。1970—1980 年也被称为美国历史上著名的"环境立法十年"。

但是，美国联邦政府在 ESG 法规制定和推进方面有所延缓和停滞，对于全球已达成普遍共识的气候变化问题的态度出现了一定的摇摆和倒退。2001 年，前总统小布什以"减少温室气体排放会影响美国经济发展"和"发展中国家也应该承担减排义务"为由，宣布单方面退出《京都议定书》。美国前总统特朗普曾于 2017 年宣布退出应对气候变化的《巴黎协定》，并在 2020 年正式退出，之后总统拜登又于 2021 年重新加入。

尽管美国联邦政府对 ESG 的推进并不积极，但在地方政府层面，以加利福尼亚州为代表的一些州仍在积极推行环境相关政策的制定，引导 ESG 配套政策法规的落地，为环境保护、社会和企业治理提供了有力的支撑，也对美国其他州政府的相关法规制定产生了一定的积极影响。

2006 年，加利福尼亚州政府率先通过了《全球变暖解决法案》(AB32 法案)，要求加利福尼亚州 2020 年温室气体排放水平下降到 1990 年的水平。该法案对全州范围内的温室气体排放量设定了绝对限制，具有里程碑意义。2007 年，美国西部的亚利桑那州、加利福尼亚州等 5 个州发起成立了区域性气候变化应对组织西部气候倡议（Western Climate Initiative，简称 WCI）。WCI 明确地提出了建立独立的区域性排放贸易体系，并设定具体的减排目标。2018 年，交通和气候倡议（Transportation & Climate Initiative，TCI）框架下 13 个美国东北和中大西洋成员州中的 10 个州发表声明，宣布它们将携手制定区域低碳交通政策，并着力建设旨在减少交通运输碳排放的碳定价机制。2018 年加利福尼亚州州长杰里·布朗签署了《第 100 号参议院法案》和《行政令 B-55-18》，法案提出该州在 2045 年前要实现 100% 可再生能源发电并达到碳中和，也被称为"全世界最激进的清洁能源政策"。

2010 年以后,全球 ESG 的快速发展促使美国证券交易委员会(SEC)、职业安全与健康管理局(OSHA)和劳工部(DOL)等监管机构都开始更加关注 ESG 政策的制定。美国政府出台了涵盖面更广、标准更严格的政策法规,对环境单一因素的关注也逐渐扩展到对社会以及劳工的重视和保护。

美国证券交易委员会于 2010 年发布了《委员会关于气候变化相关信息披露的指导意见》,该指南旨在帮助公司履行其在联邦证券法律和法规下的披露义务,要求上市公司通过定期向美国证券交易委员会提交文件,向投资者披露全部重大业务风险,包括气候变化发展可能对其业务产生的风险,并配套发布了《上市公司气候变化信息披露指引》。这标志着美国上市公司对环境责任正式量化披露的开始,也成为之后许多机构发布的环境披露规则的基础。

2015 年,在联合国提出 17 项可持续发展目标(SDGs)后,美国联邦政府劳工部福利安全管理局制定了相应的政策法规《解释公告 IB2015 - 01》(Interpretive Bulletin No. 2015-01),该法规是针对 ESG 各个维度而制定的,阐述了 1974 年制定的《职工退休所得保障条例》(Employee Retirement Income Security Act)的审慎和目标管理的适用性,表明了 ESG 因素可以作为对审慎投资决策的分析的重要部分。次年,劳工部又制定了《解释公告 IB2016 - 01》(Interpretive Bulletin No. 2016-01),重申了早期的解释公告 IB 94-2,并做出了关键性的更新,以便协助计划受托人理解和履行其在《雇员退休收入保障法》下关于代理投票和股东参与的义务。之后,劳工部又给国家和地方的员工福利安全局颁布了《实操辅助公告 No. 2018-01》(Field Assistance Bulletin No. 2018-01),以帮助他们解决他们可能从计划受托人和其他感兴趣的利益相关者那里收到的关于 IB2015-01 和 IB2016-01 的问题。由此,美国 ESG 相关的政策法规的制定也进入了更加体系化的过程,对市场上的环境保护、员工权益维护起到纲领性的指导作用。

近年来,联邦政府对环境保护和气候变化的重视程度不断提高。2020 年,美国商品期货交易委员会(CFTC)发布报告称,气候变化正威胁着美国金融体系和整体经济的稳定。白宫行政部门发布了《关于应对国内外气候危机的行政命令》(2021 年),承认美国正面临气候危机,该行政命令承诺美国到 2050 年在整个经济范围内实现净零碳排放,将对气候变化的重视程度等级再一次提高。美国联邦储备委员会(FED)也首次在《金融稳定报告》(2020 年)中提出银行需要应对全球气温上升带来的系统性风险。2020 年年底,美联储还加入了由来自世界各地的央行和监管机构组成"绿色金融体系网络"(Network for Greening the Financial System),各方共同合作开发针对金融业的气候风险管理工具①。

随着对 ESG 相关信息披露的呼声越来越高,纳斯达克证券交易所于 2017 年发布了第一版《ESG 报告指南》,并于 2019 年发布了《ESG 报告指南 2.0》,该指南覆盖了所有在纳斯达克上市的公司和证券发行人,将 ESG 指标纳入企业风险管理系统以及披露 ESG 相关数据,旨在帮助私营和上市公司掌握不断变化的 ESG 数据披露标准。2021 年美国众议院金融服务委员会通过了《ESG 信息披露简化法案》。该法案要求上市公司每年在向美国证券交易委员会提交的年度文件中披露 ESG 相关信息,并在委托投票说明书中披露公司对 ESG 指标与长期业务绩效之间的关系的看法②。在 ESG 信息披露要求方面,纳斯达克、纽交所均不强制要求上市公司披露 ESG 信息,本着自愿原则鼓励企业在衡量成本和收益时考量 ESG 因素,也不存在类似欧盟"不遵守就解释"的规定。

随着美国 ESG 热度的持续增长,更全面、更标准化的企业 ESG 信息披露得到股东的广泛支持,在这一背景下,美国证券交易委员会于 2022 年 3 月 21 日提交了《气候披露规则提案》,旨在提高公司报告中气候风险相关内容披露的清晰度和一致性,使投资者能够更有效地将这些风险和机会纳入其基本评估。2024 年 3 月美国证监会正式发布气候信息披露新规,在新规中强调和规范了上市公司气候相关内容披露,但不要求企业强制披露供应链和最终用户产生的温室气体排放。另外,对大型企业的温室气体直接排放和间接排放披露要求时间适当放宽到 2026 年,小型企业的披露时限也推迟到 2028 年。

总体来讲,美国的主要权力机构互相牵制,同时州政府拥有较大的自主权,这导致美国自上而下的 ESG 监管政策较难以实施和贯彻。因此,与欧盟国家相比,美国政府的 ESG 政策法规相对薄弱。强制性的 ESG 信息披露的要求起步较晚、发展较缓慢,但是随着美国 ESG 体系发展越来越成熟,对提高政策监管力度的需求也在无形中加强。与此同时,美国拥有强大、开放的市场体系,对 ESG 的发展产生了重要的驱动力。受全球 ESG 趋势的影响,美国资本市场的一些投资机构一直在自发地推广可持续金融,各商业机构和非营利组织也推出了众多

---

① Patrick Drury Byrne, P. Sandeep Chana, Lori Shapiro, et al. Green Liquidity Moves Mainstream [R]. S&P Global Ratings, July 7, 2021.

② Jdsupra: Congress A Step Closer to Making Corporate ESG Disclosure Mandatory, https://www.jdsupra.com/legalnews/congress-a-step-closer-to-making-9721287/.

ESG 评级体系,例如道琼斯可持续发展指数(DJSI)、MSCI ESG 指数等。尽管这些评级规则在有效性和统一性上存在着或多或少的问题,但成为 ESG 评价方式的广泛使用的强大推动力。

四、中国

我国 ESG 总体呈现由政策与法规主要推动,市场力量辅助支撑的形式。由于 ESG 理念与我国一直以来秉持的可持续发展观和生态文明观高度契合,ESG 的理念传播和商业实践在中国已然形成热潮,政府及监管机构正积极地探索 ESG 本地化路径。尤其是近几十年来,ESG 在中国发展迅速。

20 世纪 70 年代以来,中国始终支持联合国倡导的多边体系,积极参与联合国事务。联合国在 1972 年召开了人类环境会议,对刚刚恢复联合国席位的中国产生了重大影响。随后国内对环境和污染治理问题产生了空前关注。中国开始进行一系列在环境保护法律方面的探索:在 1973 年召开了全国第一次环境保护会议后,国务院在 1974 年成立了环境保护领导小组,并在其后发布了一系列试行法案。此后随着改革开放的推进,最终在 1989 年第七届人民代表大会常务委员会通过了《中华人民共和国环境保护法》,明确规定公司披露污染数据、政府环境监管机构公开信息,代表了中国环境保护法律体系的初步形成。1995 年中共十四届五中全会通过的"九五"计划提出"实施可持续发展战略",将可持续发展纳入了国家的长期规划。

在进入 21 世纪后,随着 ESG 在国际上的快速发展,中共中央和国务院进一步强调环境保护在经济发展中的重要性,出台了一系列法律法规和政策指引。2006 年,中国在《中华人民共和国国民经济和社会发展第十一个五年规划纲要》首次提出建设资源节约型和环境友好型社会的战略部署。同年,国务院召开第六次全国环保大会,提出"从重经济增长轻环境保护转变为保护环境与经济增长并重"等"三个转变"的战略思想,标志着中国经济建设方向发生重大转变①。2011 年,我国"十二五"规划首次明确了"绿色发展"的主题,要求把建设资源节约型、环境友好型社会作为加快转变经济发展方式的重要着力点。

2012 年联合国可持续发展首脑会议召开后,党的十八大提出生态文明建设"五位一体"的总体布局。2014 年,新版《中华人民共和国环境保护法》颁布,明确规定重点排污单位应当如实向社会公开其主要污染物的名称、排放方式、排放

---

① 　周生贤. 推进历史性转变 开创环境保护工作新局面[N]. 人民日报,2006-08-26.

浓度和总量、超标排放情况,以及防治污染设施的建设和运行情况,接受社会监督。2015 年,中共中央、国务院印发《生态文明体制改革总体方案》,明确要建立健全环境治理体系、健全环境信息公开制度、全面推进大气和水等环境信息公开,健全建设项目环境影响评价信息公开机制。"十三五"规划中还提出了 33 个绿色发展指标作为指导①。直到 2018 年,生态文明被正式写入《中华人民共和国宪法》,并出台了大量的环境保护条例以及关于企业环境治理信息披露的指导意见。2020 年 3 月,中共中央办公厅、国务院印发《关于构建现代环境治理体系的指导意见》,指出要健全环境治理信用体系、健全企业信用建设,建立完善上市公司和发债企业强制性环境治理信息披露制度。2021 年 5 月,生态环境部发布《环境信息依法披露制度改革方案》,提出到 2022 年发改委、央行和中国证监会要完成上市公司、发债企业信息披露有关文件格式修订,2025 年基本形成环境信息强制性披露制度。2021 年 12 月,生态环境部发布《企业环境信息依法披露管理办法》,要求重点排污单位、实施强制性清洁生产审核的企业、符合规定情形的上市公司、发债企业等主体依法披露环境信息。近年来,随着 ESG 在国际社会的呼声渐强,中国政府部门对环境治理和企业责任的重视程度继续不断提高,对建设绿色、低碳、高质量、可持续发展经济的愿景逐渐清晰。

与此同时,一些行业协会与社会组织也认识到企业 ESG 的重要性,响应国家的政策要求,陆续发布了 ESG 相关的指引和意见。2017 年,中国证券投资基金业协会发起并开始 ESG 专项研究。同年 9 月,中国金融学会绿色金融专业委员会、中国投资协会、中国银行业协会、中国证券投资基金业协会、中国保险资产管理业协会、中国信托业协会、环境保护部对外合作中心共同向参与对外投资的中国金融机构和非金融企业发起《中国对外投资环境风险管理倡议》,提出参与对外投资的机构投资者应借鉴联合国责任投资原则,在投资决策和项目实施过程中充分考虑 ESG 因素。2018 年,中国证券投资基金业协会正式发布《中国上市公司 ESG 评价体系研究报告》和《绿色投资指引(试行)》,构建了衡量上市公司 ESG 绩效的核心指标体系,界定了绿色投资的内涵和目标,对引导投资机构、上市公司等有关机构在 ESG 方面的实践行动均有应用价值和参考意义。自此,我国上市公司开始将衡量 ESG 披露质量作为投资决策参考的重要信息。

在证监会层面上,目前对于 ESG 的监管政策主要集中于上市公司的环境信

---

① 胡鞍钢."十三五"规划:引领绿色革命[J].环境经济,2016,Z2:23-27.

息披露要求,在近年大力推动对 ESG 信息披露的监管要求的出台。2018 年 9 月,证监会发布《上市公司治理准则(修订)》,增加了利益相关者、环境保护与社会责任章节,规定了上市公司应当依照法律法规和有关部门要求披露环境信息、履行扶贫等社会责任以及公司治理相关信息,确立了 ESG 基本框架。随后,在 2022 年 4 月发布《上市公司投资者关系管理工作指引》,指引进一步明确投资者关系管理的定义、适用范围和原则,将 ESG 信息作为投资者关系管理中上市公司与投资者沟通的内容。

　　除监管机构以外,证券交易所在上市公司的环境信息披露制度的建设中也起着十分重要的作用,加速助力国内 ESG 体系的形成。早在 2006 年和 2008 年,深交所和上交所就分别出台了上市公司社会责任指引,引导上市公司对社会责任相关信息进行披露。2017 年,上交所和深交所先后分别成为联合国可持续证券交易所倡导组织伙伴交易所,借鉴国际成功经验,进一步丰富绿色债券、绿色证券指数等绿色金融产品序列,完善我国上市公司可持续信息披露框架。2018 年上交所发布《上海证券交易所上市公司环境信息披露指引》,进一步对上市公司包括环境保护在内的社会责任信息披露提出了较具体要求和指引。此后,上交所于 2019 年发布了《上海证券交易所科创板股票上市规则》,在第四章(内部治理)第四节(社会责任)中提出,上市公司应积极承担社会责任,在年报中披露履行社会责任的情况。2020 年 9 月,深交所发布《上市公司信息披露工作考核办法》,首次提出对上市公司 ESG 主动披露及履行社会责任的披露情况进行考核。2022 年,上交所和深交所发布了新的《上市规则》,进一步要求将企业社会责任纳入公司治理的各个方面。2022 年 7 月,深交所全资子公司深圳证券信息有限公司正式推出国证 ESG 评价体系,体系包括 3 个维度、15 个主题、32 个领域、200 余个指标,具有标准贴近本土、主体覆盖全面、指标客观量化等优势,并发布基于该评价方法编制的深市核心指数 ESG 基准指数和 ESG 领先指数。2024 年 4 月 12 日在中国证监会的指导下,沪深北三家交易所发布《上市公司可持续发展报告指引》(以下简称《指引》),并自 2024 年 5 月 1 日起实施。《指引》明确报告期内持续被纳入上证 180、科创 50、深证 100、创业板指数样本公司,以及境内外同时上市的公司应当最晚在 2026 年首次披露 2025 年度《可持续发展报告》。《指引》要求企业披露温室气体范围 1、范围 2 排放量,鼓励披露范围 3 排放量,并且明确了不同重要性议题的披露要求。具备财务重要性的议题需按照"治理—战略—影响、风险和机遇管理—指标与目标"的四要素框架进行披露,对于仅具有影响重要性的议题,则根据具体议题相关指标要求披露。《指引》还设置了应对气候变化、污染物排放、生态系统和生物多样性保护、乡村振兴、创新驱动、员工等 21 个议题,并通过定性与定量、强制与鼓励相结合的方式对不同议题设置了差异化的披露要求。总体来说,证券交易所通过构建中国特色 ESG 指标评价体系,建设 ESG 信息披露制度,进一步引导 ESG 的发展。

图 1-3 中统计了从 2020—2021 年(截至 2021 年 6 月 29 日)A 股的 ESG 报告(包含以"社会责任报告""可持续发展报告"等为名称的报告)发布情况,在全球气候变化与中国"双碳"目标的背景及证券交易所的指引下,2023 年已约有 32.8% 的上市公司发布了 ESG 报告,全 A 股上市公司发布 ESG 报告的数量已经从 2011 年的 518 份增加到 2021 年的 1 125 份,且增幅持续稳定。其中,沪深 300 上市公司 2021 年有 250 家发布报告,占比超过 83%,远超整体 A 股情况,这表明头部上市公司已经具有较强的 ESG 披露意识。但整体而言,中国上市公司的 ESG 披露仍有较大的发展空间[1]。

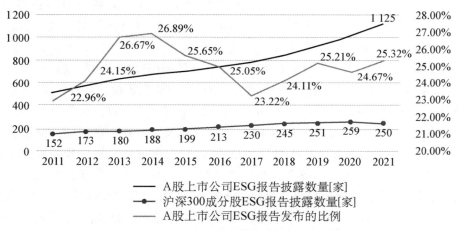

图 1-3　A 股上市公司 ESG 报告披露数量与比例(2011—2021 年)

资料来源:陆佳,《中外企业文化》,2024 年 2 月。

近年来,中国整体高度重视绿色发展,政府工作报告中不断出现新兴的 ESG 议题和要求。2020 年,中国明确提出 2030 年碳达峰与 2060 年碳中和目标(简称"双碳"目标),碳交易市场机制逐步建立和完善。2021 年,中共中央、国务院印发了《中共中央　国务院关于完整准确全面贯彻新发展理念做好碳达峰碳

---

[1] 商道融绿. A 股上市公司 ESG 评级分析报告 2021,https://www.syntaogf.com/products/asesg2021, 2022 年 1 月.

中和工作的意见》和《2030 年前碳达峰行动方案》,构建了中国碳达峰、碳中和"1+N"政策体系的顶层设计,相关重点领域和行业的配套政策也围绕以上意见及方案陆续出台。我国在"十四五"规划和 2035 年远景目标纲要中明确提出,加快发展方式绿色转型,坚持生态优先、推动绿色发展,促进人与自然和谐共生。"双碳"政策也被写入"十四五"规划。可见,ESG、低碳发展已经成为中国未来发展的重要议题。

　　尽管中国 ESG 体系还在逐步完善过程中,政策对 ESG 信息披露的要求多集中在 A 股上市公司,而且披露制度仍然处于"自愿披露向强制披露逐步前进"的状态。但是,随着"双碳"目标的确立,中国政府在顶层设计方面正在不断发力,以自上而下的方式推动发展,并从各个层面着力推进 ESG 体系建设。在法规与政策层面,要求企业定期披露环境信息、社会责任信息、公司治理信息而构建的有利于可持续发展的 ESG 信息披露法规政策及生态体系,正在快速形成中。整体而言,ESG 在中国呈现高速发展、追赶国际先进水平的态势。

第二章

ESG 相关理论

ESG 的研究起源于企业社会责任的相关探讨和研究。前期的研究往往将企业环境责任视为企业社会责任的一个维度。随着企业环境责任的理念在整个社会和生态环境中日益重要，企业环境责任逐渐被视为一个独立的要素。与此同时，为确保有效地贯彻履行企业社会责任和信息披露公开透明，企业需要建立相应的监督和控制的体系，因此，早期主要关注股东利益的治理模式相关研究也逐渐转向利益相关者导向的治理研究。

第一节　企业社会责任相关理论

企业社会责任就是企业在生产经营过程中对经济、社会和环境目标进行综合考虑，在对股东负责、获取经济利益的同时，主动承担起对企业利益相关者的责任，主要涉及员工权益保护、环境保护、商业道德、社区关系、社会公益等方面。因此，企业社会责任是指企业超出企业的利益相关和法律规定的规制因素，为了营造良好社会而采取的行动[①]。企业社会责任涉及的范围很广，理解不尽一致，目前国际上对企业社会责任的共同看法为：一是企业社会责任的性质属于公司企业自愿行为；二是其承诺的责任大多高于国家法律要求；三是企业社会责任应包含环境、员工权益和人权方面的保护措施，以及参与社区和社会公益活动等要素。

一、利益相关者理论研究

利益相关者理论被认为是企业社会责任研究的经典理论基础。按照发展脉

---

① McWilliams, A., Siegel, D. S. Corporate Social Responsibility: A Theory of The Firm Perspective [J]. Academy of Management Review, 2001, 26(1): 117-127.

络,可大致分为股东至上主义(shareholder supremacy)和利益相关者主义(stakeholder doctrine)两大流派①。20 世纪 80 年代之前,股东至上主义占据主导地位,股东至上主义代表人物弗里德曼(Milton Friedman)主张企业应当只对股东负责,企业唯一的社会责任就是努力实现利润最大化或股东价值最大化,无需对除股东以外的其他利益相关者承担责任。然而股东至上主义加剧了西方发达国家紧张的劳资关系,扩大了贫富差距,而且片面追求企业利益而破坏生态环境招致社会公众的不满,导致人们对股东至上主义进行深刻反思,最终促使利益相关者主义崛起。利益相关者概念最早由斯坦福研究院于 1963 年提出,并将利益相关者定义为"这样一些团体,没有其支持,组织就不可能生存"。利益相关者观点形成一个独立的理论分支,得益于瑞安曼②和安索夫③的开创性研究。20 世纪 70 年代以后,经弗里曼(Freeman)、布莱尔(Blair)、唐纳森(Donaldson)、米切尔(Mithell)、克拉克森(Clarkson)等学者的共同努力,使利益相关者理论形成了比较完善的理论框架,自此利益相关者理论开始引人注目。利益相关者主义坚称,不论是从伦理道德上看,还是从可持续发展上看,企业的管理层除了对股东负有创造价值的受托责任,还应当对其他利益攸关者负责。对企业的理解不应该将目光仅限于股东,而是要综合分析顾客、员工、商业伙伴等社会各层面。

利益相关者理论认为,任何一个公司的发展都离不开各利益相关者的投入或参与,企业追求的是利益相关者的整体利益,而不仅是某些主体的利益。每一个商业决策会影响各种各样的人,使某些人受益,增加其他人的成本。某些群体又不同于其他利益相关者,对决策有不同影响。相应地,组织不同的使命、优先级和价值观,都会影响最终决策。因此,社会责任要求决定竞争和冲突的责任优先级。管理者则必须相应地保持利益相关者之间的平衡④。弗里曼等⑤将利益相关者概念归结为狭义和广义两种。狭义的利益相关者:组织没有其支持,就不能存在的群体或者个人,例如股东、员工、顾客、相关供应商、重要的政府机关、相

① 黄世忠. 支撑 ESG 的三大理论支柱[J]. 财会月刊,2021(9):3-10.

② Rhenman E. Industrial Democracy and Industrial Management[M]. Tavistock Publications, 1968.

③ Ansoff, H. I. Corporate Strategy: An Analytic Approach to Business Policy for Growth and Expansion[M]. McGraw-Hill, 1965.

④ Freeman, R. E. Strategic Management, A Stakeholder Approach[M]. Pitman Press, 1984.

⑤ Freeman, R. E., Jeffrey S. Harrison, Andrew C. Wicks, et al. Stakeholder Theory: The State of the Art[M]. Cambridge University Press, 2010: 45.

关金融机构等。广义的利益相关者则包括任何能够影响组织目标的实现或受这种实现影响的群体或个人，例如股东、员工、顾客、公益团体、抗议团体、政府机关、业界团体、竞争对手、工会等。从社会契约的角度来看利益相关者在企业社会责任研究中的重要性，可以把企业理解为"所有利益相关者之间的一系列多边契约"，这一组契约的主体当然也包括管理员、雇员、所有者、供应商、客户及社区等多方参与者。美国管理学家唐纳森和邓菲①将企业与其利益相关者之间所遵循的所有契约形式称为综合性社会契约。他们从社会契约的角度指出：现实的或"现存的"社会契约构成了企业道德规范的一个重要源泉。当这些现实的，但通常是非正式的社会契约以自由而明智的一致同意为基础时，并且当他们提出的规范与更广泛的伦理学理论原则相一致时，它们显然就成了强制性的，企业有义务遵守企业与社会达成的这一广泛的社会契约。企业的运作方式应该像组织和社会之间存在契约一样，使社会收益最大化。企业的行为应该受法律的指导，或自愿符合社会规范和期望。② 按照综合契约论，履行与各种利益集团的合同义务是企业的责任，它暗含着企业必须符合公众的期望，是企业责任的一种扩展。随着政府对环境监管的加强以及公众对股东至上主义的态度变化，利益相关者主义思想日益成为主流。在 2019 年 8 月的"商业圆桌会议"上，200 多家大公司的首席执行官签署的宣言书中有五项承诺：为客户创造价值；投资于公司的员工；以公平和合乎道德的方式与供应商打交道；支持公司所在的社区；为股东创造长期价值。将股东价值放在最后一条，不难看出企业在管理过程中对于利益相关者理论的日益重视。

二、企业公民理论探讨

20 世纪 80 年代，出现了"企业公民"概念。企业公民理论认为，企业是社会的一个主要部分，企业是国家的公民之一，因此企业有盈利和持续发展的权利，同时企业也有责任为社会的发展做出贡献。该理论将企业看作是社会的公民，从法学角度强调企业的"公民身份"，在该理论框架内，企业与自然人都是享有公民权利、履行公民义务的个体。自然人要想成为一个好公民，不仅要受到法律的约束，而且也要受到伦理道德的约束。同理，企业要想成为一个好公民，同样不

---

① Donaldson, T., Dunfee, T. W. Ties that Bind: A Social Contracts Approach to Business Ethics[J]. Ethics, 1999, 13(4): 109-110.

② Belkaoui, A., Pavlik, E. The Effects of Ownership Structure and Diversification Strategy on Performance[J]. Managerial and Decision Economics, 1992, 13(4): 343-352.

仅要遵守法律的规定,而且也要承担其应当承担的经济、道义伦理上的义务。换句话说,社会赋予企业生存的权利,是让企业承担受托管理社会资源的责任,那么企业就必然要为社会的更加美好而行使这项权利,承担这项责任,合理地利用这些资源。一个美好的社会不仅需要经济的繁荣,还需要政治的稳定和道德伦理的和谐。

企业公民理论认为企业参与社会性活动、承担社会责任的根本动因是企业实现自我完善的内在需要,并且通过可比拟的身份性特征,将关于企业社会责任的道德说教或利益驱动转变为一种理性的、自觉的行为准则。除此之外,外部社会压力也起到一定的推动作用。基于企业公民理论,Zadek 等[1]提出了一个"企业公民基本原理三角模型"。企业好公民的绩效是由三种力量所形成的:首先是企业经理需要理解外部环境并与之进行协调的动力;其次来自社会的压力,促使企业改进在社会和环境方面的绩效;最后是道德价值。如果一家企业树立了良好的企业公民形象,它就建立了一种信任,有助于提高企业在利益相关者(包括消费者和员工)中的地位,进而改善盈利能力。如果一家公司因为其产品、财务业绩、工作场所或公民身份而名声不好,就会对商业成功造成重大障碍。

已有研究还对企业公民所需要承担的责任内容进行了探讨,将企业公民划分成三种表现形式:一是企业公民与慈善活动、社会投资或对当地社区承担的某些责任相近(有限概念);二是要求承担社会责任的企业应努力创造利润、遵守法律、做有道德的合格企业公民(同企业社会责任对等的概念);三是企业对社区、合作者、环境都要履行一定的义务和责任,责任范围甚至可以延伸扩展至全球[2]。2003 年,世界经济论坛提出了企业公民四个方面的社会责任,具体包括:一是好的公司治理和道德标准,主要包括遵守法律、现存规则以及国际标准,防范腐败贿赂,包括道德行为准则问题,以及商业原则问题;二是对人的责任,主要包括员工安全计划,就业机会均等、反对歧视、薪酬公平等;三是对环境的责任,主要包括维护环境质量,使用清洁能源,共同应对气候变化和保护生物多样性等;四是对社会发展的广义贡献,主要指广义的对社会和经济福利的贡献,比如传播国际标准、向贫困社区提供要素产品和服务,如水、能源、医药、教育和信息

① Zadek, S., Pruzan, P. & Evans, R. Building Corporate Accountability, Emerging Practices in Social and Ethical Accounting, Auditing and Report[M]. Earthscan, 1997.

② Matten, D., Crane, A. & Chapple, W. Behind the Mask: Revealing the True Face of Corporate Citizenship[J]. Journal of Business Ethics, 2003, 45(1-2): 109-120.

技术等,这些贡献在某些行业可能成为企业核心战略的一部分,成为企业社会投资、慈善或者社区服务行动的一部分。

关于企业公民理论与企业社会责任的关系,学界有局部说、等同说、超越说三种观点。持有局部说的代表性学者爱泼斯坦认为,如果从参与社区的角度来理解企业公民,那么企业公民只体现了原有社会责任概念框架中的一个层面,即企业与社区关系,该类观点认为企业公民的核心是企业对社区的介入①。等同说以卡罗尔的"四面说"(four faces)为代表,认为企业公民和个人公民等同,应担负经济、法律、道德、慈善四个方面的责任,将企业公民和企业社会责任等量齐观。他认为,优秀的企业公民必须同时做到盈利、守法、讲道德、重慈善②。持有超越说的学者从管理学、政治学和社会学的理论出发,更加全面地分析了企业公民的内涵,解释了企业公民超越企业社会责任范畴的特征。沃德尔指出,公民意识强调社区中所有相互联系和依存的成员的权利和义务③;范·卢杰克认为,企业公民让企业看到或者说重新认识到企业在社会中的正确位置,企业在社会中与其他"公民"相邻,并与这些公民一起组成社区④;韦多克认为,企业公民概念第一次把企业社会责任和利益相关者理论融合在一起并付诸行动,同时又将企业表现与利益相关者和自然环境结合在一起⑤;瓦洛认为,企业公民是对"企业-社会关系"的重新界定,它借助公民意识来明晰其含义。公司公民强调公司和个人公民一样拥有权利和义务⑥。

三、企业社会责任的制度分析

从企业社会责任的影响因素来看,基于制度理论研究的学者认为来自社会制度环境的压力是影响企业行为的非常重要的因素,它会促使企业遵从于社会

---

① Epstein, E. M. Business Ethics, Corporate Good Citizenship and The Corporate Social Policy Process: a View from the United States[J]. Journal of Business Ethics, 1989, 8: 583-595.

② Carroll, A. B. The Four Faces of Corporate Citizenship[J]. Business and Society Review, 1998, 100/101: 1-7.

③ Waddell, S. New Institutions for the Practice of Corporate Citizenship: Historical, Intersectoral, and Developmental Perspectives[J]. Business and Society Review, 2000, 105(1): 107-126.

④ Van Luijk, H. J. L. Business Ethics in Europe: a Tale of Two Efforts[A]. In R Frederick (ed.). A Companion to Business Ethics[C]. Cambridge, M A, & Oxford: Black well, 2001: 643-658.

⑤ Waddock, S. Parallel Universes: Companies, Academics, and the Progress of Corporate Citizenship [J]. Business and Society Review, 2004, 109(1): 5-42.

⑥ Valor, C. Corporate Social Responsibility and Corporate Citizenship: towards Corporate Accountability[J]. Business and Society Review, 2005, 110(2): 191-212.

流行和期望的行为活动[①]。在强大的制度压力和利益相关者的推动下,企业将被动做出一些社会责任行为以迎合外部利益相关者的要求,从而获得合法性认可[②]。制度下的合法性需求,促使企业管理者要持续确保他们在其运作的社会中是规范的,或者说在社会的期望中运营[③]。企业社会责任作为一种防御型战略,可以帮助企业在社会上获得合法地位[④]。企业因此借助社会责任活动来降低风险,提高满意度和可持续发展的能力[⑤]。企业的一些实践行为如环境友好型组织行为、支持社区发展的正面信息等可以增强组织的合法性。相反,有一些行为例如在大众媒体上被曝光的重大事故或财务丑闻,则降低了组织的合法性。

近年来出现的基于中国情境下的 CSR 相关研究,也探讨了制度因素对于推动中国企业履行社会责任的重要影响[⑥]。陈丽等[⑦]、刘春济和彭屹[⑧]研究发现,在市场化水平越高和要素市场越发达的地区,公司倾向于履行更多和更好的社会责任,市场化进程可以提高企业在战略制定和决策中对企业社会责任的考核比重。政府制定的法律法规是社会责任和信息公开披露行为中最直接、可观的一种强制性压力[⑨]。在政府规制较为强势、非营利组织等对企业责任的监督更为

① 陈宏辉,张麟,向燕.企业社会责任领域的实证研究:中国大陆学者 2000—2015 年的探索[J].管理学报,2016,7:1051-1059;Spencer, J., Gomez, C. MNEs and Corruption: The Impact of National Institutions and Subsidiary Strategy[J]. Strategic Management Journal, 2011, 32:280-300.

② Suchman, M. C. Managing Legitimacy: Strategic and Institutional Approaches[J]. Academy of Management Review, 1995, 20:571-610.

③ Islam, Azizul Muhammad, Craig Deegan. Motivations for an Organisation within a Developing Country to Report Social Responsibility Information: Evidence from Bangladesh[J]. Accounting, Auditing, Accountability. 2008, 21(6):850-874.

④ Elkins, A. Toward a Positive Theory of Corporate Social Involvement[J]. Academy of Management, 1977, 2(1):128-133.

⑤ Bansal, P., Roth, K. Why Companies Go Green: A Model of Ecological Responsiveness[J]. Academy of Management Journal, 2000, 43(4):717-736.

⑥ 尹珏林.中国企业履责动因机制实证研究[J].管理学报,2012,9:1679-1688;杨东宁,周长辉.企业自愿采用标准化环境管理体系的驱动力:理论框架及实证分析[J].管理世界,2005,2:85-95;郑海东,曹宇.企业承担社会责任的阻力要素分析:基于跨案例研究方法[J].经济研究参考,2015,32:64-72.

⑦ 陈丽,胡树华,牟仁艳.市场化进程与企业社会责任:基于 124 家制造业上市公司的面板数据[J].财会月刊,2016,5:3-7.

⑧ 刘春济,彭屹.中国企业社会责任表现的制度环境效应:市场化、社会资本与行政监管的影响[J].南京财经大学学报,2018(1):77-88.

⑨ Suchman, M. C. Managing Legitimacy: Strategic and Institutional Approaches[J]. Academy of Management Review, 1995, 20:571-610.

明显的制度环境条件下,企业会体现出较好的社会责任绩效[1]。Marquis 和 Qian[2] 认为中国情境下政府的制度影响对企业社会责任有较强的作用。对政府依赖程度不同的公司,面对不同的合法性压力。在强监管环境下的企业更可能开展实质性的社会责任活动,而不像其他公司那样仅停留在肤浅的社会责任信息公告层面。Sun 等学者[3]基于中国银行业的分析发现,如果中国的银行在包含社会责任报告公司较多的社区中经营,或者经营社区中有官方原则性的指导,那么中国的银行更倾向于主动报告企业社会责任,这种倾向随着经营时间的增加而变得更加明显。政治制度因素对企业 CSR 的重要影响还会从企业家及高管等决策者行为中体现出来[4]。贾明等学者[5]在研究高管的政治关联对企业慈善行为的影响时也发现,具有政治关联的上市公司更倾向于参与慈善捐款,且捐款水平更高。此外,在不同制度因素影响下,中国的国有企业与民营企业对企业社会责任的侧重点也不一样,国有企业在计划经济和市场经济中更关注对员工福利的保护,而民营企业则更侧重于环保主义[6]。李增福等学者[7]针对中国民营上市企业的研究发现,法制环境好的地区,企业慈善捐赠的避税效应会更强;具有政治关联的民营企业,其慈善捐赠的避税效应也会更强。

当然,许多研究已经发现,这种外部制度因素影响下的被动防御型的 CSR 往往不一定效果良好。因为企业在不同制度和各类利益相关者的压力下,会

---

[1] Campbell, J. T., Eden, L. & Miller, S. R. Multinationals and Corporate Social Responsibility in Host Countries: Does Distance Matter[J]. Journal of International Business Studies, 2012, 43(1): 84-106.

[2] Marquis, C. & Qian, C. Corporate Social Responsibility Reporting in China: Symbol or Substance [J]. Organization Science, 2014, 25(1): 127-148.

[3] Sun, J., Wang, F., Wang, F., et al. Community Institutions and Initial Diffusion of Corporate Social Responsibility Practices in China's Banking Industry [J]. Management and Organization Review, 2015, 11(3): 441-468.

[4] 高勇强,何晓斌,李路路.民营企业家社会身份、经济条件与企业慈善捐赠[J].经济研究,2011,12: 111-123;梁建,陈爽英,盖庆恩.民营企业的政治参与、治理结构与慈善捐赠[J].管理世界,2010,7: 109-118;Yin, J. Institutional Drivers for Corporate Social Responsibility in and Emerging Economy: A Mixed-Method Study of Chinese Business Executives[J]. Business & Society, 2017, 56(5): 672-704.

[5] 贾明,张喆.高管的政治关联影响公司慈善行为吗?[J].管理世界,2010,4:99-113.

[6] Han, Y. & Zheng, E. Why Firms Perform Differently in Corporate Social Responsibility? Firm Ownership and the Persistence of Organizational Imprints [J]. Management and Organization Review, 2016, 12(3): 605-629.

[7] 李增福,汤旭东,连玉君.中国民营企业社会责任背离之谜[J].管理世界,2016,9:136-148.

遇到差异化甚至相互矛盾的要求和期望,这将导致企业在履行社会责任过程中出现选择差异或困难,而形成各种表面敷衍、缺乏实质性 CSR 活动的现象[①]。

尤其在母国和东道国制度差异比较大的情境中,企业国际经营的 CSR 活动将面临更大的压力和不确定性[②],很可能会因此而缺乏企业履行社会责任的标准和动力。Crilly[③] 通过访谈发现即使国家制度层面强调促进企业履行社会责任,在国际经营中企业母公司和子公司的股东利益也会形成冲突,利益相关者对子公司参与当地 CSR 活动的期望相应也就会产生较大差异。从企业实践做法来看,国外子公司更倾向于履行当地社会责任以获得合法性,对于其他经营国社会责任的关注则相对较少[④]。

四、企业社会责任的战略分析

越来越多的研究发现,企业社会责任已经成为企业长期可持续发展的一项非常关键的战略举措[⑤]。战略选择理论认为,企业对于外部的环境并非都是被动的接受者。企业完全可以在分析内外部环境资源条件后,通过积极主动地选择某一合理的战略,来最终实现企业所期望的目标[⑥]。企业的战略选择是建立在一系列理性分析基础上,在企业目标指导下做出的[⑦]。这是一种企业为其整体绩效最大化而开展的具有明确战略意图的积极选择[⑧]。

对于制度环境对企业决策的影响和制约作用,战略选择理论并不避讳,相

① Weaver, G. R., Trevino, L. K. & Cochran, P. L. Integrated and Decoupled Corporate Social Performance: Management Commitments, External Pressures, and Corporate Ethics Practices[J]. Academy of Management Review, 1999, 42: 539-552.

② 崔新健. 跨国公司社会责任的概念框架[J]. 世界经济研究,2007,4:64-68.

③ Crilly, D. Predicting Stakeholder Orientation in the Multinational Enterprise: A Mid-Range Theory [J]. Journal of International Business Studies, 2011, 42(5): 694-717.

④ Campbell, J. T., Eden, L. & Miller, S. R. Multinationals and Corporate Social Responsibility in Host Countries: Does Distance Matter[J]. Journal of International Business Studies, 2012, 43(1): 84-106.

⑤ McWilliams, A., Siegel, D. & Wright, P. Corporate Social Responsibility: Strategic Implications [J]. Journal of Management Studies, 2006, 43(1): 1-18.

⑥ Andrews, R. The Concept of Corporate Strategy [M]. Richard D. Irwin, 1971; Hofer, C., & Schendel, D. Strategy Formulation: Analytical Concepts[M]. West Publishing Co., 1978.

⑦ Porter, M., Competitive Advantage: Creating and Sustaining Superior Performance[M]. Free Press, 1985.

⑧ Hamel, G. & Prahalad, C. Strategic Intent[J]. Harvard Business Review, 1989, 67(3): 63-76.

反,战略选择理论认为企业在充分认知外部制度因素影响之后,能够通过一个更加理性、合理的战略选择过程,从而选择采取一个积极主动的优化战略方案以实现企业预期的目标[1]。企业的战略选择会受到外部环境的影响,因此企业需要充分考虑自身条件应对外部风险和不确定性的控制和驾驭能力,来有效确定战略选择的目标期望[2]。

正如 Child[3] 提到:"组织与环境的分析最终还是为企业决策及其执行服务的。可见,企业是具备一定的能力,可以通过自身力量来影响它所处的周围环境的。"企业作为"社会活动者",绝不只是社会中微不足道的一员,企业完全有能力决定该如何行事[4]。Pfeffer 和 Salancik[5] 则强调当企业已经意识到外部环境会对自身发展产生重要影响时,会采取更加主动和适应性的战略。

Carroll 等学者[6]的研究发现,2008—2012 年,近 50% 的企业社会责任的相关研究发表在战略管理类期刊中。这表明目前对于企业社会责任的战略意义和价值是被普遍认可和接受的。当然,企业从事 CSR 的动机远不止保护环境、回馈社会那么简单,他们也会从企业可持续发展的战略角度着想。为了适应外部环境各方面需求,实现企业更好的经济绩效[7],企业也会选择适合企业发展的 CSR 战略,并积极开展企业社会责任实践。Oliver[8] 认为,组织可以采取不同的战略对策或被动整合或积极抵抗来应对外部制度环境的压力。Oliver 还进一步表示,当组织面临制度上的期望与内部组织目标(如效率等)之间的不一致性时,

---

[1] Grant, R. Strategic Planning in a Turbulent Environment: Evidence from the Oil Majors [J]. Strategic Management Journal, 2003, 24(6): 491-517.

[2] Hitt, M. & Tyler, B. Strategic Decision Models: Integrating Different Perspectives [J]. Strategic Management Journal, 1991, 12(5): 327-351.

[3] Child, J. Organizational Structure, Environment and Performance: The Role of Strategic Choice [J]. Sociology, 1972, 6(1): 1-20.

[4] King, G., Felin, T. & Whetten, D. A. Finding the Organization in Organizational Theory: A Meta-Theory of the Organization as a Social Actor [J]. Organization Science, 2010, 21: 290-305.

[5] Pfeffer, J. & Salancik, G. R. The External Control of Organizations: A Resource Dependence Perspective [M]. Stanford University Press, 2003.

[6] Carroll, R. J., Primo, D. M. & Richter, B. K. Using Item Response Theory to Improve Measurement in Strategic Management Research: An Application to Corporate Social Responsibility [J]. Strategic Management Journal, 2016, 37(1): 66-85.

[7] Wang, H. & Qian, C. Corporate Philanthropy and Corporate Financial Performance: The Roles of Stakeholder Response and Political Success [J]. Academy of Management Journal, 2011, 54(6): 1159-1181.

[8] Oliver, C. Strategic Responses to Institutional Processes [J]. Academy of Management Review, 1991, 16(1): 145-179.

组织就有可能会选择不一定符合制度期望的战略组合。并且,当组织的期望从被动应对制度压力转变成主动追求社会合法性时,这种可能性就大大增加。

正如 Murray 和 Montanari[①] 强调的,社会责任是一种重要战略,企业需要主动进行选择,与外部环境进行良性的互动和匹配。企业履行社会责任甚至可以成为一种竞争武器,通过消费者参与加强与消费者直接的信任纽带,作为一种竞争优势对忽视社会责任的市场领导企业形成冲击[②]。公司组织 CSR 活动时,有意识地引进的新参与者(例如激进的个人监管组织)将有助于谋求在国家层面、公司层面、个人监管层面的组织目标[③]。在不利的社会环境影响下,企业更需要关注企业社会责任战略的理性选择,这反映了企业提升长期竞争力的期望,其中既包括经济目标,例如企业增长和声誉提升,也包括社会目标,例如组织合法性和社会认知度的提高[④]。因此,企业需要积极有效安排合理的社会责任活动,以应对外部制度环境的影响,从而提升企业合法性,实现企业可持续发展。

五、企业社会责任的伦理判断

在研究企业社会责任时通常离不开对企业伦理责任和伦理判断[⑤]的讨论。企业伦理是人们对于什么是好、什么是对的理解在商业中的应用。企业伦理包含了一系列道德标准和价值观,为企业行为提供伦理判断[⑥]。企业伦理处于哲学理念层面,往往存在于企业行为守则并包含在企业文化和使命中,更多地在企业管理者和员工的价值观和思维意识中体现出来[⑦]。所以,利益相关者在思考企业行为在伦理层面上正确与否时,主要是基于价值观和道德标准的判断。因

---

① Murray, K. & Montanari, J. Strategic Management of the Socially Responsible Firm: Integrating Management and Marketing Theory[J]. Academy of Management Review, 1986, 11(4): 815-827.

② Du, S., Bhattacharya, C. B. & Sen, S. Corporate Social Responsibility and Competitive Advantage: Overcoming the Trust Barrier[J]. Management Science, 2011, 57(9): 1528-1545.

③ Mena, S. & Waeger, D. Activism for Corporate Responsibility: Conceptualizing Private Regulation Opportunity Structures[J]. Journal of Management Studies, 2014, 51(7): 1091-1117.

④ Zheng, Q., Luo, Y. & Wang, S. Moral Degradation, Business Ethics, and Corporate Social Responsibility in a Transition Economy[J]. Journal of Business Ethics, 2014, 120(3): 405-421.

⑤ 通常伦理和道德略有差异,伦理侧重于社会,更强调客观方面,道德侧重于个体,更强调内在操守。在大多数时候二者视作同义词,在本书中两个概念可以互换使用。

⑥ Saul, G. K. Business Ethics: Where Are We Going?[J]. Academy of Business, 1981, 6(2): 269-276.

⑦ Heugens, P. M., Kaptein, M. & Van Oosterhout, J. Contracts to Communities: A Processual Model of Organizational Virtue[J]. Journal of Management Studies, 2008, 45(1): 100-121.

此，企业伦理往往关注的是企业行为的伦理判断而不是外在表现和绩效，有些伦理优秀的企业可能会由于较少进行对外宣传并不一定会为公众所熟知。企业社会责任则更多体现在企业外在可见的行为表现中，有明确的对象、具体的内容范畴和目的[①]。正如前面所述的社会责任相关研究，企业社会责任代表着企业对于企业利益相关者，包括环境、消费者、雇员和公众的负责任的行为[②]。而且企业履行社会责任往往与企业绩效密切关联，因此需要积极进行对外宣传和披露，以体现企业履行社会责任的成效。

诚然，企业社会责任是企业在生产经营过程中对经济、社会和环境目标进行综合考虑，并主动承担起对企业利益相关者的责任。但是企业社会责任的履行离不开伦理判断。企业卓越地履行了社会责任也并不一定代表企业伦理优秀。相反，失去伦理基础的企业社会责任将会严重背离企业的价值观和道德准则，进而形成虚假社会责任的败德行为[③]。例如企业"漂绿"（greenwashing）现象就是典型代表。漂绿一词是指企业或组织在未采取实质性努力的情况下，通过营销策略和公关宣传夸大其绿色倡议的效果或隐瞒其不利于环境的实践，将自己标榜为环境友好型组织的欺骗性行为。这些企业采取虚假或误导性的宣传手段吸引有环保意识的利益相关者，使公众相信它们的产品、服务或整体运营比实际更加环保、可持续或环境友好。企业刻意宣传的社会责任并不一定代表真正落实履行了社会责任，而且也不证明企业的伦理道德一定好。漂绿企业往往就是为了迎合利益相关者，实施了较多表面虚假社会责任却实质上并不一定伦理道德的行为。

与此同时，企业在实施为满足自己的主要利益相关者诉求的社会责任行为过程中，不一定能促使整体社会福利增加，而且企业为实现可持续发展而开展的社会责任行为也不一定是符合伦理道德的行为[④]。历史上许多败德企业也开展了很多受到社会各界好评的社会责任行为。例如因会计腐败丑闻倒闭的安然公司，由于对当地履行积极的社会责任活动，曾被休斯敦莱斯大学的一位教授赞为

① Muller, A. & Kolk, A. Extrinsic and Intrinsic Drivers of Corporate Social Performance: Evidence from Foreign and Domestic Firms in Mexico[J]. Journal of Management Studies, 2010, 47(1): 1–26.

② Wood, D. Corporate Social Performance Revisited[J]. The Academy of Management Review, 1991, 16(4): 691–718.

③ 郑琴琴，李志强. 中国企业伦理管理与社会责任研究[M]. 复旦大学出版社，2018.

④ Basu, K. & G. Palazzo, Corporate Social Responsibility: A Process Model of Sensemaking[J]. Academy of Management Review, 2008, 33(1): 122–136.

"闪亮的灯塔"，其董事长 Kenneth Lay 在休斯敦也被视为"真正的英雄"之一[①]。休斯敦太空人队训练场地在 2000 年曾接受了安然公司的巨额资助而被命名为"安然广场"。安然公司还慷慨地将资金捐赠给诸如休斯敦歌剧院和芭蕾舞团、得克萨斯大学癌症中心和其他慈善组织。

　　Parmar 和 Freeman 等[②]学者曾撰文指出，过分强调企业社会责任实际上加剧了资本主义和伦理问题。21 世纪的金融危机表明了道德与资本主义分离的后果。许多大型银行和金融服务公司都有企业社会责任政策和计划，但由于他们认为道德与他们如何创造价值无关，他们无法履行其对利益相关者的最基本责任，最终破坏了整个经济的价值。这说明背离价值观和道德准则的企业社会责任行为以及仅仅关注实施社会责任的绩效是不可取的，该情况下实施的社会责任行为甚至属于虚假社会责任行为。

　　当然，当企业拥有较高的伦理意识并且积极投身于社会责任活动，将会更加受到利益相关者的认可和欢迎，企业的声誉和社会绩效也就自然提升了。尤其是当企业价值观与利益相关者一致的时候，企业的社会地位与竞争优势也就更加突出了。因此，企业伦理可以为企业社会责任行为的范围及合理性进行认知评价，有效帮助和指导企业正确履行社会责任。好的企业伦理能够为企业社会责任提供有效的指导，也是企业如何更好地履行社会责任、如何开展负责任的行动的理论基础。企业在开展社会责任的过程中，也能够更好地将企业伦理体现出来，有效帮助企业道德声誉得到提升，并有效维系和指导企业的可持续发展。

六、企业 ESG 行为与财务绩效的关系

　　国内外学者围绕 ESG 与企业财务绩效的相关性展开了较丰富的研究。关于直接分析企业从事 ESG 行为与其财务绩效的相关性，Friede 等[③]以 2 200 位学者和投资者的实证结果为研究对象，通过提取以往文献研究的主要数据和次

① Hartman, Laura Pincus; Desjardins, Joseph; MacDonald, Chris, Business Ethics: Decision Making for Personal Integrity and Social Responsibility[M]. McGraw-Hill Education, 2015.
② Parmar, B. L., Freeman, R. E., Harrison, J. S., et al. Stakeholder Theory: The State of the Art [J]. The Academy of Management Annals, 2010, 4(1): 403-445.
③ Friede G., Busch T., & Bassen A. ESG and Financial Performance: Aggregated Evidence from More than 2 000 Empirical Studies[J]. Journal of Sustainable Finance & Investment, 2015, 5(4): 210-233.

要数据,探究 ESG 行为与公司财务绩效(CFP)之间的关系,研究结果表明,随着时间的推移,ESG 与 CFP 之间存在稳定且积极的正向相关性,并且 90% 的研究数据显示 ESG 与 CFP 之间存在非负相关性。如图 2-1 所示,研究发现,接近总样本 50% 的企业 ESG 行为与 CFP 之间有正相关性,仅约 10% 为负相关。

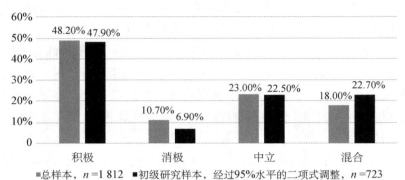

图 2-1　企业 ESG 行为与 CFP 的关系

资料来源:Friede G, Busch T, Bassen A. ESG and Financial Performance: Aggregated Evidence from More than 2 000 Empirical Studies[J]. Journal of Sustainable Finance & Investment, 2015, 5(4): 210-233.

　　此外,Barnett 和 Salomon[①] 发现企业社会责任表现好的企业通常拥有较高的财务绩效水平。Lee 等[②]人以 2011—2012 年国外公司为样本研究发现,企业环境责任履行与股东权益回报率和资产收益率之间存在显著正相关关系。管理学者普拉哈拉德在《金字塔底层的财富》一书中提出,企业需要关注如何为金字塔底层的贫困群体提供服务,不仅能帮助他们摆脱贫困,同时也能够获取可观利润。Velte[③] 将 412 家德国上市公司 2012—2014 年环境、社会和公司治理绩效和财务绩效数据作为研究对象,发现 ESG 对资产回报率有积极影响,且与环境、

[①]　Barnett M. L., Salomon R. M. Does It Pay To Be Really Good? Addressing The Shape Of The Relationship Between Social And Financial Performance[J]. Strategic Management Journal, 2012, 33, 1304-1320.

[②]　Lee, K. H., Cin, B. C., & Lee, E. Y. Environmental Responsibility and Firm Performance: The Application of An Environmental, Social and Governance Model[J]. Business Strategy and the Environment, 2016, 25(1): 40-53.

[③]　Velte, P. Does ESG Performance Have an Impact on Financial Performance? Evidence from Germany [J]. Journal of Global Responsibility, 2017, 6: 13.

社会指标相比,公司治理指标对财务绩效影响最大。Fatemi 等[①]在研究探讨 ESG 活动及其信息披露对公司的价值影响时,发现 ESG 优势与公司价值呈正相关性,加强对 ESG 方面的投资可以增加企业的价值,而 ESG 劣势会降低公司价值。2023 年 9 月 8 日,《科学》(*Science*)杂志以封面论文形式刊发"Reducing Single-Use Cutlery with Green Nudges: Evidence from China's Food-Delivery Industry"(《绿色助推减少一次性餐具使用:来自中国外卖行业的证据》)。该论文研究了饿了么外卖平台改动餐具选择用户界面这一绿色助推实践对于一次性餐具消费和减少塑料垃圾的影响。研究团队发现,绿色助推并没有显著影响外卖平台的订单数量,也没有对企业的业务产生消极影响。然而,成本微乎其微的绿色助推却可以产生巨大的环境效益。

现有研究还广泛论证了企业参与 ESG 实践对于员工认同、组织声誉等多方面的积极影响。但一方面学者就企业 ESG 行为与公司绩效之间的关系并未达成一致结论;另一方面,即使在充分的经济动机下,企业有限的组织资源也限制了其对于众多可持续议题的持续投入。因此,对于众多的 ESG 实践,在出于制度压力进行采用后,企业并不总表现出持续的遵守。

此外,学者也发现,相比于更早些的企业社会责任、商业伦理而言,ESG 是一个非常追求定量化、具象化的指标导向,其中的好处当然是能给企业提供具体落实到某些方面的指导,但如果企业过度追求完成定量化的指标,也有可能导致道德挤出效应,即企业不关注 ESG 行为是否道德,甚至采取不道德的手段达成 ESG 指标。学者通过对欧洲企业进行大量的访谈之后,发现定量化指标的最典型特点是客观物化和市场化,而这两大特点最后很有可能导致形成道德挤出效应,企业不顾伦理道德盲目地或者说不择手段地去实现 ESG 指标。

第二节　企业环境责任相关理论

生态环境与企业生产经营活动息息相关。作为污染主体,企业对实现生态环境可持续发展具有不可忽视的作用。因此,从企业角度看,企业环境履责的本质是企业实现环境外部性内部化的责任。纵观工业经济发展的历史,一些研究

---

① Fatemi A., Glaum M., Kaiser S. ESG Performance and Firm Value: The Moderating Role of Disclosure[J]. Global Finance Journal, 2017, (38): 45-64.

把环境问题看作企业不必要的负担以及经济增长的阻碍，并认为企业履行环境责任的行为造成对企业稀缺资源的浪费，让企业处于不利的竞争地位①。而且企业环境披露信息对股东实现股东价值也不会产生积极效用，不仅干扰了企业价值最大化的使命，还给投资决策带来多余的噪声②。

尽管如此，企业环境责任的支持者认为企业环境治理行为是企业获取持久竞争优势的重要来源，也是为企业股东创造价值的战略性实践活动③；而且企业披露环境信息可以加强管理层对于目前企业环境战略实施情况的认知，作为企业内部管理信息使用④。此外，企业环境责任履行在维护企业和社会可持续发展的同时，也可以带来一种全新的商业模式。在这种模式下，衡量企业成功的标准包括经济、社会和环境三方面的可持续性。1994 年，英国学者约翰·埃尔金顿提出了三重底线的概念，包括经济底线、环境底线和社会底线，即企业必须履行的经济责任、环境责任和社会责任，在获取资源和经济价值的时候要兼顾保护环境和维持社会和谐，从而达到经济、社会和环境的平衡。三重底线作为平衡公司社会、环境和经济影响的可持续发展框架，其根本目的是帮助转变当前以财务为重点的业务系统，从而采用更全面的方法来衡量企业运营的成功与否⑤。因此，可持续发展的商业模式把环境问题看作企业自身的基本组成部分。事实上，可持续发展企业的企业家们会发现，环境将给他们带来巨大的创新型商机。

一、自然资源基础观

自然资源基础观点源于资源基础观（Resource-Based View，简称 RBV）。RBV 理论认为，企业的发展离不开各种资源，由于各种不同的原因，企业拥有的

① Friedman, M. The Social Responsibility of Business Is to Increase Its Profits[J]. The New York Times Magazine, 1970, 13: 32-33.

② 沈洪涛，杨熠，吴奕彬. 合规性、公司治理与社会责任信息披露[J]. 中国会计评论，2010(9)：364-376.

③ Hart, S. L. A natural-Resource-Based View of The Firm[J]. Academy of Management Review, 1995, 20(4): 986-1014；Sharma, S., Vredenburg, H. Proactive Corporate Environmental Strategy and the Development of Competitively Valuable Organizational Capabilities[J]. Strategic Management Journal, 1998, 19(8): 729-753.

④ Annandale D, Morrison-Saunders A, Bouma G. The Impact of Voluntary Environmental Protection Instruments on Company Environmental Performance[J]. Business Strategy & the Environment, 2010, 13(1): 1-12.

⑤ Preqin Impact Report, 2022, https://assets.ctfassets.net/zf87m07ner47/5jYSTpR3xA3QKWL5xkDatn/db8c5dae603e8045fa94c29589e65005/Preqin-Impact-Report-2022.pdf.

资源也各不相同,具有异质性,而这种异质性决定了企业竞争力的差异[1]。该理论主要包括三方面内容:特殊的异质资源是企业竞争优势的来源;资源的不可模仿性给予企业竞争优势持续性;特殊资源的获取与管理方法为企业的长远发展指明了方向。随着社会对环境问题的日益关注,自然资源成为企业能否获取竞争优势的重要因素。Hart[2] 在资源基础理论之上,提出自然资源基础观点(Natural Resourced-Based View,简称 NRBV),认为企业未来的市场不可避免地会受到生态系统的制约,企业的竞争优势取决于企业是否具有资源和能力以支持环境友好的可持续盈利增长。企业在环境方面投入的异质性资源和战略性能力可以提高企业生产效率,减少生产成本,并且还可以促进企业与利益相关者的紧密联系,帮助企业获取客户资源、人力资源、企业声誉等无形资源,进而促使企业获取超额利润并实现价值最大化的目标。Hart 从企业与自然环境的互动关系角度出发,提出了建立在不同重要资源上的三种战略性举措,即污染防治、产品管理、可持续发展,表 2-1 为 Hart 提出的企业自然资源基础观的概念性框架。

表 2-1　企业自然资源基础观的概念性框架

战略举措	环境驱动力	对策	竞争优势
污染防治	最小化污水、排放和浪费	持续的改进	更低的成本
产品管理	降低产品的生命周期成本	与利益相关者协调	先占优势
可持续发展	在企业的成长中减轻对环境的负担	建立统一的价值观	未来制高点

资料来源:Hart, S. L. A Natural-Resource-Based View of the Firm[J]. Academy of Management Review, 1995,20(4): 986-1014.

在后续的相关研究中,学者们也给出了相应的论证支持。Sharma 等[3]发现实施产品管理等主动环境管理战略的企业在利益相关者参与度上具有更强的优势。Porter[4] 指出,大多数环境问题其实是生产效率低下的结果,产生这种结果

---

[1] Wernerfelt R. A Resource-based View of the Firm[J]. Strategic Management Journal, 1984, 5(2): 171-180.

[2] Hart, S. L. A Natural-Resource-Based View of The Firm[J]. Academy of Management Review, 1995, 20(4): 986-1014.

[3] Sharma, S., Vredenburg, H. Proactive Corporate Environmental Strategy and the Development of Competitively Valuable Organizational Capabilities[J]. Strategic Management Journal, 1998, 19(8): 729-753.

[4] Porter, M., Competitive Advantage: Creating and Sustaining Superior Performance[M]. Free Press, 1985.

的原因在于,环境资源没有得到有效利用。他们还明确了企业这一行为主体在环境治理过程中的重要作用,认为企业可以通过有效的环境管理和清洁生产的战略投资来提高生产效率。Rexhaeuser 和 Rammer[1] 通过对德国企业的环境责任的调查发现,只有那些能够提高资源效率的环境创新才能增加企业价值,这表明,企业倾向于投资那些能够带来价值提升的环境项目,无论是出于资源,还是出于政府监管。Shrivastava[2] 的研究提出企业的管理方式正在向"以生态为中心"进行转变,寻求系统地更新自然资源,并尽量减少浪费和污染的有效方式,以突显生态上的企业可持续性与环境之间的关系。

二、企业绿色创新战略

尽管企业的环境责任主要来自外部公众和监管政策的要求,企业会采取一些被动反应性措施,但已有研究表明,企业可以通过采取一些积极主动的战略行为,如绿色技术开发、产品管理创新等,为企业创造双赢的局面,帮助企业同时在经济和环境两个层面实现可持续性[3]。企业实施积极环境战略需要绿色技术创新,开发新的组织能力,以保证战略的顺利实施并最终转化为竞争优势[4]。因此,企业开展积极的环境战略也称为企业绿色创新战略。绿色创新依赖于基于绿色产品和工艺对现有产品的开发和生产进行改进,以减少整个产品生命周期对环境的负面影响[5]。绿色创新分类为绿色产品创新和绿色过程创新,但目前绿色产品创新相比绿色过程创新而言,则更加受到关注。研究表明,实施绿色创新战略的企业可以通过节约能源、防止污染、废物回收、绿色产品设计和公司环境管理技术等各个方面的创新,提高产品差异化和降低生产成本,进而获得竞争优势[6]。

---

① Rexhaeuser S, Rammer C. Environmental Innovations and Firm Profitability: Unmasking the Porter Hypothesis[J]. Environmental & Resource Economics, 2014, 57(1): 145-167.

② Shrivastava P. The Role of Corporations In Achieving Ecological Sustainability [J]. Academy of Management Review, 1995, 20: 936-960.

③ Hart, S. L. A natural-Resource-Based View of The Firm [J]. Academy of Management Review, 1995, 20(4): 986-1014.

④ Sharma, S., Vredenburg, H. Proactive Corporate Environmental Strategy and the Development of Competitively Valuable Organizational Capabilities[J]. Strategic Management Journal, 1998, 19(8): 729-753.

⑤ Soewarno N., Tjahjadi B., Fithrianti F. Green Innovation Strategy and Green Innovation [J]. Management Decision, 2019, 57(11): 3061-3078.

⑥ Chen Y. S., Lai S. B., Wen C. T. The Influence of Green Innovation Performance on Corporate Advantage in Taiwan[J]. Journal of Business Ethics, 2006, 67(4): 331-339.

企业绿色创新战略的核心在于基于产品和生产过程从绿色可持续视角进行重新设计和创新改变,以主动防止对环境造成负面影响,这种战略的目的是采取一切必要的行动来避免对生态环境可能造成的污染[1]。Van Buren[2] 认为外部投资者和其他利益相关者正在迫使企业主动采取创新性方式解决环境问题,而不是被动应对。绿色创新战略减少了浪费和成本,也使公司的运营管理更顺畅、更有效。因此,企业绿色创新应该成为战略制定的一部分,旨在在企业战略的制定和实施过程中,将环境责任作为降低成本和市场差异化的途径,为企业提供竞争优势。Russo 和 Fouts[3] 的研究发现企业对于环境能力创新方面的投资在企业成长阶段对企业价值具有正向影响。Porter 和 Kramer[4] 进一步指出,为了实现成功的可持续经营,企业必须与社会联系起来,共同创造共享的价值,也就是说,企业需要通过解决社会的需求和挑战,以为社会创造价值的方式创造经济价值。

三、生命周期分析

生命周期分析(Life Cycle Assessment,简称 LCA)聚焦于评价一种产品或一类设施从"摇篮到坟墓"全过程整体对环境所造成的负担或影响[5]。环境毒理学与化学学会(SETAC)于 1990 年首次提出了 LCA 的概念,认为 LCA 是一种对产品、过程以及活动的环境影响进行评价的客观过程,它通过对能量和物质利用以及由此造成的环境排放进行辨识和量化来进行。其目的在于评价能量和物质利用,以及废物排放对环境造成的影响,寻求改善环境影响的机会以及如何利用这种机会。这种评价贯穿于产品、过程和活动的整个生命周期,包括原材料提取与加工,产品制造、运输以及销售,产品的使用、再利用和维护,废物循环和最终废物弃置。该概念关注的环境影响包括生态系统健康、人类健康和能源消耗

---

[1] Aragón-Correa J. A., Sharma S. A Contingent Resource-Based View of Proactive Environmental Strategy[J]. Academy of Management Review, 2003, 28(1): 71-88.

[2] Van Buren H. J. III. Business Ethics for the New Millennium[J]. Business and Society Review, 1995, 93(1): 51-56.

[3] Russo, M. V. & Fouts, P. A. A Resource-Based Perspective on Corporate Environmental Performance and Profitability[J]. Academy of Management Journal, 1997, 40(3): 534-559.

[4] Porter, M. & Kramer, M. Creating Shared Value[J]. Harvard Business Review, 2011, 89(1/2): 62-77.

[5] Keoleian, Gregory A. & Dan Menerey. Life Cycle Design Guidance Manual: Environmental Requirements and the Product System. Risk Reduction Engineering Laboratory. Office of Research and Development, U.S. Environmental Protection Agency. EPA/600/R-92/226. 1993.

三个领域，不关注经济或社会效益。1997年6月，ISO 14040标准《环境管理生命周期评价原则与框架》正式颁布，其中明确提出LCA的框架包括以下4个部分：目标和范围的确定、清单分析、影响评价和结果解释。之后以其为总纲，陆续发布了LCA系列标准。截至2014年，相关标准已全部公布[①]。

LCA可以跨越区域和国家，在全球范围内及其长期可持续发展的高度来观察和分析企业环境责任问题。企业应该在生命周期全过程当中尽可能减少自身对于环境的危害，具体包括减少购买不可再生材料，减少使用化学品和部件以及减少能源消耗等做法[②]。为了使产品获得较低的生命周期环境成本，企业的产品设计人员需要尽量减少使用从自然环境中开采的不可再生材料，避免使用有毒材料以及根据可再生资源的再生速度使用资源。而且，使用中的产品对环境的影响必须很小，并且使其使用寿命结束时易于再利用或回收。生命周期分析能用于帮助企业识别改进产品生命周期各个阶段中环境绩效的机会，给产业、政府或非政府组织中的决策者提供信息（例如为战略规划、确定优先项对产品或过程的设计或再设计的目的），此外通过实施生态标志制度、发表环境声明或发布产品声明等提高产品声誉和品牌形象。

LCA研究始于20世纪70年代初，最初主要是基于能源和资源短缺考虑，集中在对能源和资源消耗的关注。随着环境污染问题逐渐加剧，LCA方法被进一步扩展到研究废弃物的环境影响，并为企业选择产品提供判断依据。20世纪80年代中期开始，一些发达国家推行环境报告制度，要求对产品形成统一的环境影响评价方法和数据，快速推进了LCA研究的发展。一些环境影响评价技术，例如对温室效应和资源消耗等的环境影响定量评价方法也不断完善，为LCA方法学的发展和应用领域的拓展奠定了基础。此时对于LCA的研究仍局限在少数人当中，主要分布在欧洲和北美地区。20世纪90年代初期以后，由于欧洲和环境毒理学与化学学会以及欧洲生命周期评价开发促进会（SPOLD）的大力推动，LCA方法在全球范围内得到较大规模的应用。1993年，SETAC出版了纲领性报告《生命周期评价（LCA）纲要：实用指南》，该报告为LCA方法提供了基本技术框架，成为生命周期评价方法论研究起步的重要里程碑。同阶段，

---

① International Organization for Standardization (ISO). Environmental Management-Life Cycle Assessment-Critical Review Processes and Reviewer Competencies: Additional Requirements and Guidelines to ISO 14044: 2006[S]. Geneva: ISO, 2014.

② Baumgartner R. J., Ebner D. Corporate Sustainability Strategies: Sustainability Profiles and Maturity Levels[J]. Sustainable Development, 2010, 18(2): 76-89.

国际标准化组织制定和发布了关于 LCA 的 ISO 14040 系列标准,把 LCA 实施步骤分为目标和范围界定、清单分析、影响评价和结果解析四个部分。其他一些国家(美国、荷兰、丹麦、法国等)的政府和有关国际机构,如联合国环境规划署(UNEP),也通过实施研究计划和举办培训班,研究和推广 LCA 的方法学。在亚洲,日本、韩国和印度均建立了本国的 LCA 学会。此阶段,各种具有用户友好界面的 LCA 软件和数据库纷纷推出,促进了 LCA 的全面应用。从 20 世纪90 年代中期以后,LCA 作为一种产品环境特征分析和决策支持工具,技术上已经日趋成熟,在许多工业行业中,企业已经将 LCA 广泛运用于一些战略决策制定中,并且对他们的供应商的相关环境表现进行评价。随着企业环境责任重要性日益提高,需要将外部利益相关者观点整合到整个产品设计和开发过程中,对基础产品设计和技术进行更革命性的改变[1]。采用全生命周期产品管理的企业可以最小化其产品的生命周期环境成本,使公司成为环保产品领域的先行者,从而建立声誉和产品差异化的基础以获得竞争优势。

2013 年 9 月,欧盟出台了"建立绿色产品统一市场"政策,并颁布了产品环境足迹(Product Environmental Footprint, 简称 PEF)和组织环境足迹(Organization Environmental Footprint, 简称 OEF)标准,标志着欧盟市场开始采用统一的绿色评价方法,即基于 LCA 的环境足迹评价法[2]。中国从 20 世纪90 年代起开展 LCA 相关研究,于 1998 年全面引进 ISO 14040 系列标准,并将其转化为 GB/T 24040 系列国家标准。政府部门出台多项政策文件来推动 LCA 应用。工业和信息化部、科技部、财政部于 2012 年联合发布《关于加强工业节能减排先进适用技术遴选　评估与推广工作的通知》,提倡采用包括 LCA 在内的定量化技术评估工具,以提高评估结果的科学性。国务院印发的《中国制造2025》以及工业和信息化部印发的《工业绿色发展规划(2016—2020 年)》均提出要"强化产品全生命周期绿色管理"。由于各国能源结构、数据库完成度等因素不一致,各国在排放因子和数据来源上采用的方法不尽相同。在开展 LCA 分析时,直接采用国外 LCA 基础数据量化管理中国产业活动,会产生极大的误差,因此,中国应当在符合国际主流的要求下对标准进行本土化,充分结合自身能源结构和排放特征,积极推动中国 LCA 基础数据库的尽快建立和完善。

---

① Allenby B. Design for Environment: A Tool Whose Time Has Come[J]. SSA Journal, 1991, 12: 5-9.

② 童庆蒙,沈雪,张露,等.基于生命周期评价法的碳足迹核算体系:国际标准与实践[J].华中农业大学学报(社会科学版),2018(1):46-57, 158.

第三节　公司治理相关理论

公司治理是指通过一整套包括正式或非正式的、内部的或外部的制度来协调公司与利益相关者之间的利益关系,以保证公司决策的科学性、有效性,从而最终维护公司多方面的利益的一种制度安排。虽然已有研究阐明了公司治理的首要目标是满足企业利益相关者的诉求[①],但是公司治理中所涉及的主要利益相关者主体,在不同研究中体现不尽一致。早期公司治理的研究,往往聚焦于对股东利益的关注。例如,Shleifer 和 Vishny[②] 将公司治理描述为一种制度,它确保投资者在投资的同时获得可观的利润。Lins 等[③]也认为,良好的公司治理总是考虑到少数股东的权利。这些都是股东至上观点的经典体现,也被称为狭义视角的公司治理。

从广义上来说,公司治理的利益相关者范围不局限于少数股东,更包括了企业的各类利益相关者,其相应的治理内容和体系也更加丰富。李维安[④]认为,狭义的公司治理是指所有者对经营者的一种监督与制衡机制,主要体现为股东大会、董事会、监事会和管理层所构成的公司治理结构的内部治理;广义的公司治理是指通过一套包括正式或非正式的、内部或外部的制度或机制来协调公司与所有利益相关者(股东、债权人、供应者、雇员、政府、社区)之间的利益。随着企业社会责任越来越受到关注,企业面对的各类利益相关者的影响力大大加强,公司治理也更多地拓展到利益相关者导向的治理研究。良好的公司治理结构应该能够将股东和其他利益相关者群体的利益有效地结合起来,并设计一种有效的激励机制来降低代理成本。

一、委托代理理论

委托代理理论是在信息经济学和产权理论的基础上提出的,代理理论认为,

---

① Sternberg, E. Corporate Governance: Accountability in the Marketplace[M]. Institute of Economic Affairs, 2004.
② Shleifer, A., Vishny, R. W. A survey of corporate governance[J]. The Journal of Finance, 1997, 52(2): 737-783.
③ Lins K. V., Servaes H., Tamayo A. Social Capital, Trust, and Firm Performance: The Value of Corporate Social Responsibility During the Financial Crisis[J]. The Journal of Finance, 2017, 72(4): 1785-1824.
④ 李维安. 公司治理学:第二版[M]. 高等教育出版社,2009.

企业作为一系列的契约组合,这些契约的参与者追求自身利益最大化,其参与者的行为是建立在契约约定的权利基础之上的[①]。委托人授权代理人行使一定的决策权力,委托人和代理人之间存在着信息不对称,而代理人拥有的信息比委托人多。代理人往往比委托人更了解自身的禀赋条件、目标偏好和努力程度,更加了解组织内外部环境、决策风险和收益大小等信息。信息不对称会逆向影响委托人有效地监控代理人是否适当地为委托人的利益服务。由于双方存在着利益冲突,代理人出于自我寻利的动机,将会利用各种可能的机会,增加自己的财富,而其中一些行为可能会损害到委托人的利益。因此需要重点关注如何界定不确定性与不完全监督情况下委托人与代理人之间的契约关系,通过降低代理成本,以及为代理人提供适当的激励,使其能够做出有利于委托人利益最大化的行为。恰当的公司治理机制将有利于企业社会责任的有效落实。

从代理成本角度来看,Fama 和 Jensen[②]认为公司治理就是要处理好委托人和代理人之间的代理关系,核心就是降低代理成本。代理成本包括委托人付出的监督成本,代理人付出的守约成本以及剩余损失。有效的公司治理机制能够降低代理成本,使得企业作为一整套契约组合在与其他契约组合(企业)的竞争中存活并使得契约参与者各自受益[③]。例如 Fama[④]认为董事会是优于外部接管等高昂成本方式的监督机制,而且由外部董事组成的董事会将会更好地履行监督职能,有效降低代理成本。完善的公司治理应有利于降低企业履行社会责任的成本,同时增加企业的违规成本,最终使得履行社会责任成为企业经营决策的合理决策。

在代理人的激励约束机制方面,Grossman 和 Hart[⑤]研究了信息不对称以及不确定环境下代理人的行为,提出委托人的最优契约设计目标就是在满足两个限定条件情况下使其自身效用最大化:一个是激励相容约束,即代理人所选择

① Alchian A. A., Demsetz H. Production, Information Costs, and Economic Organization [J]. American Economic Review, 1972, 62(5): 777-795.

② Fama E. F., Jensen M C. Separation of Ownership and Control[J]. Journal of Law and Economics, 1983, 26: 301-325.

③ Jensen, M.C. & Meckling. Theory of the Firm: Managerial Behavior, Agency Costs and Ownership Structure[J]. Journal of Financial Economics, 1976, 3(4): 305-360.

④ Fama, E. F. Agency Problems and the Theory of the Firm[J]. Journal of Political Economy, 1980, 88(2): 288-307.

⑤ Grossman, S. J. & Hart, O.D. One Share/One Vote and the Market for Corporate Control[J]. Journal of Financial Economics, 1988, 20: 175-202.

的努力水平应该最大化其自身的效用；另一个是参与约束，即代理人获得的期望效用必须大于代理人的保留效用或其机会成本。从企业社会责任视角看，企业社会责任的行为主体为企业的董事会或管理层，完善的公司治理应实现代理人对企业社会责任的"参与约束"和"激励相容约束"。首先，代理人应愿意履行企业社会责任，而不是袖手旁观。其次，参与人的利益和履行社会责任是相一致的，在努力践行企业社会责任的同时，也给自己带来了收益的增加，最终目的是在满足代理人参与约束和激励相容约束的前提下，尽可能地最大化委托人的利益。

二、公司内部治理对企业社会责任的影响

Ness 和 Mirza[1] 指出，公司社会责任信息披露本身就是委托代理问题的一个体现，管理层往往会通过强调社会责任来传递对股东的信托责任。刘连煜[2]认为，企业社会责任是较抽象的概念，要让公司真正重视企业社会责任，就必须通过公司治理的制度安排来解决，使公司的利益相关者积极参与到公司治理中，监督企业履行社会责任。高汉祥[3]认为，公司治理与企业社会责任具有严格的内在逻辑关系，公司治理应主动将企业社会责任融入其理论和实践体系中。Adam[4] 通过对英德两国七个重度污染行业跨国公司的调研发现公司治理结构对社会责任报告的发布具有解释能力。Gibson 和 O'Donovan[5] 研究了澳大利亚 43 家上市公司年报中的环境信息，实证分析发现好的公司治理有利于环境信息的披露。Haniffa 和 Cooke[6] 则通过实证研究发现完善的公司治理对环境信息披露有正面的促进作用，国外股东持股比例、非执行董事比例越高，公司就越倾向于履行社会责任。Mohd Ghazali[7] 研究提出内部董事的持股比例与社会责

① Ness K. E., Mirza A. M. Corporate Social Disclosure: Anoteona Test of Agency Theory[J]. British Accounting Review, 1991, 23(3): 211-218.

② 刘连煜. 公司治理与公司社会责任[M]. 中国政法大学出版社, 2001.

③ 高汉祥. 企业社会责任与公司治理：概念重构、互动关系与嵌入机制[M]. 苏州大学出版社, 2012.

④ Adams C. A., Hill W. Y & Roberts C. B. Corporate Social Reporting Practices In Western Europe: Legitimating Corporate Behaviour? [J]. The British Accounting Review, 1998, 30(1): 1-21.

⑤ Gibson K., O'Donovan G. Corporate Governance and Environmental Reporting: An Australian Case Study[J]. Corporate Governance, 2007, 15(5): 944-956.

⑥ Haniffa, R. M., Cooke, T. E. The Impact of Culture and Governance on Corporate Social Reporting [J]. Journal of Accounting and Public Policy, 2005, 24: 391-430.

⑦ Mohd Ghazali, N. A. Ownership Structure and Corporate Social Responsibility Disclosure: Some Malaysian Evidence[J]. Corporate Governance: The International Journal of Business in Society, 2007, 7(3): 251-266.

任信息披露负相关,而政府的持股比例与社会责任信息披露正相关。

除了来自股东的压力之外,企业往往受到其他利益相关群体的影响。卢代富[①]认为,要让利益相关者积极参与公司治理,以打破传统的股东至上的治理结构,这有利于企业社会责任履行。因此,公司治理也需要考虑更广泛利益相关者的诉求,并相应进行社会责任信息披露。研究表明,外部董事制度有助于减少代理成本,提升股东价值,除了保护投资者利益外,还适用于治理消费者保护、社区、环保等社会责任问题,监督管理层社会责任履行情况。外部董事比例正向影响公司社会责任信息的披露[②]。Wang 和 Dewhirst[③] 发现,由于公司的长期发展依赖于社区消费者、员工等利益相关者的帮助和支持,外部董事更多地关注公司其他利益相关者的利益,而不是股东的利益。Johnson 和 Greening[④] 认为作为股东之外的不同利益团体的代表,外部董事拥有对企业至关重要的专业知识,更懂得如何遵守诸如法律、环境等方面的规定,以避免企业遭受媒体负面报道及其他事件引起的声誉的损失,以及经济处罚等,他们通过结构方程模型的设计,实证分析发现,公司设立外部董事有利于企业承担社会责任。

与此同时,由于外部董事往往缺少获取治理信息的渠道,通过设置专门委员会,可以使外部董事更好地对公司履行社会责任的状况做出客观、中立的判断。例如英美两国在公司法与证券法框架体系中对社会责任的履行和信息披露义务规定得较为详细,因此从制度上保障了专门委员会职能在企业社会责任方面的作用[⑤]。英美两国还特别强调独立董事在委员会成员结构中的比例,这有利于提升专门委员会在公司社会责任治理时的决策。Cowen 等[⑥]研究发现,在董事会中设置社会责任委员会的大型美国能源公司的社会责任信息披露更充分,披

① 卢代富. 企业社会责任的经济学和法学分析[M]. 法律出版社,2002.

② Roberts, R. W. Determinants of Corporate Social Responsibility Disclosure [J]. Accounting, Organizations and Society, 1992, 17(6): 595-612.

③ Wang J., H. D. Dewhirst. Boards of Directors and Stakeholder Orientation[J]. Journal of Business Ethics,1992, 11(2): 115-123.

④ Johnson R. A., Greening D. W. The Effects of Corporate Governance and Institutional Ownership Types on Corporate Social Performance[J]. Academy of Management Journal, 1999, 42(5): 564-576.

⑤ Williams, C. A. The Securities and Exchange Commission and Corporate Social Transparency[J]. Harvard Law Review, 1999, 112: 1197-1311.

⑥ Cowen, S. S., Ferreri, L. B. & Parker, L. D. The Impact of Corporate Characteristics on Social Responsibility Disclosure: A Typology and Frequency-Based Analysis[J]. Accounting, Organizations and Society, 1987, 12(2): 111-122.

露决策并不受企业盈利能力的影响。Ho 和 Wang[1] 研究了中国香港资本市场中审计委员会与公司自愿性非财务信息披露的关系,得出了两者具有正相关性的结论。Matten 和 Moon[2] 表示,首席可持续发展官是专门被聘请来管理企业社会责任绩效的,代表了公司对可持续发展的承诺。国内现有的研究也显示,随着外界对于企业社会责任的认知与需求逐步提升,企业内部与社会责任相关的治理机制也变得更加专业化[3]。社会责任相关的专门委员会代表了与社会责任相关的专业知识,有利于减少管理层与不同利益相关者群体之间的利益冲突[4]。

三、公司外部治理对企业社会责任的影响

公司外部治理环境和公司内部治理构成了现代公司治理的两个方面[5]。公司内部治理结构不能解决公司治理的所有问题,因此也需要外部治理机制对公司的监控和约束。外部治理环境是公司生存与发展的宏观制度基础,外部治理环境对公司内部治理机制具有基础性影响[6]。完善的外部治理机制可以与公司内部治理形成互补关系或替代关系[7],从而约束高管层的道德风险与逆向选择行为,缓解公司的代理问题,降低代理成本,改善公司绩效。市场化水平的提高、产品市场和要素市场等方面的完善均有利于公司治理的改进,从而改善企业的社会责任履行。

仇书勇[8]认为,公司外部治理环境如资本市场有利于改善公司的社会责任表现。Neu 等[9]的研究显示不同的利益相关者在企业社会责任信息披露方面施

---

[1] Ho, S. S., Wong, K. S. A Study of the Relationship between Corporate Governance Structures and the Extent of Voluntary Disclosure[J]. Journal of International Accounting, 2001, 10: 139-156.

[2] Matten, D, Moon, J. "Implicit" and "Explicit" CSR: A Conceptual Framework for a Comparative Understanding of Corporate Social Responsibility[J]. The Academy of Management Review, 2008, 33(2): 404-424.

[3] 李长海. 从边缘走向主流 2014CSR 从业者职业状况报告发布[J]. WTO 经济导刊,2014,8;78.

[4] 王静,骆南峰,王艳,等. 企业社会责任经理:角色、职责和胜任能力[J]. 中国人力资源开发,2017(9):97-109.

[5] Young, S., Thyil, V. A Holistic Model of Corporate Governance: A New Research Framework[J]. Corporate Governance, 2008, 8 (1): 94-108.

[6] 夏立军,方轶强. 政府控制、治理环境与公司价值:来自中国证券市场的经验证据[J]. 经济研究,2005,5;40-51.

[7] 杨兴全,吴昊旻,曾义. 公司治理与现金持有竞争效应:基于资本投资中介效应的实证研究[J]. 中国工业经济,2015(1);121-133.

[8] 仇书勇. 论公司社会责任与公司外部治理的完善[J]. 北方工业大学学报,2003,15(4):5.

[9] Neu, D., Warsame, H. & Pedwell, K. Managing Public Impression: Environmental Disclosures in Annual Reports[J]. Accounting, Organizations and Society, 1998, 23(3): 265-282.

加的压力有所不同,其中机构投资者、保险公司和政府对信息披露决策有较大的影响力。因为不道德和违法行为可能会带来重大的商业风险和经济后果,投资者通常愿意支付溢价来投资对社会负责的公司[1],而 ESG 表现较好的股票则有较好的财务表现[2]。Lins 等[3]发现,在 2008 年金融危机期间,企业社会责任较大的公司,其股票收益高于企业社会责任较小的公司。机构投资者例如共同基金,可以通过"退出"或"用脚投票"的威胁来影响上市公司企业社会责任履行[4]。随着机构投资者持股比例上升,股东的话语权日益得到增强,股东积极参与到公司治理过程中,促进企业的社会责任绩效提高。而且研究表明,与投资期限较短的投资者相比,投资期限较长的投资者更喜欢企业社会责任较大的公司,并且更有效地影响企业社会责任政策[5]。Glossner[6] 认为,长期机构投资者有更多的动机来监督其持股公司的管理者,并且开展企业社会责任活动,有力促进了公司的自愿社会责任转变为企业的刚性社会责任。

许多研究还表明媒体、协会、非政府组织等社会团体和组织对企业社会责任也起到了重要的促进作用[7]。媒体作为典型的公司治理外部监督机制,往往会通过报道吸引监管者和公众关注企业社会责任表现,进而影响上市公司社会责任行为[8]。媒体的报道会影响公司声誉,公司为保持良好的公众形象,也会积极履行企业社会责任[9]。此外,非政府组织等中介机构也是公司外部治理的一个

---

① Gollier, C., & Pouget, S. Investment Strategies and Corporate Behaviour with Socially Responsible Investors: A Theory of Active Ownership[J]. Economica (London), 2022, 89(356): 997-1023.

② Riedl A., Smeets P. Why Do Investors Hold Socially Responsible Mutual Funds?[J]. The Journal of Finance, 2017, 72(6): 2505-2550.

③ Lins K. V., Servaes H., Tamayo A. Social Capital, Trust, and Firm Performance: The Value of Corporate Social Responsibility During the Financial Crisis[J]. The Journal of Finance, 2017, 72(4): 1785-1824.

④ Parrino R., Sias R. W. & Starks L. T. Voting with Their Feet: Institutional Ownership Changes Around Forced CEO Turnover[J]. Journal of Financial Economics, 2003, 68(1): 3-46.

⑤ Starks L. T., Venkat P. & Zhu Q. Corporate ESG Profiles and Investor Horizons[M]. Social Science Electronic Publishing, 2017.

⑥ Glossner S. Investor Horizons, Long-Term Blockholders, and Corporate Social Responsibility[J]. Journal of Banking & Finance, 2019, 103(6): 78-97.

⑦ 谢文武. 公司治理环境对企业社会责任的影响分析[J]. 现代财经,2011,(1):91-97;陈智,徐广成. 中国企业社会责任影响因素研究:基于公司治理视角的实证研究[J]. 软科学,2011,(4):106-111.

⑧ Sheikh S. Is Corporate Social Responsibility a Value Increasing Investment? Evidence from Antitakeover Provisions[J]. Global Finance Journal, 2018, 38: 1-12.

⑨ Liu B., Mcconnell J. J. The Role of the Media in Corporate Governance: Do the Media Influence Managers' Capital Allocation Decisions?[J]. Journal of Financial Economics, 2013, 110(1): 1-17.

组成部分,能够积极推动企业履行社会责任。一些有国际影响力的非政府组织通过发布的企业社会责任调查报告或者相关信息,能有效地解决社会公众和企业之间信息不对称问题,增加企业违反社会责任的契约成本。Tilt[①] 研究了外部压力集团对澳大利亚公司社会责任信息披露的影响,发现消费者保护组织、环保组织、社区组织等构成了企业主要的压力来源,他们也是社会责任信息的主要使用者,因此也成为向管理层施加压力的主要利益相关者。Deegan 等[②]认为环境敏感行业的企业更倾向于在年报中披露社会责任信息,以缓解社区、环保组织和公众媒体对企业的负面评价。

总体而言,外部公司治理与内部公司治理共同提升了公司的信息透明度、保护投资者利益和缓解公司的代理问题,有利于改善公司的营运状况,同时对企业社会责任起到积极推动和促进作用。

---

① Tilt C. A. The Influence of External Pressure Groups on Corporate Social Disclosure Some Empirical Evidence[J]. Accounting, Auditing, & Accountability, 1994, 7(4): 47-72.

② Deegan, C., Rankin, M. & Tobin, J. An Examination of the Corporate Social and Environmental Disclosures of BHP from 1983-1997: A Test of Legitimacy Theory[J]. Accounting Auditing & Accountability Journal, 2002, 15(3): 312-343.

第二篇

ESG 实践体系

第三章

企业环境实践（E）

本书结合已有理论研究和企业实践现状,归纳出如下企业 ESG 实践体系中的关键议题(如图 3-1)。不同行业和不同类型的企业可以采取一种最符合外部情境和自身情况的方式来实施。

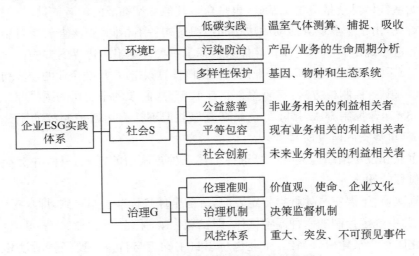

图 3-1　企业 ESG 实践体系及关键议题

企业环境议题主要讨论企业为达成"可持续绿色运营"展开的行动和成果,如企业对可再生能源的利用和管理,废物管理计划,空气或水污染的处理方式,生物多样性影响,绿色建筑、产品包装,以及企业对气候变化问题的态度和低碳实践行动等。企业在经营中需要认真考虑自身行为对自然环境的影响,并且以负责任的态度将自身对环境的负外部性降至力所能及的水平,成为"资源节约型和环境友好型"的企业。

第一节　企业低碳实践

根据联合国全球契约与波士顿咨询公司(BCG)联合发布的《企业碳中和路径图——落实巴黎协定和联合国可持续发展目标之路》(2021年)报告中建议,企业低碳实践步骤主要包括开展碳基线盘查、设定减排目标、规划减排举措三个方面。

一、开展碳基线盘查

碳基线盘查是企业低碳实践的第一步,有助于企业界定组织边界、明确温室气体种类、梳理相关活动并评估活动层面的排放量,最终确定基准年的排放量。目前由世界资源研究所(WRI)和世界可持续发展工商理事会(WBCSD)主导的温室气体核算体系(GHG Protocol)是公认的标杆,为测量和披露企业在全球范围的温室气体排放量奠定了基础,也是众多其他常见标准的参考依据。

首先,由于企业业务活动的法律和组织结构各不相同,碳核查需要对企业组织边界进行确定。温室气体核算体系推荐了三种设定组织边界的方法:

(1) 股权比例方法:根据企业的股权比例核算碳排放,反映企业的经济利益。

(2) 财务控制权方法:只涵盖企业有100%控制权的子公司的碳排放。

(3) 运营控制方法:排除了企业享有权益但不持有运营控制权的子公司的碳排放(世界资源研究所)。

企业在设定组织边界时可以选择上述三种方法中的任意一种,并贯穿整个盘查过程的始终。

其次,对于温室气体种类界定方面,目前全球各标准基本一致,即参考《京都议定书》中规定控制的六种温室气体,即二氧化碳、甲烷、氧化亚氮、氢氟碳化物、全氟化碳和六氟化硫。当然,企业也可以自主确定与自身主要经营活动相关的温室气体种类。

再次,企业需要确定纳入碳盘查的业务活动种类。通常温室气体核算体系将排放分为三个范围(见图 3-2):

(1) 范围一指企业直接控制的燃料燃烧活动和物理化学生产过程产生的直接温室气体排放。典型的范围一排放可能来自燃煤发电、自有汽车使用、化学材料加工和设备中气体排放。

(2) 范围二指消耗外购能源产生的间接温室气体排放,包括电力、热力、蒸汽和冷气。典型的范围二排放涵盖发电过程中场外电站释放的温室气体,但不包含电站相关上下游的排放。

(3) 范围三指其他间接温室气体排放,覆盖广泛的活动类型。温室气体核算体系示范性地列出了常见的范围三活动,不过企业可以自主决定所纳入的活动。因此,范围三排放对许多企业来说可能存在争议。在深入开展碳基线评估前,企业需要确认上下游合作伙伴愿意承担的碳排放责任。

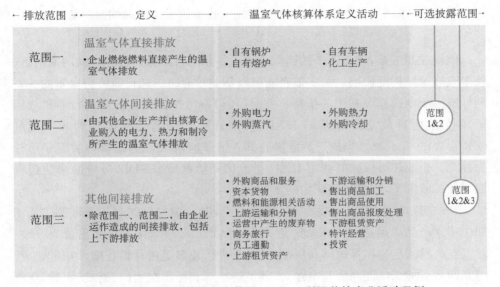

图 3-2 温室气体核算体系中范围一、二、三所涵盖的企业活动示例

根据目前情况,对于大多数参考温室气体核算体系的披露系统(如 CDP)而言,范围一和范围二通常是必选项,而范围三通常是可选的。企业可综合考量和取舍范围三的内容,力求在环境责任方面体现更多的担当。

最后,企业对温室气体排放总量进行测算。在具体测算方法上,各种温室气体核算标准的基本方法较为一致,目前主要有两种测量温室气体排放的方法:

(1) 测量法,是利用排放连续监测系统(CEMS),对活动层面相关温室气体的浓度进行连续测量。这种方法更适用于按行业细分的报告标准,例如美国环保局的温室气体最终排放规则、欧盟排放交易体系的监测和报告条例(MRR),以及中国的 GB/T 32150/32151 温室气体排放核算与报告要求。

(2) 系数法,即通过计算活动数据和相应的排放因子来确定排放量,是大多数计算碳排放标准广泛采用的评估方法,典型代表是颇受欢迎的温室气体核算体系和 ISO 14000 系列。企业可以从业务角度出发,收集相关活动的数据,接着选择最合适的排放因子(EF),最后将活动数据和排放因子相乘,计算出排放水平——二氧化碳当量(CO_2e)。

此外,由于不同温室气体排放对环境影响作用的强弱不同,因此"全球增温潜势"(global warming potential, GWP)的参数也被引入测算中,并与活动数据和排放因子相乘。基本计算公式如下:

$$\frac{温室气体(GHG)}{排放} = \frac{活动数据}{(AD)} \times \frac{排放因子}{(EF)} \times \frac{全球增温潜势}{(GWP)}$$

值得注意的是,排放因子的选取方法不尽相同,且受到具体活动、国家地区、技术或能源结构的影响。大多数企业可以从非政府组织和行业协会发布的一系列标准因子中选择可利用的指标。同时,还可参考按国家划分的跨行业排放因子,例如欧盟排放交易体系的 MRR、美国环保局的温室气体规则和中国的 GB/T 32150/32151。当缺乏更准确的排放因子时,IPCC 的缺省排放因子可作为补充。企业还可以随时利用 IPCC 排放因子数据库(EFDB)等资源来快速获取多种排放因子,减少排放评估的复杂性。

2023 年 11 月,国家发改委等 5 部门联合印发《国家发展改革委等部门关于加快建立产品碳足迹管理体系的意见》,提出到 2025 年,国家层面出台 50 个左右重点产品碳足迹核算规则和标准,一批重点行业碳足迹背景数据库初步建成,国家产品碳标识认证制度基本建立,碳足迹核算和标识在生产、消费、贸易、金融领域的应用场景显著拓展,若干重点产品碳足迹核算规则、标准和碳标识实现国际互认。同时,在制定产品碳足迹核算规则和标准、建立相关背景数据库的基础上,国家层面建立统一规范的产品碳标识认证制度,通过明确标注产品碳足迹量化信息,引导企业节能降碳。

在此背景下,越来越多的企业致力于开发更严格的碳盘查体系,明确梳理基于 LCA 的碳足迹,为企业绿色转型和产品创新升级提供重要的参考依据。LCA 碳足迹核算可以是对产品、项目或组织活动的碳排放评价及其对环境影响的整个生命周期核算。图 3-3 为某产品 LCA 示意图,从最初期矿石和原料被开采和加工以产生材料,到这些东西被制造成一种产品,直到在其使用寿命结束时,被丢弃、回收,或者被翻新和再利用。每个阶段都需要充分考虑消耗能量和材料,产生废热和固体、液体和气体排放情况。

基于产品 LCA 的分析方法,提供了一种具有启发意义和实用价值的产品分析方式,便于在不同时间维度下对产品进行比较。比如,Graedel 曾经对 20 世纪

50年代和90年代一般通用型汽车进行了LCA分析后发现,20世纪50年代的汽车更重,由相对较少的材料制成,其中基本材料是可回收的,燃料效率低,在使用寿命结束时被丢弃。20世纪90年代的汽车更轻,由更复杂的材料混合而成,其中一些材料来自回收,具有更好的燃油效率,在使用寿命结束时将有80%的回收率。表3-1列出了20世纪50年代和90年代一般通用型汽车的基础材料和燃料消耗清单。

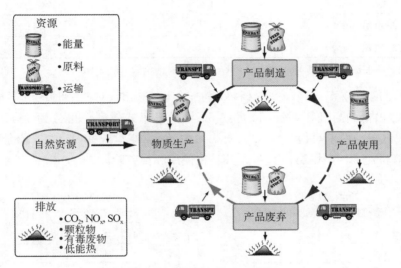

图 3-3 某产品 LCA 示意图

资料来源:Ashby, M. F. 2012, Materials and the Environment: Eco-informed Material Choice (2nd ed), Butterworth-Heinemann, Oxford.

表 3-1 一般通用型汽车的基础材料和燃料消耗清单

基础信息	20 世纪 50 年代汽车	20 世纪 90 年代汽车
铁(kg)	220	207
钢(kg)	1 290	793
铝(kg)	0	68
铜(kg)	25	22
铅(kg)	23	15
锌(kg)	25	10
塑料(kg)	0	101

（续表）

基础信息	20 世纪 50 年代汽车	20 世纪 90 年代汽车
橡胶（kg）	85	61
玻璃（kg）	54	38
钛金（kg）	0	0.001
燃油（kg）	96	81
其他（kg）	83	38
总重量（kg）	1 901	1 434
燃料消耗（kg/h）	15	27

资料来源：Graedel, T. E. Streamlined Life-cycle Assessment, Prentice Hall, NJ, USA, 1998.

通过能源效率、碳效率和材料效率三个生态标准，对两个时代汽车从 0 到 4 的等级由低到高进行评价，20 世纪 50 年代汽车的效率总得分为 18，20 世纪 90 年代汽车的效率总得分为 39。图 3-4 中显示，20 世纪 90 年代汽车的环保特性比 20 世纪 50 年代要好得多，尤其是在使用和报废阶段。

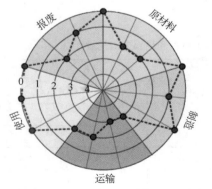

图 3-4　不同年代汽车 LCA 比较

资料来源：Graedel, T. E. Streamlined Life-cycle Assessment, Prentice Hall, NJ, USA, 1998.

从汽车 LCA 分析例子中可以看出，基于 LCA 的碳足迹核算对产品、项目或者整个企业的可持续发展和绿色创新具有较好的启发和参考价值。例如，百事集团旗下的食品品牌 Walkers 薯片通过引导产品参加碳足迹标准的示范实践，结果显示生产每千克薯片能源消耗下降了 33％。苏格兰哈里法克斯银行也在改进旗下网点的 ATM 时，通过服务的碳足迹核算发现，单个 ATM 的能耗可以减少 30％[①]。

二、设定减排目标

企业在设计减排举措之前，需要将三大维度纳入考量：(1)根据当前排放水平、投资意愿和所处行业对企业的普遍期望或要求，明确减排目标的投入决心；(2)设置与全球"升温情景"挂钩的碳减排绝对目标，确定目标类型；(3)设定减排目标范围和目标时间线，确保减排目标切实可行。

从全球来看，联合国气候变化框架公约《巴黎协定》目标把全球平均气温升幅控制在比工业化前水平高出 2℃ 以内，并努力将气温升幅限制在比工业化前水平高出 1.5℃ 以内。为确保将这一目标实现，各个国家都在积极制定相应的低碳目标和方案。例如欧盟 2020 年通过了《欧洲气候法》，确立了到 2030 年将温室气体净排放量比 1990 年的水平减少至少 55％ 的中期目标。中国 2020 年提出了碳达峰、碳中和目标，即二氧化碳排放量力争在 2030 年前达到历史峰值，接着经历平台期转折点后持续下降，并且力争 2060 年之前可以实现碳中和，即所排放的二氧化碳被生态系统吸收抵消，实现二氧化碳的零增长。

对于企业而言，也需要根据自身情况，并结合外部制度环境和利益相关者要求，制定相应切实可行的减排目标。通常企业可以设定绝对目标，追求更为直接的减排效果，也可以设定强度目标(每单位经济产出的排放量，如单位产量、员工人数或产值)，来更加客观地反映减排效率。在此基础上，明确减排目标的覆盖范围(范围一、二、三)及相关业务部门，结合时间表设立短、中、长期目标。

在具体披露标准方面，企业可以参考由联合国全球契约组织、碳披露项目、世界资源研究所和世界自然基金会(WWF)联合发起的科学碳目标倡议(SBTi)，该倡议已成为最受认可的减排目标设定框架。此外，还有转型路径倡议(TPI)、X 度兼容性(XDC)和中小企业气候中心计划(the SME Climate

---

① 童庆蒙,沈雪,张露,张俊飚.基于生命周期评价法的碳足迹核算体系:国际标准与实践[J].华中农业大学学报(社会科学版),2018(01):46-57,158.

Hub)等多种国际广泛采用的标准,可供企业设定碳减排目标时进行选择。上述四种标准采用的减排目标设定方法基本一致,都是将企业的目标水平与全球气温升幅的不同情景相结合,为企业设置碳减排目标提供相应的指导。

三、规划减排举措

设计减排举措是企业规划低碳实践的重要战略步骤,有助于企业优化运营能效、增加业务运营中可再生能源的使用、设计可持续绿色产品、打造上下游绿色供应链体系,进而形成良性可持续的绿色低碳生态圈。

目前碳减排领域主要针对的是企业为实施履约或者自愿减排而采取的措施,因此世界银行集团发布的《碳定价机制发展现状与未来趋势 2020》报告中归纳的国际上各类形式的碳信用机制及其活动,可以为企业规划减排举措提供参考。企业可以根据自身所处的行业和业务活动特点,选择相应的减排举措开展低碳行动。表 3-2 简要地列举了一些不同行业和业务特点及相应低碳行动。

表 3-2　不同行业和业务特点及相应低碳行动对照表

行业	低碳行动
农业	与农业和农场管理相关的活动,包括畜牧活动。例如农药化肥等化学投入品减量、甲烷和氧化亚氮减排、农业废弃物综合利用等
碳捕获、利用与封存	与碳捕获、利用与封存(CCUS)相关的一切活动
能源效率	通过降低能源消耗来减少碳排放的家庭或工业活动,包括余热/废气回收以及通过更高效的途径进行化石燃料发电
林业	所有林业相关的活动,例如造林、再造林、提高林业管理和减少毁林和森林退化所带来的碳减排
燃料转型	从化石燃料转为碳强度更低燃料的发电或发热活动。例如煤炭改天然气、地热能、生物柴油和氢气等清洁能源,但不包括可再生能源
逸散排放	应对工业甲烷排放的相关活动,例如防止油田和矿场的甲烷泄漏,不包括畜牧业和农业的相关活动(例如稻田)
工业气体	减少所有氟化气体——氢氟烃(HFCs)、全氟烷(PFCs)以及破坏臭氧层的物质排放
制造业	所有与减少材料(水泥、零售、建筑、钢铁)生产过程碳排放强度相关的活动

（续表）

行业	低碳行动
其他土地使用	所有除林业和农业以外的土地使用管理活动,例如湿地
可再生能源	所有与可再生能源相关的活动,包括可再生的生物质能,例如太阳能、风能和水电等可再生能源
交通运输	与运输和交通相关的减排活动,例如运输工具的动能改造、优化运输线路和能效体系、交通基础设施建设降碳
垃圾	垃圾填埋气和废水处理减缓活动,包括垃圾的管理、废弃物循环利用和垃圾无害处置

随着全球气候议题备受关注,碳定价机制作为降低碳排放和发展低碳经济的一个有效抓手,在各个国家和地区不断推进和发展。因此对于高能耗企业而言,碳资产管理也变得更加重要,碳减排举措可以减少碳税负担、降低碳排放交易成本。图3-5展示了2005—2020年全球碳市场平均交易价格。

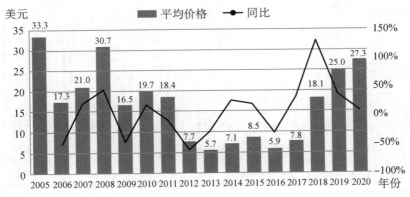

图3-5　2005—2020年全球碳市场平均交易价格

资料来源：世界银行,Refinitiv' Review of Carbon Markets 2012-2020,华创证券整理。

在不同国家和地区,由于政策力度的不同,对于企业的碳减排压力有所差异,相应的碳价格水平也不同。目前,各国正在寻找方法来平衡进口商品的碳价格和国内生产商品的碳价格,碳定价的跨境方法越来越引发关注。一些国家和地区(例如欧盟)为了保护环境政策的有效性,减少碳泄漏,同时避免对境内企业竞争力造成影响,通过向存在碳泄漏的行业提供碳征税豁免、抵扣或者免费分配碳排放配额来解决碳泄漏问题。然而,这些措施也会有相应弊端:减少通过供应链传递的碳成本信号,的确有助于为进口商品提供公平的竞争环境,但也降低了驱动能源向低碳化转型的动力。此外,这些方法对于更深层次的脱碳化进程中控制碳泄漏并没有实际效果。在正确评估进口商品的碳排放额,以及了解该产品在进口前已经在出口国征收碳税的数量的基础之上,执行碳边境调节机制是一种方法。对于出口型企业或者国际化经营的企业而言,更加需要重视低碳转型。总体来看,稀缺资源价格走高的趋势,在碳定价机制上也能充分体现出来。

碳价水平(2021)

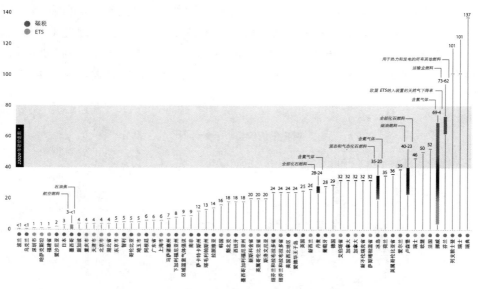

均为 2021 年 4 月 1 日的名义价格,仅作展示目的。由于缺少价格信息,中国国家碳排放交易体系、墨西哥试点碳排放交易体系和英国碳排放交易体系没有显示在这个图表中。由于行业覆盖和配额分配方法具有差异性,且豁免和抵消措施也不同,碳定价机制之间的价格不一定都具有可比性。
*2020 年碳价格走廊为世界银行 2017 年碳价格高级别委员会报告的建议。

图 3-6　部分国家或地区的碳价水平(2021)

资料来源:世界银行集团,《碳定价机制发展现状与未来趋势 2021》。

与此同时,碳减排的成效还可以转换成为碳信用,通过"抵消"的方式使用。这意味着一个实体产生的减排量可用于补偿(即抵消)另一实体的排放。在政策允许的机制下,除了在碳税或碳排放权交易机制下抵消履约实体的排放外,碳信用还可在自愿市场进行交易用以帮助个人和组织自愿抵消碳排放,实现其碳信用的价值变现。此外,它还可以用作碳金融量化和奖励项目减排的一种手段,例如世界银行的试点拍卖基金项目便运用了这种方式。总体来看,自愿市场活动带来碳信用市场的快速增长,2021 年,碳信用市场共增长了 48%。国际、国内和独立信用机制产生的碳信用额从 2020 年的 3.27 亿美元增长至 2021 年的 4.78 亿美元,成为自 2012 年以来增速最快的一年。自 2007 年起,碳信用市场的累计交易规模已达 47 亿吨二氧化碳当量。从国内来看,2012 年,中国开始建立国内自愿减排交易市场,其碳信用标的为国家核证自愿减排量(Chinese Certified Emission Reduction, CCER),虽然 2017 年中国政府暂停了包括新的减排量签发和新项目审批的中国核证自愿减排量活动,但已签发的仍可交易和使用。截至 2022 年 10 月,国内共有 12 家 CCER 审定机构。虽然 CCER 项目暂缓备案申请,但仍有不少机构进行 CCER 项目的开发和审定,以便在市场重启后尽快进入市场交易。目前,公司购买碳信用主要用于抵消部分碳排放,从而完成履约义务或兑现自愿承诺,未来几年内这仍是碳信用的最主要用途。不难发现,企业的低碳管理兼具了经济和社会价值属性。

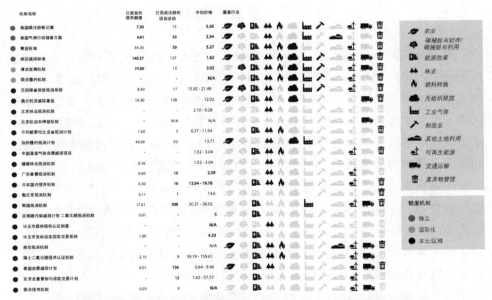

图 3-7　主要国家和地区发放的碳信用、平均价格和信用机制覆盖的行业(2020)
资料来源:世界银行集团,《碳定价机制发展现状与未来趋势 2021》。

表 3-3　按地区的自愿碳信用购买者和购买项目

买方地区	项目地区	交易量(百万吨二氧化碳当量)		来自全球的区域碳信用份额		价格(美元)	
		2018 年	2019 年	2018 年	2019 年	2018 年	2019 年
欧洲	全球	38.58	23.5	——	——	3.26	3.32
	欧洲	0.71	0.2	1.9％	0.9％	6.94	10.19
北美	全球	8.50	12.2	——	——	3.23	3.01
	北美	5.56	9.4	65％	77％	3.04	3.41
大洋洲	全球	1.82	0.7	——	——	3.69	7.87
	大洋洲	0.55	0.3	30％	43％	15.84	13.44

数据来源:Ecosystem Marketplace,《森林趋势》,2020 年。

注:"买方"是指私营部门、政府、非政府组织和其他机构。"全球"包括位于买方区域的项目。表中未显示其他区域是由于没有足够的信息。

第二节　企业污染防治

随着环境污染日益严重,雾霾天气、饮用水源安全性及土壤中重金属含量过高等环境污染问题凸显。企业经营过程中需要切实关注污染防治,减少对环境的危害。通常按环境要素可分为:大气污染、土壤污染、水体污染。按造成环境污染的性质来源可分为:化学污染,生物污染,物理污染(噪声污染、放射性污染、电磁波污染等),固体废物污染,液体废物污染,能源污染。通常污染物质的浓度和毒性会随时间的推移和空间的扩大自然降低,这种现象叫作环境自净。但是,如果污染物质超过了环境的自净能力,环境质量就会发生不良变化,危害人类健康和生存,发生环境污染。许多污染具有潜伏性、长期性和不易消除的特点,危害后果严重。环境污染防治是一个复杂体系,必须考虑各种因素的综合效应。企业必须根据污染物的时间、空间分布特点,科学地制定相应的污染防治方案,有效控制污染物的产生、排放,降低对环境造成的污染。

对于新成立企业、即将上市的企业或者企业有新改扩建项目需要政府审批时,尤其需要重视环境污染防治,并且需要完成和提供环境影响评价报告,简称环评报告。环评主要是针对规划和建设项目实施后可能造成的环境影响进行分析、预测和评估,提出预防或者减轻不良环境影响的对策和措施,并进行跟踪监测的方法与制度。

中华人民共和国环境保护部在 2011 年就发布了《建设项目环境影响技术评估导则》,并对一般企业的建设项目(核与辐射建设项目除外)制定了详细的环评内容要求①。通常《建设项目环境影响报告表》主要涵盖以下几个方面的内容。

(1) 项目基本信息,例如名称、项目建设地点、行业类别、总投资额等。

(2) 建设项目所在地自然环境和社会环境简况。自然环境包括地形、地貌、地质、气候、气象、水文、植被、生物多样性等;社会环境包括社会经济结构、教育、文化、文物保护等。

(3) 建设项目所在地环境质量状况。需列出环境质量现状及主要环境问题,例如环境空气、地面水、地下水、声环境、生态环境等,以及所在地的主要环境保护目标名单及保护级别。

(4) 评价适用标准。需列出环境质量标准、污染物排放标准、总量控制指标等。

(5) 建设项目工程分析。包括工艺流程简易图示、主要污染工序等。

(6) 项目主要污染物产生及预计排放情况。针对大气污染物、水污染物、固体废物、噪声、其他等方面的排放源、污染物名称、处理前产生浓度及产生量、排放浓度及排放量进行评估,并说明主要生态影响。

(7) 环境影响分析。包括施工期环境影响简要分析、营运期环境影响分析。

(8) 建设项目拟采取的防治措施及预期治理效果。针对各类污染物及其排放情况提出防治措施和预期治理效果,并说明生态保护措施及预期效果。

(9) 结论与建议。给出本项目清洁生产、达标排放和总量控制的分析结论,确定污染防治措施的有效性,说明本项目对环境造成的影响,给出建设项目环境可行性的明确结论,同时提出减少环境影响的其他建议。

(10) 预审意见、审批意见。由行业主管部门预审,环境保护行政主管部门审批。

上述环评的各个方面内容也为企业经营中的污染防治提供了重要参考和指导。例如企业需要充分关注周边一定范围内集中居民住宅区、学校、医院、保护文物、风景名胜区、水源地和生态敏感点等,也应尽可能全面了解企业各项活动对环境造成的影响,从而有针对性地进行污染防治,确保企业规避风险,实现可持续发展。

①　https://www.mee.gov.cn/ywgz/fgbz/bz/bzwb/other/pjjsdz/201104/W020130206500951948639.pdf.

第三节　生物多样性保护

生物多样性是一个地区内基因、物种和生态系统多样性的总和,包括遗传(基因)多样性、物种多样性和生态系统多样性三个层次[①]。基因多样性代表生物种群之内和种群之间的遗传结构的变异。物种多样性是指地球上动物、植物、微生物等生物种类的丰富程度。生态系统是各种生物与其周围环境所构成的自然综合体。生态系统的多样性主要是指地球上生态系统组成、功能的多样性以及各种生态过程的多样性,包括生态环境的多样性、生物群落和生态过程的多样性等多个方面。

生物多样性是人类社会赖以生存和发展的基础。随着世界人口的持续增长和人类活动范围与强度的不断增加,加上对自然环境的破坏与污染,大大加快了地球上物种的灭绝速度,使地球上的生物多样性遭到了严重的损害。从生物多样性对经济活动的影响来看,农业、林业和渔业等行业直接依赖于生物多样性。许多制药业的原材料也来自大自然及多样性的生物。其他很多行业间接依赖于生物多样性,典型的是以生物多样性和青山绿水为支撑的旅游业。与旅游业相关的零售业、房地产、交通等行业在生物多样性丧失的背景下也会遭到打击。研究表明,全球 GDP 的一半直接或间接依赖于生物多样性。《生物多样性和金融稳定》课题组报告所引用的研究认为,"在某些假设前提下,生物多样性丧失可能会导致每年 10 万亿美元的经济损失"[②]。

可见,生物多样性的丧失将会产生重大的经济风险,而且还可能会影响性别平等、全球健康等一系列社会问题。2017 年印度矿业巨头宣布在澳大利亚大堡礁附近启动当时全世界最大的煤矿开采项目,但遭到环保主义者强烈反对,称这将进一步导致全球变暖,并使本就脆弱的大堡礁生态环境和生物多样性遭到严重破坏。该项目一直以来饱受争议,也未能获得任何一家澳大利亚银行的贷款。2023 年 2 月,澳大利亚政府否决了在大堡礁附近建设一个大型煤矿的计划,理由是环境风险"实在太大"。这是澳大利亚首次根据该国的《环境保护和生物多样性保护法》(Environmental Protection and Biodiversity Conservation Act)否

---

① 周祖城.《企业伦理学(第四版)》[M]. 清华大学出版社,2020 年.
② 李德尚玉,马骏. 每年与生物多样性相关投资需求接近 1 万亿美元[N]. 21 世纪经济报道,2021. 10. 11.

决一个煤矿项目。虽然目前对生物多样性的关注及行动远不如气候变化,但保护生物多样性同样是当前最紧迫的任务之一,也是全球生物学界共同关心的焦点问题之一。2015 年联合国提出的 17 项可持续发展目标(SDGs)中第 12 项目标"负责任消费和生产"、第 14 项目标"水下生物"和第 15 项目标"陆地生物"都是与生物多样性相关的。2021 年中华人民共和国主席习近平在《生物多样性公约》第十五次缔约方会议(简称 COP15)领导人峰会上发表主旨讲话,强调了人与自然和谐共处的重要性,提出开启人类高质量发展新征程的四个倡议,并积极推动保护生物多样性工作。超过 50 家国内外银行业金融机构做出了《银行业金融机构支持生物多样性保护共同宣示》,将生物多样性金融的全球发展提上新的议程。"COP15 第一阶段我国率先出资 15 亿元人民币,成立昆明生物多样性基金,支持发展中国家生物多样性保护事业。"北京绿色金融与可持续发展研究院白韫雯接受 21 世纪经济报道采访时表示,中国是基金的发起者,是意义重大的,这 15 亿元基金的启动将对全球,特别是发展中国家的生物多样性保护发挥重要作用。同年 10 月,中共中央办公厅、国务院办公厅印发了《关于进一步加强生物多样性保护的意见》,强调完善生物多样性保护保障措施,需要建立市场化、社会化投融资机制,多渠道、多领域筹集保护资金;进行生物多样性保护方面的投资,需要更多引入绿色金融市场机制。根据联合国《生物多样性公约》(CBD)秘书处预测数据,至 2030 年,全球每年用于保护生物多样性的资金需求约为 7 110 亿美元。但 2022 年,相关领域的年度资金投入仅为 1 430 亿美元,且近 80% 资金依赖政府部门。庞大的资金缺口需要进一步调动社会资本参与,也为金融业带来巨大机遇。

如前所述,气候相关财务披露工作组制定的指导方针被普遍认为是一项协助有远见的企业完善企业战略的关键工具。2021 年 6 月,自然相关财务揭露任务小组(Taskforce on Nature-related Financial Disclosures, TNFD)宣布正式成立,这项新的倡议旨在帮助金融机构及企业评估其对自然生态的影响,并推动金融机构及企业把资金用于支持而非破坏生物多样性的活动。随着生物多样性议题逐渐受到重视,企业需要尽快适应上述改变,结合自身业务特点,积极关注和保护生物多样性,将生物多样性纳入企业的可持续发展管理工具。在评估自然风险和机遇时,充分考虑自然风险可能对公司造成的重大影响。

生物多样性丧失相关的风险,通常可分为物理风险和转型风险。

(1) 物理风险源于生产和经济活动对各种生态系统服务的依赖。根据联合国权威报告,生态系统服务分类包括供给服务(如提供食物与纤维)、调节服务

(如气候调节等)、文化服务(如休闲等)和支持服务(如土壤形成的部分)四大类。

（2）转型风险，源于经济和金融活动的发展路径、战略，与旨在快速减少或扭转环境破坏之间的不匹配、不协调。例如政府采取措施扩大自然保护区，或禁止在某特定区域开展经济活动，以及技术突破、诉讼和消费者对生态保护偏好的改变，等等①。

2023 年 9 月，自然相关财务揭露任务小组推出了其最新版的《自然相关财务信息披露框架建议》。致力于推动全球金融体系更好地被理解、衡量和披露与自然和生物多样性相关风险的组织。可见，企业不但面临着生物多样性丧失所带来的物理风险，同时也面临着由于保护生物多样性政策的出台所导致的转型风险。未来许多破坏生物多样性的经济活动将被迫停止，可能导致影响企业财务健康。

根据 TNFD 提出的"LEAP"指南，即定位（Locate）、评价（Evaluate）、评估（Assess）、准备（Prepare），企业需要识别与业务经营关联的地理位置是否具有较高自然价值，而且需要评估企业如何影响环境资产和生态系统服务（例如供水和防洪减灾），并研究其运营和价值链所在的"生物群落"，确保正确识别和量化风险和机遇，加强披露、认证和可追溯性，追踪供应链对生物多样性的影响，协助解决生物多样性损失问题，促进自然资源的可持续利用。

---

① 张寿林，专访清华大学国家金融研究院绿色金融研究中心副主任孙天印：应充分重视生物多样性丧失可能引发的金融风险，每日经济新闻，2022 年 5 月 20 日。

第四章

企业社会实践（S）

　　企业社会责任议题中应当积极响应利益相关者诉求，重视人的权利、社会福祉以及生态圈的完善和改进。根据 UN Global Compact 2004 年提出的 ESG 概念，S 范畴主要包括但不限于工作场所的健康和安全、社区关系、公司和供应商/承包商的社会责任问题、在发展中国家开展业务时的政府和社区关系、改进绩效的压力、透明度责任等方面。

第一节　社会责任主要内容

　　企业社会责任（S）包含的内容比较丰富，不同类型的企业或者企业处于不同发展时期，所承担的社会责任具体内容也都不尽相同。这一部分在 ESG 评估中也是最难的。因此，需要以动态和发展的方式来探讨企业社会责任的内容。

　　学者卡罗尔[①]将企业的社会责任划分为经济、法律、伦理、慈善四个层面，提出了社会责任金字塔模型。如图 4-1 所示，经济责任是企业作为社会基本的经济单位，有责任生产产品和服务、创造工作岗位；法律责任是指企业应在法律框架下实施经济责任；伦理责任是指虽然法律并未规制，但企业作为社会的成员，社会能够对其期待的行为；慈善责任是指企业依据个别的判断和选择，参与到与经济活动没有直接关系的文化活动、捐助行为、志愿服务行为的相关责任。

　　虽然卡罗尔模型对社会责任的划分比较形象地阐述了社会责任的不同层次，被研究学者广泛引用，但该模型具有一定的局限性，并没有对四个层面责任内容进行具体细分。随着时间的推移，四个层面的社会责任已经无法涵盖不断出现的新社会责任议题。

---

① Carroll, A. B. The Pyramid of Corporate Social Responsibility: Toward the Moral Management of Organizational Stakeholders[J]. Business Horizons, 1991, 34(4): 39-48.

图 4-1　企业社会责任金字塔模型

资料来源：Carroll, A. B. The Pyramid of Corporate Social Responsibility: Toward the Moral Management of Organizational Stakeholders. Business Horizons, 1991, 34: 39-48.

　　戴维斯就企业为什么以及如何承担社会责任提出了责任铁律（Iron Law of Responsibility）①，企业的社会责任必须与企业的社会权利相称，即权利越大，责任越大。戴维斯着重强调了企业与利益相关者关系的重要性，并据此提出企业社会责任内容按照利益相关者类型来进行划分的建议框架。

　　企业可以参照 GRI、SDGs、SASB、TCFD、ISSB 等国际标准，结合公司自身战略，由管理层或 ESG 专门委员会初步选定与公司紧密相关的若干议题，建立起 ESG 议题库，为后续与利益相关方沟通、实质性议题选择打下基础。表 4-1 提供了通常情况下，企业按照主要利益相关者类型归类的一些"S"方面的议题，供参考。

表 4-1　企业社会责任主要议题归类

主要利益相关者	核心议题	基本责任参考示例
股东关系	• 股东权益	证券价格的上升，利润的分配
顾客关系	• 负责任产品 • 消费者权益 • 金融责任	产品安全质量 化学品安全 金融产品安全 数据安全隐私 健康及人口风险 社会创新 责任投资

---

① Davis, K. Can Business Afford to Ignore Social Responsibilities?［J］. California Management Review, 1960, 2: 70-76.

（续表）

主要利益相关者	核心议题	基本责任参考示例
员工关系	· 人力资源管理 · 人力资源开发 · 健康安全管理 · 供应链员工管理	福利及津贴 多样性、公平和包容性 预防性骚扰 培训和教育 员工与管理层的互动 员工流动水平 人权保护
供应链关系	· 多样化采购 · 供应链管理 · 行业秩序	国际劳动者责任 公平贸易 反不正当竞争 反腐败 反洗钱 科技创新伦理
政府及社区关系	· 公共服务 · 乡村振兴 · 党建	志愿服务 慈善捐赠 社区投资和发展 营养健康与保健 文化保护和传承 基层党组织、工会

资料来源：根据 UNGC、MSCI、GRI、国证指数等指标中的社会议题整理得出。
注：议题仅限于企业社会责任(S)范畴，未涵盖环境(E)和企业治理(G)议题。

第二节　社会责任履行方式

借鉴 Halme 和 Laurila[①] 提出的社会责任履行方式的探讨，通常企业在社会责任项目实施过程中，有如下三类履行方式选择（见表 4-2 和图 4-2）：

表 4-2　企业社会责任的三类履行方式

履行方式	与核心业务的关系	责任目标	预期收益	例子
外围责任履行	企业核心业务之外	企业业务以外活动	形象改善和其他声誉的影响	为慈善团体捐款

---

① Halme, M., Laurila, J. Philanthropy, Integration or Innovation? Exploring the Financial and Societal Outcomes of Different Types of Corporate Responsibility [J]. Journal of Business Ethics, 2009, 84(3): 325-339.

（续表）

履行方式	与核心业务的关系	责任目标	预期收益	例子
业务责任整合	接近现有核心业务	现有业务运营的环境和社会绩效	工作环境和员工福利方面的改善	ISO 26000 或 SA 8000 认证
创新责任拓展	拓展或发展新业务	新产品或服务开发	新商机、可持续生态圈	绿色创新产品、新服务模式等

资料来源：Halme, M., Laurila, J. Philanthropy, Integration or Innovation? Exploring the Financial and Societal Outcomes of Different Types of Corporate Responsibility[J]. Journal of Business Ethics, 2009, 84(3): 325-339.

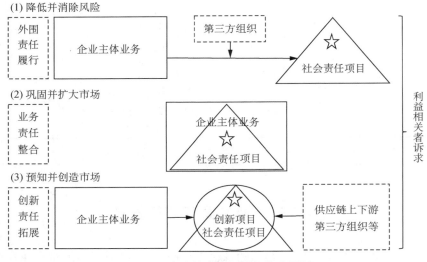

图 4-2　企业社会责任履行方式图例

一、外围责任履行，降低并消除风险

企业通过提供资源或服务，来履行与企业本身业务无关的外部社会责任议题。如果企业对外围的社会责任活动不擅长，可以通过借助第三方组织的力量，来更好地完成社会责任项目。这类社会责任活动往往超出企业经营范围。虽然这样的社会效益并不能为企业直接使用，但这种方式非常具有公众可视性，更容易被公众所关注；因此，可以最方便快捷地减少公众压力、降低风险并提升企业的声誉。其中最典型的方式就是通过慈善捐赠的形式满足社会和部分人群的需求,帮助社区教育、医疗及基础设施改善等。

二、业务责任整合,巩固并扩大市场

企业更多地关注如何将社会责任履行有效地整合到现有业务经营活动的各个环节中。这种方式可以使企业在更有效开展业务活动,为企业创造价值的同时,也履行了社会责任,增加了社会福祉。这种社会责任履行方式则更加内敛,外部可视性不高。它主要与企业经营的可持续性紧密联系,通过为企业不断改进健康经营系统,来实践对社会发展的责任和贡献。例如企业通过参加 ISO 26000 或 SA 8000 认证,不断改进安全生产流程,提高员工福利和培训机会等。

三、创新责任拓展,预知并创造市场

企业关注未来的可持续发展,需要不断拓展自己的生态圈,在积极与社会互动中发现企业新的发展契机,重构企业动态的核心能力。企业可以通过产业链上下游,或者与社会多方组织一起创造共享价值。例如部分互联网平台企业在用户服务方面创新实施的无接触配送和订单退改政策等。

第三节　利益相关者识别

因为企业的环境(E)和社会(S)议题都非常丰富,而且各类利益相关者的诉求也不尽相同,所以企业需要结合自身资源有限的实际情况,通过利益相关者识别,并根据关键利益相关者诉求,来高效开展 ESG 实践行动。根据 Ferrell 等的建议,企业可以按照利益相关者导向采取如下六个步骤[①]:

(1)评价企业文化。第一步的目的是明确对社会责任产生影响的企业使命、价值观和规范。许多企业的价值观和规范都规定了企业认为最重要的利益相关者群体和利益相关者议题。通常,相关的组织价值观和规范可以在公司文件中找到,如使命声明、年度报告、行为手册或企业网站上。

(2)识别利益相关者群体。部分利益相关者对企业具有较高的影响力,因为他们直接或间接威胁到企业资源的获取。尤其是当这些利益相关者自身并不

---

① Ferrell, O. C., Fraedrich, J. Ferrell, L. Business Ethics: Ethical Decision Making and Cases (8th Ed.)[M]. Cengage Learning, 2011.

受企业的影响,而他们又能够获得企业需要的重要资源时,他们对企业就变得尤为重要。

(3) 识别利益相关者问题。许多重要的社会议题之所以引人注目,是因为消费者团体、监管机构或媒体等重要的群体利益相关者提出了相应的诉求。管理者可以根据前面两个步骤,结合利益相关者的诉求,识别相关议题。

(4) 评价组织对社会责任的承诺。不同的议题之间可能存在冲突,就需要企业结合自身的使命和价值观,更好地理解并协调多个利益相关者的共同关注点,并选择具体的社会责任举措。

(5) 识别资源并决定紧迫性。企业在对利益相关者议题进行优先排序时,需要考虑企业过去业绩和可分配的资源。这一步骤可以参考两个主要标准:第一,不同社会议题所需的各类人力、财力资源投入水平;第二,优先考虑社会责任诉求的紧迫性。

(6) 获取相关利益者反馈。利益相关者反馈可以通过满意度或声誉调查、媒体评价和新闻报道、正式调研和第三方调查等方式获得。企业在制定后续社会责任战略和实施时,可以纳入相关利益相关者的反馈。

针对第二步,由于企业的利益相关者众多,不同类型利益相关者有着不同的诉求,而且对企业决策也会产生不同的影响力,企业往往很难同时满足每一个利益相关者的需要,因此管理者必须努力保持利益相关者之间的平衡。每个企业都有不同的使命、任务优先级和价值观,需要识别关键和重要的利益相关者及其诉求,有助于企业在众多社会责任议题中进行优先排序和选择。米切尔等建议从合法性(legitimacy)、影响力(power)、紧急性(urgency)三个属性对企业的利益相关者进行评分,然后企业的利益相关者可以被细分为三类:决定型的利益相关者(Definitive Stakeholders)、预期型的利益相关者(Expectant Stakeholders)、潜在型的利益相关者(Latent Stakeholders)[1](见图4-3)。

需要注意的是,不同类型利益相关者之间会有互动,产生共同作用和影响,而且利益相关者的划分类型也会随着时间和情境的不同进行变换。过去可能只是影响力较小的潜伏型利益相关者,现在可能就会变成决定型利益相关者。有学者进一步提出利益相关者分为首要和次要利益相关者,首要利益相关者对于

---

[1] Mitchell, R., Agle, B., Wood, D. Toward a Theory of Stakeholder Identification and Salience: Defining the Principle of Who and What Really Counts[J]. Academy of Management Review, 1997, 22: 853-886.

企业的基本生存和发展至关重要,例如顾客、员工、股东、供应商、社区、政府等;
而次要利益相关者也能够影响组织目标的实现,例如媒体、协会、竞争者、特殊群
体等。各类利益相关者之间会存在互动关联,进而对企业的决策带来重要的影
响(见图 4-4 所示)。

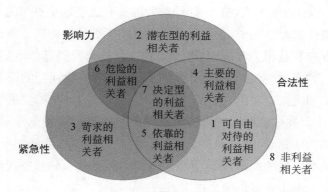

图 4-3　米切尔的利益相关者评分法

资料来源:Mitchell, R., Agle, B., Wood, D. Toward a Theory of Stakeholder Identification and
Salience: Defining the Principle of Who and What Really Counts. Academy of Management Review, 1997,
22: 853-886.

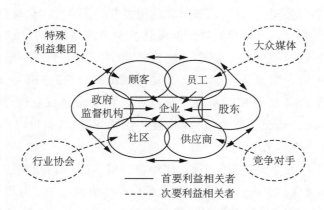

图 4-4　利益相关者的分类和互动关系

资料来源:Maignan, I., Ferrell, O. C., Ferrell, L. A stakeholder Model for Implementing Social
Responsibility in Marketing[J]. European Journal of Marketing, 2005, 39(9/10): 956-977.

第四节　实质性议题选择

ESG 事项经常是"无形"的和多样化的,因此需要以实质性议题(也称"重要性议题,materiality)的方式,将 ESG 议题明确并有选择地重点实施和加以考量。在具体社会责任选择过程中,企业需要清楚并非所有议题都同等重要,必须结合自身实际情况和利益相关者诉求,选择实质性议题来开展具体落实行动。根据 GRI 组织建议,"实质性议题"需要体现重大经济、环境和社会的议题,或对利益相关方的评估和决策有实质影响的议题,可以简单将其理解为"足够重要,值得在 ESG 报告中阐述的议题"。可见,实质性议题的选择需要充分回应重要利益相关方最关切的问题,同时合理全面地结合对公司可持续发展重要的主题和目标。通过可持续发展的视角,开展企业的业务风险、机会、趋势发现和风险管理。实质性分析也有助于更好地满足投资者的投资偏好。

企业可以综合公司管理层选定的议题以及利益相关方反馈的意见,由相关外部专家、公司内部专门委员会(如可持续发展领导委员会)共同参与,最终确定在 ESG 报告中进行具体披露的实质性议题,并根据其实质性程度编制二维矩阵图。其中,大部分公司会选择"议题对利益相关方的重要性"与"议题对本公司的重要性(或议题与公司可持续发展的匹配性)"两个维度展开。虽然实质性议题的选择具有较强的行业属性,不同行业公司选取的议题也具有一定共通性,比如知识产权保护、商业道德、用户体验等。通常情况下,与行业相关、财务相关、市场地位相关的 ESG 议题相对重要。企业在选择实质性议题时,可以将 GRI、UNSDGs、SASB、ISSB 等国际标准作为搜集议题的基础,也可以将同行其他公司的相关议题作为参考。

2020 年 3 月香港联交所发布《如何编备环境、社会及管治报告》,其中对发行人如何选择实质性议题做了明确规定,可以作为借鉴参考。流程包括:内部评估、外部评估、议题的确定、议题的披露四个方面,见表 4-3 和图 4-5。

表 4-3　香港联交所对 ESG 报告编制流程的建议

1. 内部评估	• 结合公司整体任务、竞争策略、地方政策、企业价值、运营管理等评估 • 依据法律法规、国际协议、自愿协议以及相关国际准则 • 判定所属行业的主要高频议题 • 最终通过内部评估确定实质性议题库

(续表)

2. 外部评估	• 识别利益相关者,根据实践考察,可以包括但不限于:投资者、股东、客户、供应商或合作伙伴、政府或非政府组织、专家学者、社区等 • 利益相关者参与过程:确定、拟定利益相关者名单;利用电话、书面、会议、股东大会、圆桌会议、问卷等方法鼓励利益相关者参与;对反馈的意见进行选择,挑选最重要的最相关议题
3. 议题的确定	• 依据内部外部的重要性维度绘制重要性矩阵 • 重要性议题选择:董事会有最终决定权;如重要性矩阵图示,一般披露、关键绩效指标被识别为重要的指标(象限Ⅰ)必须进行披露;外部层面(象限Ⅱ)和内部层面(象限Ⅳ)中被评定为相关的一般披露、关键绩效指标上、外部层面更重要
4. 议题的披露	• 部分重要议题:对于重要性列表每一层面可能要求提供不同数据,公司若认为这些数据只有部分对其任务有重要性,可以对部分披露的情况进行解释 • 非重要议题:对于不重要的议题,如象限Ⅲ,公司可以选择继续披露或者不披露资料,解释相应原因,评估程序结果 • 总体上遵循不披露就解释原则

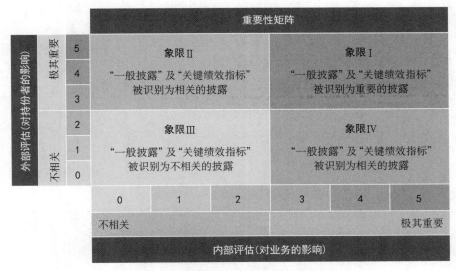

图 4-5　香港联交所建议的重要性矩阵图

资料来源:香港联交所,《如何编备环境、社会及管治报告》,2020 年。

　　此外,对于重要的实质性议题,往往会由于关注对象即利益相关者的不同及其影响力不同而产生差异。欧盟在 2019 年的《气候相关信息披露补充》文件中提出了双重实质性(double materiality)的概念,并认为,通常企业提出的重要议题更多是关注对企业财务风险带来重大影响的议题。双重实质性则强调,重要性的界定不仅要考虑环境和社会议题对企业价值的影响(财务重要性或单一重要性),还要考虑企业经营活动对环境和社会的影响(影响重要性或双重重要性)。这一原则反映了企业决策时需要同时考虑内部和外部因素,需要兼顾财务绩效和环境社会影响(见图 4-6)。

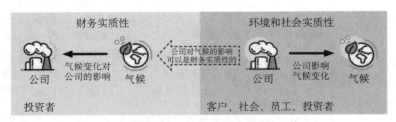

图 4-6　欧盟对于双重实质性议题的界定说明

资料来源:欧盟,《气候相关信息披露补充》,2019 年。

第五章

企业治理实践（G）

企业治理实践需要一整套包括正式或非正式的战略和行动层面的制度和流程体系来协调公司与利益相关者之间的利益关系，保证公司决策的科学性、有效性，从而规避风险、减少企业的不当行为，持续改进组织决策流程及行为模式，维护公司多方面的利益。

第一节　企业伦理准则

规范准则是公司治理的前提。在企业的治理实践中，首先需要制定一套适合企业的伦理准则，将企业的价值观、规范和规则等嵌入组织日常经营活动中。如果不能贯彻落实企业规范的实践活动，将会为违规行为提供机会。企业伦理准则设定了企业行为规范和"底线"，避免管理者或者员工由于疏忽或不知情而导致的不道德行为，并且能够降低由此所带来的损失，有助于维护企业效益，从而更好地提升企业的公众形象。

根据 Ferrell 等学者[①]的建议，企业可以从三个维度来推进伦理准则的制定和实施。

一、设置强制底线：外部强制要求的企业行为边界（如法律、法规、条例）

在企业伦理准则的设定中，首先需要确保遵守法律法规。各国在规范竞争、保护消费者权益、保护公平和安全、保护环境等方面都有明确的法律规定，这为企业活动的可靠性建立了基本规范和准则。因此，由政府设立的法律法规，设立了企

---

① Ferrell, O. C., Fraedrich, J. & Ferrell, L. Business Ethics: Ethical Decision Making and Cases (8th ed.)[M]. Cengage Learning, 2011.

业行为的最低标准。因为不能完全依赖和信任企业在某些领域自觉地做正确和道德的事情,例如环境保护和消费者安全等方面,用法律作为底线来规范企业活动是必要的。但是,随着经济社会的外部情境快速变化,企业自身也需要相应变化,如果只是遵守政府制定的法律和规范,对于企业的伦理准则来说是远远不够的。

二、规范核心实践:最佳企业实践规范手册和行业协会所倡导的做法

企业伦理准则需要对经营活动中的核心实践进行规范。通常企业可以结合自身业务特点和流程操作中的最佳实践,将行业协会和专业组织提供的行动标准作为规范企业核心实践的参考。尽管这些伦理准则不是法律强制要求执行的,但企业通过自主选择恰当的核心实践准则,有助于确保企业降低不道德风险,减少不当行为概率,也能更好地满足社会期望。例如,联合国全球契约组织提出并倡导各企业在各自的影响范围内遵守、支持以及实施一套在人权、员工标准、环境及反贪污方面的十项基本原则。这套原则得到了全球众多企业的响应,并在企业内部核心实践的伦理准则中体现。

三、倡导自愿行为:包括信仰、价值观和企业关系中自愿的契约义务

通常许多企业在伦理准则的制定中,都会根据企业具体特点和情境,在一定程度上关注并提出企业的自愿承诺,以造福于内部和外部利益相关者。例如企业致力于改善员工福利方案,为员工提供一个安全、健康、舒适的工作环境;还有许多企业鼓励并倡导慈善公益活动,通过捐赠、志愿者服务等形式回馈社区和社会。不难看出,与自愿行为准则相比,前面两个维度中企业伦理准则的相似度和一致性是相对较高的,自愿行为准则往往会在各个企业中体现出较大的差异性。

总体而言,企业通常都需要通过建立、沟通和监控统一的伦理准则和规范来开展企业治理实践。1991 年,美国联邦量刑委员会颁布的《针对组织机构的联邦量刑指南》(The Federal Sentencing Guidelines for Organizations,简称 FSGO),称得上是美国公司治理方面至关重要的法律文件。2004 年版手册中提出了美国企业伦理规范制定落实过程包括的七个方面最低要求(表 5-1),可以供中国企业作为参考。

表 5-1　美国联邦量刑指南手册对企业治理的最低要求

序号	具体要求
1	制定能够发现和预防不当行为的标准和程序,如伦理准则

（续表）

序号	具体要求
2	设置负责伦理合规项目的高层人员
3	对于曾经有不当行为倾向的个人不能给予实质性自由裁量权
4	通过正式的伦理培训项目有效沟通企业治理标准和程序
5	建立监测、审计和报告不当行为的系统
6	贯彻推行伦理准则、规范和惩罚措施
7	持续改进伦理合规项目

资料来源：U. S. Sentencing Commission, Federal Sentencing Guidelines Manual, Effective November 1, 2004.

第二节　董事会治理架构

董事会是公司治理的核心，通过合理的结构设置和制度建设，提高战略决策能力，对管理者经营行为进行监控，使公司制度更好地发挥作用。

威廉・乔治（William George）是美敦力公司（Medtronic）的前董事长兼CEO，也是一位知名的公司治理专家，他认为要确保建立恰当的、符合道德的公司治理体制，董事会应该遵守以下十条原则[①]：

（1）标准：应该具有由独立董事制定的公开的治理原则。

（2）独立：董事会应该确保其独立性，董事会的大部分成员应该是独立的。

（3）选举：不仅应该根据候选人的经验或在其他公司的位置，而且应该根据候选人的价值结构来选举董事会成员。

（4）董事会的公司治理与提名委员会应该由独立董事组成，以确保独立的一致性。

（5）秘密会议：独立董事应当定期进行秘密会议，保持其沟通信息的真实性和可信性。

（6）委员会：董事会必须有独立的审计和财务委员会，并且由在这些领域有广泛专业知识的董事会成员组成。

（7）领导力：如果CEO和董事长是同一个人，那么董事会应当选举出一名

---

① George, W. W. Restoring Governance to Our Corporations[J]. Vital Speeches of the Day, 2002, 68(24): 791.

与之相互制衡的首席董事,这十分关键。

(8) 外部专家组成的薪酬委员会:董事会应该在高层管理者薪酬方案方面寻求外部指导。

(9) 董事会文化:董事会不仅应该把握机会,而且应提倡发展一种能接受质疑与差异化的董事会文化。

(10) 责任:董事会应该意识到自身为公司长远发展考虑以及通过恰当的治理程序控制管理者的责任。

第三节 内部控制体系

企业内部控制体系是单位内部建立的使各项业务活动互相联系、互相制约的措施、方法和规程。为确保企业 ESG 的履行,内部公司治理机制需要发挥重要作用。与此同时,企业还需要强化外部监督。要根据监督评价工作结果,结合自身实际情况,充分发挥外部审计的专业性和独立性优势,委托外部审计机构对部分子企业内控体系有效性开展专项审计,并出具内控体系审计报告。

国际开放合规与道德集团组织(Open Compliance & Ethics Group,简称 OCEG)为企业内部治理和控制创建了一个通用框架——GRC 能力模型(见图 5-1)。OCEG 认为单独追求财务目标在当今并不能保证企业的健康运营,企业除了需要满足股东及其他利益相关者的利润诉求外,还需要承担社会责任,因此 GRC 能力模型更侧重于非财务合规性和内部控制的定性元素。其核心是治理、风险和合规的整合。该模型有助于专业人士规划、评估和提高他们的能力,以实现有原则的绩效目标。有效的 GRC 能力模型有助于关键利益相关者从共同的角度制定政策,并符合监管要求。借助 GRC 能力模型,公司可以在政策、决策和行动上保持一致性。

GRG 能力模型包括了四大主要元素,即学习能力(learn)、校准能力(align)、执行能力(perform)、审视能力(review),这四项能力的建设可以有效地帮助企业内部治理和控制体系的构建和持续完善。

一、学习能力(L)

通过了解公司的背景、价值观和文化,确定可靠地实现目标的战略和行动。

(1) L1 外部情境:了解企业所处的外部情境。

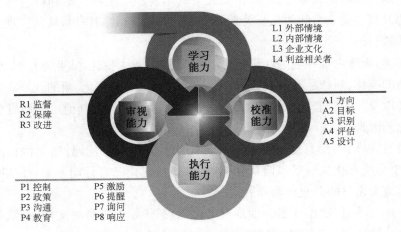

L1 外部情境
L2 内部情境
L3 企业文化
L4 利益相关者

R1 监督
R2 保障
R3 改进

A1 方向
A2 目标
A3 识别
A4 评估
A5 设计

P1 控制　　P5 激励
P2 政策　　P6 提醒
P3 沟通　　P7 询问
P4 教育　　P8 响应

图 5-1　OCEG 开发的 GRC 能力模型 3.0

资料来源:GRC Capability Model (OCEG Red Book): Guidance for People who Govern, Audit and Manage Performance, Risk and Compliance. 3rd edition, 2017.

首先,通过分析外部环境,识别外部业务情境中可能影响组织能力的因素。包括行业(竞争对手、供应链、劳动力市场、客户等);市场(客户人口统计、经济状况等);技术(技术转移和突破等);社会(社区需求、媒体趋势等);监管环境(法律、规则和条例,执法趋势等);地缘政治(国家政治、政治稳定、战争与和平等)。在此基础上,确定关键的外部利益相关者和影响者,包括股东、评级机构、债权人和其他承销商、客户、供应商/合作伙伴、社区、媒体和政府等。

其次,分析外部利益相关者和影响者的需求。收集并审查每个关键利益相关者组织的可用信息,了解最新颁布的法律、规则、标准或其他指南将如何影响企业及其实现目标的能力。在此基础上,观察外部环境法律法规、利益相关者群体、所有相关运营领域的市场状况和地缘政治变化,监控行业参与者和竞争对手的风险和合规问题及其变化情况。

最后,及时将信息与风险分析和优化的负责人进行沟通,通过修订风险分析、调整分类和优先级等风险优化策略,来修订优化已有行动方案,并实时监控外部情境变化下的企业活动展开情况。

(2) L2 内部情境:了解企业运作的内部业务情境。

首先,确定组织内部哪些方面能够并且应该改变,从而更好地支持组织目标的实现。了解内部组织结构、关键业务流程及其相互关系,包括扩展企业中的关系。识别关键产品和服务，以及诸如人力资本、技术、实物资本和信息方面等关键资源及其各要素之间的相互关系，以了解它们如何共同作用，从而实现企业现有的战略目标。

其次，观察内部环境的变化，监控业务战略的重大变化，如业务目标、价值观和战略的变化、新产品开发、新市场拓展、重大组织结构变化、新的或不断变化的领导者以及并购。监控人员变动、流程变化、技术变化，及其他可能触发内部环境变化的因素。

最后，及时将信息与风险分析和优化的负责人进行沟通，通过修订风险分析、调整分类和优先级等风险优化策略，来修订优化已有行动方案，并实时监控内部情境变化下的企业活动开展情况。

（3）L3 企业文化：了解企业现有文化，包括领导力风格对文化、组织氛围的塑造以及管理者关于治理、管理、风险、伦理、员工参与的心态认知。

首先，治理文化方面需要了解董事会运作的情况和效率，董事会成员的能力、独立性和参与度等方面的情况。管理文化可以通过定期询问员工，了解他们对管理文化的认知，例如管理层是否将道德与组织绩效指标联系起来，在决策、评估、晋升和选拔等过程中是否考虑道德操守和诚信。确定企业授权管理、权责分配、管理的正式或非正式程度、决策的集中度、绩效评估的标准和理念等方面的情况。

其次，在分析风险文化时，需要定期询问足够多的领导层、管理层和员工，以确保能够准确评估风险文化的问题，包括领导层传达风险偏好和容忍度，领导力塑造其适当的冒险行为，员工在工作中遇到的风险以及风险类型，以及员工对所面临的风险是否有所准备。在分析伦理文化时，需要定期询问足够多的员工，以评估现有的伦理文化氛围，包括对企业价值观/原则的认知以及对其的组织支持，是否有明确的伦理问题汇报程序并且员工无须担心报复，领导者和主管如何表现出道德坚韧和商业敏锐，不当行为是否被员工发现及其类型，对从事不道德行为的压力或对不道德行为感知的奖励，员工举报不当行为的意愿，员工对组织接到不当行为报告后的反应是否满意，以及领导和管理者对于不道德行为和诚信的态度和行为。

最后，在分析员工参与度时，需要评估员工对个人价值观与组织使命和组织价值观一致性的看法，定期询问员工对以下方面的满意度：补偿、责任、职业机会、同事、主管、高级管理层、工作人员。同时，询问员工对以下方面的看法：管理层对能力的承诺、招聘政策/做法、培训政策/实践、测量政策/实践、绩效评估政策/实践、推广政策/做法、指导/职业道路指导、薪酬政策/做法,以及奖励/纪律政策/做法。在此基础上,监控企业文化的变化,包括业务单位、部门、工作或地点的文化指标的任何重大变化。监控可能影响治理、管理、伦理或员工参与的关键领导和人员的变化。

(4) L4 利益相关者:与利益相关者互动,了解影响企业的期望、需求和观点。

首先,为了更好地了解利益相关者,需要编制关键利益相关者组织清单,并按类型分类,通常包括政府监管机构、投资者、保险公司和承保人、评级机构和交易所、供应商、扩展的企业合作伙伴、客户、运营社区、员工、工会等。

其次,分析外部利益相关者和影响者的需求,收集并审查每个关键利益相关者组织的可用信息,包括使命、愿景和价值观、与企业有关联的任何声明或文件、重要的关键人物、利益相关者公开其需求的信息,以及关于道德行为、不合规问题或利益相关者担忧的任何信息。

最后,评估利益相关者观点和需求的轻重缓急,把关键利益相关者群体的信息及时告知相应负责的高管。制订利益相关者关系管理计划,确定与各利益相关者类型沟通的内容设计和响应流程,定期与利益相关者见面沟通互动,与利益相关者群体中的关键人员建立尊重和信任关系,与认同本企业的实体建立正式或非正式联盟,从而构建企业良好声誉。

二、校准能力(A)

确保企业的战略、行动和目标是一致的。通过在做决策时考虑机会、威胁、价值和需求来实现。

(1) A1 方向:通过制定明确的使命、愿景和价值观声明、高层次目标、政策以及决策标准来提供方向。

首先,在明确企业使命、愿景和价值观时,确保合适的管理机构及合适的内部利益相关者并让他们全过程参与。通过正式和非正式方式,向内部和外部利益相关者公布组织的使命和愿景、核心价值观声明,并将其作为公司章程或行为准则的一部分,获得董事会和管理层对使命、愿景和价值观的承诺。定期审查使命、愿景和价值观声明,并根据内部和外部业务、管理、法律或文化背景的变化进行修订。

其次,界定企业的高层次目标及其类型,包括战略目标、财务目标、客户目标、操作过程目标、学习和成长目标、合规目标,以及公司报告的目标。对于这些目标制定具体的可测量指标,相应分解到企业的中低层,包括业务单位、部门、团队和个人层面,以便使低层目标和战略与高层目标相匹配。落实具体责任分配和管理边界,并建立相应的监管机制。

最后,明确企业的决策标准,包括优先事项、风险/回报权衡(如风险偏好、容忍度和能力)和合规性的指导。对于每个业务目标或业务目标类别,明确具体的定性或定量的风险/回报容忍度和承受能力的上下限范围指标。对于企业行为准则、政策或程序未明确涵盖的情况,制定道德决策指南,确保企业道德决策指南可以兼顾全球化和本地化情形。OCEG 鼓励企业采取能够带来结果的行动,并监控企业运营以应对突发的变化。

(2)A2 目标:制定一套平衡的可测量目标,这些目标应符合决策标准并适合企业现有的内外部情境。

首先,根据企业的任务、愿景、价值观、高层目标等参考框架,确定与决策标准一致的具体目标。对于每个业务目标或业务单元类别,界定风险承受能力、风险偏好,以及可接受的奖励和合规性水平的定性和定量方法,以确保目标设定在规定的决策标准内。

其次,在寻求实现既定目标时如果需要制定其他决策标准,需要考虑目标的累积效应或竞争效应,并关注在更大范围内对部门、组织等其他目标的影响。当决策标准需要调整时,需要确定某些目标是否优先于其他目标。当超出设定目标的权限时,需要更加关注竞争目标的决策。

最后,对目标进行书面记录存档,以便所有相关方(包括负责实现目标的内部经理和内外部利益相关者)可以查阅。确保目标是明确的、可衡量的、可实现的、相关的和有时间限制的,并有具体的指标来评估目标的绩效。在所有相关组织层面上建立每个目标的责权,包括建立和管理低层次目标的责权,并且保持定期审查和调整更新。

(3)A3 识别:识别可能对目标的实现造成有利(机会)或不利(威胁)影响的因素,以及可能迫使组织以特定方式(要求)行事的力量。

首先,审查业务目标,确定关键项目、计划和特殊计划、关键流程、关键资源。识别重要的政治因素,包括政治变革、政党和偏好、国家资源或产业的政治控制、内乱等。识别重要的经济因素,包括宏观经济指标的变化、可支配收入和购买力的变化、利率、货币波动、经济周期等。识别重要的社会因素,包括人口统计变化,生活方式的改变,全球文化和亚文化变化,预期寿命的变化,社会价值观和偏好的变化,对工作、生活和休闲的态度,宗教和世俗信仰等。识别重要的技术因素,包括技术变化速度、信息和通信的可用性和成本、改进的工业工艺和材料、运输和配送的变化等。识别重要的法律因素,包括当前和即将颁布的法律法规、全球差异化需求和潜在冲突、执法趋势、民事和衍生诉讼的趋势等。识别重要的环境因素,包括洪水、火灾或地震。识别重要的外部利益相关者因素,包括客户、媒体、政府、业务合作伙伴、社会组织/非政府组织等。识别重要的竞争对手因素,包括竞争能力、针对组织的不道德行为(包括欺诈和其他犯罪)等。

其次,识别公司重要的人力资本因素,包括董事会的变化、高级管理层变动、劳动力的变化等。识别内部重要的流程因素,包括业务流程变更、容量不足/过剩的需求、计划执行程度、对外部承包商和供应商的依赖等。识别内部重要的技术因素,包括 IT 基础架构的变化、数据完整性、数据和系统可用性、实施和支持系统的能力等。识别内部重要的财务因素,包括资本公积变动、回报率的变化、资本可用性的变化等。监督和识别可能直接或间接导致对目标产生积极或消极影响的事件和条件的内部因素变化,包括并购、新产品开发、开拓新市场、新合同或自愿承诺、关键人员或管理层变更,以及业务流程更改。

再次,识别机会、威胁和需求。机会即总体上有助于收益的事件和条件(衡量事件对实现目标的可能性、时间和积极影响)。威胁是可能提高风险的事件和条件(衡量事件对实现目标的可能性、时间和负面影响),包括健康与安全威胁,股票价格和信用评级等经济威胁,恐怖主义或灾难等业务连续性威胁,禁止或抵制商业运营威胁,因产品质量差、员工不当行为、贿赂、欺诈、腐败、骚扰和恐吓行为等问题造成的声誉损害。识别组织的法律要求以及其他明确的外部要求,包括安全港标准,国际、国家和行业标准,行业协会承诺,证券交易所上市承诺,起诉、执行、处罚和量刑准则、行业惯例,以及地理和民族文化中的习惯做法等。

最后,识别重要事件的可能性和对公司及行业的影响趋势。确定事件重复发生的可能性、时间和影响变化,识别机会、威胁和要求之间的所有相关性,对风险/回报进行高层次分析,以便在未来更详细的分析中优先考虑最相关的项目。

(4) A4 评估:使用定量和定性方法,分析当前形式和未来计划,借助决策标准对机会、威胁和需求进行评估。

首先,分析威胁发生的可能性,确定是单一事件还是多个事件,以及短期事件或是长期事件。一旦威胁发生,分析可能的速度和程度,以及与其他威胁和风险的关系。借鉴企业和同行的历史记录(基于行业、地理位置、商业活动、劳动力规模和足迹)分析漏洞和评估影响。假设在没有相关控制措施的情况下,评估可能风险/回报水平。假设在开展相关控制措施后,可能的风险/回报。识别和评估当前的控制措施,是否能有效预防或降低不良活动发生概率,更快地检测和响应不良活动,防止风险的影响提升到更高水平。确定和评估控制管理的相关负责人,包括主要业务职能部门和员工、风险道德和合规部门及员工,以及监事长(董事会或其他机构)等。

其次,分析合规性,使用企业和同行的历史记录(基于行业、地理位置、业务活动以及员工规模和足迹)来分析违规的可能性和影响。假设在没有相关控制措施的情况下,评估现有合规水平。假设在实施现行相关控制措施后违反合规性的可能性和影响,并确定和评估控制管理的相关负责人。

最后,优先管理威胁、机会和需求,识别行动和控制中的任何差距和不必要的重叠,考虑当前操作有效性并优先排序,确定维持当前行动和控制的成本/效益。根据管理范畴和制定的决策标准,确定当前风险/回报水平是否可接受,避免因为控制措施不当对组织产生重大的影响。

(5) A5 设计:制订战略和战术计划,以实现既定目标,同时解决不确定性,并按照决策标准诚信行事。

首先,当现有的行动和控制措施不是最佳或需要改进时,探索所有可能的解决方案选项和替代措施,分析各选项的成本/收益和合规性的优先级,审查风险或回报评估结果,并确保所选方法在遵守所有法规的前提下是适当的。设计额外的监控活动,以确保行动和控制持续有效,并按照计划运行。

其次,为每个目标制定关键绩效指标(Key Performance Indicator,简称 KPI),为每个要求制定关键合规指标(Key Competency Index,简称 KCI)。为每个关键风险或关键风险类别制定关键风险指标(Key Risk Index,简称 KRI)。通过信息技术手段,进行数据分类和维护管理,定期持续地监测每个已确定的关键指标,并进行信息记录、存储和报告。确定未满足的功能要求,以及哪些技术解决方案必须共享、调整、增强或扩展,决定哪些新解决方案应补充或替代现有解决方案,以及是否构建或购买已确定的新解决方案。

最后,制定综合计划,将活动整合为更少的行动和控制,将风险管理和合规活动嵌入业务流程。在创建新结构之前,确定利用现有计划、项目、流程和资源(人员、预算和技术),制订实施每个行动和控制计划的时间表。为每个计划和可能需要更改计划的监控事件分配责任,包括变更管理计划,以确保实施战略和战术计划获得管理层的支持和批准,并能够顺利实施。

三、执行能力（P）

采取能够带来结果的行动，避免阻碍实现目标的行动，并监控企业运营以应对突然的变化。

（1）P1 控制：建立管理、流程、人力资本、技术、信息、行动和控制的综合体系，以满足治理、管理和保障需求。

首先，通过批准、授权、提交前审查、质量审查等方式，建立主动行动和控制。对于每个过程控制活动明确负责人、执行的时间和频率、相应修改过程控制活动的权限。同时帮助负责人建立适当的意识、教育和支持，以确保他们能够执行过程控制活动，定期评估每个过程控制活动有效性的方法。根据风险评估确定持续控制监控的必要性。建立主动技术控制，包括应用程序访问控制、物理技术组件访问控制、防止或限制更改的配置控制、对数据存储更改的控制。建立主动的物理控制，以满足法定要求，保护人类健康和安全，保护环境条件，保护关键物理资产和信息资产。监控高安全区域的出入，提供必要的隐私保护，并在政策要求或确定适当的情况下通知监控。借助合法合规的方法，审查员工、高管和被雇佣或晋升至具有重大权力的职位的人员的背景，并评估其过去任何违法或不道德的行为，以及个人价值观与组织价值观的兼容性。

其次，建立检测不良事件和条件的管理和控制措施，包括政策、流程、组织结构、技术和其他措施。建立电子或人工机制以监控高安全区域的出入。使用人员绩效审查清单，包括询问员工在受雇期间是否有不当行为、调查从事不当行为的可能性大小、调查有关能力有效性和任何明显缺陷、确定组织对既定价值观和政策的承诺的信念。使用人员离职面谈清单，包括验证是否已返还所有组织资产，询问是否发现或怀疑任何不合规、不道德行为风险，调查有关能力有效性和任何明显缺陷，建议在离职后报告担忧或问题。

最后，建立响应行动和控制措施，确定识别不良行为，以减缓和减少不良行为和事件的影响，加强能产生积极结果的方面。建立报告制度，在行动执行和结束时及时通知相关负责人。

（2）P2 政策：实施政策和相关程序，以应对机会、威胁和要求，并为治理机构、员工和企业周边设定行为预期。

首先，制定的行为准则要清楚地阐述行为准则的目标和理念，并与组织的总体使命、愿景和价值观相一致，同时遵守所有法律法规，对腐败和其他严重问题零容忍。进行定期审查和更新行为准则，在考虑所有利益相关方的前提下，制定行为准则的全球化和本地化程序。如果有多个行为准则,确保准则之间的内容语言和价值观一致,并确定行为准则中所述主题的优先次序,根据法律授权要求披露、报告或归档行为准则。

其次,政策实施中需要提供强化行为准则的培训和持续沟通,将行为准则相关标准纳入个人绩效评估标准。向公众及所有外部利益相关者披露行为准则,确保关键利益相关者了解行为准则,将遵守行为准则或类似准则作为关键供应商和其他合作伙伴开展业务的条件。定期评估每项政策在满足要求或目标方面的有效性。

最后,制定和实施伦理决策指南,确保关键利益相关者参与指南的制定,并与行为准则、政策保持一致。制定道德决策指南的全球化和本地化规则,充分考虑本地化问题和语言需求,同时预留管理层的其他决策因素。在获得管理层对指南的认可和支持之后,向员工和相关方发布伦理决策指南,并提供相关的指导培训和沟通。

(3)P3 沟通:根据任务要求或履职需要,提供和接收相关、可靠和及时的信息。

首先,制订报告计划,确定向监管机构和其他利益相关者提交的所需的外部报告及企业自愿披露的报告,分析并确定报告与其对管理的期望的差距。

其次,识别控制沟通流程中所有相关的信息资讯,选择适当的沟通形式,确保相关人员都收到对应的信息,并能行使其职责采取符合决策标准的行动。

最后,制订高层沟通计划,确定所有需要传递的关键信息,以及各类信息应采用的适当沟通形式,并结合沟通的目的和整体情境,确定最有效的沟通方法。

(4)P4 教育:对管理层、员工和其他相关方进行行为准则教育,并帮助组织应对机遇、威胁和需求,提升所需的技能和动力。

首先,制订教育培训计划,使每个目标人员普遍了解其能力、职责和预期行为。在设计计划时考虑员工现有的技能水平,对教育培训内容进行通识和专业培训分类。为每个工作和职位制定一系列必修课程和选修课程,确保员工精确化地接受与其职能/职位相关的培训,以及确保教育方法能充分考虑目标人群的文化差异、代际差异和学习风格差异。确定具体教育课程,以及相应的培训对象、培训内容、培训学时以及培训方法。为新聘用、晋升或调任人员新角色制定相应的认知和能力培训。

其次,编制教育内容开发计划,邀请具有相关培训经验的专业人员和专家开发培训模块,并制定每个课程的关键信息和内容,尽可能将能力培训整合到现有工作培训中。在此基础上,为所有员工提供有关负责任地决策和针对重大风险的培训，同时评估培训所增长的知识，提升的能力和技能。

最后，提供帮助热线和支持。确定帮助热线是否必须或可能保持匿名或确保保密，这在某些情况下可能会营造较好的信任和开放氛围。获取尽可能多的信息，以帮助在既定调查层内对问题进行分类，以及向帮助热线人员提供常见问题和答案列表。为帮助热线配备训练有素的人员，以响应帮助，回答与能力和要求相关的各种预期查询。建立记录问题和回答的方法，并提供最终解决方案。同时提供自助服务资源（电子或其他）支持，员工可以使用这些材料来寻找问题的答案，而不需要人工交互。

（5）P5 激励：实施激励措施，激励期望的行为，并认可那些对积极结果做出贡献的人，以加强企业期望的行为。

首先，根据组织的使命、愿景、价值观和决策标准确定期望行为的类型。

其次，在招聘、绩效评估和晋升中纳入能力相关标准考量，包括对价值观的理解、道德行为或涉嫌不道德行为的事件，以及与职位相关的合规责任。

最后，在制订并实施薪酬、奖励和表彰计划时，应包括遵守合规和道德行为的决策标准，避免鼓励任何不当行为的薪酬或奖励，奖励模范行为和领导力，鼓励报告不当行为或能力缺陷，表彰组织单位和扩展的企业合作伙伴的能力或团体行为，对成功完成在职培训和自我发起的持续学习和改进的员工进行奖励。

（6）P6 提醒：提供多种报告途径来搜集信息，以及不良和期望行为、条件和事件的实际或潜在发生情况。

首先，使用各种渠道收集信息，向员工和其他利益相关者提供汇报的途径，确定报告方法和政策，包括优先向主管（或其他内部渠道）报告或优先向热线报告（因问题类型、当地习惯和法律而异）。设定保护所有报告相关信息的保密程序。根据当地习惯和法律，将制定相关公司方针这一行为单独列出或作为行为准则的一部分，要求员工在发现或知悉不当行为时使用其中一条报告途径，并说明组织不会向报告不当行为或能力缺陷的个人进行报复。制定技术方案战略，帮助提供有关目标进展情况以及存在不良行为、条件和事件的信息。

其次，对信息进行筛选处理，定义有效审查和确认报告有效性的程序。建立向报告人提供反馈的程序，以便通知人了解问题正在处理或已经解决。利用技术解决方案在适当的时间过滤报告的内容并将其发送给适当的人，以便组织能够对来自人员和系统的报告及时做出响应。

最后，遵守数据保护要求，确定在哪些具体环境中是否需要、允许或不允许匿名报告系统，并相应地设计热线。了解全球通用并适合企业的数据保护和隐私要求,并设计方法,使热线符合所有适用的要求。同时,根据需要建立单独的热线或渠道,以符合企业经营所在地的不同法律要求。

（7）P7 询问:定期分析数据并寻求有关目标进展的信息,以及不良行为、条件和事件的存在。

首先,建立获取信息的多种途径,利用与目标受众的关键会议或对话（员工委员会、分析师简报会、客户/业务伙伴咨询小组、经验教训会议、知识共享会议、政府关系会议、评级机构审查、审计）获取信息。开展正式的员工个人对话,鼓励非正式对话并建立开放政策。建立管理层在与员工或其他利益相关者的对话和非正式互动中收集信息的方法,建立观察员工行为的方法,并收集有关组织对价值观和能力承诺的态度和信念的信息。

其次,制定技术解决方案战略,以便组织能够利用技术,通过分析组织和外部数据,寻求有关目标进展以及存在不良行为、条件和事件的信息。开展其他必要的调查,提高调查响应率和每次调查的员工坦诚程度,建立评估的综合方法,盘点现有的评估要求,并将所需的评估映射到现有评估内容覆盖范围中。确定现有评估中的差距,以满足能力评估需求。

最后,分析信息和调查结果,以识别能力弱点以及与风险分析和优化选择相关的信息,并提交任何需要立即关注的问题,并对此后续跟踪和进一步分析。

（8）P8 响应:对已识别或怀疑的不良行为、条件、事件或能力弱点,设计并在必要时执行响应程序。

首先,建立一个核心团队,处理相关投诉、关注表达或其他方面的重要问题。建立调查流程,以确保被指控的当事人不参与问题的处理,并且在被确定为潜在调查目标的任何过程环节中都不会参与。使用分类法对问题及其严重程度进行分类。建立初步筛选流程,将可以快速解决的问题与可能需要调查的问题分开。确定保密和匿名政策和程序,以保护报告者和机密信息,并满足所有法律要求。如果对组织存在实质性影响,确定严重程度后应立即上报给高级管理层或外部顾问,并立即制定由指定调查人员在特别调查中处理此类问题的具体程序。建立程序,以确保通过帮助热线或其他方法向组织报告的问题被转发给负责审查此类调查的适当人员。建立可靠的第三方调查类型清单,并为每种类型设定管理责任（总体或特定风险关注领域）,根据调查权限和调查的法律依据,考虑到特权和保密需求,确定并记录每种预期调查类型的组织权利和程序保障。对于一些需要完全由外部法律顾问调查的问题,建立一份事先选定或批准的外部律师名单,以便在特定类型的调查中需要律师时进行咨询,并建立必要时聘请此类律师的程序。建立筛选所有选定团队成员的程序，以确保在调查类型中没有利益冲突或偏见，在新的信息出现时不断完善并且重新审查。建立程序，以确定是否有义务根据协议、合同或既定政策立即向董事会、独立审计师、监管机构、债权人或保险公司披露特定调查的结果，并适时进行内部和外部沟通调查结果和建议的行动。

其次，对危机局势积极准备应对。确定可能发生的危机类型，并创建一份被认为可能发生或将产生重大影响的危机的具体示例列表，通过对每种列出的危机类型进行业务影响分析，为每种类型的危机定义并执行准备演习计划。确定实现各类危机下保持业务连续性，以及恢复目标和计划。对确定的组织代表实施公开披露和执行沟通程序，配置处理各类危机的准备工作和响应团队。根据既定的流程和计划，应对每一次调查或危机情况。确保对响应活动进行了充分的记录，以用于管理监控、保证或其他活动。

最后，建议对确定的行动和控制进行持续调整和完善，根据适用的政策、程序、法律和法规确定并执行针对特定类型不当行为的纪律和标准。跟踪纪律决策，并将其纳入员工档案和企业关系记录。定期向董事会报告所采取的重大纪律措施情况。定期审查过去的纪律处分，以确保一致性。向外部利益相关者披露强制要求的调查结果，酌情向内部和外部利益相关者披露自愿调查的结果和解决方案。

四、审视能力（R）

重新审视企业的战略和行动，以应对法规变化带来的必要改变，确保它们符合业务目标。

（1）R1 监督：监控并定期评估组织治理能力实施表现，以确保其设计和运行有效、高效，并能对变化做出响应。

首先，明确要定期重新评估的治理能力设计方面，并根据确定的目标、保证级别和特权状态，为治理能力的各个方面选择适当的监控方法，确定外部和内部环境监测的重要信息，确保信息充分、相关、可靠并及时获得。确定哪些信息未包含在可审查文件或日期中，并确定审查此类信息的方法，如访谈或调查。确定风险优化活动以及可能补偿其他关键优化活动失败的风险优化活动，并利用技术解决方案帮助监测。

其次，执行监控活动。审查确定的文件和数据样本，进行访谈和调查。整合来自不同来源的信息，以便进行比较和分析。对监测结果进行分析和报告，分析预防、检测和响应活动的信息，包括已完成和正在进行的调查。识别和分析信息冲突的原因，确定信息的有效性和可靠性，确定是否发生了超出既定可接受公差的不当行为或控制故障,确定若干不当行为或控制失败的案例是否与特定地点、主管或经理或个人有关,确定若干控制故障是否与特定过程、人力资本、技术或物理控制有关。

最后,适时向相关的内部和外部利益相关者报告结果和建议响应。分析控制的相对复杂性,因为更复杂的控制通常具有更高程度的潜在故障。分析执行控制所需的技能以及这些技能的可用性,因为技能短缺会迅速影响这些控制。分析控制的自动化程度与手动执行程度,手动控制比自动控制更容易发生人为错误,如果存在系统问题,自动控制更易发生大量重复错误。

(2) R2 保障:向管理层和其他利益相关者确保企业的治理能力可靠、有效、高效且响应迅速。

首先,确定所需的保障水平和审查范围,根据进度、成本和目标,确定是重新定义标准和程序,还是使用客观的、独立发布的标准或商定的标准。

其次,作为保障执行过程的一部分,审查监控报告和管理层的治理能力变化,以确定是否能匹配任务、愿景、价值观和决策标准的治理能力。

最后,就治理能力的设计和运行有效性得出结论,为管理层和管理当局准备一份保障报告和建议。

(3) R3 改进:审查来自定期评估、检测和响应行动以及控制、监控和保证的信息,以确定治理能力改进的机会。

首先,制订改进计划。向管理层汇报改进计划,确定报告中不包含在改进计划里的任何建议,并提供解释,获得执行改进计划的授权。

其次,实施改进计划。调整现有优先级和计划,以适应新增内容。根据需要调动资源、增强变更管理和项目管理能力,以推动计划的有效开展和实施,定期报告计划进展状态。

最后,确认改进计划中提出的措施已全部完成,评估是否实现了目标改进。记录治理能力的变化,包括能力战略计划、优先风险矩阵和风险优化计划的变化等。

第四节　风险管理体系

在经济日益全球化的今天,企业所面临的环境越来越复杂,不确定因素越来越多。企业风险管理能够促进企业决策的科学化,减少决策的风险性,提高企业的应对能力。通过实施风险管理还能够切实保障企业生产经营稳定有序,而且产生良性循环。因此,构建风险管理体系对企业来说具有重要的意义。

为确保组织内部风险有效控制的途径,美国发起人委员会(Committee of Sponsoring Organizations,简称 COSO)提供了一个企业风险管理的参考框架。COSO 是一家致力于通过一种结合控制与治理标准的内部控制体系,来提升报告水平的自发性联盟。COSO 将内部公司治理机制描述为将组织里的各种元素压缩在一起,共同支持组织成员完成既定目标的过程。COSO 对企业风险管理的定义是:基于企业使命、文化以及风险忍受度,为了解决企业或其治理主体道德问题的一个过程。

2017 年 COSO 更新版《企业风险管理——与战略和业绩的整合》正式发布,为公司提供了对预防风险、风险监控以及对风险管理进行评估和改善指导的框架(见图 5-2)。它是在先前的内部控制整合框架的基础上扩展得来的。为企业风险管理在企业制定和执行战略时产生的价值提供了更深入的见解。新框架强化了绩效和企业风险管理之间的协调程度,以帮助设定绩效目标和了解风险对绩效的影响,也更符合治理和监督的要求。为参与企业设计、实施和开展企业风险管理的各级管理层提供了核心定义、要素和指导原则。

COSO 新版内部控制框架一样应用了要素和原则的编写结构,分为五大要素,每个要素罗列了相关原则,总共 20 项。

图 5-2　COSO 的企业风险管理框架

资料来源:COSO,《企业风险管理——与战略和业绩的整合》,2017 年。

一、治理与文化

新框架的第一大要素为企业风险管理其他四大要素提供了基础。治理确定企业的基调,强化并确立企业风险管理的监督职责。文化则事关道德价值、具责任感的企业行为、对业务环境的了解,且体现于决策过程中。治理和风险文化是确保企业风险管理行之有效的强大基石。该要素涉及五项原则。

(1)原则1:董事会执行风险监督。

董事会对战略进行监督,执行治理责任,以支持管理者实现战略和业务目标。治理和文化始自企业最高层,即董事会的影响和监督。董事会必须担负起风险监督的职责,并具备有关监督所必需的技能、经验和业务知识。当董事会大多由独立人员组成时,便可以对执行管理层和整个企业起到有效的监督和制衡作用。

(2)原则2:建立运营架构。

组织建立运营架构以达成战略与业务目标。一个企业的战略执行,体现在管理层为实现企业目标而对日常经营活动的组织和执行中。由于运营模式一般包含法务和管理架构以及相应的报告路径,因此如何管理和治理该模式可能会触及一些新的和不同的风险或复杂情况,进而影响到企业执行战略、管理风险及实现目标。

(3)原则3:定义所崇尚的文化。

组织定义期望的行为来描述所崇尚的文化。COSO对理想企业行为的界定乃基于企业的核心风险价值观及态度。不论企业认为自己是风险厌恶型、风险中立型还是风险激进型,COSO都建议企业培养一种风险意识文化。其特点包括:英明果断的领导力、当仁不让的管理风格、对行动和行动结果认真负责的态度、决策过程中对风险的明确考量,以及积极开放的风险对话。这些特征确保风险可以被纳入日常业务。

(4)原则4:展示对核心价值观的承诺。

值得注意的是,COSO强调这一原则时关注的是贯彻于整个企业的基调。虽然高层基调由管理层和董事会的运营风格及个人行为所决定,但他们的基调必须渗透至企业各个层面。这意味着中层基调必须与高层保持一致,唯有如此,基层基调才能够反映理想的核心价值及风险态度。横跨整个企业的基调应是无界的,也就是说,企业人员及其合作伙伴都必须积极响应董事会和管理层设定的预期。因此,必须建立和评价有关行为准则,任何偏离这些准则的行为都必须予以及时处理。对于如何建立恰当的基调,坦诚地沟通有关风险及风险承担情况至关重要。

（5）原则 5:吸引、发展并留住优秀人才。

组织致力于建立符合战略和业务目标的人力资本。治理和文化还要认识到根据企业目标积累人力资本和人才的重要性。管理层必须界定执行战略所必需的知识、技能和经验;制定适当的绩效预期;吸引、发展和留任合适的人员及战略合作伙伴;安排好继任计划。

二、战略与目标制定

COSO 从多方位关注战略制定。许多企业将关注点放在识别战略执行风险上。"战略执行风险"并不是战略制定过程中需要考虑的唯一风险维度,还有另外两个可能会对企业风险特征产生重大影响的维度要考虑,即"战略可能会不符合企业的使命、愿景和核心价值"和"所选战略的影响"。对于前者来说,即使有关战略能够获得成功的实施,错位的战略也将增加企业无法实现使命的风险;对于后者来说,管理层在制定战略以及与董事会讨论其他可能的选择时,他们会就战略中所固有的利弊做出权衡,董事会和管理层需要考虑有关战略是否与企业的风险偏好一致,以及它会如何推动企业制定目标,并最终对资源做出有效分配。总之,通过明确战略制定流程需考虑的所有三个维度,COSO 新框架将有关战略的讨论及风险管理与战略的结合提升至一个新层次。战略与目标制定要素涉及四大原则。

（1）原则 6:分析业务环境。

组织对业务环境的潜在影响进行风险预测。新框架透过内外部环境来审视业务环境。它也考虑内、外部利益相关方的角色,因为他们可能会给内外部环境带来重大改变。重要的是管理层必须考虑业务环境变化所产生的风险,并在执行战略和实现业务目标的过程中予以灵活应对。

（2）原则 7:定义风险偏好。

组织在创造、维持和实现价值的背景下定义风险偏好。企业依据价值的创造、保护和实现来界定风险偏好。制定战略要考虑风险偏好声明,管理层要做好有关沟通,董事会需全力支持,且要整合至整个企业。风险偏好受到企业使命、愿景和核心价值观的影响。此外,亦需考虑企业的风险特征、风险容量、风险能力和成熟度、文化,以及业务环境。

（3）原则 8:评估备选战略。

组织评估备选战略,并对其潜在影响进行风险预测。备选战略乃基于不同的假设,而这些假设可能对不同的变化非常敏感。企业在对各种战略选项进行评估后制定出可用以提升企业价值的战略,同时也考虑所选战略或会带来的风险。关键因素的变化可能会令制定战略时所采用的假设失效,因此,董事会和管理层在批准一项战略之前应当首先了解这些敏感因素,即有关战略的影响。如果战略获得通过,那么可能会导致关键假设失效的环境因素也必须得到识别和长期监控。

(4)原则9:制定业务目标。

组织在各个层次建立协调并支持战略的业务目标时,应考虑风险。管理层在企业的各个层面制定与战略相符并为战略提供支持的业务目标。这些目标应当考虑并与企业的风险偏好保持一致。事实上,一个企业的业务目标应当由上至下贯穿到不同的分支机构、运营单位及职能单位。在可接受的绩效偏差范围内运营,可以让管理层更加确信企业并未超出其风险偏好。

三、执行

企业需要识别和评估可能会影响战略和业务目标实现的风险。必须根据严重程度和风险偏好来确定那些"执行中的风险"的优先级。然后企业要选择风险应对方案,并对其所承担的风险采取一种风险组合观点。企业风险管理的第三大要素由五个原则提供支撑。

(1)原则10:识别风险。

组织识别影响战略与业务目标绩效的风险。企业识别新风险和新兴风险,以及与战略执行和实现业务目标有关的已知风险所发生的变化。风险识别流程应当考虑源于业务环境变化的风险,以及已经存在但尚不可知的风险。

(2)原则11:评估风险的严重程度。

组织评估风险的严重程度。COSO建议可以根据所预期的风险严重程度采用定性和定量的评估方法。当风险不适合量化或大量的数据收集工作不切实际或不够经济有效时,可以使用定性的评估方法。如COSO所称,管理层可以利用情景分析来评估可能会产生极端影响的风险,或者采用模拟法来评估多个事件的影响。相反,高频率低影响的风险更适合利用数据分析或内部信息,以及小组讨论和会谈等方式来确定风险的严重程度。对于更容易量化,或者对细节或精确度有特别要求的情况,则可以选择可能性建模法。

(3)原则12:风险排序。

组织对风险进行排序,并作为风险应对的基础。采用恰当的标准来划分风险优先级是企业筛选风险应对方案的基础。风险标准可以包括适应性、复杂性、速度、持久性和恢复程度。此外,对于接近企业既定业务目标可接受绩效偏差或风险偏好边缘的风险,一般会给予较高优先级。

(4) 原则 13:实施风险应对。

组织识别并选择风险应对措施。对于已识别风险,管理层会选择和部署合适的风险应对方案。风险应对方案可以包括接受风险、规避风险、利用风险、降低风险以及共担风险。在选择应对方案时,管理层应当考虑诸如业务环境、成本和效益、责任和预期、风险的优先级和严重程度,以及企业的风险偏好等因素。一旦选定风险应对方案,并付诸实施,就必须进行评估,以确定方案是否按计划发挥作用。在履行其治理和监督职责时,管理层和董事会必须及时获悉就企业关键风险所开展的风险应对措施的评估结果。

(5) 原则 14:建立风险的组合观。

企业风险管理需要企业从整体或组合的角度来考虑风险。COSO 表示的风险组合观即指对企业所面临相关业务目标风险的一种综合观点。这种角度使管理层和董事会得以考虑风险的性质、可能性、相对大小、彼此相互依存的关系,以及它们会如何影响绩效。通过组合观,企业可以识别出重大的风险,并确定其剩余风险特征是否与企业的总体风险偏好一致。

四、检查与修正

第四个要素关注的是企业应如何对风险管理绩效,以及应如何对企业风险管理职能各大要素的长期有效性进行监控,尤其是在发生重大变更的情况下。有效的监控流程使企业领导得以深入了解风险和绩效之间的关系,以及战略风险会如何影响绩效,并且识别与实现战略有关的新兴风险。该要素由三个原则提供支持。

(1) 原则 15:评估重大变化。

组织识别和评估可能严重影响战略和业务目标的变化。如果不及时考虑有关变化,可能会造成与竞争对手的绩效鸿沟,或令有关战略的关键假设失效。对重大变化的评估与监控应当纳入日常业务运营流程并实时执行。

(2) 原则 16:检查风险和绩效。

组织评价其绩效并考虑风险。组织应检查风险和绩效,并随时准备对其进行效率上和实用性上的改善。做出这些完善的机遇可能存在于以下任何领域,包括新技术、历史短板、组织方式转变、风险偏好、风险分类、沟通、同业对比、变化的速率。

（3）原则 17：企业风险管理持续改进。

组织持续完善风险管理工作。与其他任何流程一样，风险管理也需要不断予以优化。即使是实施了成熟的风险管理流程的企业也可以通过持续优化来获得事半功倍的价值贡献。在企业风险管理整合至整个企业后，嵌入的持续评估流程便可以自动识别改进机会。单独的评估活动（例如由内部审计开展的）也可提供机会优化企业风险管理流程。

五、风险信息、沟通和报告

企业风险管理第五大要素揭示了从内外部渠道持续获取和分享相关信息的重要性，用于决策的信息必须能够在整个企业得到全方位的沟通和传达。该流程可以为关键利益相关方提供必要的信息和洞见。该要素由三个原则提供支持。

（1）原则 18：利用信息系统。

组织利用信息系统来支持风险管理。由人员、数据和技术组成的信息系统能够为企业提供支持企业风险管理所需要的数据和信息。COSO 表示并不存在放诸四海皆准的系统，然而，如何选择支撑企业信息系统的技术或工具，却对执行战略和实现业务目标至关重要。影响技术选择和实施的因素包括企业目标、市场需求、竞争要求，以及相关成本与效益。

（2）原则 19：沟通风险信息。

组织利用沟通渠道来支持风险管理。企业应实施多层次、跨企业的风险报告机制，可以通过不同的渠道向内外部利益相关方沟通风险数据和信息。这些渠道使管理层在董事会的监督下能够做出更加合理的决策，从而推动战略的实施和既定业务目标的实现。

（3）原则 20：风险、文化和绩效报告。

组织在其内部各个层次进行风险、文化和绩效的报告。风险汇报所涵盖的信息不仅可以支持或改善决策流程，还可以促使董事会、管理层及其他管理人员履行其风险监督职责。有关风险、文化和绩效的报告类型林林总总，同时，包含定量和定性风险信息的报告视企业的规模、范围、级别和复杂程度不同均有不同的呈现形式。

当下，企业需要更好地适应变化，而管理层需要就如何管理日益动荡、复杂和不确定的市场做出更多的思考。对于董事会和管理层来说，COSO 的新框架旨在满足需求,即采取一种基于风险的方法来整合风险以及战略和绩效,为企业领导提供了可认真思考的大量信息和资料。框架所代表的基于风险的方法也表明并不存在放诸四海皆准的实施方案。不论是所处行业、战略、架构、文化、商业模式还是资金基础,对于每个企业来说都不尽相同。从实战的角度而言,企业可以采取一种最符合自身情况和环境的方式来实施该框架。企业领导可以尝试使用新框架来评估企业的风险管理方法,在强化其风险管理能力的同时使其更加自信地面对未来。有些问题如风险与战略制定的有机结合等可能仍富有争议。但若忽略有关问题,对于在当今不可预知的世界挣扎求存的企业来说,代价可能是高昂的,甚至是致命的。

总体而言,ESG 企业实践体系构建需要一个有计划的、系统的、中长期的战略实施规划。企业可以参考借鉴实践框架,对标国内外行业领先水平,结合企业自身的实际情况,有序开展各方面的 ESG 行动,为企业后续披露具有说服力的 ESG 报告并获得利益相关者的认可奠定重要的基础。

第三篇

ESG 披露、评级与投资

ESG 能为公司带来诸多优势,包括通过符合客户、合作伙伴、投资者等的市场要求,从而增进商誉、忠诚度,吸引投资,吸引贷款,吸引人才;通过国际化、规范管理、创新转型等方式长远方向实现公司战略价值;节约成本,提高治理水平;通过尽可能满足合规要求降低企业的合规风险、诉讼风险等,同时增强企业抗风险能力及业务韧性。

ESG 披露角度目前不仅是国际社会通行的发展趋势,也正在以交易规则、法律规定等方式被赋予强制力。同时,越来越多的中国企业已将 ESG 报告纳入其公开披露的范畴,如沪深 300 上市公司中选择披露 ESG 报告的比例已高于80%。可见,在一些先导行业和企业的引领下,我国企业的 ESG 信息披露将加速到达一个新阶段。

因此,除应法律法规的需求必须完成的 ESG 合规事项外,企业应当从战略角度主动进行 ESG 实践和披露,帮助公司的利益相关方借此评价公司的部署、决策、抗风险能力及未来机遇,以及吸引人才,吸引投资等合作机会,帮助企业更有效地进行业务国际化,规范企业内部管理及降低成本等,通过 ESG 为公司带来可持续竞争优势。

第六章

ESG 披露标准

目前,ESG 尚未形成全球统一的披露标准,被广泛接受的标准包括 GRI、UNSDGs、SASB、TCFD、CDP、IIRC、CDSB、ISSB 等国际标准。各类国际标准在内容、标准侧重和行业要求方面不尽相同。企业在参考不同披露标准的同时,应该及时查询上市区域的法律和交易所出台的规则,结合企业自身具体情况进行综合性的联合参考后,进行企业 ESG 数据的披露。

第一节 GRI 标 准

GRI 成立于 1997 年,是世界首家制定可持续发展报告准则的独立组织。GRI 发布的准则是迄今企业编制和披露可持续发展报告最广泛采用的标准体系之一,代表企业针对其活动的经济、环境和社会影响进行系统性报告的全球最佳实践,为投资者和其他攸关者评价企业可持续发展的正面和负面影响提供了重要参考。

2016 年 GRI 发布的 GRI 标准(GRI Standards),在 2018 年全面取代第四代版本 G4。作为国际上广泛认可和引用的可持续发展报告框架,GRI 标准包含 GRI 101 基础、GRI 102 一般披露、GRI 103 管理方法共 3 项通用准则,以及 GRI 200 经济议题披露、GRI 300 环境议题披露与 GRI 400 社会议题披露等议题专项标准,为企业提供议题披露内容及方法。

GRI 标准 2021 版又新增加了"行业标准"板块,相应地,通用标准中的 3 个子标准和议题专项标准也发生了变化(见图 6-1)。GRI 行业标准是报告组织必须选择和遵循的,GRI 行业标准根据行业特性列举了该行业可能涉及的实质性议题,报告组织可参照行业标准结合自身的内外部环境识别自己的实质性议题。若行业标准中列举的实质性议题被组织认为没有实质性,则需要在索引中说明原因。组织仍然可以按照自己的方法和流程识别实质性议题,但需要结合 GRI 行业标准。若组织识别出的实质性议题未被列入 GRI 行业标准,组织仍可以对其进行披露。

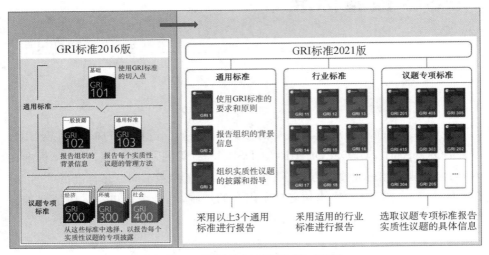

图 6-1　GRI 标准 2016 和 2021 版对比

资料来源:全球报告倡议组织网站,https://www.globalreporting.org/.

GRI 标准 2021 版行业标准目前已发布石油和天然气行业标准(GRI 11),煤炭、采矿、农业、水产和渔业行业标准正在制定中,其他行业如食品和饮料、纺织和服装、银行、保险、资产管理、公共事业、可再生能源、林业以及金属加工业等行业标准即将被优先纳入制定阶段。

GRI 标准 2021 版中还融入了国际组织和各国政府相关文书对负责任的商业行为期望的考量标准,如《联合国(UN)商业与人权指导原则》《经济合作与发展组织(OECD)跨国企业指导原则》《经合组织负责任商业行为尽职调查指南》《国际劳工标准》和《国际公司治理网络(ICGN)全球治理原则》;新增了对负责任商业行为的政策承诺的披露要求,包括尊重人权和尽职调查,以及这些承诺是如何嵌入组织中的;修订了与组织报告实践相关的披露要求,如经营活动和员工治理、战略、政策和实践以及相关方参与。

2021 版议题专项标准不再按照经济、环境和社会主题进行分类,但保留了 2016 版的编号和绝大部分内容,共有 31 个,相比 2016 版减少了 3 个。报告组织需要根据 2021 版通用标准和行业标准的要求识别实质性议题,然后选取与实质性议题相关的议题专项标准来进行披露,并在新的索引模板中进行标记。

同时,GRI 标准 2021 版中不再区分全面方案和核心方案,报告组织只有一种选择,即符合 GRI 标准的要求。对报告原则进行了修订,不再单独强调"界定报告内容所依据的报告原则",而是更注重披露信息的质量和呈现形式。

而且,新标准还重新梳理了几个关键基本概念:影响、实质性议题、尽职调查和利益相关方,旨在更好地帮助报告组织对自身的决策和活动对可持续发展所产生的影响进行分析,从而识别需要披露的实质性议题。实质性议题的评估将整合尽职调查的结果,同时对实质性议题识别的过程、实质性议题清单以及每个实质性议题的管理方法的披露要求进行了修订。2021 版标准的结构和语言对"要求"的陈述更加清晰,并且内容进行了更有条理的分类。

第二节　SASB　标　准

SASB 成立于 2011 年,致力于制定一系列针对特定行业的 ESG 披露指标,促进投资者与企业交流对财务表现有实质性影响且有助于决策的相关信息。可持续发展会计准则反映了企业对其生产和服务所产生的社会和环境影响,创造长期价值所必需的环境和社会资本的管理,还包括可持续发展挑战与创新,商业模式和公司治理的相互影响。

SASB 于 2017 年发布了可持续会计准则,其标准重点关注财务方面的可持续发展信息,即该类信息有合理的可能性影响一个行业中典型公司的财务业绩。SASB 标准是针对行业的报告方法,着重于已经规定的重大的、已经被授权的重要信息,涵盖了 77 个行业。SASB 标准披露的信息对投资者来说是有决定意义的信息。SASB 标准的设计主要是为了让公司在使用时具有较好的成本效益(cost-effective)。SASB 标准的制定是以证据为基础,以市场为导向(evidence-based and market-in formed),以制定财务会计标准的过程为蓝本。

SASB 可持续发展框架包括了 5 大维度的可持续主题和 26 个具体议题,其中 5 个维度分别为:环境、社会资本、人力资本、商业模式与创新、领导与治理(见图 6-2)。

SASB 准则对于不同行业有不同的评价标准,也根据可持续发展要求对行业进行了分类。在传统行业分类系统的基础上,SASB 推出了一种新的行业分类方式:根据企业的业务类型、资源强度、可持续影响力和可持续创新潜力等对企业进行分类,创造了可持续工业分类系统(Sustainable Industry Classification

System,简称 SICS)。SICS 将企业分为 77 个行业,涵盖 11 个部门。每个行业在 SASB 系统中都有自己独特的一套可持续发展会计准则。可持续发展性会计反映了企业对其生产和服务所产生的社会和环境的影响,以及创造长期价值所必需的环境和社会资本的管理。

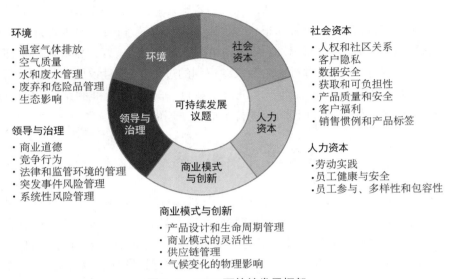

图 6-2 SASB 可持续发展框架

资料来源:SASB,SASB Conceptual Framework(2017),https://www.sasb.org/.

第三节 TCFD 标 准

TCFD 成立于 2015 年,由金融稳定理事会(Financial Stability Board, FSB)发起,旨在就气候相关风险和机遇(包括与全球向低碳经济过渡有关的风险和机遇)的重大财务影响征求一致、可用于决策和前瞻的信息,帮助投资者和其他利益相关方了解报告组织如何评估和应对气候相关风险和机遇。《气候相关财务信息披露工作组建议报告》2017 年中提到,在 G20 的大多数成员中,有公共债务或权益的公司有法律义务在其财务申报中披露重大信息,包括重要的气候相关信息[①]。可见,TCFD 标准在气候信息披露领域居于主导地位。

为帮助指导与气候相关的企业披露财务信息并促进其未来的发展,TCFD 工

---

① TCFD.《气候相关财务信息披露工作组建议报告》[R].2017.6.

作组制定了一套有效披露的标准。这些标准可以帮助实现高质量和对决策有用的披露,使利益相关者能够了解气候变化对组织的影响。TCFD 标准的构建围绕四个主题领域,这四个领域代表了组织运营的核心要素:治理、战略、风险管理、指标和目标。对应四大要素,TCFD 还针对性地提出了十一项建议披露指南(见图 6-3)。

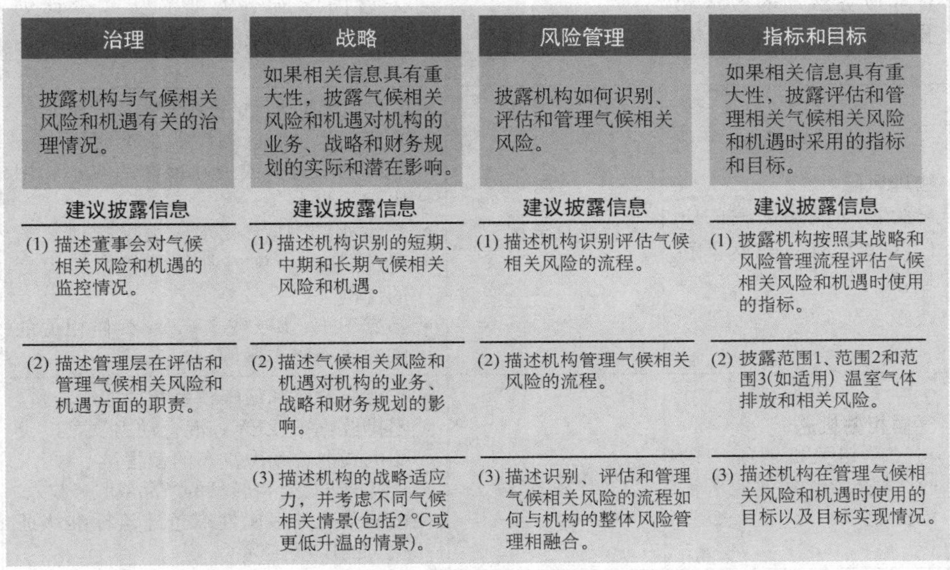

治理	战略	风险管理	指标和目标
披露机构与气候相关风险和机遇有关的治理情况。	如果相关信息具有重大性,披露气候相关风险和机遇对机构的业务、战略和财务规划的实际和潜在影响。	披露机构如何识别、评估和管理气候相关风险。	如果相关信息具有重大性,披露评估和管理相关气候相关风险和机遇时采用的指标和目标。
建议披露信息	建议披露信息	建议披露信息	建议披露信息
(1) 描述董事会对气候相关风险和机遇的监控情况。	(1) 描述机构识别的短期、中期和长期气候相关风险和机遇。	(1) 描述机构识别评估气候相关风险的流程。	(1) 披露机构按照其战略和风险管理流程评估气候相关风险和机遇时使用的指标。
(2) 描述管理层在评估和管理气候相关风险和机遇方面的职责。	(2) 描述气候相关风险和机遇对机构的业务、战略和财务规划的影响。	(2) 描述机构管理气候相关风险的流程。	(2) 披露范围1、范围2和范围3(如适用)温室气体排放和相关风险。
	(3) 描述机构的战略适应力,并考虑不同气候相关情景(包括2℃或更低升温的情景)。	(3) 描述识别、评估和管理气候相关风险的流程如何与机构的整体风险管理相融合。	(3) 描述机构在管理气候相关风险和机遇时使用的目标以及目标实现情况。

图 6-3　TCFD 四要素十一项建议披露框架

资料来源:TCFD-Report: Recommendation of the Task Force on Climate-related Financial Disclosures, 2021.

根据 UN PRI 发布的《气候风险投资者资源指南》,TCFD 工作组确定了跨行业七大气候相关指标,并建议所有组织均应披露这些指标类别(见表 6-1)。

表 6-1　TCFD 跨行业气候相关指标类别和指标示例

指标类别	计量单位示例	指标示例
温室气体排放量 范围1、范围2和范围3温室气体排放量绝对值;排放强度	公吨二氧化碳当量	• 范围1、范围2和范围3温室气体排放量 • 融资碳排放量(按资产类别) • 加权平均碳强度 • 每兆瓦时(MW·h)发电量的温室气体排放量 • 排放量限制法规覆盖下的全球范围1温室气体总排放量

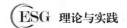

（续表）

指标类别	计量单位示例	指标示例
转型风险 易受转型风险影响的资产或业务活动的数量和程度	数量或百分比	• 面临重大转型风险的不动产抵押品数量 • 碳相关资产的信用风险敞口集中度 • 煤炭开采产生的收入比例 • 未被国际航空碳抵消和减少计划（CORSIA）覆盖的客千米产生的收入比例
物理风险 易受物理风险影响的资产或业务活动的数量和程度	数量或百分比	• 百年一遇洪水的抵押贷款数量和价值 • 百年一遇洪水区的污水处理能力 • 基线水压力高或极高地区的取水和用水相关收入 • 受洪水、热压力或水压力影响地区的财产、基础设施或其他替代资产组合的比例 • 暴露于 1∶100 或 1∶200 气候相关危害的实物资产比例
气候相关机遇 与气候相关机遇统一的收入、资产或其他业务活动比例	数量或百分比	• 与能源效率和低碳技术相关的净溢价 • 零排放汽车（ZEV）、混合动力汽车以及插电式混合动力汽车的销售量 • 支持向低碳经济转型的产品或服务收入 • 按照第三方多属性绿色建筑标准认证交付的房屋比例
资本配置 针对气候相关风险和机遇配置的资本支出、融资或投资的金额	报告币种	• 投资于低碳产品/服务研发的年收入百分比 • 气候适应措施的投资（例如，土壤健康、灌溉、技术）
内部碳价格 组织内部使用的每吨温室气体排放的价格	以报告货币计算的价格（公吨二氧化碳当量）	• 内部碳价格 • 影子碳价格（按地理位置划分）
薪酬 高管人员薪酬中与气候因素关联的比例	报告货币的百分比、权重、描述或金额	• 员工年度自由支配奖金中与气候相关产品投资挂钩的部分 • 执行董事长期激励计分卡上气候目标的权重 • 薪酬计分卡中绩效相对于运营排放目标的权重

资料来源：TCFD-Report: Recommendation of the Task Force on Climate-related Financial Disclosures, 2021.

　　TCFD 标准在气候信息披露方面始终占据领先地位。截至 2021 年 10 月，全球超过 2 600 家市值达 25 万亿美元的上市公司表达了对 TCFD 框架的支持，

1 069 家管理了 194 万亿美元资产的金融机构也对 TCFD 框架予以支持[①],英国、新西兰、瑞士和欧盟在提出强制性气候披露要求时也有意采纳 TCFD 框架,七国集团财政部和央行均公开支持 TCFD 框架。ISSB、EFRAG 和 SEC 制定气候信息披露准则均以 TCFD 框架为基准。

第四节　IIRC 标准

IIRC 成立于 2010 年,旨在通过综合性报告框架清晰地阐述"组织如何根据外部环境,通过自身的战略、治理、业绩以及愿景来引导短期、中期、长期的价值创造"。该框架将财务信息、环境信息、社会信息和治理信息综合起来,以清晰、简明、一致和可比的形式列示,即"综合"形式的框架。IIRC 在借鉴各种不同的公司报告流派的基础上,构建一种更连贯、更有效的公司报告方法,以反映所有对机构持续价值创造能力产生重大影响的因素。通过采用该框架,使企业报告信息更易于被理解,并能够满足新兴的、可持续的、全球经济发展模式的需要。

IIRC 于 2013 年发布了综合报告框架,希望通过框架去引导企业以最佳方式与利益相关方沟通。图 6-4 详细阐述了 IIRC 框架,展示了如何根据公司的商业模式来采用不同类型的资本,预知客户的需求并开发新产品和新服务,提升效率和更好地利用技术,替代投入以在最大程度上降低负面的社会或环境影响,并找出产出的其他用途,从而实现价值创造。

IIRC 框架可作为公司的一种规范模式,有助于确保公司简明扼要地报告重要信息,并且从非财务维度来反映公司的经营情况,而这些非财务维度将影响公司既定战略的质量及执行状况。同时,还能够加深对财务业绩及非财务业绩之间相互关系的理解。因为公司需要根据战略以及自身的价值创造方式来说明非财务业绩,所以,管理者就不得不思考在何时以及何种条件下财务业绩与非财务业绩之间会形成相互依赖关系并需要进行权衡取舍。

此外,IIRC 综合报告框架能够提升内部计量和控制系统,由此形成可靠且及时的非财务信息。因此,综合报告更能够满足外部审计师所设定的独立鉴证标准。而且综合报告可以作为一种沟通机制,围绕公司未来愿景以及如何应对非财务挑战和机会进行沟通,也能够提升长期投资者对公司领导层及可持续价

---

① 黄世忠. TCFD 框架的践行典范:微软气候信息披露案例分析[J]. 财务研究,2022(3):10-18.

值创造能力的信心。

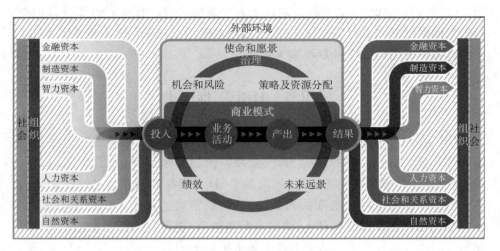

图 6-4 IIRC 价值创造过程

资料来源:IIRC,国际综合报告框架,2013,http://integratedreporting.org/wp-content/uploads/2013/12/13-12-08-THE-INTERNATIONAL-IR-FRAMEWORK-2-1.pdf.

第五节 CDSB 标 准

CDSB 是一个由商业和环境领域的非政府组织所构成的国际性联盟。CDSB 旨在通过企业报告来给资本市场提供对于决策有用的环境信息,重点关注 ESG 当中的"E",即环境主流化,促进公共部门和私营部门进行合作。同时,通过信息披露来更好地满足监管部门的预期(图 6-5)。

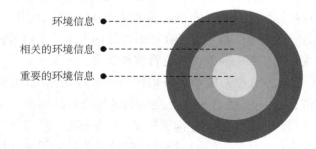

图 6-5 CDSB 信息框架图

资料来源:气候披露标准委员会框架,2019,www.cdsb.net/framework.

CDSB专注于财务实质性信息,通过严格的标准来反映国际会计准则理事会(IASB)的流程和尽职调查。CDSB的准则和框架可以帮助企业了解如何披露以及披露什么。

CDSB制定了7条关于环境信息披露的指导原则,旨在确保主流报告中的环境信息对投资人有用,是准确且完整的,并且以适合进行担保活动的标准为基础。指导原则应当用于根据CDSB框架中的报告要求确定、编制和列报环境信息。CDSB认为相关性和重要性是截然不同但相关的概念,在确定纳入主流报告的信息的性质和范围时都需要加以考虑。

(1)原则1:根据相关性和重要性原则进行编制。

(2)原则2:如实反映。

(3)原则3:与其他信息有关联。

(4)原则4:具有一致性和可比性。

(5)原则5:清晰易懂。

(6)原则6:经得起检验。

(7)原则7:具有前瞻性。

CDSB对主流报告中报告环境信息提出了12点要求和相关指南。

(1)治理:披露信息应说明环境政策、战略和信息的治理情况。

(2)管理层的环境政策、战略和目标:披露信息应报告管理层的环境政策、战略和目标,包括用于评估业绩的指标、方案和时间安排。

(3)风险和机遇:披露信息应说明当前和预期会影响该组织的重要环境风险和机遇。

(4)环境影响源头:应报告定量结果、定性结果以及形成这些结果的方法论,来反映环境影响的重要源头。

(5)业绩和比较分析:披露信息应包括对根据要求4所披露的信息进行分析,与上一个报告期内所设定的业绩目标和所报告的结果予以比较。

(6)前瞻分析:管理层应总结环境影响、风险和机遇对组织未来的业绩和状况的影响。

(7)组织边界:应为主流报告所针对的组织或集团边界内的实体准备环境信息,并在适当的情况下,区分为该边界外的实体和活动所报告的信息。

(8)报告政策:披露时应引用用于编制环境信息的报告规定,并确认这些规定从一个报告期到下一个报告期(报告第一年除外)一直在使用。

(9)报告期:披露应以年度为基础。

（10）重述：披露应当报告并说明上一年度的重述。

（11）符合性：披露应包括符合 CDSB 框架的声明。

（12）担保：如果对报告的环境信息是否符合 CDSB 框架提供了担保，则应将此纳入或引用到要求 11 的符合性声明中。

第六节　CDP　标　准

全球环境信息研究中心（CDP）也称碳披露项目，成立于 2000 年，专注于气候、森林和水相关环境问题与企业碳排放进程的披露。CDP 与全球超过 680 家、总资产达 130 万亿美元的机构投资者以及超过 280 家采购企业合作，通过投资者和买家的力量以激励企业披露和管理其环境影响。2022 年，全球超过 1.8 万家、占全球市值一半以上的企业及 1100 多个城市、州和地区通过 CDP 平台报告了其环境数据[①]。CDP 全球披露系统作为环境信息披露的黄金标准，驱动了环境领域过去二十年的主要变革（图 6-6）。

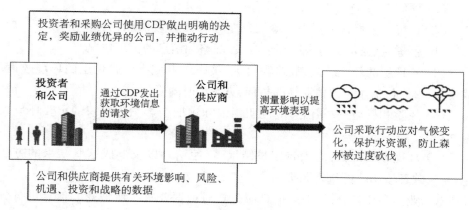

图 6-6　CDP 环境信息披露

资料来源：CDP 全球环境信息研究中心中国办事处，https://china.cdp.net/.

CDP 主要通过问卷形式对企业相关信息进行数据搜集和分析，为投资者、企业、城市以及国家和地区政府的决策提供支持，被投资者评选为全球第一的气候研究机构（表 6-2）。该机构制定了气候变化、水、森林三个主题的企业调查问卷，包含披露、认知、管理、领导力四个评分等级，以此为依据对企业的环境治理

---

① CDP 官方网站，https://china.cdp.net/.

工作进行综合评价。CDP 问卷每年填报一次,CDP 将根据企业问卷和信息披露情况进行评级,结果从 A 到 D 划分为 8 个等级(未披露或信息不全为 F)。

表 6-2　CDP 问卷模块和问题

TCFD 要素		CDP 问卷模块	CDP 问卷问题
治理	披露组织与气候相关风险机会的治理情况	董事会监督	C1, W6, F4
		管理职责	C1, W6, F4
		员工激励	C1, W6, F4
战略	披露气候相关风险气候相关风险和机会对组织的业务、战略和财务规划的实际和潜在影响	风险和机遇时间范围	C2, W4, F3
		风险和机遇披露	C2, W4, F3
		业务与财务规划影响评估	C2
		环境因素整合商业计划	C3, W7, F5
		战略中应用环境情景分析	C3, W7
风险管理	披露组织如何识别、评估和管理气候相关风险	风险和机遇管理流程	C2
		识别和评估环境风险的流程与步骤	C2, W3, F2
指标和目标	披露评估和管理相关气候相关风险和机会时使用的指标和目标	内部碳、水定价	C11, W7
		环境目标与指标	C4, C6, C8, W8
		低碳产品	C4

资料来源:CDP 全球环境信息研究中心中国办事处,https://china.cdp.net/.

　　由于 CDP 披露框架与 TCFD 要求相一致,这使得 CDP 成为全球最大的环境信息数据库,CDP 评分被广泛用于投资和采购决策,助力零碳、可持续和有活力的经济发展。从资本市场来看,CDP 评级结果支持国际主流指数 ESG 评级,参与 CDP 评级有利于提升企业 ESG 指数评级。

　　上述国际标准是目前比较普遍采用的 ESG 披露标准。通常来说,大型上市企业选择参考 GRI 和 TCFD 标准,部分上市企业会选择参考 SASB 标准。此外,各国政府和证券监管部门也会参考相关国际标准制定相关的 ESG 披露要求。根据联合国可持续证券交易所倡议组织统计,截至 2022 年 12 月,全球 SSE 伙伴交易所中 26 家交易所已强制要求上市企业对 ESG 信息进行披露,67 家交易所已出台相关 ESG 信息披露指引[①]。2022 年,中美英日四国主要交易所发布

---

① SSE 网站,https://sseinitiative.org/esg-disclosure/.

的 ESG 指导原则参考的国际标准信息如表 6-3 所示。

表 6-3　中国等四国主要交易所发布的 ESG 指导原则

国别	证券交易所	ESG 指引	GRI	SASB	TCFD	IIRC	CDSB	CDP
中国	上交所	上海证券交易所上市公司环境信息披露指引	—	—	—	—	—	—
	深交所	上市公司社会责任指引	—	—	—	—	—	—
	港交所	ESG 报告指引	●	●	●	—	—	—
美国	纳斯达克	ESG Reporting Guide 2.0: A Support Resource for Companies	●	●	●	●	—	●
	纽交所	Best Practices for Sustainability Reporting	●	●	●	●	—	●
英国	欧交所	Guidelines to Issuers for ESG Reporting	●	●	●	●	●	●
	伦交所	Revealing the Full Picture: Your Guide to ESG Reporting	●	●	●	●	●	●
日本	日交所集团	Practical Handbook for ESG Disclosure	●	●	●	●	—	—
交易所数量:			59	49	36	47	20	42
引用占比:			95%	78%	57%	75%	32%	68%

资料来源:联合国可持续证券交易所倡议网站,https://sseinitiative.org/esg-guidance-database/.

第七节　ISSB　标　准

近年来,各大国际组织在努力将 ESG 信息披露框架和标准进行融合和趋同化。2020 年 9 月,全球报告倡议组织(GRI)、可持续发展会计准则委员会(SASB)、气候披露标准委员会(CDSB)、国际综合报告委员会(IIRC)、全球环境信息研究中心(CDP)五大权威报告框架和标准制定机构联合发布了携手制定企业综合报告的合作意向声明书,决定向市场提供如何同时使用他们的框架和标准的联合指引,并考虑与国际财务报告准则基金会(IFRS Foundation)合作,将财务会计信息披露与可持续发展信息披露相联系,共同致力于建立企业综合报告系统。同年 11 月,IIRC 和 SASB 宣布有意合并成立价值报告基金会(Value Reporting Foundation, VRF),基本沿用 IIRC 的主框架。

2021 年 11 月 3 日,IFRS 基金会在 COP26 正式宣布成立国际可持续发展准则理事会(ISSB)。次年,IFRS 基金会完成对气候披露标准委员会(CDSB)和价值报告基金会(VRF)的整合。2023 年 7 月二十国集团(G20)金融稳定理事会(FSB)宣布,将于 2024 年起将气候相关财务信息披露工作组(TCFD)的监督职责全部移交给 IFRS 基金会(ISSB)。CDP 随后也宣布其 2024 年调查问卷将与 ISSB 气候信息披露标准接轨。

2023 年 6 月,ISSB 正式发布首批可持续披露准则(ISDS 准则),其中包括两份准则:《国际财务报告可持续披露准则第 1 号——可持续相关财务信息披露一般要求》(简称 IFRS S1)和《国际财务报告可持续披露准则第 2 号——气候相关披露》(简称 IFRS S2)。IFRS S1 规定了经济实体如何准备和报告其与可持续发展相关的财务披露,并提供了一系列披露要求,使企业能够向投资者传达其短期、中期和长期面临的可持续发展相关风险和机遇。IFRS S2 则具体规定了气候相关风险和机遇的披露要求。此外,ISSB 还制定了行业实施指南,该指南在 SASB 标准的行业分类基础上,向 11 个主行业、68 个子行业提供实施指南(见表 6-4)。

表 6-4　ISSB 准则特征

特征	解释
企业价值导向	当前 ISSB 准则服务于投资者、资本市场的定位,有助于达成国际共识,但存在不能兼顾多元利益主体的诉求的问题
主要关注财务重要性	ISSB 仍旧秉承财务重要性原则,未来可能进一步扩展到影响重要性
财务报告融合	ISSB 指出可持续相关财务信息属"财务报告"组成部分
全球基线	以搭积木(Building Block)的思路提供全球一致和可比的基线(baseline),不同行政司法管辖区可以此为基础增加内容

资料来源:吴艳阳、钱立华、鲁政委,重磅:ISSB 准则正式发布——ESG 财务融合全面开启,优质资产逻辑静待重构[R],兴业研究宏观,2023.6。

ISSB 准则的正式发布,大幅推动了 ESG 体系和财务体系的融合,这是全球可持续披露准则建设中的重要里程碑。ISSB 的目标是制定一套全面的可持续相关财务信息披露的"全球基准",使企业都能提供更加一致、完整、可比和可验证的可持续相关财务信息。ISSB 新规在 2024 年 1 月 1 日之后开始的年度报告期内生效,这意味着相关企业在 2025 年发布首份采用新标准的 ESG 报告。ISSB 相较于之前的 ESG 披露标准而言,具有三大主要特点:(1)更关注可持续相关的风险和机遇带来的财务风险预期;(2)要求对范围 3 的碳排放气候相关的分析披露;(3)更强调可持续相关的治理体系完备性披露。

2024 年 1 月 IFRS 基金会在官网上发布了《应用 GRI 标准和 ISSB 标准时温室气体排放的互操作性考虑因素》文件,为进一步帮助企业在采用 GRI 和 ISSB 标准时提供参考建议。该文件指出在应用 GRI 或 ISSB 标准时,编制者必须分别参考 GRI 和 ISSB 标准,包括其各自对具体议题重要性的界定的差异点。

根据《ISSB 准则》,如果遗漏、误报或掩盖信息可能会合理地影响投资者的决策,则该信息为重要信息。ISSB 准则的重点是满足投资者的信息需求。然而,根据 GRI 标准,当一个主题对一个组织的经济、环境和人类(包括对其人权的影响)产生最重大的影响时,该主题就是重大的。GRI 标准的重点是满足包括投资者在内的利益相关者的信息需求[①]。

目前国际上各类标准不尽一致且各具特色,表 6-5 中汇总归纳了国际主流 ESG 标准的主要特点对比。总体而言,ESG 披露标准呈现三大主要趋势:(1)ESG 标准的国际趋同;(2)气候变化信息披露成为首要议题;(3)信息披露政策法规增加且趋严。随着 ESG 信息披露的重要性在全球范围的提升,各国将会根据自己的经济环境和国情等,各自制定与国际统一标准接轨、趋同,但又具有差异性和特色性的国内标准。

表 6-5　主流国际 ESG 披露标准的主要特点

标准类型	主要特点
GRI 标准	三重底线的非财务报告标准
SASB 标准	可持续性会计准则(风险机遇)
TCFD 标准	气候相关财务信息披露(治理)
IIRC 标准	专注于价值创造的综合性报告框架
CDSB 标准	专注于财务实质性气候信息披露
CDP 标准	专注环境问题,通过问卷方式进行评级
ISSB 标准	专注于财务实质性的综合披露标准

---

① https://www.ifrs.org/content/dam/ifrs/supporting-implementation/ifrs-s2/interoperability-considerations-for-ghg-emissions-when-applying-gri-standards-and-issb-standards.pdf.

第七章

ESG 评级

　　ESG 评级是从环境、社会绩效和公司治理的角度审视公司应对风险、长期发展的能力。ESG 与传统财务指标不同,它的核心是如何在商业价值与社会责任之间取得平衡。ESG 指标因通用、量化、全面、系统等特征,已经成为国际上被不同行业普遍认可和接受的评价方法,是投资者在进行投资分析和决策时主要考虑的非财务因素,也是投资机构考察投资标的的重要依据。于企业而言,ESG 也是衡量企业和组织可持续发展绩效的指标体系,可以作为企业长期价值的评判依据之一。自 ESG 理念提出以来,经过不断地发展,全球已有数百家商业机构开展了 ESG 评级服务。由于各家评价理念有别,因而在具体考察点设置和权重设置等方面有所差异,各有侧重。但大部分机构采用了相似的 ESG 评价体系框架和做法,通常如下:

　　(1) ESG 评价体系一般由三级或更多级指标体系构成。一级指标一般指环境、社会和公司治理三个维度;二级指标一般为三维度下的主题或议题;三级指标则是各主题下的更具体、可衡量对比的考察点。

　　(2) ESG 评级信息可以分为外部信息和内部信息。外部信息一般来自政府、媒体、其他组织的相关信息数据,内部信息是基于企业自己公开披露的信息或者以填报问卷形式提供给评级机构。大部分评级机构都同时采集分析外部和内部信息来进行企业的 ESG 评级。

　　(3) ESG 评级主要包含三个基本步骤。首先,评级机构按照标准制定者给出的框架与基本原则,制定自身评级体系;其次,通过公司公开公告、主动信息披露、公开媒体、专业数据机构、发放问卷等渠道获取 ESG 相关信息与数据;最后,评级机构基于自身建立的评级体系为企业打分,并根据行业情况、风险和例外原则等情况进行权重配比和调整,定期对外公布 ESG 评级结果与评分。评级结果呈现方式通常有五分制、百分制以及 CCC-AAA 等级制等。

目前国际上具有影响力的 ESG 评级主要包括：明晟 MSCI ESG 评级、标普道琼斯指数 ESG 评级、路孚特 Refinitiv ESG 评级、富时罗素 FTSE ESG 评级等。随着中国资本市场的日益国际化，全球 ESG 评价机构逐渐加强了对 A 股公司的覆盖，我国本土 ESG 评级也开始出现，例如商道融绿、国证、华证、社会价值投资联盟等逐渐成为国内比较主流的 ESG 评级机构。

第一节　明晟 MSCI ESG 评级

摩根士丹利资本国际公司（Morgan Stanley Capital International，又称明晟）编制的 MSCI 指数是全球投资组合经理中最多采用的投资标的，1990 年发布了首只 MSCI ESG 指数。MSCI ESG 公布评级旨在通过提高透明度及提供动态数据和分析见解，通过量化模型来确定每个行业的重大风险和机遇，协助投资者、公司及其他业界利益相关者识别与公司财务表现最为相关的 ESG 风险和机遇。

MSCI 不发布调查或问卷，也不对公司进行一般性访谈。数据主要来自学术界、公司信息披露、政府数据库、3 400 多个媒体、非政府组织（如国际透明组织、美国环保署、世界银行等）、其他利益相关者关于特定公司的来源。MSCI 的 ESG 投资策略主要包括 ESG 整合（Integration）、价值观的体现（Value）和影响力投资（Impact）三大类。其主要 ESG 指数产品包括：

（1）MSCI ESG 领导者指数（MSCI ESG Leaders Indexes）；

（2）MSCI ESG 关注指数（MSCI Focus Indexes）；

（3）MSCI 责任投资指数（MSCI SRI Indexes）；

（4）MSCI ESG 广泛指数（MSCI ESG Universal Indexes）；

（5）MSCI 气候变化指数（MSCI Climate Change Indexes）；

（6）MSCI 低碳指数（MSCI Low Carbon Indexes）。

MSCI ESG 评级体系关注每个公司在环境、社会和治理 3 个范畴 10 个主题下的 37 项关键评价指标表现（表 7-1），旨在考察以下 4 个问题。(1)公司及其行业面临的最重要的 ESG 风险和机遇是什么？(2)公司对关键风险或机遇的敞口大小/暴露程度如何？(3)公司管理关键风险或机会的能力如何？(4)公司整体的 ESG 绩效情况如何，与全球同行相比如何？此外，对于指标权重的设定考察两个方面，一方面是指标对于行业的影响程度，另一方面是影响时间长短。公司的最终评级得分在由以上各项评价指标得分加权计算后，还需根据公司所处行业进行调整。根据行业调整后的 ESG 评级绝对得分,按照分值区间给出公司从 AAA 到 CCC 七个序列的 ESG 评级结果。

表 7-1　MSCI ESG 评级指标框架

3 个范畴	10 个主题	37 项关键指标	
环境	气候变化	碳排放	融资环境因素
		单位产品排放	气候变化脆弱性
	自然资源	水资源稀缺	稀有金属采购
		生物多样性和土地利用	—
	污染和消耗	有毒物质排放与消耗	电力资源消耗
		包装材料消耗	
	环境治理机遇	提高清洁技术的可能性	发掘再生能源的可能性
		建造更环保建筑可能性	
社会	人力资源	人力资源管理	人力资源发展
		员工健康与安全	供应链劳动标准
	产品责任	产品安全与质量	隐私数据和安全
		化学物质安全性	尽职调查
		金融产品安全性	健康和人口增长风险
	利益相关方反对意见	有争议的物资采购	—
	社会机遇	社会沟通途径	医疗保健途径
		融资途径	员工医疗保健机会
公司治理	公司治理	董事会	股东
		工资、股利、福利等	会计与审计
	公司行为	商业道德	腐败与不稳定性
		反竞争行为	金融系统不稳定性
		纳税透明度	—

序列等级	CCC	B	BB	BBB	A	AA	AAA
	落后水平		平均水平			领先水平	

资料来源:MSCI ESG RATINGS METHODOLOGY, https://www.msci.com/documents/, 2020.11.

MSCI ESG 评级体系并非采用直接评估的方式,而是设置了不同的评分方式。MSCI 将环境和社会关键议题分为风险类和机遇类,并将被评公司风险(机遇)关键议题的敞口得分和相应的管理得分相结合。对于风险类关键议题,MSCI 不仅衡量公司在该关键议题上的管理策略,同时评估其承受的风险程度。因此,为了取得关键议题上的良好评分,公司需要采取与风险敞口相匹配的管理措施。当公司面临相同程度的机遇时,具备卓越管理能力的公司将指向更高的机会项得分。对于治理方面的关键议题,MSCI 则采用了"10 分倒扣制"的方法来评估公司在公司治理(所有权、薪酬、董事会、会计)和商业行为(商业道德、税务透明)等方面的情况,即通过评估公司在治理指标方面的表现,进而从满分10 分中减去相应的分数,最终得到该议题的得分。此外,对于跨行业的企业而言,MSCI ESG 评级还设置了公司特定关键议题的机制(company-specific Key Issue)。如果被评公司从第二行业业务中获得了大量收入或拥有较大影响力,那么涉及第二行业业务的最相关关键议题也将被视为公司特定关键议题。

MSCI ESG 评级侧重评估在 ESG 议题下公司面临的财务风险或影响大小,不同行业间的 ESG 评级结果不具有可比性。MSCI 评级研究显示具有较高 ESG 评级的投资组合实现了较高的风险调整后收益,并且 MSCI ESG 评级综合得分在降低风险方面显示出比单项指标平均得分更好的结果。

目前 MSCI ESG 评级覆盖中国企业数量较少,而且中国企业评级普遍偏低。2018 年,A 股被正式纳入 MSCI 新兴市场指数,纳入比例为 2.5%。MSCI 宣布将对所有纳入 MSCI 指数的 231 家上市公司进行 ESG 研究和评级,并分阶段提升中国 A 股纳入因子。

第二节　标普道琼斯指数 ESG 评级

标普道琼斯指数与标普全球 Sustainable1 研究部门联合发布 ESG 评级(统称为标普道琼斯指数 ESG 评级),旨在有效衡量公司有关具有重大财务意义的 ESG 因素的整体表现。标普道琼斯指数 ESG 评级基于标普全球 ESG 评分,后者来自标普全球企业可持续发展评估(Corporate Sustainability Assessment, CSA)。标普全球 CSA 自 1999 年以来不断开发和完善,是一项关注 ESG 因素的基于调查问卷的程序,重点分析公司在多大程度上能够识别和应对全球市场中新兴可持续发展机遇和挑战。标普全球 CSA 强调具有财务重要性和特定行业的可持续发展问题,两者均与长期财务业绩相关联。

　　与 MSCI ESG 评级不同,CSA 评估是一种主动型的 ESG 评价体系。CSA 评估的起点是一年一度的 CSA 问卷调查。每年全球前 10％(8 000 家左右)的公司会受邀填写 CSA 问卷。标普全球 CSA 对每个行业均设有单独的调查问卷。这些针对行业的调查问卷也包括一般性问题,既可以比较各行业的 ESG 表现,又可以对各行业 ESG 标准的重要性差异进行说明。经过 CSA 的评估,参评公司都会得到一个 ESG 分数。该得分的高低直接决定了公司能否入选标普全球 ESG 指数。受邀公司若想获得更加客观、优异的 CSA 分数,就需要主动填写问卷并提供详细的证明材料。

　　CSA 评估结束后,标普道琼斯指数 ESG 评分委员会按照区域、行业和流通市值等进行计算,构建成分股的公司池。从公司池中,按照一定标准,选择各行业 ESG 得分靠前的公司组合成为各指数的成分股,并对公司的 ESG 争议事件进行日常监督。若发生 ESG 争议事件(例如涉及经济犯罪、腐败、欺诈、非法商业行为、侵犯人权、劳资纠纷、工作场所安全、灾难性事故和破坏环境的行为等负面新闻),相应公司将被标记一个"媒体和利益相关者分析"(Media and Stakeholder Analysis, MSA)事件。受到 MSA 标记后,委员会根据 MSA 事件的影响程度决定是否从指数中剔除该公司。

　　标普全球 ESG 评级数据集包含一个财年的公司层面 ESG 总评分,并由单独的环境(E)、社会(S)和治理(G)维度评分组成,其下有(平均)20 多项行业特定标准评分,可作为 ESG 风险和影响的信号。标普全球 ESG 评级能够把对被评级实体的信用产生重大影响的 ESG 因素纳入其信用评级分析体系中(见图 7-1)。这些 ESG 信用因素对信用评级产生的影响既可能是正面的,也有可能是负面的。最终将会以从高到低 AAA—D 的评级综合评定公司(或发行人)按时足额偿还债务的相对可能性。

　　标普道琼斯指数作为 ESG 指数编制领域的领跑者,至今仍保持国际较高的影响力和权威地位。标普道琼斯核心 ESG 指数系列包含道琼斯可持续发展指数、标普 500 ESG 指数、标普中盘 400 ESG 指数和标普小盘 600 ESG 指数等。此外,标普道琼斯指数还开发了气候变化、碳效率相关指数,以及关注特定 ESG 相关主题的指数,例如洁净与可再生能源指数、绿色房地产指数及全球水资源指数等。

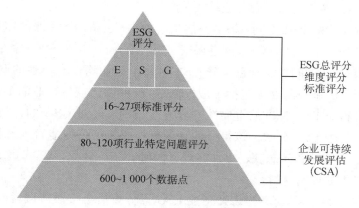

图 7-1 标普道琼斯指数 ESG 评分体系框架

资料来源：标普全球 Sustainable1 ESG 研究部门，https://www.spglobal.com/spdji.

第三节 路孚特 Refinitiv ESG 评级

路孚特 Refinitiv（原汤森路透金融与风险业务部门）是伦敦证券交易所集团（LSEG）旗下公司，也是目前全球最大的金融市场数据和基础设施提供商之一。路孚特 Refinitiv ESG 评级旨在根据公开和可审计的数据，以透明且客观的方式衡量公司在 10 大主题方面的 ESG 相对表现、承诺和有效性。这些主题的评分构成了环境（E）、社会责任（S）和公司治理（G）三大支柱的评分。ESG 争议事件（ESG Controversies）的评分作为路孚特 ESG 评级的一大特色，将争议分数按照受评公司的市值给予对应的权重，用来修正公司规模上的差异。由 ESG 分数与争议分数依照规则最终得出的 ESGC 分数（表示 Controversy），能够以数据化的形式反映企业 ESG 负面舆情对企业商业模式的影响程度（见图 7-2）。

路孚特 ESG 评分根据公司年报、非政府组织网站、证券交易所备案数据、新闻信息等公共领域可核实的报告数据来衡量公司的 ESG 表现，和 MSCI 相同，没有使用问卷数据。路孚特制定开发了 450 多项公司层面的 ESG 指标，考虑了各行业组之间不尽相同的可比性、影响、数据可用性和行业相关性。其中每个行业内最具可比性且最重要的 186 项指标可以为公司整体评估和评分流程提供有力支持。ESG 三大支柱评分是类别权重的相对总和，每个行业的"环境"和"社会责任"类别具有不同的类别权重。对于"治理"，各个行业的权重都是相同的。最终的评级结果既列出评估分值结果，也有对应的从 D－到 A＋等级（表 7-2）。

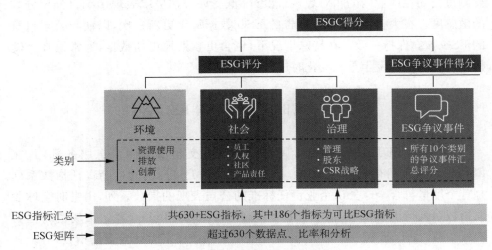

图 7-2 Refinitiv ESG 评级框架

资料来源:Refinitiv ESG 评级方法,https://www.refinitiv.com,2022.5.

表 7-2 Refinitiv ESG 评级分值和等级情况

分值范围	等级	等级描述	
0.000000≤得分≤0.083333	D−	"D"表明相对 ESG 表现不佳,公开报告重要 ESG 数据的透明度不足	ESG 落后者
0.083333<得分≤0.166666	D		
0.166666<得分≤0.250000	D+		
0.250000<得分≤0.333333	C−	"C"表明相对 ESG 表现令人满意,公开报告重要 ESG 数据的透明度适中	
0.333333<得分≤0.416666	C		
0.416666<得分≤0.500000	C+		
0.500000<得分≤0.583333	B−	"B"表明相对 ESG 表现良好,公开报告重要 ESG 数据的透明度高于平均水平	
0.583333<得分≤0.666666	B		
0.666666<得分≤0.750000	B+		ESG 领跑者
0.750000<得分≤0.833333	A−	"A"表明相对 ESG 表现优异,公开报告实质性 ESG 数据的透明度较高	
0.833333<得分≤0.916666	A		
0.916666<得分≤1.000000	A+		

资料来源:Refinitiv ESG 评级方法,https://www.refinitiv.com,2022.5.

Refinitiv ESG 评级机构目前已为全球 10 000 多家公司进行 ESG 评分,主要侧重公司在产业内的相对表现,能够降低受评公司极端表现影响百分位分数的敏感度。在大多数情况下,报告的 ESG 数据每年更新一次,以便与公司自身的 ESG 披露保持一致。在特殊情况下,也会更频繁地更新数据,通常是在年度报告或公司结构发生重大变化时进行更新。

第四节　富时罗素 FTSE ESG 评级

富时罗素(FTSE Russell),属于伦敦证券交易所集团信息服务部门,在 ESG 评级领域拥有 20 多年经验。富时罗素 2001 年推出的社会责任指数系列是首个度量符合全球公认企业责任标准的公司表现的指数系列,由富时全球股票指数系列衍生而来,包括 FTSE 4Good Developed Index(发达市场富时社会责任指数)、FTSE 4Good Emerging Index(新兴市场富时社会责任指数)等。其中 FTSE 4Good 指数系列参考 FTSE Russell 的 ESG 评级结果对成分股进行纳入与剔除调整,且排除了军工、烟草和煤炭行业公司。符合资格的企业需就多个企业责任主题落实措施,包括环境管理、缓解气候变化、反贪污腐败、维护人权、员工权利和供应链的劳动者标准,并符合严格的全球准则,才可成为 FTSE 4Good 指数的成分股。

FTSE ESG 评级框架由环境、社会、公司治理 3 大核心内容、相应的 14 项的主题评价及 300 多项独立的评估指标构成。14 个主题评价中,每个主题包含 10~35 个指标(图 7-3)。

FTSE ESG 评级仅使用公开资料(包括公司季报、企业社会责任报告等)衡量公司的 ESG 风险和表现,每家企业平均应用 125 个指标。富时罗素会与每家企业单独联系,以检查是否已找到所有相关的公开信息。富时罗素 ESG 评级体系的最大亮点在于其融入了绿色收入数据模型作为 ESG 评价的重要补充,除了 FTSE ESG 评级体系之外,还通过富时罗素绿色收入低碳经济(LCE)数据模型对公司从绿色产品中产生的收入进行界定与评测,补充的绿色收入数据模型主要考察绿色产品占一家公司总收入的权重。

目前 FTSE ESG 评级和数据模型覆盖了 47 个发达和新兴市场的 7 200 只证券。据富时罗素研究,被纳入 FTSE ESG、FTSE4Good 系列指数的企业相较于富时罗素基准指数的企业往往都有更高的回报率。富时罗素在 2020 年 3 月宣布 A 股市场在其指数体系中的纳入因子进一步从 15% 提升至 25%,并且其 ESG 评级对中国 A 股上市公司的覆盖范围也拓展至约 800 家。

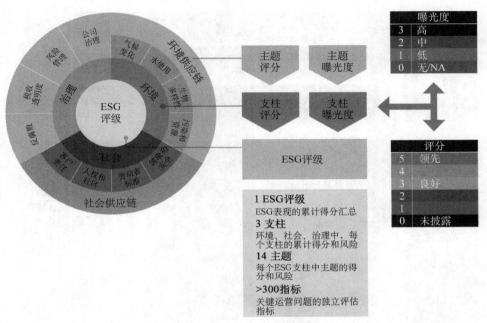

图 7-3　FTSE ESG 评级模型

资料来源：FTSE ESG Methodology and Usage Summary, https://www.ftserussell.com/.

第五节　商道融绿 ESG 评级

商道融绿是国内最早发布上市公司 ESG 评级的机构。在投资认可度方面，多家头部公募基金如南方、易方达等均采用商道融绿提供的 ESG 数据和咨询；在国际认可方面，目前商道融绿是中国内地唯一一家登录彭博 Bloomberg 金融终端的 ESG 供应商。商道融绿 ESG 评级覆盖全部 A 股、港股通、重要中概股及重要发债主体。商道融绿 2015 年推出 ESG 评级体系以来，每年进行评级，目前已经积累了 7 年历史评级数据，10 年历史数据点，收录超过 1 000 000 条 ESG 指标评估记录。

商道融绿 ESG 评级框架对评估对象在环境、社会和公司治理三个维度的管理水平和风险暴露程度进行评估，包括 14 个核心议题，200 多个 ESG 指标的700 多个数据点。14 项 ESG 议题中包括环境议题 5 项、社会议题 6 项、治理议题 3 项（图 7-4）。

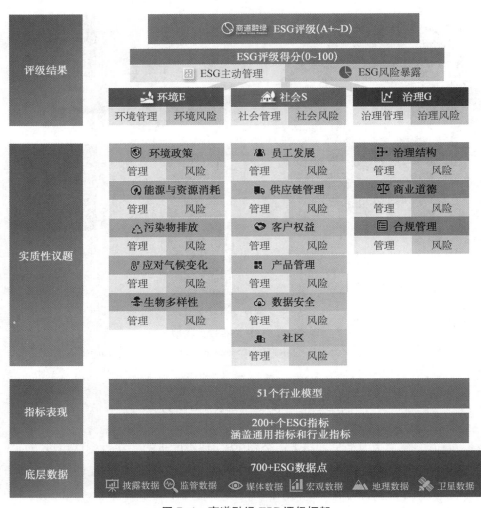

图 7-4　商道融绿 ESG 评级框架

资料来源：商道融绿，https://www.syntaogf.com/pages/esg01.

评估指标中包括通用指标和行业指标。通用指标适用于所有作为评级目标的上市公司，行业指标仅适用于特定行业分类以下的公司。商道融绿设立了51 个行业模型，模型内包括该行业的 ESG 指标和指标权重。ESG 评级总分由 ESG 主动管理总得分和 ESG 风险暴露总得分相加构成。此外，如果公司出现负面 ESG 信息，会根据负面事件的严重程度和影响对相应指标进行减分。最终得到每家公司的 ESG 得分(0～100)及 ESG 评级(A＋～D，共 10 等级)。

商道融绿 ESG 评级信息的来源为公开信息,覆盖正面信息和负面信息。公司的正面 ESG 信息主要来自企业自主披露,包括企业网站、年报、可持续发展报告、社会责任报告、环境报告、公告、媒体采访等。企业的负面 ESG 信息主要来自企业自主披露、媒体报道、监管部门公告、社会组织调查等。评级报告将会呈现公司 ESG 的评分、报告和负面信息报告。

第六节　国证 ESG 评级

2022 年 7 月,深交所全资子公司深圳证券信息有限公司推出国证 ESG 评价方法,反映上市公司可持续发展方面的实践和绩效。

国证 ESG 评级在环境、社会责任、公司治理 3 个维度下,设置 15 个主题、32 个领域、200 余个指标,从高到低分为 AAA、AA、A、BBB、BB、B、CCC、CC、C 和 D 共 10 档,反映公司 ESG 表现在市场中的相对水平,评级对象覆盖中国全部 A 股公司(图 7-5)。

图 7-5　国证 ESG 评级指标框架

资料来源:国证指数网-国证 ESG, http://www.cnindex.com.cn/zh_analytics/esg_ratings.

与国际主流的 ESG 评价方法类似,国证 ESG 以二级行业为单位,来确定指标的权重体系。处于同一个二级行业的企业,使用同一套权重体系。评价结果在同行业内比较,分值与同行业比较,决定了企业的 ESG 评级。评级从 AAA 到 D 一共 10 个层级。评级结果每季度更新一次,信息来源于企业发布的财务报告、社会责任报告和其他信息,以及监管机构、媒体等公布的公司相关信息。当公司出现影响 ESG 评价的重大风险时,国证指数将根据其风险类别、持续时间、敞口大小，即时评估并调整 ESG 评价结果。

该 ESG 评价体系的一大特色即"立足本土"，体现企业在"双碳"、创新驱动、乡村振兴、共同富裕等国家战略上的竞争力。国证 ESG 评级基于国情特征，将"社会贡献"纳入社会板块的评级指标，从公益事业开展与科技创新贡献两个角度，评价企业对外围间接相关者的责任表现，以及企业创新带来的社会经济效益，而且在评级结果中表现十分显著。

深证信息同时发布基于该评价方法编制的深市核心指数（深证成指、创业板指、深证 100）ESG 基准指数和 ESG 领先指数。据深证信息测算，从基日2018 年 6 月 29 日至 2022 年 6 月 30 日，深指 ESG 领先、创指 ESG 领先和100ESG 领先的年化收益表现显著优于母指数。

总体而言，不同评级机构对 ESG 评级标准有着不同的理解。全球资本市场对 ESG 的态度，是这些不同立场博弈加总之后的结果。随着 ESG 投资理念的发展，国际主要的指数公司都推出了 ESG 指数及衍生投资产品。一些评分在细则方面往往都是针对特定行业的，这意味着公司根据其所属行业的不同标准进行评估，因此导致同一家公司在不同机构获得的评级可能有较大差异。例如香港铁路有限公司在明晟 ESG 评级中 2015—2024 年都获得了 AAA 的等级。但是在路孚特 ESG 评级中 2023 年仅获得了 B 级。有学者在对明晟和富时罗素的评级方法进行研究后发现，两者的评级结果没有显著相关性（见图 7-6）。

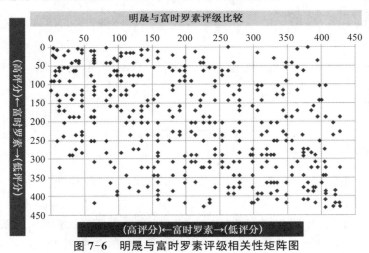

图 7-6　明晟与富时罗素评级相关性矩阵图

资料来源：Allen, K. Lies, Damned Lies and ESG Rating Methodologies[N]. Financial Times, 2018-12-06.

目前 ESG 评级指标主要是为投资者决策提供参考,也让上市公司面临更大的舆论与监管压力。各主流 ESG 评级机构各有侧重和不同,都在加强评级的影响力和话语权。对于企业而言,应尽早关注 ESG 评级指标并积极响应和落实,为企业可持续发展开辟新赛道,跑出适合的 ESG 速度,防止被淘汰。

第八章

ESG 投资

第一节　全球 ESG 投资发展

从全球范围来看,ESG 责任投资正逐渐发展成为主流投资趋势,越来越多的投资者和资产管理公司将 ESG 因素引入公司研究和投资决策的框架。一些国家的主权基金管理者率先将 ESG 投资理念纳入投资决策行动,带动本国 ESG 投资市场发展。世界各大证券交易所也积极参与 ESG 投资平台的构建,通过出台监管措施推动投资市场透明化的可持续发展。投资机构在投资实践中不断完善和发展 ESG 投资模式,为市场提供更多样化的金融产品,而企业也在投资者的压力驱动下,把 ESG 理念融入自身经营决策,不断通过技术创新、优化治理等措施提升 ESG 效益,并披露 ESG 相关信息供投资者评估,以获得市场的认可。

近年来 ESG 投资规模增速远超全球资产管理行业的整体增速。已有研究证明,ESG 绩效与公司财务绩效表现呈正相关,同时,ESG 表现良好的公司抵御外部风险的能力更强,能为投资者带来稳定持续的投资回报[①]。根据全球可持续投资联盟(Global Sustainable Investment Alliance, GSIA)2021 年公布的一份两年一次的行业调查报告显示,ESG 投资的资产管理规模从 2012 年年初的13.20 万亿美元增加至 2020 年的 35.30 万亿美元,远超过全球资产管理行业的整体增速(6.01%)。从地区分布来看,美国市场 2020 年占比达到 48%,超过欧洲成为 ESG 投资最大市场。近年日本市场的份额提升较快,达到 8%,排名第三[②]。机构投资者依然是 ESG 投资产品的主要持有者,占比高达 75%。但随着

---

① Fatemi, A., M. Glaum., S. Kaiser. ESG Performance and Firm Value: The Moderating Role of Disclosure[J]. Global Finance Journal, 2017(38): 45-64.

② Reuters 国际财经:《全球可持续投资联盟报告显示可持续投资占全球资产的三分之一以上》,2021.7. 18.

ESG 投资理念的推广,个人投资者占比从 2012 年的 11％迅速提高至 2020 年 25％。

在国内资本市场上,在全球倡导可持续发展和我国碳达峰、碳中和等大趋势共同作用下,ESG 投资迎来政策利好,相关主题基金快速发展。据《中国基金报》报道,截至 2022 年 5 月,我国 ESG 投资基金数量已超过 160 只,总规模近 2 300 亿元[①],新成立 ESG 基金较去年同期翻倍。

从 ESG 投资策略来看,目前国际上专业化资产管理机构主要采取以下七类投资策略[②]:

(1) 负面剔除筛选策略(negative screening):基于 ESG 准则,以“黑名单”的形式避免投资于对社会造成伤害的公司。

(2) 正面优质筛选策略(positive screening):基于 ESG 准则,以“白名单”的形式仅投资那些对社会有正面贡献、在行业中 ESG 评分靠前的公司。

(3) 标准筛选策略(norms-based screening):基于国际通行的最低标准企业行为准则来筛选投资标的,剔除掉那些严重违反标准的公司。

(4) ESG 整合策略(ESG integration):系统化地将环境保护、社会责任和公司治理三个要素融入传统财务和估值分析过程。

(5) 可持续性主题投资策略(sustainability themed investing):专门投资与可持续性发展主题相关的资产,比如清洁能源、绿色科技、可持续农业等。

(6) 影响力/社区投资(impact/community investing):将传统慈善与责任投资相结合,以私人投资的形式有针对性地投资传统金融服务难以覆盖的社区,从而解决某些环境和社会问题。

(7) 企业参与及股东行动策略(corporate engagement and shareholder action):基于 ESG 理念充分行使股东权利,影响并纠正公司的行为,促使公司更加注重环保、承担社会责任或改进公司治理。

上述七类策略崛起的时间不同,其中以负面筛选法最早,20 世纪 70 年代由 Pax World Fund 率先提出;影响力投资最晚,于 2007 年由洛克菲勒基金会、摩根大通银行等组织所推出。各策略被使用的理由不同,譬如负面筛选法常因价值观驱动而被使用,ESG 整合法常因回报驱动而被使用。七种策略可单独使用,也可合并使用。

---

① 曹雯璟:ESG 主题基金规模接近 2 300 亿[N],中国基金报记者,2022.5。
② 上海证券交易所:全球责任投资最新发展变化及启示[R],2019。

从图 8-1 中各类 ESG 投资策略的资产规模显示,2018 年以来,越来越多的责任投资机构转向 ESG 整合策略。2020 年年初基于 ESG 整合策略的责任投资规模超过基于负面筛选策略的责任投资资产管理规模,前者成为目前全球规模最大的责任投资策略。GSIA 报告还表明,许多投资机构正在合并使用多种策略,而不是仅仅依靠一种策略。

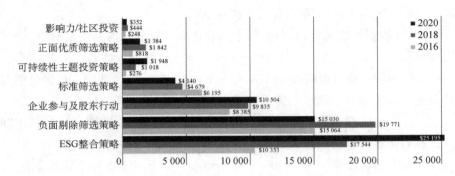

图 8-1　按投资策略划分的近年 ESG 投资资产规模

资料来源:Global Sustainable Investment Alliance: Global Sustainable Investment Review (Biennial, fifth edition) [R], 2020.

如图 8-2 所示,对比 MSCI 新兴市场指数和 MSCI 新兴市场 ESG 指数从 2008 年 1 月到 2023 年 1 月的数据可以发现,两个指数的发展趋势整体一致,但 MSCI 新兴市场 ESG 指数的表现在 2009 年以后明显比大盘有更多的市值空间和回报收益。

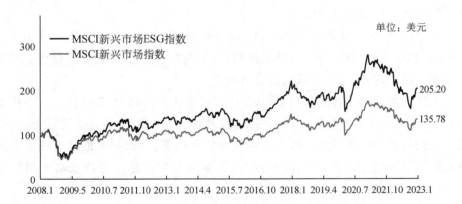

图 8-2　MSCI 新兴市场和新兴市场 ESG 指数表现(2008 年 1 月—2023 年 1 月)

资料来源:MSCI, https://www.msci.com/documents/10199/e744e272-e2c7-446b-8839-b62288 962177.

如图 8-3 所示，ACWI 全球指数（All Country World Index）追踪 23 个发达市场和 24 个新兴市场的 2 490 只大中市值股票。作为最全面的 ESG 股票成分，全球 ESG 指数表现同样跑赢对应的大盘。全球 ESG 投资的表现呈积极态势。

图 8-3　ACWI 全球 ESG 指数表现（2008 年 1 月—2023 年 1 月）

资料来源：MSCI 官网，https://www.msci.com/documents/10199/9a760a3b-4dc0-4059-b33e-fe67eae92460.

注：取样全集：成分股的选取范围由 MSCI 全球可投资市场指数的组成部分决定，MSCI ACWI ESG 领导者指数的选股范围则是 MSCI ACWI 指数的成分股。

选股标准：(1)ESG 评级达到 BB 或以上；(2)争议事件评分达到 3 分或以上；(3)通过 MSCI ESG 业务参与度标准对参与酒精、赌博等行业的公司进行剔除。

构建指数：ESG 领导指数价格由成分股按流通市值的加权平均所得，构建目标为母指数浮动市值 50%。

值得关注的是，近年来美国的投资领域开始出现“反 ESG 浪潮”。2021 年 6 月，美国得克萨斯州以法律的形式，禁止部分州政府指定的养老基金采取对化石燃料行业金融机构实施投资抵制的措施，这也成为美国第一个提出反 ESG 法案的州政府。随后，2022 年美国参议院以微弱票数优势推翻了美国劳工部的一项规定，主张在养老金管理中“禁止”考虑 ESG 因素，理由是在投资决策中考虑 ESG 因素会损害养老金回报。2023 年 3 月全美排名第 16 的硅谷银行倒闭，该银行的 MSCI ESG 评级从 2017 年到 2022 年连续 5 年都被评为 A 级。2023 年 5 月，巴菲特股东大会上虽然出现了比往年较多的 6 项由股东提出的关于 ESG 方面的提案，但这些提案全都被否决掉了。鉴于愈演愈烈的反 ESG 浪潮，美国一些基金也不再对外宣称与 ESG 挂钩，而是改为“主题基金”。

第二节　中国 ESG 投资实践

中国 ESG 投资市场近年来发展迅猛,ESG 和责任投资理念进一步融入实践,投资产品无论从绝对规模还是从在各类投资产品中的相对比例都实现指数级增长,投资绩效也在各类投资产品中表现卓越。根据《中国责任投资年度报告》2021 年数据显示,ESG 投资主题类(以节能环保行业或扶贫地区内公司为主要策略类型)指数近年来收益率表现优异,远超正面优质筛选和 ESG 整合策略指数。但从指数年化波动率来看,正面优质筛选类和 ESG 整合策略指数还是远优于主题类指数,超出一半近三年年化波动率低于对标指数,而可持续性主题类指数则年化波动率全部高于对标指数,体现了正面优质筛选类和 ESG 整合策略指数具有更好稳定性的特点。

从 ESG 投资策略方法来看,境内和境外机构在中国投资中使用的责任投资方法有相同点,也有差异。根据《ESG 全新启航:中国责任投资 15 年报告(2023)》调研分析显示,排除 ESG 方面表现较差的公司是所有投资机构的首先策略,但是境外机构还会更加侧重与被投方沟通提升 ESG 管理水平,以及 ESG 整合等方面。可见,境外投资机构对 ESG 投资的参与程度相对较深入。

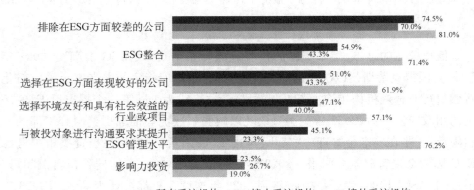

图 8-4　不同类型机构在中国投资中使用的责任投资方法

资料来源:《ESG 全新启航:中国责任投资 15 年报告(2023)》,2023。

与此同时,我国 ESG 个人投资意识和认知还有待进一步提升。根据中国责任投资年度报告(2021)的问卷调查显示,个人投资者对责任投资了解有限,有

83％的调查对象不了解责任投资,但仍较2020年的11％提升至17％,超八成个人投资者已在投资中考虑相关因素。从投资的驱动力和外部影响因素来看(图8-5),与自己的价值观相符是个人投资者采纳责任投资的首要驱动力(63％);其次,61％的个人投资者希望通过责任投资鼓励企业可持续发展,为社会创造价值;而58％的个人投资者认为开展责任投资可以降低投资风险。

图8-5 个人投资者采纳责任投资的驱动力变化

资料来源:中国责任投资论坛,中国责任投资年度报告[R],2021。

第三节 ESG金融市场发展

随着ESG理念的普及和国家相关金融政策的推动,ESG投资模式不断发展深入,形成了多样化的金融产品和服务。

一、ESG债券

ESG债券是指将募集资金用于为新增或现有与环境、社会或公司治理主题相关的项目提供部分或全额融资及再融资的各类型债券工具。包括绿色债券、社会债券、可持续债券、转型债券等。根据Bloomberg数据显示,截至2022年5月,全球ESG债券存量规模达到2.6万亿美元,存量ESG债券发行人主要来自欧洲。境外中资ESG债券占比仅为3％,我国境内ESG债券占比为5％,但在2021年出现明显上涨趋势,发行量达647亿美元,几乎为2016—2020年年均发行量的3倍。

在ESG债券中,绿色债券发展得最早,投资者接受度最高。绿色债券的融资目的是为具有积极的环境效益或气候变化效益的项目提供资金,以及为这些项目进行再融资。因而也需要对资金使用情况进行跟踪和管理。在债券发行后,需要定期对资金使用情况、项目进展以及相应环境影响进行披露。其中,贴标绿色债券是指资金用途被隔离并专用于气候或环境项目,并被发行人贴上"绿色"标签的债券。一些国际绿色债券组织先后发布了绿色债券的认定标准,例如国际资本市场协会(ICMA)制定的"绿色债券原则"(GBP)、气候债券组织(CBI)发布的"气候债券标准"(CBS),以及欧盟委员会技术专家组(TEG)推出的《欧盟可持续金融分类方案》(EU Taxonomy)等。

2015 年中国人民银行发布公告,在银行间债券市场推出绿色金融债券,标志着中国绿色债券市场正式启动。2021 年,中国人民银行、国家发展改革委、证监会联合发布《绿色债券支持项目目录(2021 年版)》,这是我国绿色债券分类标准统一的重要文件,在统一国内绿色债券项目标准、提升可操作性以及与国际标准接轨等方面均体现了积极意义。

《绿色债券支持项目目录(2021 年版)》指出绿色债券是重要的绿色金融工具,是指将募集资金专门用于支持符合规定条件的绿色产业、绿色项目或绿色经济活动,依照法定程序发行并按约定还本付息的有价证券,包括但不限于绿色金融债券、绿色企业债券、绿色公司债券、绿色债务融资工具和绿色资产支持证券。2021 年版目录对绿色项目界定标准更加科学准确,将绿色项目分为节能环保产业、清洁生产产业、清洁能源产业、生态环境产业、基础设施绿色升级、绿色服务6 大领域。煤炭等化石能源清洁利用等高碳排放项目不再纳入支持范围,并采纳国际通行的"无重大损害"原则,使减碳约束更加严格。二级和三级目录与国际主流绿色资产分类标准基本一致,有助于境内外主体更好地识别、查询和投资绿色资产。

根据气候债券组织(CBI)发布的《中国绿色债券市场报告》(2021 年)显示(图 8-6),中国绿色债券市场在 2021 年增长迅猛,全年的发行额度增幅领先于其他国家,位居全球第二,仅次于美国(3 055 亿美元)。截至 2021 年年底,中国在境内外市场累计发行贴标绿色债券 3 270 亿美元(约 2.1 万亿元人民币),其中近 2 000 亿美元(约 1.3 万亿元人民币)符合 CBI 绿色定义。中国的国有企业(包括金融和非金融企业)在绿色债券市场的发行主导地位明显。2021 年,按绿色债券发行数目算,国有企业在境内发行的绿色债券中占比97%,按发行金额算占比接近 99%。国有企业在中国基础设施建设等重点经济领域发挥着重要作用。相比而言,非国有企业或民营企业的绿色债券发行尚待进一步提升和完善。

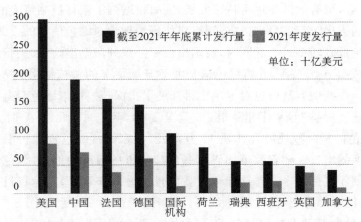

图 8-6　主要国家机构绿色债券市场情况(按符合 CBI 绿色定义发行量排序)

资料来源:气候债券倡议组织,中国绿色债券市场报告[R],2021。

二、绿色信贷

　　绿色信贷也称可持续融资或环境融资,是指在信贷活动中,把符合环境检测标准、污染治理效果和生态保护作为信用贷款的重要前提和考核条件,对推动经济的绿色转型发挥着重要作用,帮助实现社会与经济效益的双赢。

　　目前国际最具代表性、应用较为广泛的是"赤道原则"。此外,国际上还形成了"绿色信贷原则"和"可持续发展关联贷款原则",作为发展绿色信贷产品和项目的重要标准。国际金融机构主要从三个方面加强绿色信贷风险防范,为绿色信贷发展提供有力的支撑。第一,制定科学、严格的环境评估机制和信贷审核机制;第二,设立专业的绿色信贷机构或环境金融部门,来指导银行对贷款的风险评估;第三,通过环境压力测试量化评价环境风险。

　　在我国绿色金融发展中,绿色信贷是起步最早、发展最快、政策体系最为成熟的产品,并呈现出以下两个特征:规模不断扩大,存量世界第一;商业银行为参与主体,投放行业较为集中。2007 年,国家环保总局、人民银行、银监会联合发布了《关于落实环保政策法规防范信贷风险的意见》,规定商业银行要对不符合产业政策和环境违法的企业和项目进行信贷控制,这标志着中国绿色信贷全面开启。绿色信贷的推出,提高了企业贷款的门槛。企业贷款必须先过环保关,各商业银行在推行绿色信贷中,把企业环保守法情况作为审批贷款的必备条件之一,控制对污染企业的信贷。银行还通过差异化定价引导资金导向有利于环保的产业、企业,可有效地促进可持续发展,同时也增强了银行控制风险的能力。

自我国提出"双碳"目标以来,银行机构纷纷加大对绿色信贷的投放力度,积极支持绿色低碳转型。与此同时,我国出台了一系列激励措施,如央行的绿色再贷款、绿色 MPA 考核等,并将绿色信贷业务开展情况的考核结果纳入 MPA 考核体系内。一些地方政府也对绿色项目开展了担保、贴息,以绿色金融推动绿色产业的发展。根据《证券日报》报道,截至 2021 年 4 月,18 家 A 股上市银行 2021 年绿色信贷余额规模合计超 11 万亿元,各家银行绿色贷款较上一年均实现不同程度的增长。随着政策加码与绿色信贷市场规模的扩大,绿色信贷产品和服务的创新也更加丰富。从绿色贷款的投放方面来看,绿色信贷目前主要集中在交通、能源等行业,占比超过 50%。截至 2021 年一季度,如图 8-7 所示,交通运输、仓储和邮政业的绿色贷款余额达 3.85 万亿元,占比为 29.5%;其次为电力、热力、燃气及水生产和供应业绿色贷款,贷款余额为 3.73 万亿元,占比为 28.6%。同时,绿色建筑按揭贷款、汽车消费贷等创新型绿色信贷产品也日益丰富①。

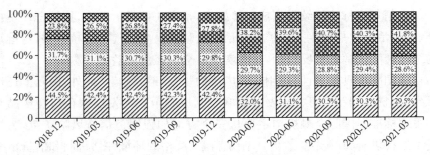

图 8-7　我国主要金融机构绿色贷款余额结构分布

资料来源:Wind,毕马威分析。

三、ESG 基金

近几年,随着绿色金融的蓬勃兴起和 ESG 投资理念的快速传播,越来越多的中国资管机构开始采纳 ESG 投资策略,加速布局 ESG 基金产品。ESG 基金是由基金经理在投资时,将环境、社会和治理三方面重要的因子纳入投资分析,

---

① 毕马威中国,《助力实现"双碳"目标,绿色金融大有可为》,2021 年 9 月。

来评估企业运营的可持续性和社会影响,目的就是为了获得长期稳定的超额收益。相比普通基金,ESG 基金在收益方面具有优势。

目前市场上 ESG 相关基金主要分为两类:ESG 主题基金和泛 ESG 基金。ESG 主题基金又分为两种,一种是以 ESG 为主要投资策略的产品;另一种是投资策略中仅包含 ESG,但不作为主要投资策略的产品。泛 ESG 主题则指基金介绍描述中涉及 ESG 下某个概念,并不区分是否用作主要投资策略,涵盖范围包括低碳及绿色发展概念基金、社会责任概念基金。主动型基金主要采取管理人选股择时的主动投资方式;指数型基金则主要采取跟踪各 ESG 投资领域相关市值类、行业类、主题类指数成分股的被动投资方式。

据《2022 年可持续发展(ESG)投资白皮书》数据显示,截至 2022 年 10 月 31 日,全市场累计共有 198 只碳中和主题概念基金;截至 2022 年 9 月 30 日,国内碳中和公募基金规模合计 1 976 亿元,相较 2017 年的 300 亿元增长了 561%。投资类型上看,目前碳中和基金以股票型基金为主,也更受个人投资者欢迎,2022 年上半年,全市场碳中和公募基金中个人投资者持有比例高达 73.2%,规模合计 1 466 亿元,远高于机构投资者的 538 亿元[①]。商道融绿 ESG 团队统计显示,ESG 行业优选 50 指数累计涨幅为 96.07%,超过基准约 5.4 倍,实现了收益加强(见图 8-8)。在风险降低方面,ESG 行业优选 50 指数也实现了加强优化,年化波动率比沪深 300 减少约 2.83%。

图 8-8　沪深 300 融绿 ESG 行业优选 50 指数表现

资料来源:商道融绿 STαR ESG 数据平台,商道融绿 ESG 团队。

---

① 王彭.2022 年可持续发展(ESG)投资白皮书[N].上海证券报,2022-12-09.

四、ESG 理财产品

ESG 理财产品是指银行在选择投资标的时纳入 ESG 因素,优选绿色经济、可持续发展等领域投资标的,然后向客户推出的理财产品。银行理财公司发行 ESG 主题理财产品既契合当下的"双碳"发展的市场环境,也能够探索多元化的理财业务创新,为满足市场需求、吸引客户以及打造优质理财产品奠定基础。银行通过发行 ESG 理财产品不仅可以有效控制风险,还能通过优质标的的资产增值获得可观的投资收益。

整体来看,ESG 理财产品认购起点较低、期限较长,同时风险水平较低,整体风格稳健。从投资方向来看,ESG 主题理财产品的投资品种以固定收益为主,重点投资标的包括绿色债券、绿色资产支持证券等,涵盖清洁能源、节能环保、绿色建筑、污染防治、生态保护等领域。未来,ESG 主题的银行理财产品在基础资产配置方面有望进一步丰富,如延伸到权益类资产,包括 ESG 股票、低碳节能环保企业长期股权等。根据《中国证券报》报道,目前我国银行理财 ESG 主题产品数量不断增长,截至 2022 年 12 月,处在存续状态的 ESG 主题银行理财产品共 167 只,较 2021 年 67 只增长了一倍多[1]。

五、绿色保险

绿色保险是指保险业在环境资源保护与社会治理、绿色产业运行和绿色生活消费等方面提供风险保障和资金支持等经济行为的统称。绿色保险又被称为环境责任保险,即与环境风险管理有关的各种保险,是以企业发生环境污染事故对第三者造成的损害依法应承担的赔偿责任为标的的保险。绿色保险是在市场经济条件下进行环境风险管理的一项基本手段。与传统保险不同,绿色保险更注重将绿色发展理念融入保险产品与服务之中,达到助推经济效益和社会可持续发展双赢的目的,是绿色金融的重要组成部分,也是实现"双碳"目标过程中提高风险管理的一个重要工具。通过有效运用这种保险工具,对于促使企业加强环境风险管理,减少污染事故发生,迅速应对污染事故,及时补偿、有效保护受害者权益方面,可以产生积极的效果。

我国在 2007 年试点环境责任保险,随后不断加快构建绿色保险体系,鼓励和支持绿色保险产品的创新发展。截至 2020 年年末,我国保险行业绿色保险投

---

[1] 黄一灵,薛瑾. 银行理财公司抢占投资风口 ESG 主题产品发行升温[N]. 中国证券报,2022-2-8.

资余额达 5 615 亿元,涉及城市轨道交通建设、高铁建设、清洁能源、污水处理等多个领域。如图 8-9 所示,2020 年绿色保险保额达到 18.3 万亿元,同比增长24.9%。

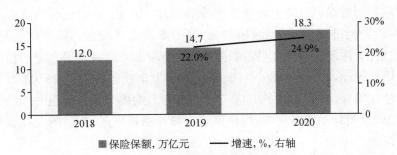

图 8-9　2018—2020 年绿色保险保额及增速

资料来源:中国保险业协会,毕马威分析。

2022 年 6 月,银保监会发布《银行业保险业绿色金融指引》,将银行业保险业发展绿色金融上升到战略高度,要求银行保险机构将环境、社会、治理(ESG)要求纳入管理流程和全面风险管理体系。这对保险公司的战略管理、产品设计能力提出了更高的要求。同年 11 月中国银保监会发布《绿色保险业务统计制度的通知》,首次对绿色保险进行了定义,为发展绿色保险指明了方向。《绿色保险业务统计制度》的发布标志着绿色保险业务顶层设计开始完善,将朝着规范的方向持续发展。绿色保险作为绿色金融的重要组成部分,不仅在加强环境等风险管理、助力绿色产业发展和绿色技术新成果应用、加强环境生态保护等方面发挥积极作用,还可不断提升公众和社会的绿色环保意识,引导社会资源投向,促进经济社会绿色低碳、可持续发展。

在中国银保监会的《绿色保险业务统计制度》中对各类绿色保险业务统计进行了说明和界定。第一部分针对环境、社会、治理(ESG)风险保险业务,主要按照保险产品的维度进行统计,包括巨灾保险和碳保险等气候变化风险领域、环境污染责任保险和船舶污染责任保险等环境风险领域、安全生产责任保险等社会治理风险领域的保险业务。第二部分是绿色产业保险业务。主要按照客户的维度进行统计,行业分类主要参照国家发展改革委等部委发布的《绿色产业指导目录(2019 年版)》设置。包括生态农业、生态保护和生态修复等生态环境产业,太阳能产业、风能产业、水力发电产业、核能产业等清洁能源产业,建筑节能与绿色建筑、绿色交通、园林绿化、环境能源基础设施等基础设施绿色升级产业,以及节能环保产业、清洁生产产业和绿色服务等领域的保险业务。第三部分是绿色生活保险业务。主要按照保险产品的维度进行统计,包括新能源汽车保险、非机动车保险等服务绿色生活的保险业务。同样也设置交叉统计项。

目前我国的绿色保险仍处于初级发展阶段,市场上的绿色保险存在产品类别单一、设计标准不统一、经营成本高、经营难度大等问题。但与此同时,随着"绿色发展"关注度逐渐升高,我国绿色保险呈现出了高速发展态势。据中国保险行业协会统计,2018—2020 年,保险业累计为全社会提供了 45.03 万亿元保额的绿色保险保障,支付赔款 533.77 亿元,有力发挥了绿色保险的风险保障功效[①]。随着政策体系不断完善,绿色保险市场充满新机遇,产品的设计和创新将持续推进。

六、绿色信托

绿色信托是近年来新兴的一种信托产品类型,是指信托公司为支持环境改善、应对气候变化和资源节约高效利用等经济活动,通过绿色信托贷款、绿色股权投资、绿色资产证券化、绿色产业基金、绿色慈善信托等方式提供的信托产品及受托服务。依托灵活的信托制度优势,信托公司可以综合运用多元金融工具,不断创新实践持续支持绿色产业发展。

2019 年中国信托业协会发布了《绿色信托指引》,该份指引是信托行业的首份绿色信托主题的自律公约,不仅明确了绿色信托的概念,还提供了业务方向的指引,助力我国进一步完善绿色金融体系。信托公司开展绿色信托业务的方式多样,通常可以包括:(1)以信托贷款为主要的业务模式,通过为绿色环保企业发放技术升级改造贷款、并购重组贷款等,在降低能源消耗、控制污染物排放等方面取得积极成效;(2)在绿色债券投资方面,信托公司帮助符合条件的绿色企业发行和分销绿色债券或绿色债务融资工具,降低绿色企业和绿色项目的融资成本;(3)设立信托型 PPP 绿色产业基金,根据融资方需求、项目特点和资金方的要求,构建有效以及灵活的退出机制;(4)积极参与绿色资产证券化,利用信托制度资产独立、风险隔离的天然优势,帮助绿色企业盘活资产;(5)以公益慈善信托方式推动绿色公益慈善事业发展等。

近年来,信托机构在绿色信托业务的创新实践方面落地了不少项目。与此同时,信托公司也逐渐重视 ESG 实践,开始披露 ESG 报告。根据信托业协会披

---

① 陈晶晶. 绿色保险突进:三年保额高达 45 万亿[N]. 中国经营报,2021-9-25.

露的《中国信托业社会责任报告（2021—2022）》数据显示，截至 2021 年年末，我国信托业存续绿色信托项目 665 个，规模为 3318 亿元[①]（图 8-10）。虽然国内绿色信托发展较为迅速，但由于起步时间相对较晚和发展历程相对较短，绿色信托业务亟待不断迭代发展。

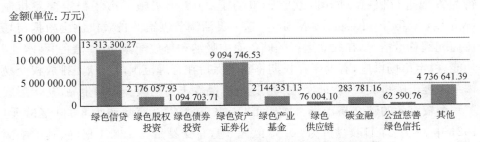

图 8-10　2021 年中国信托业绿色信托模式分类及规模

七、碳排放权交易

碳排放权交易是一种基于市场的减缓气候变化的金融政策工具，其工作原理是将污染排放权转化为在碳市场上可供买卖的配额，通过设置排放上限并定期履约交易的形式鼓励实体/企业主动降碳减排。在碳排放权交易体系中，监管机构对经济体中明确界定的部门（覆盖范围）允许排放的温室气体上限进行规定，为纳入碳市场的实体/企业发放或出售（分配）排放许可证或配额。在规定的时间段结束时，每个被纳入交易实体/企业的排放量必须符合或少于相应的配额数量。因此，实体/企业有动力减少其碳排放，排放量低于其持有的配额数量的实体/企业可将多余的配额出售给碳市场的其他参与者。那些排放量超出配额的实体/企业就需要选择从市场上购买配额来实现履约。同时，碳市场的配额总数上限逐年递减，以保证配额的稀缺性，激励实体/企业减排。

目前全球主要的碳交易市场均为履约碳市场，例如欧盟碳交易市场、美国加州碳市场以及中国的全国碳市场。欧盟碳排放权交易体系（EU Emissions Trading System, EU ETS）于 2005 年成立，是依据欧盟法令和国家立法建立的碳交易机制，是目前世界上参与国最多、交易金额最大、发展最成熟的碳排放权交易市场。2021 年至今欧盟碳市场已进入了第四阶段，为更好地实现碳目标，

[①] 中国信托业协会，中国信托业社会责任报告（2021—2022），http://www.xtxh.net/xtxh/responsibilityrecord/index.htm.

其年均配额将进一步紧缩,欧洲碳价也一路高涨,2022年8月达到99.14欧元/吨的历史高位,比2005年体系建立之初20～25欧元/吨的价格翻了三倍。

目前欧盟碳市场实行分层监管模式,欧盟层对一级市场进行监管;成员国对二级市场以及碳金融衍生品方面进行监管;交易所则通过交易平台对市场交易行为方面进行监管。同时,欧盟碳市场于2018年实施了市场稳定储备机制(Market Stability Reserve, MSR)。这一灵活调节供给的长效机制会根据市场流通配额总量情况,在独立运行的储备库中吸纳和释放配额,发挥储备"蓄水池"功能,稳定市场供应,有助于在长期将碳价保持在合理范围内。欧盟排放权交易体系还推出碳排放现货、远期、期货、期权产品等丰富的碳金融衍生品,初步形成了一个较完备的碳交易市场。欧盟ETS的2021年度交易额为6 830亿欧元,2021年12月31日收盘价为80.65欧元/吨,总交易量为122.1亿吨,其中配额交易仅为16.1亿吨,显示欧盟碳市场交易的活跃度和换手率较高。

中国碳排放交易尝试首先是从地区试点开始的。2011年,按照"十二五"规划纲要关于"逐步建立碳排放交易市场"的要求,中国在北京、天津、上海、重庆、湖北、广东及深圳7个省市启动了碳排放权交易试点工作(图8-11)。2013年起,7个地方试点碳市场陆续开始上线交易,有效促进了试点省市企业温室气体减排,也为全国碳市场建设摸索了制度,锻炼了人才,积累了经验,奠定了基础。2016年,福建省启动碳交易市场,成为国内第8个碳交易试点省市。同年,四川碳市场开市,成为非试点地区首家拥有国家备案交易机构的省份。2017年12月,经国务院同意,国家发展改革委印发了《全国碳排放权交易市场建设方案(发电行业)》。这标志着全国碳排放交易体系完成了总体设计,并正式启动。2021年7月,全国碳排放权交易在上海环境能源交易所正式启动,全国碳排放权交易市场成为全球覆盖规模最大的碳排放交易市场。纳入首批碳市场覆盖的2 000多家重点排放企业碳排放量超过40亿吨二氧化碳,目前第一阶段仅涵盖电力行业。碳价推高了煤炭和天然气发电的成本,使得清洁能源更有优势。我国电力市场化的推进,促使企业更注重绿电。未来,全国碳市场将覆盖钢铁、电力、石化、化工、建材、造纸、有色金属和民航等八个行业。截至2021年12月31日,全国碳排放权交易市场碳排放配额(CEA)累计成交量为1.79亿吨,累计成交额为76.61亿元。收盘价为54.22元/吨,比7月的开盘价上涨13%。履约完成率为99.5%。相比欧盟碳市场,我国碳市场的交易以履约驱动为主,流动性不足。随着全国碳交易市场的不断发展,将逐步形成完善的ETS。

如今,ESG在中国呈现高速发展态势,在与国际接轨的同时,也正逐步形成

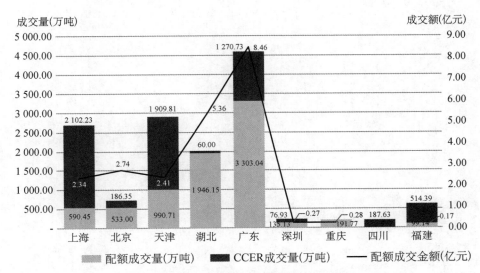

图 8-11　2020 年中国各地区碳市场交易量统计

中国特色。中国的 ESG 特色主要表现在以下两个方面。(1)重点聚焦在低碳领域,并由国企带动其他企业持续推进。随着中国"双碳"目标的确立,政府工作中不断出现低碳和 ESG 相关议题和要求,一系列以"双碳"目标为抓手的"1＋N"政策体系的顶层设计和相关政策纲领相继出台,碳达峰、碳中和政策也被写入"十四五"规划,极大地提升了低碳和 ESG 理念在中国的普及和发展。(2)发展总体呈现自上而下的方式,即由政府从政策法规方面主导推动,民间力量从各类组织和企业实践层面协助促进。我国在"十四五"规划和 2035 年远景目标纲要中都明确提出,加快发展方式绿色转型,坚持生态优先、绿色发展,促进人与自然和谐共生。各类企业的低碳行动和 ESG 合作创新模式也层出不穷。可见,ESG、低碳发展已经成为中国未来发展的重要议题。

　　总体而言,ESG 企业实践体系的构建需要一个有计划的、系统的、中长期的战略实施规划。企业可以参考借鉴已有的理论和实践经验,对标国内外行业领先水平,结合企业自身的实际情况,有序开展 ESG 行动。为企业后续披露具有说服力的 ESG 报告,获得利益相关者的认可,奠定重要的基础。

第四篇

对话 ESG 实践者

第九章

企业 ESG 实践者访谈[*]

第一节　联　想　集　团

联想集团于 1984 年在中国成立,目前是一家业务遍及全球的行业领先 ICT(信息和通信技术)科技企业。联想的核心业务由三大集团组成,分别是智能设备业务集团(IDG)、基础设施方案业务集团(ISG)和方案服务业务集团(SSG),为客户提供智能终端设备、企业数字化和智能化解决方案和服务等。2022 年,联想 PC 销售量居全球第一;2022—2023 财年,联想整体营业额达到 4 240 亿元人民币。

联想集团高度重视 ESG 与可持续发展,是国内最早投身 ESG 实践的企业之一。在环境治理方面,联想发布了净零排放目标的路线图,且通过了科学碳目标倡议组织(SBTi)的净零目标验证。SBTi 由联合国全球契约组织、世界资源研究所、世界自然基金会和全球环境信息研究中心联合发起,是全球首个将"净零"定义标准化的机构;联想是中国首批通过这一验证的高科技制造企业。

联想的减碳实践包括打造绿色产品、采纳清洁能源、应用低碳技术、推动绿色物流等多个方面,其中最具特色的是对绿色供应链的管理。作为一家国际化的制造型企业,联想的全球供应链高度复杂,有 35 个制造基地、80 余个物流分销中心和 2 000 多家供应商,如果"链主"能带动上下游企业共同构建绿色制造体系,将大大有利于实现绿色效益。联想既通过"关键供应商 ESG 记分卡"的形式来管理供应商,又通过开发相应的数字技术来赋能低碳供应链。截至 2022 年 6 月,联想开发的企业碳核算平台已经在联想的 84 家供应链企业中展开免费试用。

---

[*]　本书第九章至第十一章的 20 篇访谈记录在 2022 年 10 月至 2023 年 11 月间首发于彭博《商业周刊》绿金平台和绿金公众号。

供应链减碳的成就为联想赢得了不少荣誉。2019 年,联想获得工信部"绿色供应链示范企业"称号。2021 年,在公众环境研究中心(IPE)发布的企业气候行动指数当中,联想位列全球第 17 名,在中国大陆企业中排名第一。2022 年,联想集团获得了全球环境信息研究中心的供应链脱碳先锋奖,是中国唯一一家获奖企业。此外,在 Gartner 公布的 2022 全球供应链排名当中,联想位列第 9,ESG 评级满分,并且是亚太地区唯一上榜的高科技制造企业。

在社会责任方面,联想集团注重"内外兼修"。对外,联想做出了"科技普惠"的尝试,在医疗、养老服务等方面提供数字化、信息化的解决方案。2020 年,联想还成立了产品多元化办公室(PDO),促进实现"任何人都可以无障碍使用联想设备"的目标。对内,作为雇主,联想致力于推动性别平等、残障支持;2021—2022 财年,联想在全球斩获了 24 个最佳雇主和最佳工作场所类奖项,包括"2021 年残障人士最佳工作场所"榜单。

在公司治理方面,联想在"治理架构"和"治理者"两个层次上都做出了努力。一方面,联想设立了 ESG 执行监督委员会、道德与合规办公室、首席信息安全办公室等机构。另一方面,联想董事会成员的国籍、性别、教育背景、专业技能等方面都呈现多元化特征;集团还要求董事会定期审阅 ESG 实践,至少每年两次将 ESG 作为董事会和董事委员会的常设议程。

综上所述,联想作为一家全球化程度高、体量巨大的中国科技制造企业,在环境、社会、公司治理等方面都进行了一系列实践。这些实践得到了国际社会和国内市场的认可;联想在多个 ESG 评级当中都获得了优秀的成绩。在明晟(MSCI)的评级当中,联想获得 2022 年全球最高等级 AAA 的评级;在中诚信绿金(CCXGF)的评级中,联想获得业内最高等级 AA 级。

那么,联想集团是如何动员全公司人员乃至全产业链供应商共同实践 ESG 理念的? 联想曾经遇到过哪些挑战,又是如何应对的? 以下对联想集团质量标准与环境事务部总监刘微的访谈也许能为我们带来更多的答案。

❓ 思考题

1. "联想是一家具备跨文化、跨地域特点的国际化企业"这一事实,会给联想的 ESG 实践带来什么样的挑战? 又可能带来什么样的机遇? 国际化背景如何影响联想的 ESG 策略制定和行动选择?

2. "联想是一家科技企业"这一事实,如何影响了联想的 ESG 实践? 哪些经验和做法可以迁移到其他产业的企业中去?

3. 联想的 ESG 实践有哪些重要的利益相关方? 这些利益相关方在联想的 ESG 实践中是否处于获益的状态?

4. 从组织建设的角度,联想的案例能给想要推动 ESG 合规的企业什么样的启示?

■ **参考资料**

［1］联想集团,https://brand.lenovo.com.cn/about/indroduction.html

［2］大众新闻:联合国发布权威净零排放指南,联想集团为唯一入选的中国科技企业,2023-02-24,https://www.163.com/news/article/HUB79O1R00019UD6.html

［3］联想控股:联想集团正式发布 2050 净零路线图,2023-02-07,http://www.legendholdings.com.cn/News/detail.aspx?nodeid=1124&page=ContentPage&contentid=2144

［4］提前 10 年实现"双碳"目标! 联想集团 2050 净零路线图通过 SBTi 验证,2023-02-08,https://www.cdmfund.org/32418.html

［5］联想集团最新 ESG 报告 | 杨元庆:2050 年实现净零排放,2022-08-31,https://brand.lenovo.com.cn/brand/PPN01366.html

［6］财经杂志:联想是怎样成为低碳供应链标杆的,2022-09-14,https://new.qq.com/rain/a/20220914A07QF300

［7］北极星碳管家网:联想发布企业碳核算平台 已在 84 家供应链企业中试用,2022-06-15,https://m.bjx.com.cn/mnews/20220615/1233352.shtml

［8］联想集团:科技普惠,https://esg.lenovo.com.cn/S/kjph.html

联想集团刘微:
质量不应只围绕产品,也要围绕着管理体系构建

Q: **请您简单介绍自己和您在联想集团的岗位与职责。**

A:我和我的团队开始是做标准和合规工作的,之后逐步从安全性等方面的强制性合规工作,拓展到环境相关合规。

除了基本的合规工作外,我们也做了一些可持续发展相关议题的研究。我

的团队叫质量标准与环境事务部,成员基本都是负责各个技术领域标准的研究,以及在不同的事业部和产品线之间,为满足这些技术标准提供合规保障。除此之外,从环保角度,我们的职责范围也扩展到做一些和联合国 17 个可持续发展目标下环境议题相关议题的落实。

建立 ESG 管理体系是第一步

Q: **ESG 落实行动对每个企业都是一个重大挑战。联想有一套自己的战略目标、路径图、进度表,以至于 ESG 的每个维度都有能执行的举措和可以衡量的指标。可否介绍一下联想的 ESG 管理目标,以及这套系统建立的过程?利益相关方是如何参与的?目前联想 ESG 战略目标的实现情况怎么样?**

A: 我可以从我个人角度和岗位职责出发来解释这几个问题。

时间要回溯到 2005—2007 年,当时国内发布了《电子废物污染环境防治管理办法》,欧盟发布了《关于在电子电气设备中限制使用某些有害物质指令》(简称 RoHS 指令)和 WEEE 指令(Waste Electrical and Electronic Equipment,该指令的主要目的是预防废弃物的产生)。同时,国内也在推行电子电器产品的能效,出台了相应的法规和政策设定,我们主要是基于这些相关的法律法规和政策在工作。

从联想的发展历史看,从和 IBM 整合以后,联想开始从国内市场走向全球市场,伴随着联想和 IBM 的整合,我们意识到只做这些还不够。从那个时候起,我们从人员上就进行了非常大的调整和重新配置并对职责进行了更细化的分工,包括产品、运营和组织等层面。

比如说在产品方面,所有的研发组织都设置了一个关键的角色——环境设计工程师,他们要把环境设计的理念在每一个产品的设计上去贯彻和落地。在每一个运营场所,尤其是工厂,配备了相应的职业健康安全环保工程师,负责不同运营现场组织层面的节能环保和相应工作。

除了组织人员的保障方面,我们也积极和公司管理层进行了沟通,经过大概 5 年的时间,把自下而上的工作变成了自上而下的推动。从 2010 年开始,董事会从公司战略、文化以及治理等方面关注可持续发展的议题。从数据收集的层面,从 2006 年开始就逐步地进行数据收集,确保获得清晰的数据基准线。从组织生产和运营现场层面,我们关注范围 1(直接排放)和范围 2(间接排放)的碳排放,也进行了大量的数据收集和相应的减碳措施的部署。

随后逐渐拓展到产品层面,大概从 2012 年开始,我们逐步建立了全球产品的碳足迹方法论和数据库。这套方法论当时在行业内是从 0 到 1 的过程，我们联合了麻省理工学院、英特尔、惠普、戴尔，统一了产品碳足迹的计算方法和规则。从那个时候开始，我们在我们自己的网站上披露了主流产品的碳足迹报告，并和我们的全球客户进行沟通和交流。当然，欧美的客户在这方面要求更为严苛，要求的时间也更早一些。

联想 CEO 在 2010 年签署了各种环境保护相关的倡议，支持联想可持续发展战略的落地。同时，资源的保障也很重要。我们在全球有几百名围绕环保工作的工程师，他们把战略分解成年度的目标和指标，并且落实到产品线上并提供数据支持以及闭环的持续改进。

可持续发展的范围非常宽泛，任何一个公司不可能在一个部门内完成这么宽泛的工作。所以我们做这件事情的最开始可能更关注环境板块，整个公司的资源配置也是从环境出发的。最开始，我们从上市公司的治理要求角度出发，按照 ESG 披露规则去做可持续发展方面的披露。

在社会维度，我们也在全球不同的领域做了很多关于多元包容的内容，以及社会责任相关的工作，并通过 ESG 报告同公司各方面的实践和利益相关方进行交流。在治理方面，作为一个上市公司，我们有很完善的治理体系，从联想的实践来看，我们主要从技术领域去拉动环保相关的议题。

我们按照 ISO 14000 建立了管理体系。我们每年都会把公司的长期目标进行年度目标的分解，然后进行管理评审，审查这些目标或指标在企业的不同部门的执行和推进情况，然后把这些指标逐渐和不同部门中工程师的个人绩效进行挂钩，确保落实到位。

Q：ESG 治理结构是否有效非常重要。我们知道联想在董事会下设立了 ESG 执行监督委员会。可否介绍一下，ESG 执行监督委员会到目前为止实施的效果如何？

A：ESG 执行监督委员会是近年来成立的。联想设置了可持续发展官，每年在董事会上进行 1～2 次汇报，后续随着全球在可持续发展方面的重视，我们便在董事会下成立了 ESG 执行监督委员会。

ESG 委员会是提名制的，也是在不断的动态调整中的。目前我们的治理结构中有非常多的高管和董事负责在可持续发展委员会中进行相应的治理，比如全球供应链的负责人。目前我们在自有组织范围内的控制程度已经比较好了，未来要实现更好的绩效和目标，需要延伸到客户端和供应链端。供应链端是我们实现可持续发展目标的重中之重。

我们一直非常重视在产品中去推行可持续理念，但从工程技术的角度出发，可能相对比较困难。比如，我们的产品全线导入循环再生塑料，在这个过程中我们遇到了非常多的障碍和阻力。

我们通过制定每年度的目标指标，让大家去承诺不同的产品线 PCC（post-consumer recycled content）的用量占比是多少。但很多时候，生产线不太敢做太多的承诺，因为这可能导致成本上升，也可能会影响产品的可靠性。这些都是工程实践中面临的非常现实的技术问题。

由于公司高层的重视，我们现在的工作方式也有所不同了。联想在 2024 年推出 thinkpad 系列的新品，从立项开始，研发负责人就已经定位这款产品是可持续产品。所以在一切生产决策过程中，ESG 因素是优先级考量因素，反而成本可能要让路。

甚至在产品的概念阶段，我们就有"bold workout"工作组，大家来自不同的职能部门，在不考虑任何制约的条件下，打破原来的生产模式去思考这个产品怎么样做能更环保。

我们用生命周期评估的方法，把上一代产品进行了拆解和计算，然后通过数据来分析哪个方面有改进和优化的机会。例如，根据分析，一个产品大约 30% 的碳排放贡献是在产品运输过程中产生的。起初我们以为运输过程没办法改进，因为我们给客户承诺了交付时间，就只能用效率最高的空运。但后来我们发现是可以控制的。

因为尽管我们承诺 7 日交付给用户，但未必是客户想要的，也许他愿意等一等，选择一个更环保的模式。以前我们没有给客户提供选择，但现在我们要通过运营的不断优化来给客户最想要的时间以及环保需求，来满足客户。虽然这样让管理变得更加难，但通过更加卓越的运营和精细的管理，是可以做到的。

我们在自上而下的决策中纳入了 ESG 因素，最终，产品在所有环节都尽全力做到环保后，才交付给消费者。

Q：许多企业的体会是，ESG 要成为"一把手工程"，否则难以推动。联想的"一把手"杨元庆先生在引入、推广和落实 ESG 相关事宜的过程中起到了什么作用？

A：杨元庆董事长非常重视可持续发展的工作，大概在 2010 年的时候 ESG 开始进入他的视线,那个时候联想已经实现了范围 1 和范围 2 的碳中和,相应的管理体系也建立起来了。在他带领下,联想制定了公司内部相关的制度,自上而下推动可持续转型。

从那个时候起,联想就开始制定全球可持续发展和能源使用相关的政策,并由人力资源部门在全球的培训体系中贯穿这些政策,与企业文化进行结合,把可持续发展变成公司文化的一部分。各种资源的落地,IT 数据系统的建设,这些相关投资都得到了"一把手"的大力支持。

中国最早在 2016 年左右推出绿色制造,作为中国制造 2025 的一部分,从那个时候起杨董事长就在国内的绿色制造体系中扮演着非常重要的角色。他作为工信部主导的中国绿色制造联盟的理事长,希望把联想的实践分享给更多企业。

他非常重视我们的团队,无论是在国内的标准化,还是 ISO 标准化的工作上面。做标准是一件很不容易的事情,它的投入非常大,在我看来它是投入产出比很小的一项工作,每一项标准都需要专业程度很高的人花很长时间跟进。但是联想非常重视这项工作,也在努力带动我们几千家供应商在这条可持续发展的路上共同前进。

Q:联想集团按照全球环境管理体系(EMS)的规定管理业务过程中的环境问题。在联想的 ESG 报告中,我们可以看到具体到数字,甚至是材质的环境管理体系绩效表现、宏观目标及具体目标。可否请您介绍一下这个环境管理体系是如何助力联想 ESG 环境治理的? 以及这样的管理体系在执行过程中的优势和挑战?

A:我们的环境目标是对标联合国 17 个可持续发展目标的。环境方面,我们重点关注碳减排、资源的使用、回收和处理。比如在碳减排方面,我们承诺到 2050 年达到净零排放并发布了路径图,这是一个长期目标。然后,我们把长期目标分解成了到 2025 的中期目标,再按照年度的指标把 2025 年的中期目标逐步分解、落地和执行。

虽然碳是一个抓手,但更应该覆盖和带动全面的环保工作,包括循环经济、产品生命周期评估的管理,以及其他很多的环境议题。我们环境目标的设定非常细,比如在产品方面,在运营现场也有几十个量化目标,在供应商管理方面,也设定了 30 多个维度指标去全面跟进供应商的绩效完成情况。所有这些目标都有详细且多年累积的数据支撑,基于这些数据不断地调整目标,并且监控达成情况。

推动利益相关方共同参与是难点

Q：推动实现 ESG 战略的过程中，企业必须要联合利益相关方。联想是如何引入利益相关方参与的？ 无论是在 ESG 战略和目标的设定过程中还是在可持续转型过程中，联想是如何与利益相关方沟通的？

A：我们根据 ISO 14000 建立管理体系的时候，里面也有一些关于利益相关方分析的要求。这是一个不断积累的过程，开始我们对利益相关方的识别可能并不全面，但是在这个过程中，我们一直在动态地调整并进行积极沟通。

最开始，我们加入一些外部的专业组织，了解全球范围内这些专业的组织在推行什么事情。比如我们在 2007 年左右的时候就加入了联合国全球契约组织。联合国全球契约组织及 CDP（碳披露项目）都是我们非常重要的利益相关方。

在全球提倡环保的背景下，供应链可持续发展是重要议题之一。联想及其供应链核心企业都加入了 CPD 碳披露项目，并且在它的平台上进行相应的碳信息披露。我们的采购合同中也要求供应链企业去披露相关的碳数据。

另外，像 MSCI 这样的 ESG 评级机构也是我们非常重要的利益相关方，一方面能让我们看到自己和其他企业在 ESG 治理方面的差距，另一方面也会给我们的投资者提供有用的信息。

当然，我们的客户更是重要的利益相关方。在 2010 年，我们建立了一个"从摇篮到摇篮"的全过程管理，覆盖从客户到供应链的全链条。和客户的沟通方法也是随着 IT 技术手段不断地在更迭。最早只通过专门的邮箱去接收客户的讯息，有专职的人员查看并及时回馈给客户。随着多媒体、自媒体的发展，我们也通过更多的渠道和客户进行沟通。

供应链是我们实现 ESG 目标重要的一个环节，后续要达成相关目标，就要靠供应链了。供应商想把这件事情做好，但很有可能他们不知道该如何做，所以更需要联想去带动他们。在产品层面，我们通过生命周期分析的方式，贯穿了所有的供应商。供应商所采取的技术对于环境的贡献是什么样的，都通过联想提供的方法论、IT 工具、标准等实现，我们携手共进。

Q： 在 Gartner 公布的 2022 年全球供应链 Top 25 最新排名中，联想第 8 次入选，是中国乃至亚太地区唯一上榜的高科技制造企业。联想对供应链的管理是智能的，同时，作为供应链"链主"，联想也起着帮助供应链 ESG 发展的巨大责任和撬动作用。可否介绍一下，联想是怎样运用"链主"地位，带动上下游伙伴共同提升碳减能力的？ 类似的策略可否在 S 和 G 上也能复制？

A： 联想的采购流程明确规定了供应商的环保责任。先确定规则，然后变成运营目标，通过平衡计分卡的形式去看目标达成情况。平衡计分卡设有 30 多项指标，并每个季度给供应商打分，分数会影响到后续采购额，所以联想作为"链主"，通过负责人采购来影响供应商行为。

但这还不够，因为供应商可能会遇到各种困难、压力或者自身能力不足，我们一方面对他们提要求，进行考核；但另一方面我们也要赋能，帮助供应商去提升他们的能力。我们每年有各种各样的培训，其中小型培训每个季度都会安排，每一年还会有年度的供应商质量论坛、供应商标准和合规大会等，向供应商传达联想的要求。

同时我们也帮助供应商进行数字化转型。联想经历了 5 年的数字化转型，投资很大，我们建立了供应链 ESG 系统，通过开放数字系统为供应商提供工具，希望收集到供应链的真实数据。现在国内的数据收集还不是很健全，我们希望积累行业的真实数据，去给同行赋能，做好电子行业的数据治理。

Q： 联合国《2020 年全球电子废弃物监测》报告显示，2019 年全球产生的电子废弃物总量达到了创纪录的 5 360 万公吨，仅仅 5 年内就增长了 21%。随着科技的发展，电子产品更新迭代，电子废弃物问题也是联想不得不考虑的环境实质性议题之一。联想是如何解决这个问题的？

A： 让我们先从个人电脑说起，团队一直遵循电子产品相关的全球法律法规，在政策法规的指引下，我们在全球建立了回收项目，通过十几年建立的回收渠道对回收电子产品进行回收和处置，并在全球 ESG 报告中披露了这部分数据。单从碳减排的角度来讲，这部分数据只有个位数，但从污染的角度来看，对环境的影响还是蛮大的。

在全球范围内，回收渠道不正规、私拆的问题还是挺多的。我们希望通过建立全球回收网络，让联想的电子产品有正规的回收渠道。针对大企业客户，我们除了回收，还做很多增值服务，包含数据清除、信息安全等。

同时，我们也不断让消费者更愿意通过联想的回收渠道来回收，我们在全球各地和不同的回收商,比如京东,建立了更有趣、更能吸引消费者的合作方式,来吸引消费者回收产品。

全球 ESG 需要统一语言

Q: 联想是全球运营的国际企业;但 ESG 在不同的地域和国家,无论是从合规要求还是价值观上,都尚未形成统一语言。联想在制定 ESG 战略时,是如何形成跨文化和跨地域的企业内部共同语言的? 在这过程当中的挑战是什么?

A: 从 E 的治理角度,我们基本上可以分为 4 大区域,一共 4 个团队,然后通过内部的管理机制去进行协同。我们在美国有几十个人的专职团队,随时了解美国所有的技术法规和政策,以及利益相关方的需求;欧洲也有一个团队负责所有欧盟国家;在中国的团队负责亚太地区。

团队之间会分不同的专题。比如环保方面有很多专题会议,我们有产品环境工程师的月度会议,十几个研发团队的产品环境工程师都会上线,各大区域的不同技术专家也会上线,他们会分享不同区域的技术和政策,以及利益相关方的需求。产品环境工程师会在第一时间收集到这些需求,项目管理的专门人员把这些需求转换成内部可落地的方案,然后通过项目管理的形式去推进执行。

在公司文化的方面,自上而下的文化土壤很好地保证了相关工作的推进,大家都很重视,通过科学的治理结构和流程化的方式去确保措施的落地和执行。

Q: 从 ESG 评级的角度来讲,中国企业如果想要提升他们的 ESG 表现,您建议的几个关键步骤是什么?

A: 国内的 ESG 评级体系其实还不够健全,我们试图构建有中国特色的评级体系,但如何与国际接轨是个很大的问题。我觉得先从标准的角度来看,国际上比较有名的几个评级体系,我们都进行了对标分析。

每个评级体系都有它的特点。我拿 EPEAT 举例,EPEAT 是美国电子产品环境评价工具。我们内部为了提升 EPEAT 的评级,在每一个指标上都细致分析,以提高分数。因为如果拿不到高级别的评级是进不了政采清单的。对标以后要有更详细的行动方案落地,才可能在评级中得到更高的评级分数。

另外,需要和评级机构进行积极沟通。因为有些评级机构只靠公开披露的信息进行评级,也有一些评级机构可以有对话的过程。我们要了解每个组织所处的不同的阶段和环境,确定组织在意的评级指标和相应的标准,进行对标,进行落地工作,这就是我建议的步骤。

科技创新提升 ESG 表现

Q： 随着《中华人民共和国网络安全法》《中华人民共和国数据安全法》和《中华人民共和国个人信息保护法》的相继生效,中国网络安全、数据安全和隐私保护领域的"三驾马车"正式形成。作为"新 IT"的领军者,联想是如何看待和管理数据及隐私安全议题的?

A： 数据及隐私安全确实是重要的议题,必须有专人专岗才可能把这件事情做好。2015 年,联想聘请了非常多专职做数据安全的法规、政策研究和落地的工程师,他们负责全球法规,尤其是跟进中国的网安法,部分工程师甚至还参与了标准的构建。

另外一方面,我们设立了一个新岗位,叫首席安全官。在首席安全官的带领下,团队一方面负责标准和法规的跟进;另一方面通过建立内部的流程,确保这些信息安全的标准能得以落地。

此外,我们还有产品安全团队,负责产品相关的信息安全。目前我们所有的产品上市之前必须经过这个团队的信息安全扫描和审查,他们签署相关文件之后才能上市。

Q： 联想对商业环境中 ESG 的意识和人才短缺有直接的体会。ESG 的教育普及工作才刚刚开始。为克服这个困难,联想做了哪些工作?

A： 联想的很多工程师原本是做环境工程相关工作的,以前环境工程领域在企业中受重视的程度不是很高,但他们默默无闻地做了很多年。现在在 ESG 和"双碳"赛道上,他们特别有价值,不单确保产品是否合规,而且为公司长远的竞争力和公司更好的有序经营做出贡献。

人才培养如果停留在管理体系的意识层面还不够,要更细化。我们在内部形成了一个技术委员会,由技术负责人带领我们的产品环境工程师和研发人员进行能力提升。我们也希望通过"Training on Job"的人才培养方式传导到供应商,我们准备和供应商一起建立生命周期评估数据库,通过建立数据库带动供应商的人员能力提升。

只有落实到更细的技术领域,人才培养才能更有效,更能解决业务的实际问题。我们的方式是先提出业务真实的场景和实际问题,然后成立跨供应商、跨职能的团队来解决问题,通过解决问题去培养人才。

联想通过 ESG 管理平台发布了一系列课程,为员工、供应商以及合作伙伴提供主动学习和提升的通道。

Q:联想是一个全球化的科技公司,科技也是联想的核心竞争力之一。可持续发展和转型需要科技的助力,能否分享一下创新和科技是如何助力联想提升 ESG 表现的?

A:联想在战略上进行转型。从前,一提到联想,大家想到的就是硬件产品——电脑、手机。大概 5 年前,联想提出了 3S 战略,开始从产品到服务方案的转型,我们内部叫端边云网智。除了设备,我们还有数据中心的部分,通过端边云网智的方式,为各行业提供解决方案,比如智慧能源、智慧交通、智慧医疗、智能制造等。

我们通过解决方案助力客户的过程,也是科技去助力可持续发展的过程。因为客户的很多运用场景和企业的可持续发展是紧密相连的。

第二节　微软(大中华区)

微软(Microsoft)于 1975 年在美国成立,总部位于美国华盛顿州,是世界范围内规模最大、影响最广的科技巨擘之一。公司的主要业务是研发、制造、授权电脑软件并提供广泛的相关服务。截至 2023 年 9 月 30 日,微软全球员工总数为 21.55 万人,分公司遍布全球 119 个国家和地区。2023 财年,微软的全年营收达到了 2 119.15 亿美元。目前,微软正在云计算和人工智能领域积极寻找增长机会。2019 年,微软向 OpenAI 投资了 10 亿美元,现在正在探索将 OpenAI 运用的模型整合到微软的产品当中。

微软在 ESG 方面的表现非常突出,获得了许多认可和奖项。例如,2021 年,评级机构明晟(MSCI)评定微软的 ESG 表现为 AAA 级,是明晟评级系统中的最高评级。2022 年,在福布斯杂志发起的"全球百大最具声誉企业"评选当中,微软名列第 17 位。评级机构路孚特给微软打出了 89/100 的高分,在"软件和 IT 服务"的 931 家公司当中位列第 3 名。

具体来说,在环境可持续发展领域,微软主要在三个方面投入努力:其一是微软自身的负责任运营(Microsoft sustainability),其二是通过赋能客户来推动环境可持续发展(customer sustainability),其三是通过设立创新基金、开展气候相关技术的研发等方式来促进全球范围内的可持续发展进程（global sustainability）。

首先，在自身负责任运营方面，微软在 2020 年做出了行业领先的承诺：2030 年前实现碳负排放、水资源使用正效益、零废弃物，并且在生态方面实现 2025 年前保护的土地比使用的土地面积更大。为了实现"零废弃物"的目标，微软采取了对服务器和组件进行回收再利用、设计完全可回收的产品包装、设备选用可回收材料、加强对废弃物的管理和数据收集等行动。2022 财年，微软产品包装的一次性塑料的使用减少了 29.8%；在微软云的硬件设备当中，回收利用率达到了 82%。另外，微软还通过投资自然和生态保护相关项目的方式促进可持续发展；目前，它投资的项目已经覆盖了 4 000 多平方米存在生态系统风险的土地。

其次，作为影响力巨大的科技公司，微软还通过赋能各行各业的客户和合作伙伴的方式来促进可持续发展。它开发了"微软可持续发展云"（Microsoft Cloud for Sustainability），该产品可以帮助客户方便地集成碳排放、水使用等可持续发展数据，其数据模型也可以跨组织在整个价值链使用，以便客户更好地进行可持续发展管理和披露报告的写作。另外，微软还成立了专门的 AI for Good 实验室，发挥它在科技研发方面的优势，收集、存储和共享气候方面的数据，帮助世界范围内的环境研究者和政策制定者寻找新的解决方案。

再次，微软还通过设立气候创新基金、开展相关科研、赋能员工等方式，促进全球可持续发展。

在社会责任领域，微软的行动有如下几个关键词："扩展机会""赢得信任""保护基本权益"。"扩展机会"的宗旨是让人人都有机会在数字化经济当中取得成功，具体的行动包括提供数字化技能训练、向非营利组织和公共图书馆捐款等。"赢得信任"指的是微软作为数字科技巨头，在正确使用技术、保护个人隐私、数据安全等方面有重大的社会责任。微软计划从 2021 年开始，在 5 年的时间内投资 200 亿美元，提升安全解决方案；2022 年，微软一共阻挡了 2 300 亿次身份验证攻击。"保护基本权益"则包括了提升互联网可及性、提升微软产品针对残障人士的可及性、在遭受灾害的地区提供赈济等。

总而言之，微软充分利用了自身在科技领域的优势，通过多种方式促进自身的可持续发展，在世界范围内发挥积极影响，并进行了详细的披露，在 ESG 领域获得了认可。微软中国作为分公司，除了跟随总部的做法之外，还联合了鼎力可持续数字科技有限公司、联想集团等行业知名企业或机构发起了 China ESG

Alliance,旨在聚合 ESG 专家视角和资源,孵化绿色可持续解决方案。下文是对微软大中华区可持续发展负责人、China ESG Alliance 联合发起人张强的访谈,他将分享对于人工智能对 ESG 的帮助等话题的看法。

? 思考题

1. 微软的商业模式当中,有哪些主要的利益相关方? 在它的 ESG 实践当中这些利益相关方是否受益?
2. 作为科技型企业,微软可能在哪些环节产生较大量的碳排放? 践行 ESG 给微软带来了什么样的挑战,又创造了什么机遇?

■ 参考资料

［1］微软-百度百科,https://baike. baidu. com/item/％E5％BE％AE％E8％BD％AF/124767

［2］中关村在线:微软官宣:全球员工总数为 21. 55 万人,2023-10-26,https://news. zol. com. cn/838/8387402. html

［3］微软:Facts About Microsoft, https://news. microsoft. com/facts-about-microsoft/

［4］Gennaro Cuofano: OpenAI-Microsoft Partnership Explained, FourWeekMBA, 2023-09-01, https://fourweekmba. com/openai-microsoft/

［5］路孚特 ESG 评级,https://www. refinitiv. com/en/sustainable-finance/esg-scores?esg＝Microsoft＋Corp

［6］The 2023 Impact Summary, Microsoft, 2023-10, https://query. prod. cms. rt. microsoft. com/cms/api/am/binary/RW1dHjY

［7］2022 Environmental Sustainability Report, Microsoft, https://query. prod. cms. rt. microsoft. com/cms/api/am/binary/RW15mgm

［8］迈向 2030 年:微软实现环境可持续发展, Microsoft, https://news. microsoft. com/wp-content/uploads/prod/sites/44/2023/06/Microsoft-China-ESG-Summary-CHN_with-footnotes_-CELA-20230607. pdf

［9］Awards and recognition, Microsoft, https://www. microsoft. com/en-us/corporate-responsibility/recognition

［10］China ESG Alliance 共创、共享,为 ESG 之路增添亮色!,ESG Alliance, 2023-06-29, https://mp. weixin. qq. com/s/__7OTif9pqecwhHkXlhkkQ

微软大中华区张强：
机器学习和模拟训练可将碳捕集(CCS)的封存效率提高 1 000 倍

发起联盟，共同推动 ESG 发展

Q：请您做一个简单的自我介绍，尤其是您与微软的渊源以及您在 ESG 方面的经验。

A：2020 年，我通过微软人工智能国家计划进入可持续发展相关的领域。微软总部每年会给所有大区提供资金，用于投入一些非直接产出的业务，例如可持续发展。起初，可持续领域的业务主要是做环境保护相关的活动，后面也做一些社会公益类的活动，例如旧衣回收。后来才逐渐把 ESG 作为一个可以被衡量及追溯的角度进行探索，因为我们认为这两个角度是可以通过科技的手段去加持的。

Q：您是 China ESG Alliance 联合发起人。可否介绍一下这个联盟，尤其是发起的缘由，有哪些机构参与，以及目前的发展状况。

A：我们在做可持续发展的时候发现，ESG 这个话题不是任何个体能够单独完成的，而是需要以联盟的形式来推动，需要从偏公益的角度切入，同时又有一个共同的目标让每个参与的成员都能够获利。

发起联盟的缘由，首先是从监管的角度出发，从政策层面看，欧洲、美国、中国各自的可持续发展方向和目标不断有实质性的变化。其次是从科技发展的角度出发，我们作为科技公司比较容易捕捉到科技发展的趋势，比如互联网、区块链、大数据平台，甚至是 AI。最后是我们看到了 ESG 已经成为了大国之间的共识话题之一。

所以基于这三个缘由，我们发起了 China ESG Alliance。联盟是 2023 年 4 月 13 日在苏州发起的，陆续参与联盟的组织包括联想、欧莱雅、隆基绿能、领英等大型企业，也有一些 NGO 组织，比如绿色和平，以及国内的官方组织，例如上海环境能源交易所。联盟由 16 家企业共同发起。

根据联盟发起机构的特点和优势，联盟目前主要向三个方向发展。第一个方向是从供应链，从组织碳和产品碳的角度，希望能够做不同行业的碳排放计算，这也是微软技术比较擅长的板块。第二个方向是循环经济，为下游的企业降低范围 3(其他间接排放)的碳排放。第三个是现有园区和办公楼自身的减碳。

Q：作为微软大中华区人工智能国家计划前负责人，您认为，人工智能可以怎样为落实 ESG 服务？尤其是在环境相关数据的应用和研发方面。

A：在 China ESG Alliance 这个联盟里其实我们注入了很多对人工智能的想象。人工智能主要分三个要素：一个是算法，一个是算力，一个是数据。当我们去看这三个要素关系的时候，第一步我们想的是，怎样通过物联网获取工厂实时数据，与传统企业资源规划（ERP）对接，进而绘制大数据平台。

拿到数据后，要用到区块链技术确保数据的真实性，确保数据没有被修改。最后，当海量数据汇集后，可使用生成式 AI。我们认为它在企业的生产，包括环境应用研发领域，一定会产生巨大的价值，关键是应用场景。

举个例子，在环境相关的数据和研发的应用方面，微软在全球有个"行星计算机"（planetary computer）计划，它能够很好地去支持科研工作，对不同行业进行开源，搜集全球大量的地理数据，包含整个地球自然资源的数据。

这个系统包含三个模块，第一个是数据目录（data catalogue），它本身有 PB 级别（大数据级别）的数据，比如说整个地球系统的信息，这些信息被存放在微软云端，用户申请后可免费使用。

第二，它有非常丰富的应用程序接口（API），方便不同用户获取信息，常见的就是大专院校和科研院所。

第三，它有一个集线器（hub），科学家不需要自己组装，就可以直接处理和分析数据，并得出结论。

从数据、合作伙伴以及公益三个维度实施 ESG 战略

Q：微软什么时候开始有自己的 ESG 战略和目标的？最新的 ESG 战略和目标是什么？

A：微软最早在 2009 年第一次提出减碳目标，正式发布环境可持续发展报告是在三年前。这份报告主要从三个维度来发布微软可持续发展方面的相关信息。

第一，微软作为全球化的科技公司，对 2030 年前的数据发展做出了明确的承诺，包括碳、废弃物和生物多样性保护等，且这些承诺的实施进度是可追踪的。

第二，我们作为服务商，在做好自己部分的情况下，会考虑如何为包括合作伙伴在内的下游客户赋能，通过我们的技术来帮助他们具备可持续发展的计算和衡量能力。

第三，在公益方面，我们在美国以及新兴市场会试图去影响当地政府对于低碳环保和公平的相关政策，包括劳动技能的培训。

这么多年这三个维度没有变,这就是我们环境持续发展的战略目标和路径。

Q：微软的 ESG 治理结构是怎么样的？这个治理结构在不同的国家和区域是否有所不同,在中国是怎么样的？如何确保治理结构能够有效保障 ESG 战略和目标的传达和实施？

A：从微软的整体营收来看,中国区域相对来说是比较小的,但治理结构和总部完全一致。在总部,可持续发展治理主要是在财务和法律两条线下。我们内部还有一个碳税机制,会分不同的业务部门计算碳排放。如果达标了,会获得积分,如果没有达标,成本会相应增加,这在每一年的可持续发展报告中都会有体现。

我们有一个专门做可持续发展的团队。我作为团队负责人,但凡有新的和这个议题相关的消息,都会传递给各个团队,协调各个团队更好地沟通,沟通机制主要是通过月度会议。

此外,微软整个治理结构和 ESG 的表现是和 KPI 挂钩的。

Q：位于北京的微软亚洲研究院是微软在美国以外规模最大、布局最完整的研发基地。它目前有没有针对 ESG 的专门研究计划？

A：微软研究院所有的研究话题全部是由研究员及组织研究方向来决定的。举几个例子,第一个是之前微软做的一个环境与科技共生的课题研究。很多年前微软在美国西岸的海底放置了服务器去研究科技和环境之间的关联,研究人员会判断海底这个服务器的运营效果。比如说温度和周边海洋生物的关系。

实验证明了首先海底是个安全的环境,然后服务器产生的热量会产生一个主动给生态系统的能量,放着服务器的集装箱上面会密布各种藻类。这是环境和科技共生的一种新的选择。

第二个研究课题是低碳转型。2021 年微软研究院通过 AI 模型做的分子动力学模型这项研究,致力于利用 AI 为可持续发展和可再生能源的使用做出贡献。通过机器学习去预测电力需求,并通过更好地理解复杂的资源链来促进低成本减排。

第三个研究课题是 CCS,通过机器学习和模拟,用 CCS 防止碳排放到大气中,相对于标准数值方法,识别安全封存空间的效率提高了 1 000 倍。

这些都是我们做得比较前沿的研究课题。

Q： 微软在对供应链的管理上实施供应商行为准则（SCoC）和采购承诺，来促进供应链实现可持续转型。可否举例说明具体而言是如何执行的？目前的执行效果如何？

A： 我们在供应商管理方面最核心的要点，就是要求提升供应链减碳的透明度。第一，供应商必须报告和披露范围1、2和3的温室气体排放数据。除了披露相关数据之外，还要说明下一步的行动计划。

目前的最新数据显示，2022年，我们的一级供应商一共减少了2100万吨碳排放。微软也加入了"1.5摄氏度供应链领导者计划"，我们的供应商要符合相应的标准才能进入供应商库。

当然在供应商投标过程中，我们也会把ESG作为整个评分标准的一部分。从采购的角度，如果可持续做得好，那么对它的评分就会高一些。此外，如果能得到第三方认证，由认证机构给出相关证明，也对供应商的评分有一定帮助。我们内部开发了完整的供应商管理规则，其中就包括了可持续的部分。

Q： 中小企业经常发现实施ESG的压力和难度比较大。微软也提出要助力中小企业创新及可持续发展。具体而言，微软可以怎样帮助中小企业？

A： 首先我们提供云服务，因为这个本身就是低碳的科技服务。对于企业而言，它不需要来构建自己的机房，可以直接用这样的云平台来大大降低创新门槛和成本。

第二个就是提供一些财务和人力资源方面的指导，包括提供免费服务帮助中小企业能够把业务的方案做出来。以此为基础，我们推出了一个全球计划（Entrepreneurship for Positive Impact），它不只是包含了中小企业，也会把和联合国SDGs目标关联更大的企业也拉进来，支持能够解决降低贫穷的，能够让更多人吃饱肚子的，特别是能够让很多人少生病的方案等，把它们集合起来。

举个例子，有一家企业主要是做循环的，他们希望能够计算每一次帮助客户完成循环后，能够减少多少碳排放，然后把这个碳资产拿去全球交易。整个平台的建设，都希望搭建在微软的云平台上，并且他们希望通过China ESG Alliance帮他们找寻不同的客户，这算是一个在中国帮助扶持中小企业的案例。

设立气候基金推动ESG领域的技术创新

Q： 微软在全球设立了一个10亿美元的气候创新基金，这个创新基金目前都在哪些领域进行了投资？都有哪些可持续解决方案的成果？

A： 这个气候创新基金是在2020年成立的，我们有一个网站有很多相关的信息。这个创新基金的创立主要是为了实现两个目标，一个是开创新的技术，第二个是对现有技术进行创新和推动。主要针对碳、废弃物、水资源和生态系统四个板块。

我们在利用这个新基金投资时，会设定优先级别，首先会关注对环境影响较大的项目（climate impact），第二个关注那些缺乏资金支持的项目（underfunded markets），第三是要考虑气候公平（climate equity），第四是关注共享和一致性（shared alignment）。这就需要当地政府和微软，或者和主流的意识认知保持一致。

另外就是基金的投资方向，主要是三个：一个是能源系统；第二个是工业系统，比如供应链；第三个是自然系统，比如水科技。我们在网站上会公开我们的投资组合都有哪些公司。

Q：**2020 年 1 月，微软承诺要在 2030 年之前实现碳负排放。在 2022 财年，微软的业务增长了 18%，总排放量下降了 0.5%。可否简单介绍一下微软采用了怎样的措施来实现碳负排放的目标？**

A：虽然我们业务营收增长，但总碳排放量下降主要取决于几个因素：一个是运营方面的改进，另一个是对可再生能源的投资，比如可持续航空燃料。这一系列的操作帮助我们的碳排放在整体中降低。但当然，目前我们的范围 3 排放量还是会有一些增加，因为整体业务都在飞速增长的过程中。

Q：**可否介绍一下微软内部的碳价体系？**

A：微软内部的碳价体系是从 2012 年开始实施的，最开始只是涉及财务，后来也涉及法务。公司会在每个季度和业务部门明确本季度的减碳目标，并按照每天一定金额的方式去计算。这在当时给了我们业务部门不少压力，每个团队都需要通过自己的方法去减碳。至于内部碳价，中国区域的所有体系都是和全球同步且保持一致的。

Q：**对于碳排放追踪而言，范围 1 和范围 2 可能相对比较容易，但是范围 3 的排放量追踪对于很多公司而言都是挑战。我们了解到微软有超过 96% 的排放量来自范围 3，微软是如何追踪和测量并报告范围 3 的排放的？**

A：微软有自己的采集方法，最终会汇总并进行内部审核。但确实，这是个很难解决的问题，所以这就是为什么我们需要建立好的管理制度。目前，我们看到有些公司有好的方法来做这件事，并且我们也希望把它变成微软的能力，来服务客户。

Q：微软在 2020 年做出承诺在 2030 年之前实现水资源正效益，并参与创立了水资源韧性联盟（WRC）。可否介绍一下什么是水资源正效益？如何实现水资源正效益？

A：水资源的正效益就是一个加法、一个减法。减法是我们消耗的水，加法是我们保护的水。我们保护的水资源超过了消耗的水资源，这就是正效益。我们强调水的正效益强调本地属性，在哪里消耗了水资源，就在哪里进行补水。

2023 年 6 月份我们宣布支持大自然保护协会（TNC）与保护国际基金会（CI），分别在浙江省和上海市开展基于自然湿地保护与修复、再生农业措施等水资源保护与管理方面的尝试。与此同时，我们也在积极探索企业水补偿实践，促进中国流域水生态保护修复。这个项目本身也是微软全球水补偿行动的重要组成部分之一。

Q：微软虽然是软件企业，但与电子产品有着必然的联系。对于电子垃圾的处理和电子产品排放，微软有怎样的战略思考和实际举措？

A：从大趋势来讲，所有消费类产品都慢慢会推向前端。从产品设计角度来看，比方说怎样可以确保一个硬件设备可拆卸、可维修、可循环，这就是全行业需要重新思考的核心。微软在做硬件设计的时候，都是基于这样的原则来做的。另外就是拆解之后可以作为备用的模块来循环使用，这也是目前我们在做的一些实践。

积极探索 ChatGPT 和可持续发展的关系

Q：微软如何以科技手段赋能客户提升可持续转型的表现？

A：微软是科技公司，我们提供大家熟悉的 Windows 系统，包括现在云上的 Office 和 Azure。但是在提供功能服务的同时，必然都会产生范围 3 的碳排放。我们现在在国内和一家做碳排放计算的公司合作，帮助客户计算从本地迁移数据中心到微软中国的云端，能减少多少碳排放。我们的观察是，现在很多公司，特别是欧洲的公司，需要对总部汇报这方面相关的服务。

我们还会关注在不同客户的范围 1 和范围 2 的生产和运营环节中，有哪一些环节是可以通过科技手段来改进和优化的。包括在我们办公楼和园区里面，能够实时看到碳排放的数据，这些服务和技术来自微软的可持续发展合作伙伴，当然很多也是 China ESG Alliance 的成员。在运营以及生产环节，包括运输，都可以追踪到对应的碳排放量。这是一个全方位覆盖范围 1、2 和 3 的服务。

Q：微软是无障碍领域的技术创新与系统实践者。这与微软的产品战略有怎样的联系？有哪些可以分享的具体事例？

A：首先在我们看来，无障碍是个机会。不管从多元、平等、包容还是内部文化来看，不同企业有自己的特质，不同国家在实践中又有所不同，这是我觉得很有趣的。从产品设计角度来讲，如果你了解我们新版 Xbox 的话，它会专门为残障人士设计较大的按钮，包括为他们介绍怎么操作；在 Windows 和 Office 中，我们也提供了通过语言来替代键盘输入的服务。

另外，我们在内部发布的一些材料中都会要求能够达到以听代看的标准，比如说如果你有视觉障碍，可以通过以听代看来阅读文档。当然我们也会有不少无障碍相关的活动。

Q：微软在 2023 年获得 MSCI 评级 AAA 级。获得如此优秀的评级，最重要的原因是什么？微软中国对公司总体表现的突出贡献有哪些？

A：很重要的一个原因是微软把可持续发展作为公司血液的一部分，所以微软会从不同角度去实现可持续发展。其次，微软实践可持续发展的相关事务是从法务这个层面来进行推动的，那么大家都会比较重视。此外，我们把财务作为碳税的渠道。当然还有另外一点，就是借助科技手段，不断通过科技去优化这个领域相关的事务。

Q：如今，提到微软，人们就自然联想到 ChatGPT，微软内部是怎样讨论和想象工作的未来的？有哪些不同的声音？

A：首先我们从股价来看，从 2022 年 11 月份到现在，其实我们重新回到了历史最高点，说明市场是看好微软的。同时我们也能观察到微软确实在各个领域，包括供应链、人员配备、组织架构的调整、采购的框架方面，做得越来越好。我觉得 ChatGPT 其实很大程度上可以解放我们的双手，当然也有人会害怕被替代。所以我们现在做的事情更多是希望 ChatGPT 能够结合行业，去做更多探索。

原来有些事情可能需要花更多的钱、人力和时间才能完成。现在，我们希望通过 ChatGPT 花更少的钱，更高效地工作。例如，帮助药物研发的团队完成医学文本阅读。原来医学文本翻译需要大量的资金和大量的人力来完成。因为要提升覆盖率，每发现一个新的数据指标，可能都需要阅读大量的相关文章，现在通过 ChatGPT 可能 10 分钟都不要，它大大降低了成本。

当然，我们也在探索 ChatGPT 和可持续发展的关系。ChatGPT 有三个重要的能力，一个是内容生成和理解，第二个是代码，第三个是通过文字变成图像。未来的可持续报告也许可以通过 ChatGPT 完成，因为环境上有什么样的影响、供应链做了什么、监管做了什么等这些信息可以在过去一年的公开信息里找到，然后通过 ChatGPT，告诉它整合信息的方法，最终由 ChatGPT 来写出报告，这是有极大可能实现的。

第三节　蚂蚁集团研究院

蚂蚁集团起步于 2004 年成立的支付宝，它致力于建设数字支付开放平台，是中国最重要的互联网科技公司之一。蚂蚁集团研究院是蚂蚁集团的专业研究部门，主要从事宏观经济、行业政策、科技创新、公司战略等方面的学术研究，覆盖数字金融（支付、信贷等）、数字科技（云计算等）、商户数字化、ESG、数据与平台治理等领域。蚂蚁集团为超过 10 亿名用户和 8000 万家商家提供二维码支付等便捷支付功能，为超过 1.1 万家数字化服务商提供产品和服务接口。此外，蚂蚁集团发起的网商银行与全国超 1000 个县域政府合作，累计为超过 4 900 万小微经营者提供了数字信贷。在数字科技领域，蚂蚁提供区块链产品、安全风控产品、数据库产品等；而在全球化领域，蚂蚁推出了 Alipay＋、WorldFirst（万里汇）等产品，满足个人跨境支付和跨境中小企业全球收款等需求，力图建立全球数字普惠生态。

对于蚂蚁集团而言，全面引入 ESG 框架体系是相对新近的举措，近两年它才发布了"四位一体"的 ESG 战略框架；但在此之前，在环境保护领域它已经有了一个相对成熟、影响较大的项目，也就是 2016 年 8 月上线的"蚂蚁森林"。

用户可以通过支付宝 App 的"蚂蚁森林"小程序，记录日常生活中的低碳减排行为，比如骑共享单车、点外卖时免餐具等。支付宝 App 也会将其他 App 的数据接入，作为计算依据。然后，这些行为会根据蚂蚁森林的算法转化为相应的"绿色能量"，用来浇灌小程序内的虚拟树。在虚拟树长大之后，用户可以选择使用相应的能量值在现实中种一棵树，或者守护一定面积的保护地，由蚂蚁森林出资并联合地方政府、当地农牧民等进行种植和维护。此外，用户还可以帮好友收集即将过期的(72 小时有效)绿色能量。对于用户而言,蚂蚁森林的模式具有趣味性、社交属性,并且能够将城市里的日常行为转化为看得见的真实树木,很有吸引力。2017 年 1 月,蚂蚁森林的用户数量就超过了 2 亿人。2019 年,蚂蚁森林已经带动了 5 亿名用户参与低碳生活,并且累计在荒漠化地区种植了 1.22 亿棵树,获得了联合国最高环保荣誉——"地球卫士奖"。截至 2021 年 6 月,蚂蚁森林已经有了 6.13 亿名参与者。

在 2022 年发布的可持续发展报告中,蚂蚁集团正式提出了 19 个 ESG 的实质性议题,归属于四个主题之下。"数字普惠"主题包含"负责任的产品及服务""服务数字社会建设""助农兴农""小微企业普惠发展"4 个实质性议题;"绿色低碳"主题包含"生态保护与修复""助力产业碳中和""绿色运营""绿色低碳生活"4 个实质性议题;"科技创新"主题包括"科技伦理建设""科技助力产业发展""前沿科技探索与研发"3 个议题;"开放生态"主题包含"数据安全及隐私保护""透明度和风险管理""员工关怀与发展""促进行业发展与共赢""公司治理""多元平等与包容""公平商业环境""国际合作与共同发展"8 个议题。

作为一家同时涉足金融和科技领域、搭建互联网平台的公司,在"数字普惠"领域,蚂蚁集团取得的成就主要体现在服务大众、助力小微企业和数字普惠助农 3 个方面。首先,蚂蚁参与国家数字政务建设,利用数字化的平台推动"一网通办",为超过 5.7 亿名用户提供便捷、智能的政务服务。在服务大众这个方面,蚂蚁还做出了开发支付宝无障碍功能帮助视障人群、提供针对老年人的金融普惠和反诈教育等努力。其次,除了为小微经营者提供无抵押数字贷款,蚂蚁还提供免费数字化工具,包括进货管理、电子合同、云客服、工商财税等等,以期提升小微企业的经营能力。最后,蚂蚁充分发挥平台效应,通过支付宝"百县百品"助农项目,帮助农户在支付宝端销售,缓解滞销压力。截至 2022 年年底,该项目已累计带动 546 万人次消费助农 1 亿元。

在"绿色低碳"领域,除了蚂蚁森林项目,蚂蚁集团关注自身的绿色运营,并尝试助力行业减少碳足迹。它参与起草并发布了《小微企业绿色评价规范》,这是全国首个支持小微企业绿色发展的金融团体标准。另外,它累计为 42 家小微企业提供优惠的绿色贷款,并无偿开放了 7 件绿色计算技术相关专利。

蚂蚁集团也发挥了自己在数字化支付科技方面的优势,在"科技创新"领域构建数据协作网络、提供数据管理。比如,蚂蚁集团利用了区块链技术助力农产品的可信溯源,促进产业链协作。蚂蚁集团还成立了科技伦理委员会和科技伦理顾问委员会,并且开展了科技伦理专家公开课、工作坊等活动,对 5000 多人次员工进行培训,促进科技伦理融入员工行为。

在"开放生态"领域,蚂蚁集团设定的 2030 目标的关键词包括"安全互信、多元开放、共同发展"。对内,它成立了 ESG 可持续发展委员会,重视员工职业发展体系和女性员工发展。对外,它关注老龄、残疾群体,推出支付宝"长辈模式"和针对 65 岁以上老人的特殊客服"暖洋洋专线",并通过助老公益行动"蓝马甲",帮助老人学习智能手机操作。它还为残障群体提供"云客服"就业机会,2022 年,云客服平台残障群体占比大约 4%,并且蚂蚁集团计划未来 3 年内向残障群体定向开放 1 000 个专属岗位。2023 年,福布斯中国将蚂蚁评为"2022 中国年度最具可持续发展力雇主"。

总而言之,蚂蚁集团在 ESG 领域的实践充分结合了企业本身的优势和特点,尤其是互联网平台效应,辐射范围非常广。那么,蚂蚁集团的 ESG 框架体系是如何建立的? 未来它又准备如何在绿色发展领域更进一步,发挥更大的影响力? 请看以下对蚂蚁集团研究院执行院长李振华的专访。

? 思考题

1. 蚂蚁集团的商业模式中,有哪些重要的利益相关方? 它的 ESG 实践能够为这些利益相关方带来什么价值?
2. 蚂蚁集团如何把自身原有的优势业务和 ESG 的理念相连接? 这能带给科技型企业、互联网企业什么样的启发?
3. 蚂蚁集团构建自己的 ESG 发展战略和话语体系的过程,能够在"ESG 披露"方面带给企业什么样的启发?

■ **参考资料**

[1] 蚂蚁集团,https://www.antgroup.com/business-development

[2] 联合国环境规划署:中国蚂蚁森林项目荣获联合国地球卫士奖,2019-09-19,https://www.unep.org/zh-hans/xinwenyuziyuan/xinwengao/zhongguomayisenlinxiangmuronghuolianheguodeqiuweishijiang

[3] 王晨:蚂蚁森林何以成功? 2019-11-20,https://chinadialogue.net/zh/1/44303/

[4] 蚂蚁集团 2022 年可持续发展报告,https://www.antgroup.com/esg/reportdetail?SustainabilityReport

> ### 蚂蚁集团研究院李振华：
> ### ESG 的"E"是企业机会，不是负担

Q：蚂蚁集团的可持续实践开始得很早，从 2016 年启动的公益项目"蚂蚁森林"开始就在进行相关探索。请问目前为止，在 ESG 领域有哪些相关的研究成果？

A：目前主要成果有 2 个。第一个成果是我们全程参与了蚂蚁集团从 ESG 战略制定到披露 ESG 报告的整个过程。第二个成果是我们推出了一些 ESG 相关的项目，从"蚂蚁森林"，到如今正在推进的"绿色小微评价体系"。

就"绿色小微评价体系"来说，我们希望找到一种方法或工具来衡量小微企业的绿色经营状况，银行等金融服务机构可以用来参考，给表现好的企业发放相应的绿色小微贷款。我们希望用标准化的模式来帮助商业银行对绿色贷款进行评定。

研究院和相关部门一起把这个评价体系的标准与方法制定出来，目前这套评价标准体系已经完成发布。

Q：有些企业不仅认为 ESG 是核心竞争力，还希望通过 ESG 让企业自身在竞争力上产生效果和效应。蚂蚁集团是如何看待这个问题的？

A：我们并没有把 ESG 作为一个增强竞争力的工具。

第一，从蚂蚁集团的角度上，我想我们还处于实践 ESG 的初步阶段，需要 1～3 年的时间，才能够真正把目前的 ESG 框架里所有的指标体系融入和落地到业务当中去，让它渗透到员工的血液当中去，这是最初步，也是最重要的步骤。我想落地之后，才能去谈 ESG 会不会成为软实力，或者竞争力，为企业赋能。

第二，如果把 ESG 当作竞争性的工具，这过于功利了一些。如果在企业实施 ESG 的过程当中，只是把它当作提升企业竞争力的一种方式和手段，我觉得这违背了实践 ESG 的初衷。

第三，实践 ESG 可能会产生一些衍生路径。比如绿色低碳做得更好，也许会让用户更喜爱这家企业。在做蚂蚁森林的时候，我们就是按公益的心态在做。实际上我们每年在参与支持生态保护及修复层面的捐赠金额也很大，但最终赢得了用户的喜爱和认可，这是一种积极且正面的衍生效应。

ESG 更多的是解决长期可持续发展的问题，并不是解决短期竞争力的问题，最终要实现商业价值和社会价值的融合。

Q： 作为平台,蚂蚁集团链接很多企业和机构,这也就意味着蚂蚁集团的利益相关方覆盖范围较广。集团在制定 ESG 战略过程当中,有没有征求过利益相关者的意见?利益相关者通过哪些方法和渠道参与集团的 ESG 战略制定?

A： 我们在制定 ESG 战略的时候,请了一个咨询公司设计框架。

在这个框架里,我们对员工做了很多抽样调查和深度访谈,也对客户、合作伙伴、服务商、政府等众多利益相关方进行了调研,并收集了他们的反馈。我们把他们对 ESG 的认知和理解,以及对蚂蚁集团可持续发展方向的期待,全部糅合在一起,最终提炼出 4 大项和 19 项 ESG 目标。

在这个过程中,大大小小的会议大概开了 100 多场,我们积极去听取大家的意见,也发了好几轮的问卷去收集大家的反馈,尽量寻找到不同利益相关方关注的议题的最大交集,以及最重要的议题,整个过程大概花了 9 个月的时间。

Q： ESG 是个体系,可持续发展也是个体系,是多维度的。在蚂蚁的可持续战略当中,我们看到了 19 个实质性议题,很多跟低碳相关。但是环境议题在 ESG 框架下不只涉及低碳和气候变化,还有一个比较重要但容易被很多企业忽略的议题,就是生物多样性保护的问题。蚂蚁集团在制定可持续发展战略时是怎么考虑这个议题的?

A： 我们其实考虑到了生物多样性保护的问题。

在蚂蚁集团发布的 ESG 战略当中,可以看到绿色低碳中的第 3 项就是"生态保护与修复",而生态保护与修复的第 2 项,就是关于生物多样性的问题。在蚂蚁森林项目启动的第 2 年,即从 2017 年开始,我们就开始向公益组织和专业机构捐资,在生物多样性亟待保护的地区参与公益保护地建设。截至目前,我们已经联合国内 17 家公益合作伙伴,在全国 13 个省份参与共建了 24 个公益保护地,守护着 1 600 多种野生动植物。从 2022 年开始,蚂蚁森林又将生物多样性保护的公益探索延伸到了海洋领域,在相关主管部门的统一规划和指导下,支持公益机构执行海草床修复和红树林种植等近海湿地修复项目。

生物多样性保护确实应该成为一个实践 ESG 的重要指标。未来蚂蚁还会持续加大在这方面的投入。

Q： ESG 的存在把企业表现从股东视角(shareholders' perspective)延伸到了利益相关者视角(stakeholders' perspective)。ESG 框架是复杂且多元的,从不同的文化价值观的角度,从不同的社会背景的角度,您在 ESG 的多元化方面有什么样的思考?

A： 不同国家和不同文化背景对 ESG 的理解不一样,或者说不同的社会需要解决的问题不同,各有所侧重。

目前中国还处于一个工业化进程的社会环境,环境治理的问题对中国企业来说,其重要性比一个现代国家或者后现代国家重要得多。所以在中国,对环境治理的评价会给予更多的权重,我觉得这是合理的。对于美国公司来说,可能更关注社会责任板块和企业治理,特别是和员工、多元化相关的信息,这是由于不同国家和社会的发展阶段不同造成的差异。

另外,不同的社会文化和政治基础也会带来差异,ESG 在不同地域和不同国家要找到自己的适应性。通过本地化处理,能够真正解决问题,才是实践ESG 的初衷。

举个例子,在一个国家收入差距非常大的情况下,也许在"S"当中去强调企业责任,缩小社会收入的差距,提高员工的待遇,实现共同富裕,是特别有意义的。但如果把这样的议题放在福利很好的北欧,整个社会的收入差距并不是很大,那么也许这个议题就并不是很重要。

总的来说,ESG 涵盖了多个衡量因素,是目前更为综合、全面评价公司表现的框架体系。

Q：国外的 ESG 评级机构,他们的方法论带有他们的价值观色彩,不一定适用于中国场景,那会不会导致中国企业在中国场景下所呈现的 ESG 表现并不能充分地被国外的 ESG 评级机构所认可,反而使得它们的 ESG 评级跟同行业其他公司相比处于分数较低的位置?

A：很多 ESG 评级机构已经意识到,必须根据不同的地域和不同的行业设定不同的标准。比如 MSCI 会根据当地不同的行业,设定不同的评价指标和权重。

蚂蚁集团既有科技业务,也有金融相关业务。我们也看到不同评级机构不一定会把蚂蚁集团放在同一个行业里。我们会关注侧重两个不同行业的评级机构,并了解不同评级机构主要关注哪些议题。

Q：提到绿色金融,一个正面的角度是它可以引导整个市场和行业关注 ESG,因为每一家企业的运作都需要资金。但是从另外一个角度,我们也可以看到绿色金融的实质还是投资,它利用 ESG 创造了一个新的投资产品,这个产品甚至需要付出更多的资金成本。总体上绿色金融目前还处在激烈争论的阶段。对此您有什么看法?

A：ESG 本身是投资界的一个衡量工具,它可以帮助投资者进行筛选,鼓励那些能实现可持续发展的基金证券,进而敦促企业来实现它的可持续发展,我想这是它的原意。

确实,现在我们可以看到绿色金融这个概念非常火,很多投资机构和企业都在往这个方向去靠。ESG 会对企业的发展目标产生非常大的约束,这种约束会变成杠杆来撬动企业实现可持续发展。不管是发放绿色贷款,还是发行绿色债券,其目的是用 ESG 来撬动企业去关注可持续发展的目标,帮助企业在信贷额度,或者债券市场比较紧缺的领域获得更多额度。

在这样的情况下,那些关注可持续发展目标、关注环境效益的企业,可以获得更为充分的金融资源。在股票市场,道理也是一样的,那些关注可持续发展目标的企业,市场应该给它们一点溢价,这样它们会受到激励。所以我认为所谓的绿色金融本质上就是给企业一个杠杆,激励企业实现可持续发展。

当然,目前绿色金融的发展还是非常不充分的。国内绿色债券占整体债券的比例大概是 10%,占比还是非常小的。我觉得在当前这种情况下,不用过于苛责,只要方向是对的,那就可以在鼓励绿色金融这个过程中逐渐完善。

Q: ESG 在中国起步较晚,目前还有很多国内企业,特别是中小企业对 ESG 的认知和理解较浅。您认为目前中国的 ESG 推广程度和治理水平如何?

A: 没错,ESG 对中国来说还是个新鲜事物,市场及企业对于 ESG 本身的理念还没有完全深入人心,需要更多时间让大家认同,去看到它存在的意义。另一方面,不单是企业界,包括在政府和监管机构,近一年来对 ESG 的重视程度也是前所未有的。

当中国的企业发展到一定阶段的时候,需要处理更为复杂的关系。特别是龙头企业,一是由于这种企业的规模竞争相当大,它也有很多国际化的业务,需要与全球的可持续发展框架融为一体,才能获得更多的商业机会。二是当中国国内企业发展到一定规模之后,也不能只考虑财务目标,大家越来越认为和重视需要考虑多重目标的平衡。中国提出"双碳"目标,标志着我们的社会和商业发展进入了一个新的阶段。

Q: 在您过往的经历中,有没有因为融入了 ESG 的投资决策因子,而获得了正向财务回报的案例?

A: 其实我们没有特别算过这个账,对于蚂蚁集团来说,ESG 框架就像一面镜子,帮助我们审视自身与众多利益相关方的关系,实现社会价值和商业价值的融合。所以我们不会仅用财务回报来衡量 ESG 的实施。比如,蚂蚁集团在利用自身的平台和技术在新能源和资源重复利用的领域都有过投入，但是做投入的时候并没有考虑 ESG 的效应是否要提高公司的财务回报。

第一种是蚂蚁集团在 ESG 当中会有一些纯公益方向的投入，比如蚂蚁森林；又或者说乡村振兴板块，我们每年要拿资金、技术和平台流量来帮助乡村去发展，这个是非常单纯，绝对不看财务回报的。

第二种是可以实现很好的商业回报的投资。有一些行业和领域，如果你不按商业的思路推进，是不现实的。我举个例子，比如在新能源这个领域，初始靠补贴没有问题，但是永远靠补贴，它无法替代传统能源，总会有一天达到临界值。任何一个伟大的社会目标的实现，都需要在商业上找到可持续的方法，让商业的创新、商业的机构能够进去，驱动它，才能够把这个事情做得更好，更有效率，这是一种最大的社会公益。

此外，如何帮助更多中小微企业也响应 ESG，把 ESG 的理念融入企业日常经营当中，也是我们正在尝试的一个方向，并且这个方向一定要用商业化的方式去进行。

我们做小微企业的绿色评价体系，就是希望把小微企业的评价指标转化为模型，转化为 SaaS 产品提供给金融机构，降低金融机构进行评价、认定、合规的成本，让他们为小微企业提供绿色贷款的时候，多一份评估的参考。这套评价体系，可以帮助小微企业获得绿色信贷，发行绿债，甚至可以向海外去发一些绿债。我觉得这既能够推动绿色金融发展，又能够推动绿色相关的数据融合，是一个非常好的商业机会。如今随着中国绿色低碳目标的提出，这个框架下有很多东西都是要靠商业来推行的，未来这里边会有很多商业机会，有很大机会能让价值链上下游的所有企业从 ESG 身上获得正向财务回报。因此，企业应该视 ESG 中的"E"为机会，而不是负担。

第四节　菜　鸟　集　团

菜鸟科技集团于 2013 年由阿里巴巴牵头成立，是一家业务涵盖综合供应链解决方案、国际快递、海外本地服务等领域的跨境电商物流公司。物流网络覆盖面积广、物流速度快、数字化智能化程度高是菜鸟的主要特点和竞争优势。目前，菜鸟的智慧物流网络已经遍布全球 200 多个国家及地区，在全球有 1 100 多个仓库，380 多个分拣中心，170 000 多个驿站站点，拥有全球最大的跨境物流仓网。并且，菜鸟在全球约有 170 架次/周的航空包机和包板，拥有超过 2 700 条卡车班列运输线路，国内重点城市最快可半日达，跨境商家的包裹最快 5 日便可送达海外消费者。菜鸟的电子面单系统、自动化仓储管理、无人车等产品和服务也为商家和用户提供了差异化的软硬件解决方案,这些创新在优化效率的同时提升了客户的体验。尽管尚未上市且还未实现盈利,但菜鸟近几年的发展势头迅猛:2021—2023 财年,菜鸟的收入分别为 527 亿元、669 亿元和 778 亿元。

菜鸟非常重视 ESG 战略,并承诺将在 2030 年之前实现自身运营碳中和,并且范围 3 温室气体排放(企业价值链间接排放)较 2021 年下降 50％;菜鸟还承诺在 2050 年之前实现温室气体净零排放。菜鸟的 ESG 工作包括绿色物流、应急物流、用户体验、高质量就业和社区服务五个重点,并取得了不少成就。

具体来说,在"环境"领域,菜鸟充分发挥了自身数智化程度高、辐射范围广的优势,形成了商家绿色物流解决方案,并且开展了消费者绿色回收行动。一方面,作为物流解决方案提供商,菜鸟面向上下游合作伙伴,在订单、包装、运输、仓储等环节促进绿色发展。另一方面,菜鸟的"毛细血管"——和消费者打交道的驿站网络,也提供了有效的绿色解决方案。菜鸟在全国 13 万家菜鸟驿站设置绿色回收箱,并且通过赠送鸡蛋等方式来鼓励消费者参与到包装回收行动当中。2023 财年,菜鸟驿站回收再利用的快递包装达到了 2 406 万个。

在"社会"领域,菜鸟采取了对内、对外的举措,承担社会责任。在企业内部,菜鸟注重构建和谐的劳工关系,反对歧视行为,2023 财年公司女性员工占比达 30％。菜鸟还为员工提供健康保险、员工培训等福利,并且还提供了员工免息住房贷款"ihome 菜鸟筑巢"。在企业外部,菜鸟注重建立应急物流、公益物流系统,提供数智化解决方案。菜鸟将数智化技术和智能硬件应用到备灾、救灾场景,提升应急物流韧性,建立了农村医疗应急专仓,在短时间内将血氧仪、制氧机等物资运送到了农村基层医疗机构。同时,菜鸟还发挥了物流网络全球覆盖的优势,协同全球物流服务商,为 150 多个国家和地区免费提供了医疗物资的运输。此外,菜鸟还是联合国世界粮食计划署的全球物流合作伙伴,并与 29 家公益组织或机构达成了合作,促进公益运输透明、高效目标的实现。

菜鸟还着力构建可持续治理框架,建立了从上至下的四级 ESG 管理架构。其中,董事会可持续发展委员会负责指导公司 ESG 发展战略的制定;ESG 核心策略委员会由公司 CEO 和各事业部总经理组成,负责根据 ESG 理念,促进业务高质量发展;ESG 议题专项工作组则由 ESG 工作职能部门、主策略人、各事业部代表人组成,负责 ESG 相关工作的协调执行和落实推进;各业务及职能部门则负责按照既定的管理指标与机制执行具体的 ESG 相关工作,并定期向 ESG 议题专项工作组汇报。

　　总而言之,菜鸟作为一家覆盖范围广、数智化程度高的物流企业,充分发挥了自身的科技和管理优势,在绿色物流、应急物流等方面都取得了不错的成就,并且还在持续进步。尽管它还是一家比较年轻、处于成长期的公司,它的 ESG 实践也为它赢得了不少荣誉。2019 年,菜鸟获得了中华人民共和国生态环境部评选的"全国十佳公众参与案例";2020 年,菜鸟获得人民网评选的"人民企业社会责任奖";2022 年,菜鸟获得第一财经评选的"绿点中国年度案例";2023 年,菜鸟获评福布斯中国的"最佳 ESG 实践雇主"。那么,菜鸟是如何带动利益相关方一起来实现绿色物流的目标的? 在执行过程中又如何考虑和平衡成本相关的问题? 请看下文对菜鸟公众沟通与 ESG 副总裁牛智敬的访谈。

? 思考题

1. 菜鸟的商业模式当中,有哪些主要的利益相关者? 在菜鸟的 ESG 实践当中这些利益相关者是否受益?
2. 菜鸟的绿色减碳举措发挥了自身的哪些优势? 这对具有平台效应的企业有什么启示?

■ 参考资料

［1］菜鸟递交招股书:2023 财年收入 778 亿,增长 16%,净亏损 28 亿,最新季度国际物流增 41%,36 氪,2023 - 09 - 27,https://36kr.com/p/2449810461040775

［2］菜鸟绿色循环箱,https://market.cainiao.com/cn_market/recycle_package

［3］ESG 前线——再全球化的新叙述,2023 - 09 - 26,https://mp.weixin.qq.com/s/0kSLwY503X2i23vi4jRSBg

［4］菜鸟集团官网,https://www.cainiao.com/index.html

牛智敬:
ESG 要有价值创造,并作为长期能力建设

Q: **2023 年是菜鸟成立的第十年,如果我们把菜鸟过去发展的十年和未来发展的十年结合在一起看,菜鸟主要经历了哪几个重要的阶段? 前后有哪些重大变化?**

A: 菜鸟的发展主要可以划分为两个阶段,第一个大的阶段是从 2013 年成立到

2017年,那个阶段的菜鸟主要以数字化为牵引,同时在做物流自身能力建设的沉淀期。

前面这5年菜鸟面临最大的问题是电商快速发展,中国快递包裹增长量剧增,但数字化程度比较低,在这个阶段,菜鸟主要通过数字化来帮助提升快递的安全性和配送效率,比如包裹数字化、仓库数字化、转运中心数字化等。除了数字化,在这个阶段也布局跨境物流和国内仓配能力,弥补行业在这方面的物流能力缺口。我们建设了数字物流园区(eHub)。为了提高配送效率,这些园区大部分建设在机场旁。

2017年以后,菜鸟的发展进入了第二个阶段。除了继续加速数字化,菜鸟把更多的力量放在了物流能力的建设上。大家看到这次我们使用菜鸟自己的车和自己的快递员给全国人民送血氧仪,菜鸟进入了"产业互联网"的加速阶段。在这个阶段,菜鸟聚焦在全球化、物流产业和数智化三个方面,将数字技术和物流运营紧密结合在一起。

所以严格意义上说,菜鸟现在既有直营的物流全体系服务,也有平台物流业务,我们希望能够更多地改善配送效率。

Q: 目前中国专门为 ESG 设置对应高管职位的企业还不算多,菜鸟专门为 ESG 设置高管职位的战略意图有哪些?

A: 尽管菜鸟还不是上市公司,但从一开始我们就把 ESG 当成了未来十年的长期能力建设来规划。ESG 的议题范围其实很广,覆盖了环境、社会和公司治理三个维度,所以在 ESG 的框架下,菜鸟既要修炼在未来发展方面的建设内功,同时又要兼顾菜鸟与客户、与社会、与我们的上下游等众多利益相关方的关系。

我们希望在 ESG 的框架下建设出能够服务社会、服务客户的能力,而不是将 ESG 作为品牌的公关宣传手段。

Q: ESG 从什么时候开始变成菜鸟公司战略的重要组成部分?

A: 从 2016 年开始,我们就旗帜鲜明地提出来要做绿色物流,并且在当年我们和中华环境保护基金会,联合"四通一达"成立了中国第一个绿色物流的专项保护基金。

在那个阶段,我们也在做另外一件事,就是快递员的权益保护。比如北京有雾霾,我们就给全北京市的快递员发放了口罩;春节的时候我们包了高铁专列,送快递员们回家,那时候菜鸟自己的快递员还很少,我们的高铁专列送的都是

"四通一达"的快递员。

2020 年,由于疫情的出现,应急物流开始成为菜鸟非常重要的一个组成部分。那时候,菜鸟已经拥有了自身的物流能力,同时我们也希望能在这个特殊时期为社会做更多的事情。

所以菜鸟的 ESG 最开始是从绿色物流切入,到 2020 年才逐步完善起来,根据业务和社会的发展形成了今天的 5 大板块。

Q:阿里在 2022 年 8 月份发布了首份 ESG 报告,同时也宣布把 ESG 作为阿里未来发展的核心战略。对于菜鸟来讲,ESG 的战略和路线图是什么样的?
A:阿里的 ESG 战略叫"七瓣花"战略,共 7 个大方向的举措。阿里集团是菜鸟的控股股东,所以菜鸟的 ESG 战略和举措也是和"七瓣花"紧密关联的,同时又结合了菜鸟业务板块的自身特点,既有数字化的属性,又有物流产业的属性。基于此,我们最终确认了菜鸟 ESG 战略的 5 个大方向,即用户体验、绿色物流、应急物流、服务社区、高质量就业。

第一个板块是用户体验。我们希望能够在未来几年的时间内,通过菜鸟丰富多元的业务形态,为全球消费者提供领先的物流服务。

第二个板块是绿色物流。菜鸟希望在物流领域打造以绿色供应链和绿色回收为特色的循环经济,并成为领头羊。

第三个板块主要聚焦在应急物流方面。前段时间,阿里巴巴捐赠了 1.25 亿元的血氧仪给中国的很多农村区域,菜鸟就承担了这次捐赠的物流配送。因为菜鸟具备强大的人力支撑和成熟的配送体系,更应该在有真正需要的时候,承担更多的责任和义务。

第四个板块聚焦于服务社区,做社区好公民。菜鸟在中国以及全球有大量的物流点,不管是仓库、转运中心、菜鸟驿站还是菜鸟自营快递的配送点,这些物流点都需要和本地社区发生交互,所以如何服务好社区也是我们在做的事情。比如我们会让物流园区的员工参与周边社区的志愿者工作,在疫情期间帮助居委会或街道运送物资;另外我们会鼓励员工参与公益宣传,比如消防安全宣传、公共安全宣传等等。

最后一个板块就是菜鸟的员工体验,即高质量就业。物流是劳动密集型的服务型行业,目前整个菜鸟的生态链加起来有几十万人,如何让这些员工满意,让大家有幸福感,同时还要保证大家的权益,也是我们非常注重的 ESG 工作板块。

Q: 您提到菜鸟的 ESG 战略和阿里巴巴的 ESG 战略是紧密结合的，菜鸟的很多 ESG 指标是从上到下来进行设定的，也有一些指标是结合菜鸟自身的特色来制定的。什么情况下会从上到下来设定？什么情况下会根据菜鸟的特色来设定？您能不能给我们举两个例子？

A: 从上到下设定得比较突出的指标就是绿色减碳。大家知道阿里巴巴对范围1、2、3，包括范围3＋的排放（由阿里巴巴首创，"范围3＋"指来自公司范围1、2、3之外的、更广泛的"生态系统"的排放）都做出了承诺，菜鸟是阿里巴巴范围1、2、3和3＋排放承诺的重要组成部分。比如说在范围3的部分，我们从集团接收到具体的排放目标后，会拆解到菜鸟的每条业务线，我们对每条业务线的碳强度都做了精准的测算。范围3＋也一样，菜鸟驿站的快递包装回收就属于这个范围。当然在范围3里我们有上下游供应商，对上下游供应商的绿色管理也是一个从上到下的过程。

当然并不是集团的每一个指标我们都能接得住，因为集团的"七瓣花"战略是非常大的，还是要结合菜鸟自身的属性来制定。比如具有菜鸟自身特色的应急物流，这也是结合我们自己的能力来做的，这也正是构成了阿里巴巴"七瓣花"战略里非常具有差异性能力的重要组成部分。

Q: 菜鸟有数字化，有产业互联网，有绿色物流，看起来是有计划的、系统地在做全面推进。这一套战略带动和影响了上下游的企业和消费者。这样有影响力的一个生态系统战略，是否会对上下游的利益相关方造成非正式性质的服从压力？菜鸟内部是如何考量的？

A: 第一，菜鸟要做好自己的部分，如果我们自己的部分做不好，很难对上下游的利益相关方提任何的要求。所以我们在实践 ESG 的时候，首先问的是菜鸟自己有没有做好。

第二，我认为 ESG 强调的是价值创造。如果只是增加成本，一味要求大家投入，只是算是履行社会责任，我认为是不可持续的。一定是要有独特的价值创造，才可能带动上下游一起来参与。

举个例子，在绿色回收方面，最大的挑战其实是回收逆向的物流成本较高，甚至可能远远超越了回收的物资本身的价值，任何企业都很难承担。所以我们在考虑，有没有可能菜鸟驿站或者菜鸟裹裹提供一个更低成本的回收解决方案，来帮助客户一起完成回收。利用我们的驿站，更低成本地帮助企业回收物资，这可以说是我们运营机制上的设计。

　　第三，我们并没有强迫大家来做这些事情，更多的是菜鸟来提供解决方案，然后吸引有共同愿景的大家来做这件事。当然在未来，可能会有更多的企业有能力，在不增加大家成本的情况下，我们还是会要求上下游的利益相关方一起来做。总体而言，我们希望先团结志同道合者，然后再鼓励全社会一起参与进来，这需要商业机制的设计。

　　所以我认为现在还谈不上所谓的"服从压力"，主要还是团结大家创造价值的阶段。

Q：从目前各企业实践 ESG 的经验来看，大家都认识到必须要有投入，投入就有成本。菜鸟也在 ESG 战略上做了大量的全方位投入。请问菜鸟在执行过程中是如何考虑和平衡成本问题的？

A：想要做好 ESG 肯定是需要一些商业设计来支持的。从长期来看，我认为 ESG 初期肯定是需要比较大的投入，但是 ESG 本来就是一个长期的投资，我们更愿意关注 ESG 对菜鸟的长期价值回报。

　　另外就是我们愿意和客户实现共赢，也希望志同道合的利益相关者愿意共同分担一部分成本。

　　当然在内部，我也会强调我们不是 ESG 公司，还是要在既有商业价值，也有社会价值上做到平衡，我觉得这是一个比较理性的选择，如此才能长远建设企业 ESG。

Q：您之前提到菜鸟是把自己定义为一个全球化的产业互联网公司，在全球很多地方有自己的仓库，所以菜鸟也是全球比较少有的几个具有全球物流服务能力的公司之一。其实每个国家的 ESG 框架、披露标准、要求都是完全不一样的。至少到目前为止，我们还没有看到一个全球统一标准。在这个不统一的情况下，菜鸟是怎么样建立自己的治理结构从而确保和战略是统一的？

A：菜鸟是一家扎根中国的公司，同时我们又是全球化业务的公司，所以在制定 ESG 战略时，我们一定是兼顾了一个全球范围内能够相对通行的策略。在全球范围内，ESG 也好，社会责任也好，无非就是对社会做贡献、对居民做贡献、对投资者负责、对客户负责、让消费者满意等，这些方面是共通的。虽然可能在一些具体的披露细则上会有差异，但是大的方向上我认为差异不是特别大。

　　坦率地说虽然在中国的物流企业里我们做得相对还算比较领先了，但在全世界来说，我们还处于起步阶段。随着业务的拓展，我们也在加深对全球其他国家 ESG 规则和议题的理解。

Q： 如您所说，对于物流行业来讲，减碳是个非常困难但又极其重要的 ESG 实质性议题。其实从 ESG 的角度和可持续发展角度来看，减碳也只是其中的一个维度，尤其在环境的维度当中，除了碳之外，我们可能还看到比如说减少塑料，减少浪费以及生物多样性保护等。除了绿色物流，菜鸟在生物多样性保护维度和其他环境相关的维度上面有没有一些举措？

A： 塑料回收我们一直在做。我们致力于快递包装的绿色化，我们的驿站回收，包括我们自己的仓库，都在做大量的减塑工作。生物多样性保护板块我们现在还没有专门的布局，我们愿意寻找机会，但是现在确实还没有一个比较完整的想法。

本身物流就是一个体量巨大的工作，现阶段我们把绿色物流做好，做到能够带动更多的利益相关方参与这件事就已经很好了。中国的快递量占全世界的一半，我们如果能把全世界一半的绿色物流板块做好，我觉得已经是非常了不起的一件事了。

Q： 阿里巴巴作为菜鸟的重要股东，提出了到 2023 年实现运营碳中和的目标。菜鸟的业务性质毫无疑问属于其范围 3 的部分更多，也是阿里的减碳路径中非常重要的一个环节。菜鸟是否也有自己的减排目标？这个目标是如何制定的？具体的实施步骤和路线图是什么？

A： 集团提出的运营碳中和目标实际上是指范围 1 和范围 2，范围 3 提出的目标是碳强度到 2030 年减半。菜鸟其实是这个目标里面非常重要的一部分，我们内部有一个目标和路线图，暂时还未公布，但已经按照路线图实际执行起来了，会跟上整个阿里巴巴集团的减碳进度。

大家知道其实物流减碳是个挑战非常大的事情，我们能做的是利用我们现有的商业设计和技术创新，能做一点就多做一点，在力所能及的范围能多投入一点就多投入一点。

总结来说，菜鸟会追随阿里巴巴集团的碳减排方案，同时在物流领域多探索。我们希望利用菜鸟数字化和物流运营的两种能力结合，在绿色仓库、绿色运输、包装智能化、线上线下回收等方面进行全链路投入，也让我们的投入成为给客户的新能力供给。

第五节　麦当劳(中国)

　　麦当劳于 1955 年在美国芝加哥成立,是全球最大的快餐连锁企业。麦当劳 2022 年公布的年报显示,截至 2021 年年底,麦当劳在全球 119 个国家和地区共有 40 031 家门店,合并营业收入达到了 232 亿美元。2017 年,麦当劳与中信股份、中信资本、凯雷投资集团的战略合作顺利完成交割,麦当劳(中国)开启了本土化运营的"金拱门"时代。截至 2023 年 8 月,麦当劳在中国的门店数量大概为 5 400 家,并计划在 2028 年达成开设 10 000 家门店的目标。

　　作为一家体量巨大、融入大量消费者日常生活、客户群体中儿童占据不小比例的快餐企业,麦当劳(中国)将会面对包装环保、食品安全、社区融入等 ESG 重要议题。在环境和社会责任领域,麦当劳(中国)有亮眼的实践或特色的创举。

　　在环境领域,2021 年,麦当劳(中国)宣布以"绿色增长引擎"推动业务增长,并聚焦于绿色餐厅、绿色包装、绿色回收和绿色供应链四个方面。

　　首先,在餐厅的建造过程中,麦当劳(中国)强调按照行业高标准建设节能减排的"绿色餐厅":新餐厅将符合美国绿色建筑委员会颁发的"能源与环境设计先锋评级"(LEED)的认证标准,选址时考虑交通规划、公交优先,施工时使用绿色环保材料,并建立能源管理系统,在全环节减少对环境的影响。截至 2022 年年底,麦当劳(中国)已经有 1 800 家餐厅获得了 LEED 认证,数量为全球首位。

　　其次,作为快餐企业,麦当劳通过减少包材和塑料、使用可持续认证的纸张等方式,来推动绿色发展。麦当劳(中国)通过将汉堡的包装盒改为单层包装纸、优化裁切工艺和尺寸设计,减少所需纸量。另外,麦当劳(中国)实现了 2018 年的"绿色包装"承诺——目前使用的纸质食品包装 100% 采用经过森林管理委员会(FSC)认证的可持续原纸。

　　再次,麦当劳(中国)在绿色回收方面做出了行动。2021 年,麦当劳(中国)宣布了"重塑好物"计划,对行业内的塑料边材和开心乐园餐玩具进行回收再利用。经过粉碎、清洗、溶解等工艺,麦当劳(中国)将塑料废弃物加工为安全环保的再生塑料,并制成花盆、宝宝椅等产品。

　　最后,麦当劳还努力建设绿色供应链。2015—2021 年,麦当劳在工厂生产、仓储运输的供应链环节推动节能减排,共节约用电超过 2.67 亿千瓦·时,相当于减少碳排放约 2.6 亿吨。2023 年 3 月,麦当劳携手九家主要供应商,宣布启动"麦当劳(中国)再生农业计划",将聚焦于自然、土壤、水、牲畜及农民五个领域,推广和落地再生农业理念。这是首个由餐饮产业链推动的农业绿色发展的探索。

在社会责任领域,麦当劳(中国)主要在食品安全和青年就业两个方面进行投入。此外,麦当劳(中国)还建设了一个具有特色的公益项目——"麦当劳叔叔之家"。2017年,麦当劳(中国)增设了"食品安全质量委员会",邀请麦当劳全球和中国的食品安全专业人士、外部行业专家成为委员会成员,对食品安全进行风险评估、提出建议,并向公司董事会直接汇报。2020年,麦当劳(中国)宣布了一项名为"青年无限量"的人才培养计划,预计将在2020—2022年携手全国100所职业院校,通过"现代学徒制"的方式,培养青年人才。"麦当劳叔叔之家"项目则与中国宋庆龄基金会合作,为异地就医的贫困患儿家庭提供医院附近的免费住所和服务,当患儿在医院接受治疗时,家长可以入住,以便照顾患儿,也可以与其他病童家属互助,提供精神支持。目前,麦当劳(中国)在湖南长沙、上海、北京一共开设了三家"麦当劳叔叔之家",截至2019年年底,长沙区域已经为超过530个患儿家庭提供了累计20 000晚免费住宿。未来,这一项目还计划扩展到其他一线城市。

这些努力为麦当劳赢得了不少奖项。2018年,麦当劳(中国)在中国绿色建筑峰会上荣获"行业先锋大奖";2019年,麦当劳(中国)获得皇家特许测量师学会颁发的"年度可持续发展成就大奖",并在美国绿色建筑委员会举办的中国绿色建筑峰会上荣获全场最高奖"先锋领导力大奖"。2022年,麦当劳(中国)荣获"怡安2022中国最佳ESG雇主"奖项。

总而言之,麦当劳(中国)作为行业领先的快餐企业,在绿色增长、社会责任等方面都已经有亮眼的成就或是特色的创举。那么,麦当劳(中国)是怎样看待气候变化带来的挑战和机遇的? 在建设绿色供应链的过程中,麦当劳(中国)是如何衡量供应商的表现的? 下文对麦当劳(中国)首席财务官(CFO)黄鸿飞的采访,将能让我们了解麦当劳(中国)的更多具体做法。

❓ 思考题

1. 麦当劳(中国)的商业模式中,有哪些主要的利益相关方? 是否具备特殊性? 在其ESG实践当中这些关键利益相关方是否获益?
2. 麦当劳是一家覆盖全球的企业,这会给麦当劳(中国)的ESG实践带来什么样的挑战或机遇?

■ 参考资料

〔1〕 McDonald's Annual Report 2022, 2022-02-24, https://stocklight.com/stocks/us/accommodation-and-food-services/nyse-mcd/mcdonald-s/annual-reports/nyse-mcd-2022-10K-22671248.pdf

〔2〕 麦当劳本土化6年后:股东不会变,门店要倍增至10 000家,第一财经,2023-08-07,https://www.stcn.com/article/detail/940751.html

〔3〕 麦当劳中国荣获"怡安2022中国最佳ESG雇主"可持续发展融入文化DNA,为下一代创造更美好的未来",麦当劳官网新闻,2022-12-16,https://www.mcdonalds.com.cn/news/20221216-ESG-Award

〔4〕 麦当劳中国发布首家"零碳餐厅",餐厅体验"绿起来",麦当劳官网新闻,2022-09-20,https://www.mcdonalds.com.cn/news/20220920-LEED-Net-Zero-Restaurant-Grand-Opening/

〔5〕 麦当劳中国携手中国再生资源,绿色回收助力循环经济发展,麦当劳官网新闻,2022-08-23,https://www.mcdonalds.com.cn/news/20220823-McDCRR-Signing-Ceremony

〔6〕 聚焦进博会|推动餐饮业绿色减碳,麦当劳加速构建绿色供应链,蓝鲸财经,2022-11-07,https://www.sohu.com/a/603337803_250147

〔7〕 麦当劳中国启动再生农业计划 携手九大供应商支持中国农业绿色发展,中国证券网,2023-03-24,https://news.cnstock.com/news,bwkx-202303-5035984.htm

麦当劳(中国)CFO 黄鸿飞: 解决气候对农业的负面影响是一个长远的挑战

食品安全与合规议题,依然是食品行业最大的挑战

Q: 请您简单介绍自己和您的岗位与职责,以及您与麦当劳 ESG 或者可持续发展之间的渊源。

A: 我在公司已经工作了 27 年,见证了麦当劳在中国的不同发展阶段,也负责过不同的部门和业务。

我初入公司负责财务,后来参与业务的发展和开发工作。现在我担任集团的 CFO,除了负责财务、税务和资金投资等事务之外,我还负责供应链管理、食

195

品安全、可持续发展以及法律部门的合规和企业风险管理等工作。我的工作内容，无论是从公司治理还是供应链等方面，都涉及 ESG。

Q：好的 ESG 治理架构，是一切的开始。麦当劳作为一个国际品牌，ESG 的治理结构是什么？麦当劳（中国）在 2017 年完成了与中信股份、中信资本以及凯雷投资集团的战略合作。作为"金拱门"的中国麦当劳，在治理结构上与国际品牌的关系是什么？

A：我觉得可以这样概括，"金拱门"在中国的角色主要分为两个层面：一是作为麦当劳的特许经营合作伙伴，无论是战略层面还是具体执行层面，我们都必须与总部保持一致。

另一方面，"金拱门"作为一个独立的公司，也建立了一个比较完善的且以董事会为最终决策层的 ESG 管理体系。特别是在资源分配和战略优先顺序等方面，会先由管理层制订具体战略和执行计划，并向董事会汇报，董事会最终向股东会负责。

当然，在品牌对外的沟通上，我们的方式基本上与全球总部保持同步。当然也会有与本地市场相关的内容和沟通方式。

总而言之，"金拱门"在整体战略上与麦当劳总部是一致的。

Q：作为快餐行业的典型代表，您认为麦当劳都有哪些实质性议题需要解决？哪些议题是利益相关方最为关心的议题？

A：从行业角度来看，我个人认为中国餐饮行业主要面临的挑战，首先是食品安全问题。这方面在过去几十年的发展中已经有了一些进步，包括麦当劳在内的很多企业在食品安全相关规则的推动和实践方面，起到了引领作用。

其次是合规问题，尤其是用工合规。我们可能会经常听说一些即将上市的公司和已经上市的公司，在这方面常常存在不规范的现象，导致了成本增加；这也是行业中常见的问题之一。

再次，我们看到最新发展趋势是数据合规的议题。随着数字化的发展，大部分餐饮企业都拥有了大量的顾客数据，比如通过外卖等渠道获得的顾客信息数据。如何更好地保护顾客隐私，合理使用数据，成为了新的挑战和热门议题。

以上问题都是麦当劳关注的重中之重，我们也建立了相关的标准，希望对行业的规范发展起到推动作用。

此外,麦当劳还关注两个重要的领域,一是年轻人的职业发展,另一个是气候变化。对于年轻人的职业发展来说,麦当劳非常适合作为年轻人的第一家工作的公司,尤其对于初入社会的年轻人。

气候问题一方面涉及麦当劳在中国高速增长的餐厅如何做到节能减排,更涉及麦当劳 ESG 治理的另一个维度,即供应链。我们意识到气候对于价值链上游农业的不确定性影响越来越大,解决这些问题对我们来说也是一个长远的挑战。

Q：麦当劳在中国内地有超过 5 000 家餐厅,麦当劳是如何让这些餐厅都能够确保食品安全的？是如何建立管理体系,并且衡量其有效性的？

A：我们非常注重食品安全。我们在治理结构和日常管理方面建立了适合中国的体系。在治理结构上,我们有专门的食品安全和质量委员会,并定期向董事会汇报。在日常管理上,我们建立了全流程的监管体系,从农场到餐桌,每个环节都有详细的食品安全指标,并利用中国的数字化能力进行管理。

我们收集各个环节的信息,形成了实时透明的风险管理体系。我们认为这不仅是一份汇报文件,而且是一种持续的状态,一年 365 天每一天都要保持高度的警惕。随着餐厅越来越多,我们也设立了文化治理制度,每年全员都要进行食品安全考试,确保所有员工都有食品安全意识。这已经坚持了将近 10 年,成为了我们企业文化的一部分。

Q：您刚才提到客户隐私是一个非常重要的实质性议题,请问麦当劳如何确保客户数据的安全？

A：过去几年,数字化发展爆炸般增长,彻底改变了顾客体验。从 ESG 角度来看,数字化发展带来了积极影响,比如手机支付节约了纸张,减少了能源消耗,提高了食品安全数据的采集效率和准确性。但我们也需要关注数据安全和隐私保护,谨慎使用和收集顾客的数据。

行业已经建立了规范,政府也高度重视数据安全。麦当劳早在四五年前就成立了数据安全治理办公室,以防范风险,紧跟政府政策、技术发展和行业趋势的前瞻性洞察,加强业务能力。我们希望在这个议题上保持谨慎态度。

另外,我们也注重老年用户的服务包容性,确保他们受到平等对待。我们一直保留了柜台服务的方式,不强制顾客使用新科技。这是基于我们的价值观中的“服务”与“家庭”的核心理念,我们在思考服务和业务属性时都会考虑到这些因素。

从双重实质性议题思考 ESG

Q： 在评估麦当劳的实质性议题时,麦当劳主要的考量是从 ESG 议题可能对麦当劳产生的财务或者业务方面的影响的角度出发(single materiality approach),还是既从财务业务的角度,也从麦当劳的业务对环境业务所产生的影响角度出发(double materiality approach)？

A： 麦当劳在考虑 ESG 议题时,是从双重实质性议题的角度来思考的。事实上,麦当劳已经通过实践在许多方面成为行业的领先者,比如在采购中与可信的第三方合作,以减少人类活动对海洋、森林、雨林等自然环境的破坏。这对于麦当劳这样规模的公司来说很具挑战性。要做到覆盖全球 120 个国家和地区的 4 万多家店,包括财务、具体执行的技术和条件等,管理上面临压力,但我们积极主动去推动。

我们并不苛求完美,但我们相信,只要方向正确,就可以有阶段性的探索和突破,并通过一步一步脚踏实地的实践来实现目标。我个人也一直坚信在 ESG 方面,追求完美可能在商业和技术上都存在巨大挑战,甚至导致无疾而终。所以我们需要平衡目标的高度和落地的可行性,才能实现阶段性的成果。

Q： 我们观察到两种现象:一种是 ESG 被当作一种限制性的规范,必须耗时耗力去遵守;另外一种是许多企业把 ESG 转化为一种产品和流程创新的动力。麦当劳(中国)是怎样对待它的?

A： 麦当劳一直在积极主动地推动和引领行业发展,并将 ESG 与我们的品牌使命紧密联系在一起。我们并未将 ESG 视为一种限制性规范,而将 ESG 战略与品牌战略对齐,将其作为企业的长期竞争优势。

只有在这种情况下,我们所做的事情才能真正具有内在驱动力。从个人的角度来看,如果我们只是因为外部的规定而做某件事,那么企业会失去主动性。

作为一个麦当劳人,我们愿意去引导顾客,帮助他们理解可持续发展的意义。并且,我们也愿意超前投资和做一些事情。

Q： 对于麦当劳而言,气候变化事件会给麦当劳带来什么财务上的风险？ 气候转型又会给麦当劳带来什么机遇?

A： 我们每天都能深切地感受到气候变化对我们的决策产生了实实在在的影响。

举例来说，麦当劳的薯条是我们最重要的明星产品之一。然而，土豆的种植收成在很大程度上取决于气候的影响，无论是数量还是质量。这些极端和不可预测的气候变化给我们的供应链带来了直接的挑战。

我们所使用的土豆品种有专门的种植区。比如，不可预测的暴雨可能会导致排水设施不完善的地区被淹没，收成无望。

很多时候，公众对于气候变化带来的后果并不了解。这里甚至包括对品种的影响。一个品种原本可以有 10 年以上的寿命，现在可能只有 3～5 年，我们需要不断进行技术研发来确保品种不会退化。

从机遇的角度来看，我们可以推动农业新技术的发展，减少传统的农业方式，提高土地利用效率。我们的一些合作伙伴正在尝试垂直农场和室内养殖等方式，减少受气候的影响。当然，目前这些成本和技术都还在探索阶段。

此外，产品端的创新也非常重要。麦当劳也在探索技术，以确保减少对环境的影响。这是我们未来发展的重要部分。

启动"再生农业计划"，实现可持续供应链管理

Q：麦当劳的许多原材料是农产品。麦当劳发起了"再生农业计划"，聚焦自然、土壤、水、牲畜及农民五大领域，来实现可持续供应链的管理。可否请您介绍一下这个计划、这个计划的目的，以及麦当劳将如何衡量和披露这个计划所带来的影响？

A："再生农业计划"是我们比较大的一个活动。我们与过去合作了几十年的九大供应商联合发起了"再生农业计划"倡议，这九大供应商覆盖了我们超过 75％ 的采购总量，并涵盖了大部分的品类。我们希望通过这个倡议平台，引导我们的合作伙伴在自然、土壤、水、牲畜以及农民 5 个领域探索和分享最佳实践。

过去几十年，我们的合作伙伴有很多具体最佳实践，有些成为了麦当劳标准推广，但更多的往往只限于某个产品、行业、供应商或者某个国家。我们希望这些实践能够成为全球的良好运作规范，可以在更大范围推广。通过"再生农业计划"，我们希望以可持续发展为目标，激励供应商和农民伙伴积极参与实践，将我们过去的运作模式提升到更高水平。

农业领域的管理非常具有挑战性，尤其是气候变化和土壤退化等问题。不少农民往往只关注眼前的收成。我们希望通过机制来鼓励农民使用我们批准的品种和种植规范。不少农户后面获得了好处，并发现这样做比随意根据自己的

经验要有效得多。但这需要长期的信任建立过程。

我们也希望将过去的最佳实践推广到更大的范围,例如将土豆种植的方式推广到蔬菜和其他领域。目前,我们的倡议还只是一个框架,还没有具体的总体可衡量目标。但我们知道这个方向是正确的,我们会通过具体的实践不断摸索,相信在未来的5～10年会有一些惊喜。

Q:麦当劳在动物福利方面做出了很多承诺,包括承诺在2024年年底之前,所有的肉鸡将从改善了福利的养殖场采购,以及2025年在部分市场实现100%"无笼鸡蛋"采购等。可否介绍一下麦当劳在这方面的承诺、努力,以及进展?尤其是这一承诺在中国市场的实现程度以及挑战。

A:目前,麦当劳(中国)在采购鸡肉时遵循了全球的动物福利标准。我们在很早期实现并保持了100%的地养鸡。

其实目前整个养殖行业的地养产量是减少的,因为笼养的方式效率更高,能增加产量。但我们依然持续采用地养,因为我们相信这个方向是正确的。当然,我们也在做一些创新,例如将单层鸡舍改为双层鸡舍,既增加了空间,又不牺牲动物福利。

在国内,无论是行业内还是顾客,对动物福利的认知差异很大。顾客可能认为食品安全是必须的,但动物福利这件事,可能顾客会觉得与自己无关。这需要时间来提升认知。

我们引入的全球标准可能一开始只会被小部分人认可,但我们认为这是未来的趋势。我们的供应商也相信这一点。虽然短期内可能需要承担一些额外的成本,但我们认为这是为顾客提供额外价值的代价,并且从长远来看,投资回报肯定会更高。

Q:用人工合成的蛋白替代畜牧饲养的牛肉和鸡肉可以大幅度减少对环境资源的消耗。未来,麦当劳是否会考虑用人工合成蛋白做食品原料?

A:我觉得这是一个不断探索的过程,麦当劳也积极参与其中。不过,这个过程可能会很漫长,尤其是消费者的接受程度。最终,还是要看顾客的选择。我觉得,现在时机还不成熟,但我们会继续探索。如果这对减碳有意义,并且社会接受程度越来越高,未来会有一席之地。随着行业的发展,我相信口味等方面也会得到改进。所以我对此保持谨慎乐观的态度。

Q：麦当劳有诸多供应商,在筛选供应商时,是否会考虑供应商的 ESG 表现?都有哪些方法来确保供应商理解和遵循麦当劳所推行的与可持续相关的倡议或者标准?

A：首先,我们在选择供应商时有两类标准。一类是基础标准,对所有供应商都一视同仁,比如麦当劳全球统一的反腐标准,SWA（Supplier Workplace Accountability）标准等。另一类是针对特定品类的标准,比如养殖类、生产类和物流类。这些标准是门槛,如果供应商达不到这些标准,就没有准入机会。

执行这些标准需要一个很长的学习曲线。在麦当劳,我们没有季度性的招标和单一价格竞争。我们在食品领域通过战略关系来管理供应商,而不是公开招投标。我们非常谨慎地选择供应商,不只是看他们是否有满足标准的能力,也看他们在过去的实践中能否达到和实现这些标准。

我们通过第三方公司来定期审核供应商,对他们的整改情况进行评估。我们重视的除了最终结果,如产品质量;还有过程管理,比如用工标准、消防安全和工厂管理等都必须符合我们的标准。我们还委托第三方来进行食品安全检查。

培养一个供应商在我们的体系中需要很长时间。早期,我们从国外引进了大部分与麦当劳合作过的供应商,但是随着中国市场的规模扩大,本地供应商的能力也在提升。我们看到越来越多的本地企业认同我们的标准,并且也有自己的 ESG 战略目标。我们采取长期合作的方式来支持他们,确保他们能够履行所需要的能力,并在基础方面进行投资。

拒绝浪费,材料再循环,需要消费者的认可

Q：虽然人类使用了大量的资源去生产食物,但事实却是,全球有大约 1/3 的粮食并不是被吃掉的,而是被浪费掉的。作为一个提供食物的公司,在食物浪费这个议题上,麦当劳都有哪些考量,又是如何做的?

A：我承认在餐饮行业中确实存在着浪费的问题。我们对行业的浪费现象感到非常心痛。麦当劳从两个方面来管理浪费,首先是在原料采购和利用上,我们通过创新产品和技术,最大程度地利用每个部位,甚至包括鸡骨架骨头等。我们甚至还将土豆皮回收利用,做成肥料或者发酵,从而产生一定的价值。

在餐厅运营方面,我们有一套在行业内独一无二的厨房生产系统,它可以确保在顾客下单后,再快速制作产品,这彻底改变了快餐行业把产品提前做好再等待顾客来下单的传统,这最大限度地减少原料的浪费。在技术的支持下,我们能够准确地下单,而不是凭空估计,从而避免浪费,同时还可以快速地提供给顾客

热而新鲜的食物。

Q：麦当劳包装方面的可持续创新让人耳目一新：材料从塑料转为纸质，用料越来越精简。我们得知，麦当劳所有的纸制食品包装，都将100%使用森林管理委员会认证原纸。可否分享一下这方面的努力，以及最终希望能够实现的目标？

A：包装对我们来说非常重要。我们是快餐行业，很多东西的使用都是一次性的，此外，我们还对食品安全和快速服务有要求；所以在包装方面，我们面临着很大的挑战。

我们的目标是要确保包装可再循环（renewable/recycling）。我们做过不少尝试，虽然每个市场都处于不同的探索阶段，每个国家也有不同的阶段性方案，但目标都是希望最终能实现整个生命周期的管理，实现包装的可再循环。

差不多10年前，我们就在中国已经开始尝试了。从最初将外卖袋换成纸包装开始，疫情前我们开始尝试使用可降解塑料制品替代一部分包装。虽然在技术上可能还无法做到百分之百可再循环，比如一次性纸杯上的淋膜，但我们一直在不断探索新方案。我们开创了无吸管杯盖的包装方式，在不牺牲顾客感受的情况下，我们尝试将许多盒装简化成纸包装。

同时，我们也希望在餐厅运营中做到环境友好，所以垃圾分类管理也非常重要。我们先在一部分餐厅培养顾客垃圾分类的习惯，又将之推广到全国所有餐厅。

要强调的是，顾客的体验非常重要，毕竟客户是来消费，而不是来实践可持续发展的。所以我们需要得到他们的认可，如果没有他们的认可，我们的做法可能无法推广和落地。

我们不仅在外部与顾客进行沟通，在内部，我们也积极培养可持续发展的理念。举个小例子，在我们的新办公室里，所有员工都不再使用一次性杯子。

以人为本，服务社区

Q：麦当劳的全球ESG报告中，反复提到麦当劳的目标是为社区邻里提供美味和凝聚力（feed and foster communities）。这是一个非常以人为本的方式。可否描述麦当劳是如何服务于社区的？

A：我们的品牌目标有四个主要支柱。第一个是关注食品安全和品质，我们致力于提供安全美味又营养的食物，包括更少的油和盐等。第二个是热爱地球，我们重视环境保护，减少能源排放，最终目标是实现零碳排放。第三个是热爱社区,我们与当地社区建立紧密联系,通过各种项目和活动回馈社会,最核心的是"麦当劳叔叔之家"的项目。第四个是对服务的热情,我们是一家服务业企业,致力于培养年轻人的成长,并提供优质的服务。这几个维度都在服务社区,与他们建立连接。

Q:**我们看到麦当劳的 ESG 报告中有一个有意思的议题——提供均衡膳食,在其他的行业当中很少看到这样的议题。麦当劳甚至还提出了一个目标,到 2022 年年底,确保每个市场的菜单上 50% 或更多 Happy Meal 套餐符合麦当劳全球 Happy Meal 营养标准,即小于或等于 600 卡路里。可否介绍一下这样的议题的背景以及目前的进展情况?**

A:其实这个事情已经进行了大约四五年了。我们非常注重家庭这个核心客户群体。家庭对我们来说非常重要,尤其是儿童福祉。

我们也致力于提供更加营养均衡的食物,让父母和孩子们都能享受美味的麦当劳食品,同时保持健康。我们也提供了更多除了碳水化合物饮料以外的选择,让孩子们的营养摄入更加均衡。

我们引导顾客做出更好的食物选择,尤其是对于那些关注健康的人群。我们坚持在保持美味的基础上,让食物搭配更加科学。这是我们持续努力的方向。

Q:**您刚才已经提到,麦当劳非常关心年轻人。对首次就业的年轻人,麦当劳(中国)有没有一些关心和扶植计划?**

A:我之前提到了培养和发展年轻人是我们 ESG 的其中一个重要支柱。首先,我们与国家开放大学合作,这是一所经过教育部认证的在线大学。我们为员工提供了机会,尤其是那些没有机会上大学的员工,如果他们愿意继续学习,我们会支持他们。这个合作已经持续了五六年的时间。

其次,我们在每个地区都与各种技校和大专院校合作,提供学习和实习的机会。这种合作模式让年轻人在学习理论知识的同时也能获得实际技能培养。

另外,在我们内部也有针对年轻人的快速培养计划。通常培养一个餐厅总经理可能需要 24~36 个月,但对于被确定为高潜质的年轻人,我们会在 12~24 个月内培养他们成为餐厅总经理。这些培养计划是与我们的具体业务结合起来推行的。我们相信,只有这样才能够保证计划具有足够的规模和持续性,以便真正对年轻人这个群体起到积极的影响。

Q：请问在未来三年内，麦当劳（中国）所面临的最大挑战是什么？同时，最大的机遇又是什么呢？

A： 在过去，并没有一个广泛的、标准化的 ESG 治理框架来引导我们的工作。但我们相信，我们可以通过实际行动来为社会和公众做出贡献。逐渐地，我们形成了一个清晰的 ESG 框架，将过去的实践和未来的战略整合在一起。

我们认为，过去几年的学习经验为我们提供了战略和落地的基础。从我的角度来看，我们已经解决了一些较为容易的问题，但未来我们将面临更高难度的挑战。这需要我们更加耐心，并且需要技术突破和市场创新。然而，我认为这也是未来的机会所在。

我们的框架和战略不会改变，但我们要在执行层面上迈向另一个水平。这是个不容忽视的挑战。我们希望整个社会和行业都能关注 ESG，相信我们会从中获得好处，并学习到实践经验。这不局限于麦当劳内部，我们相信整个社会的发展都能从中获益。

第六节　太古地产

太古地产（Swire Properties）于 1972 年在香港成立，是领先的地产发展商、业主及营运商，投资项目包括香港太古广场、北京三里屯太古里、广州太古汇、成都太古里等。太古地产致力于将其投资的大型综合项目发展成为都市核心地标，构建活力社区，创造长远价值，其品牌价值观为"诚信、原创、远见、品质"。截至 2022 年 12 月 31 日，太古地产投资物业应占总楼面面积①约合 312 万平方米。2022 年，太古地产的办公楼租金收入约为 60.03 亿港元，零售物业租金约为 58.49 亿港元，住宅租金收入则约为 3.74 亿港元。未来十年内，太古地产的目标是将内地物业的总楼面面积增加一倍，并计划在一线和新兴一线城市投资 500 亿港元。

太古地产较早地开始关注可持续发展的概念并进行了相关实践。2008 年，太古地产首次发布了《可持续发展报告》，其中涉及了太古地产在减少耗电量、废物管理、员工关怀、公司治理、构建社区等方面的努力，并提及了可持续发展的组织保障——可持续发展督导委员会。2016 年，太古地产制定并发布了"2030 可持续发展愿景"，目标是在 2030 年之前成为可持续发展表现领先全球同业的发

---

① 应占总楼面面积，英文原文为 total investment properties attributable to Swire Properties。

展商,并提出了公司的五大策略支柱:社区营造、以人为本、伙伴协作、环境效益、经济效益。

社区营造是太古地产 2030 可持续发展策略的核心,其含义是致力于在创造经济效益的同时,提升居民、上班族和来访者的生活质量,实现商业和社区蓬勃发展。为此,这一策略又被分为四个主要维度:社区活力、经济民生、社区福祉和社区韧性。以北京三里屯太古里为例。在社区活力维度,太古地产在规划的过程中注重空间的可步行性,采取开放、连通的平面布局,并提供丰富的文化娱乐活动,以打破社交隔阂,让太古里/三里屯社区更具特色和吸引力。2012 年以来,三里屯太古里共举办了 419 场文娱活动,平均每季度 11 场;此外,太古地产还与北京国际音乐节长期合作,为社区提供不同风格的演出。在经济民生维度,太古里强调创造经济价值,提升地区经济活力并创造了约 3400 个就业岗位。在社区福祉维度,公司主要考虑的是社区的安全指数和社区空间、视觉、管理方面的满意度,致力于优化道路设计和公共设施的设计,如安装户外照明设备、拓宽人行道、规划安保措施、提供公共座椅等。在社区韧性维度,除了考虑社区的包容性、经济韧性,公司还考虑气候风险的管理,比如洪涝风险、暑热压力等等。

以人为本策略则注重给员工创造良好的工作环境,提供职业发展机会,并打造多元共融的团队。这一策略包含五个重点范畴:吸纳人才、人才留任、员工健康安全及福祉、多元共融、义工服务。2022 年,太古地产首次被纳入彭博性别平等指数,女性员工占比 40.2%,并且有 38.3% 的高级管理职位由女性担任。此外,太古地产的员工还为社区提供爱心义工服务,2022 年共支持了 73 项活动。

伙伴协作策略指的是太古地产与业务合作伙伴——包括供应商、租户、合资公司等——在可持续发展事项上保持紧密合作,以实现 SD2030 目标。太古通过完善供应链、采购可持续产品和服务等方式影响供货商;2022 年,太古的可持续产品及服务采购占比达到 17%,可持续采购开支共 14.77 亿元,新建的太古坊二座使用的混凝土 100% 达到建造业议会绿色产品认证的铂金级标准。同时,太古也努力在可持续发展领域和租户达成互惠互利的状态:一方面,太古为租户提供帮助,提供免费的能源审核,并发掘节能机会;另一方面,太古推出"环境绩效约章",倡导租户加入,形成约束,并深化与业主在环境管治方面的合作。

环境效益策略的重点范畴包括气候变化、能源、废物管理、水资源、生物多样性、用户健康、建筑物投资等方面。作为一家体量大、影响范围广的地产发展商和物业管理者,太古地产在减少温室气体排放、减少用电强度等方面进行了投入,并且致力于实现建筑物环保。2022 年,太古在下游出租资产的温室气体排放实现了每平方米下降40％,香港物业组合的用电强度下降15％,内地物业组合的用电强度下降9％;同时,太古地产2022年全资拥有的新发展项目100％取得了环保建筑物评级计划的最高评级,现有的全资发展项目有93％取得了最高评级。

经济效益策略的重点范畴则包括绿色金融、企业管治、风险管理、资料披露与报告、投资者关系等方面。例如,太古地产2018年1月推出了十年期的五亿美元绿色债券,利率为3.5％,筹得的资金净额将被用于全新或现有的绿色项目,涵盖绿色建筑、用水效益、能源效益等。2022年,太古地产约60％的债券及借款融资来自绿色金融,实现了它原定的2025年关键绩效指标(最少50％的债券及借款融资来自绿色金融)。

太古地产的可持续发展工作得到了业界的认可。2018年起,太古地产被恒生可持续发展企业指数评选为AAA级。ESG权威评级机构明晟(MSCI)也给予了太古地产最高评级AAA级。另外,在房地产行业,全球房地产可持续标准(Global Real Estate Sustainability Benchmark, GRESB)也充分肯定了太古地产的可持续发展能力,自2017年起授予太古五星最高级别荣誉,并评选太古为综合发展项目的全球业界领导者。

总而言之,太古地产对于可持续发展议题关注的年限长、投入多,并结合了自身企业的特点,基于ESG的议题和要求构建了自身的五大策略支柱。在每个项目规划时,太古考虑其区域专项特征,力图对社区发挥正面的影响,实现经济和社会效益的统一,并且取得了很好的成就。那么,太古地产是如何确立SD2030的具体目标,又是如何构建企业的ESG治理结构的?对太古地产内地技术统筹及可持续发展部总监许志忍的访谈或可提供一些经验和借鉴。

? 思考题

1. 太古地产的商业模式当中,有哪些主要的利益相关者?太古地产的可持续发展策略是否让主要利益相关者获益?

2. 太古地产如何将可持续发展/ESG话语和叙事与自身的企业文化、企业优势结合在一起?这能给具备一定历史的企业什么样的启示?

■ 参考资料

[1] 澎湃新闻:太古地产2022年营收138亿港元,计划十年内中国内地物业面积

增一倍,2023-03-09,https://m. thepaper. cn/newsDetail_forward_22185488

〔2〕太古地产官网,https://www. swireproperties. com/zh-cn/sustainable-development/

〔3〕太古地产 2008 年可持续发展报告,https://www. swireproperties. com/-/media/images/swireproperties/siteimages/sustainabilityreports/pdfs/sd-report-2008_sc. ashx

〔4〕三里屯太古里社区营造效益报告,https://www. swireproperties. com/e-brochure/2021/places-impact-report-taikoolisanlitun/sc. pdf

〔5〕太古地产 2030 可持续发展策略 2022 年度摘要,https://www. swireproperties. com/-/media/images/swireproperties/siteimages/sustainabilityreports/pdfs/2022/swirepropertiessd2030strategy_2022_highlights_sc. ashx

〔6〕太古地产 2022 年可持续发展报告,https://sd. swireproperties. com/2022/zh-cn/?utm_source=spl-website&utm_medium=website_house_mas_generic_sc_tssd&utm_campaign=tssd_sdreport2022&_gl=1％2ab9n16m％2a_gcl_au％2aMTYzMzUyODE4OS4xNjk2ODEyMTA5

许志忍:
如何有效建立可持续发展能力,是一个难题

Q: **2016 年,太古发布了可持续发展的愿景——到 2030 年成为可持续发展表现领先全球同行业的发展商。太古地产是如何制定这个目标的?**

A: 太古地产的可持续发展策略是企业多年经验积累逐步发展的成果。太古一直以来有 4 个核心价值——诚信、原创、远见和品质。我们的可持续发展目标(SD2030)就是从这 4 个核心价值进行转型和延伸,形成了 5 个策略支柱(5P),分别为:以人为本(People)、伙伴协作(Partners)、社区营造(Places)、经济效益(Economic Performance)和环境效益(Environment Performance)。

2015 年,太古地产就开始探讨公司的可持续发展策略。在与内外部的利益相关者进行了充分沟通,收集了多方意见后,于 2016 年制定了太古地产的可持续发展目标 SD2030——将太古地产发展成为到 2030 年可持续发展表现领先全球同行业的企业。在 SD2030 目标里还关联了 17 个联合国可持续发展目标中的 10 个目标,公司正在将这些策略逐渐融入每一个业务板块中。

Q：利益相关者的参与是企业 ESG 治理非常重要的一环，刚刚您也提到太古地产的可持续发展策略是充分和利益相关者沟通后的成果，请您介绍一下都涉及了哪些利益相关者？

A：最重要的利益相关者是员工，因为我们其中一个"P"即策略支柱是"以人为本"。太古地产特别重视员工的安全与健康，这是与管理层的 KPI 深度绑定和挂钩的。太古地产也很重视员工培训。

另外一类利益相关者就是合作伙伴（"伙伴协作"），比如太古的顾问、承包商以及其他和我们一起建设项目的相关方。我们希望这些合作伙伴的理念和发展方向和我们的可持续发展策略和目标相一致。

还有一类很重要的利益相关方，是我们的租户。太古有很多和 ESG 相关的项目和活动邀请租户共同参与。

当然，政府也是很重要的利益相关者之一，我们会和政府保持高频的沟通和汇报，如果政府有新的可持续相关的发展要求和方向，我们也会根据这些新要求进行战略的调整。

周边的社区居民也是我们关注的重点。我们会很在意我们的项目或工程会不会对周边的居民造成影响，同时，也会希望让他们参与到一些可持续相关的活动中。

Q：除了内部利益相关方，太古地产也非常重视外部利益相关方的参与。其实除了环境维度外，如何使得项目所在地周边的社区受益，或者避免项目对周边社区造成不利影响是地产公司需要解决的"S"中的一个重要议题。请问太古地产是如何让项目所在社区的居民参与到可持续相关的活动中的呢？

A：在不同项目中，我们有不同的做法。例如疫情期间，有很多外卖小哥为保障社区的物资一直在努力配送，在三里屯太古里，我们就会放一些免费的饮料供他们自取。另外，我们也向街道办的工作人员捐赠了口罩等防疫物资。今年上海疫情期间，前滩太古里是首批获政府批准为周边社区居民提供餐饮外送服务的商场之一，五月底又成为了上海城区内首个恢复线下试营业的商场。我们希望周边的居民作为我们重要的利益相关者，来太古不仅是为了消费，也能亲身参与到相关的活动中，感受和了解我们的企业文化和企业价值。

总而言之，利益相关者的参与和融入在太古地产的可持续策略中是非常重要的一个板块。

Q：　在 ESG 的框架体系下，公司与利益相关者之间的关系，以及利益相关方如何深度融入和参与公司的可持续发展战略特别重要。那么您认为太古物业和周边社区是什么样的关系？

A：　太古的每一个项目我们都将它视为一个小的社区来打造。除了太古本身的物业外，我们还会对周边社区的整体环境提升做出贡献。从我们的角度来看，一个好的物业和社区是需要相互融合，相互支持和帮助的。我们为太古物业周边的社区做出贡献，整体社区的环境提升了，对太古的物业项目而言是有利无弊的。

例如太古地产跟三里屯街道办合作，推动原三里屯"脏街"的更新改造，为其制定了整体改造方案。还跟属地一起把瑜舍酒店对面的空地开辟为一个社区花园，为周边居民和游客提供额外的绿地、艺术及儿童游乐空间和休息区。

Q：　此前您在采访中提到，ESG 治理中最难的板块是"G"——公司治理。我相信太古地产能取得优越的 ESG 表现一定离不开公司内部的治理结构。请问，太古地产如何构建企业 ESG 治理结构？

A：　太古地产有一套完整的 ESG 治理结构。集团有一个董事局负责制定初步的 ESG 战略。董事局下设置有 ESG 督导委员会（ESG Steering Committee），董事局需要定期听取 ESG 督导委员会的意见和反馈。这个 ESG 督导委员会由行政总裁直接负责，其他的委员会成员包括各部门的高级管理人员，成员覆盖公司的每一个业务部门，比如财务部门、人力资源部门的负责人和董事等，当然也包括我所在的技术统筹及可持续发展部门。ESG 督导委员会的主要职责就是要确保公司各部门的运转和管理发展方向和 SD2030 的目标是一致的。

我刚才提到，太古 ESG 战略中涵盖了 5 个支柱。我们在每一个板块都单独设立了一个工作小组，每个小组由不同的董事负责，每个小组又有大约 10～20 个组员。例如关注"以人为本"的小组就由人力资源总监担任负责人。每一个工作小组会设置相应的 KPI，并定期评估这些指标是否完成，以及完成程度。在完成了上一轮设定的 KPI 后，会另外设置新一轮的 KPI，如果上一轮的 KPI 没有完成，那么就要及时修订或改变现有的策略或工作方向去努力完成。工作小组每半年就会开一次会进行目前成果的展示、总结或更新。

非常重要的是，我们的工作小组成员还包括了公司很多的中层管理者，他们可以把相关的内容迅速有效地传达给基层的工作人员，基层的工作人员也可以就 ESG 战略提出意见并逐级向上反馈，形成完整的内部沟通机制。

总体而言这是一个从上到下，也是从下到上的全方位的治理结构。

Q：这样的治理结构效果如何？目前为止，太古在实现 SD2030 战略目标方面的整体进程如何？

A：2021 年我们对战略目标进程的整体执行情况进行了评估和审核，当时我们已经完成了 2016 年设定的 SD2030 计划 96％的目标。于是，在 2021 年，我们又增加了 40 个短期（2025 年）和中期（2030 年）的可持续发展相关目标。我们的 SD2030 目标是逐步达成的，每半年，我们就会评估和审核一次目标的执行情况。自 2016 年目标提出以来，我们较大范围的调整就发生过一次，也就是 2021 年。

我们的终极目标是到 2050 年之前实现整个运营链条的净零排放。其中，以 2019 年的排放量作为基准线，范围 1 和范围 2 的碳排量到 2025 年降低 25％，到 2030 年降低 46％；范围 3 的排放量以 2018 年为基准线，到 2030 年租户的碳排放量减少 28％。

范围 3 的减排比较难达到，但为此我们也做出了很多努力。比如在 2017 年，我们推出了"绿色厨房"项目，希望帮助租户在节能、节水、废弃物排放和厨余垃圾处理等方面做得更好。获得"绿色厨房"认证的租户/客户可以获得一个奖状，帮助他们得到市场的认可。到今年，内地已经有 50 家餐饮租户拿到了我们"绿色厨房"项目的认证，另外酒店产品里 91％的餐饮品牌也拿到了绿色厨房的认证。

总的来说，我们在 2016 年制定的 SD2030 KPI 算是超前完成了。

Q："绿色厨房"项目属于外部激励，太古有没有内部激励政策来推动 ESG 目标的实现，比如把 ESG 表现和高管薪酬或者参与人员的 KPI 挂钩？

A：我们有一个绩效评估体系，每一年需要对设定的 ESG 目标和最终完成的成果进行评估。太古地产每一年也会评估负责 ESG 项目的高管（包括行政总裁和各部门主要负责人）这一年来的贡献，是否有完成制定的 KPI，完成度如何，这些都会和他们的绩效或者薪酬挂钩。比如行政总裁，我们会着重评估"以人为本"这个板块。因为我之前也提到过员工安全是重中之重，所以员工的安全一定会和最高领导的绩效挂钩。对于每个项目的经理，可能还会评估他在这个项目上是否有完成节能减排的 KPI 等等。当然并不是每一个人只用一个支柱的维度来评估，但可能会有着重考量的板块，再通过综合评估后，与绩效挂钩。

Q：可持续发展中被动式建筑节能技术和 ESG 的价值观非常契合,太古地产作为行业里领先的地产发展商,在这个方面有什么思考或者实践可以和大家分享?

A：被动式节能主要体现在住宅和小的办公建筑这两个板块。目前太古的物业主要还是利用空调系统来进行温度调节,但新的一些项目也有考虑被动式节能。例如北京颐堤港项目,我们邀请了清华大学的团队进行节能减排方式的研究,希望通过被动式建筑来进行节能,通过模拟风向、风速为建筑朝向定位,来调节或减少空调的能耗;或者通过模拟光线,评估玻璃的透光性,采用自然采光的方式减少人工照明的使用来节能,等等。我们的目标整体而言,是使用更少的能耗,打造更舒适的环境。

Q：由于全球不同国家和区域对于室内温度的标准和要求都不一样,例如在欧洲冬天的室内温度可能会调节到 21～25 摄氏度,北京大约在 18 摄氏度。太古在全球各地都有项目,想请问您怎么看待不同的标准,尤其是绿色建筑或者说可持续建筑的相关认证(例如 LEED)在不同区域可能出现的"水土不服"的现象?

A：太古开发的每一个项目都纳入了应对全球气候变化这个因素,这和 ESG 的发展目标是一致的。基本上我们在内地 96％的物业都拿到了绿色建筑的相关认证,有的是 LEED,也有的是中国的绿色建筑标识认证。82％的物业建筑甚至获得了认证的最高等级。当然,LEED 目前还是全球都比较认可的绿色建筑认证标准,所以我们通常会争取获得 LEED 的认证,然后同时也参考物业所在区域的其他相关标准和认证。

Q：生物多样性保护成为了现在 ESG 领域越来越受到关注和重视的议题。太古地产作为房地产发展商,在业务中应该会有很多板块涉及生物多样性保护。请问太古地产如何对待这个议题?

A：我们有针对生物多样性保护的政策。在业务运营中,我们也会充分考虑生物多样性的影响,并且对此进行相关的评估,尽量去降低我们的业务对于生态系统的影响。可喜的是,目前的评估结果显示,太古地产的物业对生物多样性基本上是没有影响的。当然有很重要的一个原因就是太古的大部分物业都在城市区域范围内,所以对于自然生态环境的影响相对也就比较小。

2020 年香港太古坊重建的时候,我们和香港大学的一位教授合作完成了一项针对生物多样性的研究,研究的目的是制定太古坊项目在生物多样性保护方面的标准,评估项目重建计划对生物多样性影响的状况,并在总体规划中纳入相关生态保护措施。在整个重建计划中,太古坊总体面积的 35% 属于绿化面积,还种植了很多大型的本地树种,为鸟类和一些昆虫保留了它们生活和移动的廊道。另外我们在太古中央广场和花园的树木上附上了二维码,通过太古的房卡可以识别这些二维码,了解树木的相关信息,这是一个很好的教育和科普渠道,让更多的人了解生物多样性相关的信息。所以整个太古坊具备更鲜明的城市生物多样性特色。

Q: 由于现在国内还没有一套统一的 ESG 评级标准,评级暂时非中国的监管机构发布,且目前来看,市场上 ESG 评级结果之间的相关性并不高。在没有 ESG 评级标准的情况下,太古地产如何做到使自己在不同评级机构得出的评级结果都不错?

A: 我想比较好的方式是积极参考所有的国际标准。比如 SASB、GRESB、MSCI、香港恒生可持续发展指数、FTSE 等等。同时,我们也会一直和这些评级机构保持积极的沟通,根据他们的评分方法论和我们的得分点来了解太古今年相比去年哪些方面做得更好了,或者说可以在哪些方面进行提升。在获得这些评级机构的反馈意见后,我们也会积极改进。另外,太古地产专门有一个工作组会去研究这些 ESG 评级机构的方法论,还有一些合作伙伴和顾问也会给出非常中肯的意见。

Q: 就可持续发展这个议题,太古地产还面临着什么样的挑战呢?

A: 我觉得还是在治理的部分。如何有效地建立公司的可持续发展能力,把 ESG 因素纳入到每一个部门和项目的决策过程中,以及整体运营中,是比较难的。因为很多和 ESG 相关的举措或决策,是需要成本的,如何平衡 ESG 给公司提供的价值和公司的财务支出,这是一个比较大的挑战。另外如何构建一个高度包容、全面的可持续发展的治理结构,引导公司的每一位员工支持可持续发展策略,也是挑战。

Q: ESG 在中国的发展目前还是属于起步阶段,您如何看待 ESG 未来的发展趋势?

A: 我认为,第一,国内需要建立一套既吸取了国际先进经验,又立足于中国特色的属于我们自己的 ESG 评价体系。我相信,未来几年内会有越来越多的机构和行业推出自己的 ESG 标准,但是到最后这些标准都会趋于统一。

　　第二，ESG 的变化速度会越来越快，因为企业的发展理念也在变化，全球的市场也瞬息万变，所以 ESG 一定是一套随时在发展和优化过程中的框架体系。

　　第三，随着现在绿色金融的发展，未来 ESG 表现好的企业更能获得资金支持，比较能容易获得和可持续发展挂钩的贷款。

Q：您如何看待 ESG 表现和公司核心竞争力的关系呢？您认为是否是正向支持关系，即 ESG 表现好的公司可以提升公司的核心竞争力？

A：其实很多公司看重的是短期收益。但是我们都知道，ESG 是一个长线发展的理念和框架。有一些收益高的公司未必 ESG 表现好，而 ESG 表现好的公司未必收益高，所以 ESG 并不一定和直接收入或利润有关联。当然每一家企业都希望利润最大化，我认为 ESG 的存在是给企业设置了一道道德门槛，约束一些企业行为，让企业负担起应该负的社会责任。这些企业价值观的体现是很难用金钱来衡量的。

Q：对于那些 ESG 起步比较晚的中国公司，如果他们想提升公司 ESG 的表现，您会给予怎么样的意见？

A：首先，要在公司内部建立有效的 ESG 治理结构。其次，在制定可持续发展相关的战略和目标时，一定要有基准线可以参考，并且要制定科学的、可操作的、可实施的目标和行动步骤。避免喊口号，最后变成"假大空"。要仔细、小心地评估这些策略和目标，避免"漂绿"。另外，在做 ESG 披露时一定要参考认可度较高且全球通行的披露标准，披露的 ESG 相关数据建议由第三方机构进行审计，这样才更有公信力。

第七节　AECOM

　　AECOM 成立于 1990 年，总部位于美国得克萨斯州达拉斯市，是一家处于行业领先地位的跨国基础设施建设咨询服务事务所。它在北美、欧洲、中东、大中华区、南亚等地区均设有办公室，全球共有约 50000 名员工。AECOM 的业务范围覆盖交通、建筑、新能源、水务、环境等多个领域，为公共和私营部门的客户提供咨询、规划、设计、工程、施工管理等专业服务，近年来还推出了专门的 ESG 咨询服务，案例包括纽约海滨抵抗海平面上升和风暴冲击设施建设、加拿大风力发电站建设等。2022 财年，它的营业收入达到了 130 亿美元。

作为一家以"创造更美好的世界"为宗旨、相信基础设施能为每个人创造机会的公司,AECOM 很重视 ESG 实践,并且于 2021 年启动了"永续发展,泽被未来"(Delivering Sustainable Legacies)的 ESG 战略。这一战略有四个主要支柱:实现净零碳排放,改善社会效益,加强治理,以及贯彻可持续发展。

首先,在净零碳排放方面,AECOM 已经在 2021 年实现了自身运营的净零碳排放。AECOM 还开发了平台工具"ScopeX™",可以在参与客户项目的早期就协助收集相关的数据和反馈,在设计过程中最大限度地减少碳排放。作为以基础设施建设为主要业务的事务所,AECOM 在为客户提供服务的时候,还积极推动客户实现基础设施环境友好。

其次,在改善社会效益方面,AECOM 主要有三个焦点。其一,对内提升多元化和包容性。目前,AECOM 的女性员工总体占比为 33%,领导岗位占比为 18%;短期内,AECOM 希望能将这两个比例分别提升到 35% 和 20% 以上。其二,AECOM 看重员工的健康、安全和福祉,并且在行业内有极好的安全表现记录。它连续 12 年获得了英国皇家事故预防协会的年度金奖,它在职业安全管理体系、安全文化、风险控制等方面的表现获得肯定。其三,积极的社区参与,做好"企业公民"。通过与非营利组织进行战略合作、提供技能相关的志愿者服务、参与社区美化的项目等,AECOM 力图在社区当中发挥作用,实现创造美好世界的宗旨和愿景。

再次,在治理方面,AECOM 采取了自上而下建立 ESG 治理体系的方式,由董事会对 ESG 表现进行监督。作为一家跨国公司,在最高管理层,AECOM 的董事会由四个常务委员会组成,其中之一是安全、风险和可持续委员会。该委员会将直接对公司的 ESG 政策进行监督、审核与评估,定期接收有关公司可持续发展的信息。在地区和公司这一层级,AECOM 有全球 ESG 理事会(Global ESG Council)和区域 ESG 顾问(Regional ESG Advisors),具体业务条线上的领导者或代表会接受与 ESG 战略有关的训练,保证 ESG 相关的考量会被融入商业日常运营之中。另外,AECOM 还建立了 ESG 风险框架,并用该框架指导和培训员工,在开展客户工作的时候,辨识可能带来 ESG 风险的因素,对项目进行评估和管理;区域 ESG 顾问也会对这项工作进行支持。

最后,AECOM 强调把可持续发展和韧性贯彻到工作的方方面面。这个方面的努力尤其强调在提供 ESG 咨询和服务的过程中,帮助客户应对气候和环境挑战,提升客户的竞争优势,为客户争取投资者的信心和公众的信任。除了前述加拿大风电站、纽约海滨基础设施建设之外,AECOM 的典型客户合作案例还有在新加坡建设海水淡化厂、为澳大利亚进行气候变化海平面上升风险评估等。

2022 年，AECOM 的 ESG 工作取得了不小的进展：评级机构明晟（MSCI）将 AECOM 的评级从 A 级上调到了 AA 级，另一家评级机构 Sustainalytics 也将 AECOM 的 ESG 风险评分从 31 降到了 26。作为一家在基础设施建设领域有丰富经验和大批专业人才的跨国事务所，AECOM 的 ESG 转型发展将有助于在世界范围内更好地管理气候风险，实现可持续发展。那么，AECOM 大中华区最近在开展什么样的项目，它的 ESG 咨询业务目前市场反应和效果如何？作为一家跨国公司，AECOM 是如何在公司内部开展平等、多元的行动的？在生物多样性方面，AECOM 又做出了什么样的努力？请看下文对 AECOM 亚洲区执行总裁钟小平的访谈记录。

? 思考题

1. AECOM 的商业模式中，有哪些主要的利益相关方？
2. 请阅读钟小平先生的访谈，并思考：从 ESG 的角度讲，AECOM 及其客户面对的挑战有哪些？从中又能找到什么样的机遇？

■ 参考资料

［1］AECOM 2022 Annual Report, https://aecom. com/wp-content/uploads/documents/reports/aecom-annual-report. pdf

［2］AECOM 2022 ESG Report, https://aecom. com/wp-content/uploads/documents/reports/AECOM-2022-ESG-Report. pdf

［3］AECOM 官网，https://aecom. com/about-us/

> **AECOM 亚洲区执行总裁钟小平：**
> **建筑行业须在设计中解决全生命周期的脱碳问题**

我们正处于"全球沸腾"的时代

Q：请您介绍一下自己，以及您在 ESG 方面的经验。

A：我自 2020 年起担任 AECOM 亚洲区执行总裁、AECOM 全球执行领导团队成员。此前，我曾负责过 AECOM 的大中华区业务。我是一名土木工程师，

30 年过去了，土木工程依然是我的激情所在，我仍与客户保持着密切联系，并直接负责所管理地区的许多项目。

AECOM 将全球业务分为七大区域，在亚洲，我们有四条主要业务线，包括交通、水务、环境以及建筑与人居环境，拥有 7 000 多名员工。当 AECOM 在 2021 年推出 Delivering Sustainable Legacies 这个 ESG 战略时，我告诉亚洲地区团队，这将是我们在职业生涯和生活中能够做的最有意义的事情之一。

联合国在 2018 年时就曾表示，全球距离不可逆转的气候变化只剩下 12 年了，时间非常紧迫。但同时，我认为有些影响是可逆的，人类造成的碳排放就是其中之一。AECOM 在这方面做了大量工作，但我们并无法单独完成这项工作，我们需要所有部门和利益相关方共同携手且立即采取行动。

Q：从《蓝海战略》一书中衍生出来的"红海"和"蓝海"两个词，现在被管理者用来区分两类市场机会。"蓝海"指的是在创造突破性业务和为客户提供新价值方面未知但大量的机会，而"红海"指的是竞争激烈、一切照旧的市场。AECOM 的 ESG 战略是"永续发展，泽被未来"。应该用红海还是蓝海来形容这个战略？

A：我认为两者都有。让我从"红海"开始说明。这是关于竞争力的问题，我们必须拥有稳定的业务，而 AECOM 在世界许多地方都拥有稳定的业务。这对于获取足够的资源去投资创新，以解决当今世界面临的严峻的可持续挑战是有帮助的。我们需要创新的解决方案来应对不断变化的环境和具有挑战性的要求。

有了创新，我们就能走向"蓝海"。AECOM 在制定 ESG 战略时，有四大支柱。第一，我们将可持续发展和韧性贯穿于公司的各项工作中。第二，我们致力于为社区创造更广泛的社会价值。第三，我们要实现净零排放。最后但同样重要的是，我们要加强治理。

2021 年 4 月，我们启动了"永续发展，泽被未来"这一战略，并通过我们的努力提升到更全面、更协调的水平。战略启动后的第一年，我们重点关注框架、运营、目标、员工和气候参与等，我们也是行业内最早推出类似战略的公司之一。2022 年和 2023 年，我们的工作重点是全力将 ESG 理念和基因融入我们所做的每一件事中。

首先让我们说说我们的环境目标，在 2021 年我们就实现了运营层面的净零排放。我们的目标是到 2040 年实现基于科学目标的净零排放，其中就包括将我们的商务旅行减少 50％。我们一直在进行的创新之一是开发了属于 AECOM 自己的工具"ScopeX™"。我们希望通过这个工具，能够在重要的项目上至少减少 50％的碳排放量。当提到"蓝海",我们相信 ScopeX™ 将是我们应对气候危机做出的最大贡献之一。

在社会目标方面,我们始终强调人员安全。我们有大量的开发业务,安全一直是首要核心。在合理、可持续地开展工作的同时,我们努力实现员工零伤亡。在包容性方面,我们注重提升女性权利。我们还通过全球"美好世界蓝图计划"支持员工积极参与社区志愿者服务。

在治理方面,我们从自身做起,成立了全球 ESG 委员会。在亚洲,我们也成立了 ESG 委员会,并担任主席。我们在 2021 年和 2022 年发布了全球 ESG 报告,按照现行的国际标准披露 ESG 表现。

其实,早在制定 ESG 战略之前,我们就已经开始努力解决环境、社会和治理问题。我们也看到了市场端客户的需求趋势,如合规和绿色债券等方面。一方面,我们要紧跟市场;另一方面,ESG 现在已成为我们的竞争优势。这就简单了,我们只需要去做就可以。在我们的讨论过程中,所有的员工都为能够参与其中而兴奋不已。

在 AECOM 全球战略的方向下,我们也在亚洲实施了一系列地区性举措。我个人认为,这些 ESG 举措是我们多年来实施的最受欢迎的倡议。现在,ESG 已经越来越多地融入我们的日常运营中,每个人都把它作为工作的一部分来贯彻。

Q：**您是否遇到过客户认可但却不熟悉 ESG,或者对 ESG 感到困惑,需要您的团队花精力去解释和说服可持续转型的情况?**

A：我们有过很多经验教训,在这个过程中,我们也在持续向客户和市场学习。目前包括政府、企业在内,各方越来越多地意识到,低碳和绿色系统规划综合解决方案至关重要。事实上,脱碳在过去并不是项目要求的一部分,但现在已经发生了改变。我们看到,ESG 的需求市场正在增长,并将继续增长。公司需要满足不断加强的 ESG 方面的监管要求,这也给我们带来了更多机会。

例如,中国证监会对上市公司的环境信息披露就有要求,这有助于这些公司改善其 ESG 状况,并获得绿色融资的机会。另一个例子是美国发布的《基础设施投资与就业法案》,其中也包括降低 ESG 治理成本相关的激励措施。

但正如我所说,我们很多项目的目的是需要解决公众利益问题,我们也看到公众对 ESG 表现越来越感兴趣,这是所有利益相关方的驱动的必然结果。

我想分享一些最近的例子。我们最近作为行业专家参展了在上海举办的碳中和博览会。很多参会方都想知道，人工智能等新技术如何帮助行业脱碳？脱碳如何为投资带来更高的回报？如何将可衡量的脱碳目标融入工业规范和日常生活？AECOM正在这些方面引领行业的实践。

此外，我们还参与了香港北部都会区的开发。香港的可开发土地十分有限——由于地形和环境保护条例等限制，我们只能对25%的土地进行开发利用。我们找到了一块与深圳相连的土地，作为香港北部大都会，这将成为大湾区一个非常重要的新市镇发展项目，并带动大湾区的发展。我们将以此为契机，实施有效的去碳战略，包括设计创新的顶层政策、建设产业生态圈、实现城乡一体化发展等。

在可能产生大量碳排放的交通基础设施建设方面，我们与土木工程师学会（ICE）共同举办研讨会，讨论如何降低资产生命周期内的碳排放。数字基础设施是未来城市基础设施（如智能基础设施）的重要推动力。围绕城市能源、建筑施工和工业生产，数字基础设施也引发了大量讨论。

这给我们的启示是，建筑环境行业的每个人都必须在其设计过程中主动解决整个生命周期的脱碳问题，这一点至关重要。这需要整个价值链中的每个人共同努力，共同应对净零排放的挑战。

要强调的是，时间是关键。我们不能等待完美解决方案的出现，因为我们可能没有那么多的时间。我们需要采取分阶段式行动，不断向前迈进，尽管途中可能会发生变化。立即行动是非常重要的，各方合作是一个关键，现在就掌握主动权是另一个关键。

ESG是企业发展新机遇

Q：AECOM正式推出了ESG咨询业务，以帮助客户应对其组织和项目中的环境、社会和治理风险。这似乎是AECOM的一个新商机。目前市场反应如何？

A：我们看到了ESG领域机遇与挑战并存的趋势，我们也可以提供从风险研究到创新解决方案、设计和施工等各方面的综合性解决方案。作为位列《工程新闻记录》交通运输设计、设施设计、绿色建筑设计、环境科学与全球环境工程类世界首位的公司，我们的背景可以为我们带来独特的价值。

此外，我们在水务和项目管理领域也处于领先地位，因此，我们在整合资源方面有关键优势。可能大部分时候，大家都只知道四大会计师事务所的咨询服务，但其实我们能为客户提供更全面的综合解决方案，因为我们不单提供咨询，还能提供设计和项目交付的全流程服务。

让我来举几个例子。首先是风险研究。我们在 2021 年帮助香港机场管理局做了气候风险研究。随后,我们将研究结果应用到诸如"生态海岸线"的基于自然的解决方案(NbS)项目中,作为保护生物多样性的创新举措。

此外,2022 年我们在新加坡启动了乌汶岛海岸线项目。我们还在新加坡吉宝滨海东海水淡化厂项目中采用了最先进的淡水和海水处理技术,这也是一个可持续发展方面的创新。

另一个例子是可持续建筑,在香港的跨湾通道项目,我们将建筑碳足迹减少了 22%,并荣获 2021 年布鲁内尔大奖,以表彰我们在建筑脱碳方面的卓越表现。

Q：要实现好的 ESG 绩效,有效的数据管理是关键。ESG 相关数据覆盖范围大,包括但不限于能源使用、用水、废物产生、温室气体排放、工作场所安全与健康指标、合规指标、生物多样性等多项关键指标的数据收集、跟踪、管理和报告。AECOM 为客户提供了哪些数字化工具以满足 ESG 管理要求？

A：数字化工具的使用取决于项目的要求。例如,我们认为 ScopeX™ 能够在项目的规划、设计和施工过程中减少碳排放。它以数据为导向,通过研究以往项目来预测和解决相似项目的碳排放问题。这也是我们重点关注的领域。

我们还在内部开发了一个支持 ScopeX™ 的数字平台,用于保存和维护所有数据,并将其应用到世界各地的不同项目中。我完全同意数据是一个非常重要的资源。在香港,我们正在开展一个"数字孪生城市"(digital twin city)的项目,为发展数字香港开发三维 BIM 数据用例需求。香港特区政府希望能够发展香港的数字化,致力于开发整个香港城市的数字地面模型。

2022 年,我们还在香港建立了一个实体的数字中心,部署在规划、设计和施工过程中的数字资源,并且邀请客户等前来亲身体验相关工具和解决方案。另外,我们建立了一个研发中心来吸引全亚洲的人才参与研究和开发工作。这些创新将应用于我们的基础设施建设项目,以增强社区和环境的韧性、可持续性和宜居性。这就是我们的目标。

我们上海和香港的团队成功开发了包括"低碳简单系统""Re-Open X"等在内的碳减排工具,这些工具适用于城市设计尺度,可对大型基础设施项目进行情景规划,同时制定运营碳和隐含碳战略,支持高效交付平衡低碳和经济效益的城市规划设计方案。

另一个例子是我们呈现环境影响评估报告的方式。在香港,我们经常需要发布环境影响评估报告并向公众公开征询意见。现在,我们应用三维技术来展示环境评估报告的结果,比如香港铁路开发项目就是这么做的。

三维可视化的呈现形式有助于利益相关方了解项目细节。我们采用非常互动的方式,人们无需通过传统方法去阅读数百页厚重的报告,只要点击互动平台,就可以详细了解项目对环境的影响,以及会有哪些措施降低影响。

Q: 您认为如何让所有人就 ESG 议题达成共识?与利益相关方沟通的指导原则是什么?

A: ESG 本身就非常复杂,很难让每个人都站在同一起跑线上。我们的目标是希望与公众进行透明、公开的讨论,解释 ESG 的益处,以及面临的挑战和如何应对这些挑战。ESG 始终是关键议题之一。

我们发现,利用数字平台对于实现这个目的很有帮助。我刚才分享的环境影响评估报告的三维可视化呈现形式就是一个很好的例子。这样人们就不需要阅读 300 页的报告,他们只需点击平台,就能看到他们感兴趣的内容并提供反馈。

另一个例子是 AECOM 内部开发的名为"PlanEngage™"的专属工具。这也是一个数字工具,能够促进利益相关者的沟通和参与。该工具提供了一个虚拟平台,以协作和动态的方式在线创建、共享项目资料,并与利益相关方进行互动。

此外,我们帮助香港特区政府建立了一个数字平台,用于收集市民的反馈意见,以识别和消除城市周边的卫生死角。这是一种让众多利益相关方参与进来的创新方式。通过该平台,政府可以分享图片和视频,香港市民可以使用互动地图识别并举报卫生死角。

推进 ESG 需要提供综合性的解决方案

Q: 众所周知的是,ESG 相关的标准繁多。就在 2023 年 6 月,ISSB 发布首批国际可持续披露准则。事实上,不仅是披露,ESG 评级公司也有不同的评级方法论。在您看来,在全球范围内,我们更应该统一标准,还是维持适应不同地区的不同 ESG 标准?

A: 没错,即使是碳,不同政府部门或不同国家的目标也是不同的。我们需要面对的现实是,并非所有人都处于相同的 ESG 阶段。AECOM 的方法是通过与我们能够直接影响范围内的人合作来推进 ESG。

例如,我们的客户希望采用系统的碳管理体系,我们就不仅关注运营碳的排放,还关注整个项目的生命周期。这对一些客户来说是新事物,但我们认为 AECOM 可以分享在这方面的经验,而且我们也承诺要推动这方面的发展。

对于如此复杂的问题,我们很难有单一的方法或解决方案,需要每个人都发挥主人翁精神,提供综合性的解决方案,并通力合作。

Q：越来越多的跨国公司在多元、平等和包容方面展开行动,以应对公平性挑战。AECOM 也不例外。AECOM 是如何解决这些问题的?

A：平等、多元和包容(ED&I)是 AECOM 文化的一部分。

从本质上讲,我们本身就是一家在世界不同地区运营的跨国公司。因此,如何让员工能够协同工作非常重要。我们正在推动一项名为"国际视野·全球实践"的战略。

我们相信,平等、多元和包容文化就是我们的超级力量。亚洲是世界上最多元化的地区之一。

我们成立了平等、多元和包容指导委员会来推动这项工作,尽可能地在组织内部建立更强大的平等、多元和包容文化,从而能够向外部也推动这项工作。这是基本的第一步。我们举办了一次关注女性平权和包容的主题活动。

我们的组织中有不同的专业人员,我们需要这样的多元提供良好的解决方案。研究告诉我们,团队越多元化,能力就越强,设计也就越卓越。

我们的亚洲团队设置了自己的平等、多元和包容目标。例如,我们努力使女性在组织中的比例达到 35%。这其实很困难,因为建筑行业的女性从业人员相对较少,但我们仍希望积极推动这一目标的实现。

在领导层方面,我们努力使女性在公司领导层中的比例达到 18%。目前,在亚洲,我们的女性员工比例达到了 40%;而在中国,这个数字是 55%。

因此,在中国,我们的女性员工多于男性员工。

Q：提到包容,除了性别之外,你们是否开展了任何与残障包容有关的城市规划项目?

A：城市规划和提高城市宜居性是我个人最喜欢的话题。这不仅关乎规划,更关乎实施。我们拥有无障碍设施能力。我个人的强项是在交通方面。包容性的交通方式非常重要。今天,中国很多城市的发展都能实现"15 分钟城市圈"。这将提供一个巨大的机会,让城市变得更加人性化,同时也更加环保。

交通是城市的骨架,必须始终作为新城镇战略的首要要素之一。AECOM还开发了自己的城市规划和城市发展工具。无障碍交通始终是重要的评估标准之一,并已融入我们的城市规划中。我们与香港特区政府合作开发了许多新城镇,我们希望为城市引入更可持续的宜居环境。

Q：除了气候变化,生物多样性保护在维持生态系统方面也发挥着极其重要的作用。在某些情况下,通过精心设计的自然基础解决方案,可以在为基础设施提高效率的同时,对自然产生积极的影响。我们知道 AECOM 在苏格兰有一个自然资本实验室。AECOM 是如何利用设计和规划的力量来解决生物多样性保护问题的?

A：AECOM 在苏格兰建立了自然资本实验室,占地 400 公顷,这也是全球首个此类的实验室。该实验室于 2019 年启动,为期 5 年,它将向我们生动地展示如何使用自然资本。在这里,我们也能够测试一些新技术。

我们正在采取的风力和水力发电其实也会产生负面影响。因此,我们需要新技术来衡量和减轻这些对环境的影响。在该项目中,我们与包括土地所有者、当地社区、保护区、NGO 等在内的利益相关方积极合作,征求他们的意见。比如,我们正在与"生命景观项目"(Lifescape Project,自然保护相关公益组织)合作,以助力项目地的生态修复。

我们应用了一些尖端技术,如无人机、人工智能、虚拟现实和太空卫星,不仅是技术创新,我们还采用了更广泛的资本方法,包括自然资本、社会资本、人力资本、知识资本、制造资本和金融资本。这使我们能够超越环境变化,拥抱社会成果,积极解决社会和经济问题。在创造就业机会方面,我们在技能发展、志愿服务、健康和福利等方面也提供了帮助。

深圳的大沙河生态走廊项目,就是 AECOM 基于自然解决方案的范例。大沙河是深圳的母亲河。AECOM 在这个项目上,不仅是改善水质,我们更全面地解决了问题。

我们尽量利用自然环境,同时改善环境,对整个区域进行规划,提升南山区的整体形象。这个项目完成后得到了社区的一致好评。正如我所说,利益相关方的参与非常重要。该项目是深圳市政府在全国同类项目中的一个示范。

在大沙河项目完成后,我们还采用类似的方法在北京完成了亮马河的改造,增加人们可使用的面积，提高土地开发潜力，创造就业机会和经济价值，以及项目的社会价值。

提升韧性，成为城市应对气候危机的首要问题

Q：AECOM 是如何帮助提升城市韧性的？客户又是如何接受韧性城市的价值主张的？

A：正如我在一开始提到的，在 ESG 成为全球热门话题之前，我们就已经参与了很多与 ESG 相关的工作。我们非常荣幸地参与了"全球韧性百城"项目，该项目支持全球 100 个城市应对全球化、城市化和气候变化等问题。

其中一个城市就是四川德阳。我们对德阳面临的挑战和机遇进行了初步研究，并确定了需要改进和治理的关键领域，其中水和土壤污染是德阳面临最主要的环境问题。

我们向运营和管理部门提交了一份系统的建议和行动清单，该韧性城市计划即将得到推广。这样的方法可以在其他"全球 100 个韧性城市"中运用。

我想说 AECOM 相当具有开创性，因为这个项目其实早在 2016 年就完成了。现在，我们看到，越来越多的政府将提升韧性作为城市需要解决的最重要且优先的问题之一。

Q：房地产本质上对环境的影响并不小，它造成了全球约 40％ 的碳排放。您如何看待房地产行业的 ESG 治理？

A：我们相信，包括中国在内的全球城市化进程还将继续，我们需要更多的基础设施，建筑将会支撑这一进程。所以关键的问题在于我们如何在运营和建设中做到更加智能和环保。

在 AECOM，每条业务线都有自己的 ESG 工具。我们的建筑和人居环境全球业务线成立了一个名为全球智能实验室（iLab）的研发团队，这是一个虚拟实验室，旨在开发改变设计流程的新潜力。其中一个重点就是以数据为基础进行设计，以更高效地实现净零目标。

此外，我们还开发了运营和管理手册，用以推动高性能、净零排放建筑和人居环境的交付。当然，这只是我们开发的其中一部分工具。通过使用这些工具，我们可以优化选址，选择低碳材料，通过更好的机电工程和电气化来减少碳足迹。我们在建筑设计中使用了更多的电气化和智能控制，这对运营中的节能非常重要。另外，碳封存和捕捉技术也非常重要。

我们确信,在未来全球和中国的重要城市发展项目中,我们将把大量的
ESG 理念纳入建筑行业。

第八节 锦江酒店

上海锦江国际酒店股份有限公司(以下简称"锦江")隶属于上海市国资委控
股的锦江国际集团,是中国规模最大的综合性酒店旅游企业集团之一。它的历
史较为悠久,可以追溯到 1935—1936 年董竹君女士在上海开设的"锦江川菜馆"
和"锦江茶室"。1951 年,锦江饭店正式挂牌。1993 年,锦江国际酒店股份有限
公司成立,并于 1994 年在上海证券交易所上市。经过 20 余年的发展,锦江酒店
确立了"深耕国内、全球布局、跨国经营"的发展战略,并于 2015—2016 年收购了
法国卢浮酒店集团、维也纳酒店集团、战略投资铂涛集团。

锦江酒店自 2016 年起,每年发布企业社会责任报告,总结企业在创新管理、
环境责任等方面的进展和成果。2022 年,锦江酒店发布了首份 ESG 报告,将
ESG 理念融入了公司战略。并且,在 2022 年 3 月,由旅游业商业领袖组成的一
个重要的组织——世界旅行与旅游理事会(WTTC)联合锦江酒店及其余 10 家
酒店公司,推出了酒店业可持续发展基准(Hotel Sustainability Basis,HSB),涵
盖了 12 项对酒店可持续发展至关重要的行动,分属于"管理与效率""地球""人
文"三个领域。截至 2022 年年末,锦江已有 460 家酒店进行了 HSB 基础认证,
表现出了锦江积极进行可持续发展转型的决心。

具体而言,在"E"方面,锦江通过自身绿色运营、加强绿色供应链管理等方
式节能减排,促进可持续发展。一方面,锦江着力构建自身的环境管理体系,短
期目标是在 2023 年年底让旗下的 3 900 余家酒店通过 HSB 认证。另一方面,锦
江着力构建绿色供应链:在选择供应商的过程中,锦江将 ESG 纳入了考虑因素,
并联合现有品类供应商开发低碳产品。同时,锦江还周期性地对供应商进行培
训,普及碳排放管理要求,引导供应商提高碳排放管理的水平。

在"S"方面,锦江强调对员工、客户和社区的社会责任。首先,面对员工,锦
江除了合规雇佣、提供健康关怀和福利、完善职业发展通道等做法之外,还建立
了学习平台"智慧沉淀·案例开发工作坊",汇集一线优秀案例,以期解决各类人
才培养项目的学习资源需求。2022 年下半年,锦江制作了一线主管与经理层级
118 个岗位工作清单视频课程,每门课程的平均学习人数达到了 2 600 人。其
次,作为酒店,锦江对客户除了提升服务质量、满足客户要求的责任之外,还承担

着重要的安全责任。为此,锦江着力建设自身的全面安全管理体系,2022 年在安全方面共投入了 11 854 万元人民币,安全应急演练次数达到 17 988 次。最后,作为一家体量巨大的企业,锦江酒店在公益行动、回馈社会等方面也积极承担责任。锦江开发了品牌公益项目,携手了全国最大的公益流量平台——腾讯公益,打造"小红花低碳房"项目。用户如果选择"不主动提供一次性用品(单房晚)"或"不主动更换床上布草(连住房晚)",即可获得公益小红花,捐赠到公益项目中。通过富有创意的公益活动,锦江力图在社区中承担责任,并发挥更大的影响力,促进低碳事业发展。

在"G"方面,锦江注重打造高效的治理体系。2022 年,锦江成立了专门的 ESG 工作小组,主要负责研究分析 ESG 政策、制定相关管理制度、监督执行 ESG 相关要求、统筹上市公司的 ESG 相关工作,为 ESG 理念的落实提供组织保障。除了反腐管理、商业道德方面的培训和宣传,锦江还制订了"1+3+4+N"的数字化转型规划,提升自身的数字化水平。截至 2022 年年底,锦江已经完成了基础架构云化、客户触点精细化的目标,正在推动业务在线化、运营数字化、决策智能化的目标的实现。

那么,锦江酒店的 ESG 战略中有哪些关键的实质性议题? 现在和未来,有什么样的具体计划来在集团内部和产业价值链上推动 ESG 的实践? 锦江国际酒店股份有限公司董事长张晓强在下文中分享了他的观点。

? 思考题

1. 锦江的商业模式当中有哪些关键的利益相关方? 在锦江的 ESG 实践中他们是否获益?
2. 对于酒店业而言,有哪些 ESG 相关的实质性议题?

■ 参考资料

[1] 锦江集团简介,https://www.jinjiang.com/about/introduction/#

[2] 锦江酒店官网简介,https://www.jinjianghotels.com/aboutus.html

[3] 上海锦江国际酒店股份有限公司 2022 年年度报告摘要,上海证券交易所, http://www.sse.com.cn/disclosure/listedinfo/announcement/c/new/2023-04-12/600754_20230412_IP1S.pdf

[4] 锦江酒店 2022 年度环境、社会与公司治理(ESG)报告,上海锦江国际酒店股份有限公司,http://www.jinjianghotels.sh.cn/htmls/shehuizeren/list-

1. html

[5] 酒店业可持续发展基准, World Travel & Tourism Council, https://wttc.org/Portals/0/Documents/WTTC_Hotel%20Sustainability%20Basics_Toolkit_zhCN_20220331[50].pdf?ver=2022-08-16-131247-263

[6] 锦江酒店 2016 年度社会责任报告, 上海锦江国际酒店股份有限公司, http://www.jinjianghotels.sh.cn/htmls/shehuizeren/list-1.html

张晓强：
锦江 ESG 体系正进入成长快车道

Q： 请董事长做个自我介绍。

A： 作为"酒店人", 我在酒店行业深耕了 30 年, 酒店的每一个部门我都待过。我认为我的角色标签是随着时代、消费群体、需求等不同因素的变化而变化的, 这是我对自己的认知。

Q： 目前对于 ESG 的理解大致可以分为两类, 一种是把 ESG 当作政策要求, 另外一种观点则认为 ESG 可以帮助我们重新去看待市场经济和文明的关系。您的看法如何？

A： 我认为这两个观点都是合理且可以接受的。随着文明和技术的不断进步, 人们对生活的标准和期望值也越来越高时, "可持续发展"自然而然地成为了一个价值追求。同时, 任何行业的发展过程中都会出现一些新的政策要求, 包括行业标准、运营水平和公司治理等方面。ESG 同时反映了这两个方面的变化, 并浓缩体现了这些变化, 是一个非常好的结合。

Q： 锦江酒店作为一家大型上市企业, 自然承担着社会责任。从您的角度来看, 锦江在可持续发展和 ESG 方面最大的成就是什么？

A： 锦江发展至今已经有 80 多年的历史。从最开始的一间茶室, 变成一个餐厅, 到今天成为一家跨国经营集团, 我们在这个过程中形成了自己的管理流程和标准, 最终实现核心业务上市。在这 80 多年的历程中, 锦江在不同的时期肩负着对应时代发展的责任使命, 也是通过阶段性的跨越发展, 才成就了今天的锦江。可以说这是一个生动且丰富的发展过程。

当锦江面向市场开放后, 顺应人们对于美好生活的向往, 锦江的酒店力求成为出行中的"家外之家"。值得一提的是,锦江是国内第一家提出运营标准的酒店。彼时,我们的社会责任就是成为服务质量的典范。

后来,我们与很多国际酒店管理公司达成合作,如万豪、希尔顿、洲际、雅高等。系统提升管理水平,是那个阶段的战略追求之一。通过外资酒店管理合作项目,我们不仅提高了管理效率,还意识到关注员工职业成长和培养品牌的价值的重要性。

虽然当时还没有明确的 ESG 概念,但通过与国际管理公司的交流,我们学到了如何有效利用能源和各项资源,如何关注人文和公平。可以说,在 ESG 还没有成为管理流行词之前,我们已经开始点点滴滴地实践。

最近几年,通过国际化战略的股权投资,我们深入了解到海外酒店是如何系统化管理,推动可持续和社会责任的。对于我们这些本土的从业人员,以及对于锦江来说,这是一次重大的变化。我们开始在主营业务中纳入可持续理念。

通过上市公司的平台,让公众对锦江的美好服务有了新的期望。这些借鉴和自我实践也加强了我们内部的监管体系,有助于帮助我们变得更加透明、开放和包容。

总之,ESG 尚未概念化之前,我们就开始摸索实践。现在,有了清晰的概念,锦江的 ESG 体系也进入成长的快车道。

Q：联合国提出的 17 个可持续发展目标十分广泛,覆盖了从绿色建筑、教育到员工关怀等多个领域。如果我们想要找到一个涉及这 17 个目标最多的行业,那么很可能就是酒店行业。因此,酒店行业最适合全面系统地规划和制定 ESG 战略。目前,锦江是如何做的?

A：锦江的 ESG 战略是从前几年开始考虑的,作为上市公司,我们有义务和责任对外发布企业社会责任报告。三年前,我们开始系统地讨论和理解 ESG 与锦江的关系,以及在未来是否要将其纳入锦江的战略规划中。

锦江 ESG 战略符合监管机构合规要求、利益相关方的期望、资本市场关注且具有自身特色。

在 2022 年的投资者会议上,我结合疫情对酒店业的冲击和影响,对与会的投资者、分析员和基金经理们表示:第一,我们要"求生",我认为可持续发展在导航图中非常重要,我们需要重新定义方向,当然,也要平衡好收益,这就是我所说的"求生"。

第二,是要"互生"。互生不仅是口号,更需要依靠资源、能力、文化以及如何匹配和建设。在数字硬件系统方面,我们在同行中并不落后,甚至在某些方面不输于国际一流酒店集团。但在数据治理和数据收集和利用方面,我们仍存在差距,需要向更有经验的同行们取经。这便是"互生"。

第三,是"放生"。这需要对社会、自然和员工有更多的敬畏和关怀之心,以及对投资者负责,承担更多的社会责任。在过去,团队的选择可能更注重效率和效益,但随着锦江的发展,我们不仅要评价个人的绩效能力,还要选择志同道合的盟友。

正因如此,我们开始制定锦江的 ESG 战略,其中锦江酒店毫无疑问是先行者。我们战略部的同事搜集了很多信息,包括与万豪、希尔顿、洲际、雅高等品牌的比较,以及客户对锦江的了解。

我们需要找到差距所在,明确指标、坐标和目标,制订具体行动计划,与上市公司团队和创新中心团队合作,制定 ESG 方面的详细施工图。我们会对外发布具体的承诺和行动,同时遵守国有企业和国资国企改革的要求,将可持续发展作为重点工作。

作为多元化产业集团,我们也会认真分析与研判不同的标准和成熟的做法,并结合自身实际情况,最终构建和完善符合锦江自身特色的 ESG 战略。

Q:ESG 的披露涉及不同的实质性议题,比如碳排放、生物多样性影响以及多元、平等、包容等。锦江酒店战略中有哪些特别重要的 ESG 实质性议题?

A:我们完全认同 ESG 理念,并且作为倡导者,我们与其他头部酒店集团和合作伙伴联合发起了 HSB,2022 年还签署了世界旅行与旅游理事会的承诺。

虽然我们只有管理与效率、环境和人文 3 大类 12 项可持续发展标准与行动,其中 8 项是入门第一年强制性的,而其他标准则需在 3 年内达到,但至少这是我们迈出的第一步。HSB 为所有利益相关者提供了一个起点,可确保酒店集团、品牌和运营商以及管理多家酒店业主,无论规模大小,都能在未来 3 年内实施基本的可持续发展措施。

我们的方向非常清晰,将在加盟业主大会上向他们倡导可持续的理念,并解释为什么需要这样做,这种理念的转变非常重要。对于某些难度较大的问题,如水、垃圾和塑料处理等,我们可以采取小步快进的方式,但不会停止前进。

锦江所涉及的实质性议题较为广泛,从碳排放、资源使用到职工健康与安全、数据安全与隐私保护等,再到董事会独立性与多样性以及各项风控(如反腐败、反贿赂等),几乎贯穿于企业的各项事务之中。

近两年,我们不仅关注食品安全、数字化服务模块等议题,还提高了"加盟商和消费者隐私保护"的重要性。在欧洲,我们的丽笙酒店和卢浮酒店在可持续方面目标非常清晰,丽笙确立了 2050 年实现净零排放的目标,卢浮启动 2030 年节能计划,目标 2030 年降低能耗 40%,2050 年降低 60%。

2023 年我们将重点推动 ESG 进入上海的酒店,以此作为中国标杆。在锦江的运营中,我们优先树立品牌。除此之外,我们希望在整个行业中,通过标准的完善和同行的合作,推进锦江和整个行业的发展。

数字化推进是我们的重要工具,包括能耗和楼宇的智能化管理,我们将技术和任务相结合,实现定量化的目标。

在社会人文关怀方面,我们一直秉承“人和锦江,礼传天下”的理念,这是我们多年来一直追求的目标。在 ESG 背景下,我们将这句话重新诠释和解读,努力让员工、消费者、投资者和整个社会都对我们感到满意。

Q：ESG 已存在近 20 年,但对于大部分企业来说,它仍然是一个新兴领域。从 ESG 实践的角度来看,一些企业采取了快速模仿的策略,另外一些企业则认为 ESG 为他们提供了重新思考战略的机会,让他们重新审视自己的存在意义。锦江采取了什么方法呢?

A：我们必须认识到,理想和现实是不同的概念。理想是让我们觉得现在的艰难险阻是有意义的,而现实则是要我们不断改变和改善。

锦江要成为积极构建 ESG 体系、推动酒店行业可持续发展的倡导者,实现 ESG 理念与企业运营相融合、推动可持续长期发展的践行者,践行 ESG 理念、推动行业企业共同实现可持续发展的影响者。

我们在这次的临港酒店改造当中有两个品牌,会按照 ESG 框架要求的标准去做,包括如何节约水和能耗,如何控制排放,员工关怀和打造优越的工作环境,等等。我们希望能够打造一个新的酒店 ESG 标准范本。

完全拷贝是不可行的,但借鉴别人的成功经验,一定可以事半功倍。

Q：锦江作为全球排名第二的酒店集团,这么大的规模肯定需要有自上而下的顶层设计,才能将 ESG 的理念传导给管理层,直至基层员工。目前锦江是否有具体的计划来实施宣导工作?

A：从人才开始。我们非常注重培养人才,我在酒店提炼出了一个叫作“启航、远航、领航”的培养计划。通过这个计划,我们可以筛选和识别哪些人属于领导岗位、哪些人属于发展岗位,按照不同的阶段进行培训。同时,我们也会将可持续发展和 ESG 理念方面的内容融入这些培训课程当中。

在锦江这个体系中,员工会觉得自己伴随着锦江一起成长,有一个平台记录自己的学习历程。我们的系统在三年前开始启动,现在正在整个集团范围内推广。每年我们会招收一批大学生和管培生加入我们的团队,这些人对可持续发展和 ESG 的理念非常了解,他们具有非常大的潜力。

另外,我们每年都会举办一个创意大赛,如果我们的这方面能够成为一个亮点,就可以吸引更多有才华的年轻人。加入锦江的每个人都可以自己组队,提出一个创意,获得投票最多的创意可以直接获得一笔投资款。现在加入锦江酒店的年轻人们都很愿意参加这个比赛。在过去三年的比赛中,几乎所有的参赛项目都包含了 ESG 理念,特别是在品牌、产品和商业模式方面。

Q:ESG 其实是非常广泛的一个概念,除了企业自身之外,还有产业的生态合作伙伴。酒店的产业价值链条也非常庞大。我们应该如何让锦江的 ESG 战略和可持续发展目标,生动有效地传达给产业价值链的合作伙伴呢?

A:中国有一句话叫作"物以类聚",这意味着锦江作为一家公司,会自然而然地有与之配套的供应商公司。我认为,只有当锦江越来越明确自己的价值观并在选择供应商时考虑到行业经验、互补性和是否能够提供好的解决方案,而不仅因为价格来选择供应商时,我们才能实现更好的发展。

我们拥有足够数量的酒店,因此建立了一个全球采购平台——GPP(Global Purchasing Platform)。GPP 平台通过整合甄选 1 500 多家供应商,提供全年、全天候的、专业的供应链平台服务,为酒店从筹建到运营的全生命周期提供智能化、数字化、平台化的全过程服务。

我们将行业内的原材料提供商和服务供应商都放在这个全球采购平台上,强化管理和评估,长期聚焦打造有责任供应链,促进锦江产业链生态圈可持续发展。我觉得中国在这方面的进步非常快,信息传递也很快,新生代公司和一些国际化公司都在考虑如何将 ESG 纳入考虑范围。

酒店需求量最大的可能是各种消耗品,例如纸巾、洗漱用品等。供应这些消耗品的企业通常很自豪地表示他们的产品是环保的、绿色的。他们还会为酒店提供整体装配一体化的方案,使得供应材料的周期缩短,同时还能降低噪声、灰尘等负面影响。

近几年来,在这方面的改进和进步非常明显。在我们的加盟业主大会和锦江酒店展上,我会让团队选择做得好的供应商来进行展示,包括我们如何按照 ESG 的标准来进行落地。

Q：很多人认为 ESG 和可持续发展是一样的，但实际上它们是不同的。可持续发展是我们的目标，而 ESG 是实现这个目标的工具。它帮助企业做得更好，让企业的转型变得系统化。然而，一些西方批评家认为，ESG 是一种"漂绿"工具，因为一旦公司有了 ESG，就仿佛在准备美化自己。"漂绿"这个词最初起源于酒店行业。您对"漂绿"有什么看法？

A：对于"漂绿"这个词，我们不应该过于美化或妖魔化它。美化可以适当，但是不能夸大其效果，而且我们必须要讲清楚利弊和是非。"green"是一个好词，"washing"也是一个好词，但是结合在一起就成为了一个不好的词，这是因为目的、手段和程度不同导致的结果不同。

　　这涉及我们的价值观，在公司运营过程中，我们要坚决反对"过度包装"，不能抄近路。无论是上市公司还是国有企业，我们都需要经得起时间的考验，不能为了短期利益而忽略长远规划。

Q：上海的文化是锦江集团的重要资源。如何利用这些资源，在推动上海发展的同时，也推动锦江集团在全球的发展？

A：我们是一家源自上海的企业，有着悠久的历史和故事。锦江创始人董竹君女士把上海人的精致、精细、做生意的能力发挥得淋漓尽致，也展现了其个人的魅力。但是作为一家总部位于上海的企业，这座大都市的开放包容和现代化如何在锦江体现出来呢？首先，我们要真诚地对待每一位客人，把他们当成自己的亲人和家人，为他们提供用心的服务和产品设计。锦江的酒店、旅游产品、餐饮、出租车等各方面都应该体现出我们对品质的追求。锦江本身也是满足人们对美好生活向往的一个居所，我们希望无论是在上海、全国还是世界各地，人们住进锦江都能感受到家的温暖和家的氛围。我们要传承上海这些好的基因，一代又一代的锦江人需要不断进步和创新，才能接近我们的理想。

第九节　万华化学

　　万华化学集团股份有限公司成立于 1998 年，于 2001 年在上海证券交易所上市。经过 20 余年的发展，万华化学现在成为了一家全球化运营的化工新材料公司，在烟台、宁波、北京、北美和欧洲设有五大研发中心，在国内多个省区市及匈牙利共设有 9 大生产基地和工厂，并在美国、日本、欧洲等 10 余个国家和地区设立了子公司及办事处。万华化学的业务范围主要涵盖聚氨酯、石化、精细化学品和新兴材料 4 大产业,服务的行业范围包括生活家居、汽车交通、建筑工业、个人护理、绿色能源等。它是一家市值近 3 000 亿元的综合性化工巨头。截至 2021 年年底,万华化学拥有 260 万吨 MDI(二苯基甲烷二异氰酸酯)产能,是全球最大的 MDI 生产商,占全球市场份额接近 30%;2022 年,万华化学实现营业收入 1 655.65 亿元。

在环保相关议题上,化工企业常常因为高排放、多污染而遭受诟病。万华化学充分了解这一点,并且在承担社会责任方面投入了长久的努力。2005 年左右,万华化学率先引进美国杜邦安全管理理念,汲取通用电气、英国 BP 等大型国际公司的先进方法,构建了自身的 HSE(健康、安全和环保)管理体系,并从严提出了"零伤害、零事故、零排放"的目标。万华化学从 2008 年开始发布"责任关怀报告";2009 年的报告提到,2006—2009 年烟台万华已斥资 3 亿多元对工厂装置进行技术改造,从设备、工艺、技术、管理等方面节能减排,取得了显著成绩。例如,万华开发了废盐水深度处理、回收再利用技术,每年产生效益 600 多万元,并且实现了污水零排放。2016 年,万华化学成立了节能低碳委员会,对相关工作进行统筹管理。目前,在"三零"之外,万华化学又致力于打造"三不见"工厂(即"看不见跑冒滴漏、听不见任何噪声、闻不见任何异味"),并将原有的 HSE 管理体系拓展成了涵盖 8 大方面、涉及 24 个重要实质性议题的 ESG 体系。

在环境(E)方面,万华化学围绕气候中性、环境保护、产业创新 3 个方面开展工作。针对碳排放问题,万华化学承诺将不晚于 2030 年实现碳达峰,力争于 2048 年实现碳中和。为此,万华化学采取了优化能源结构、创新相关技术等方式来实现这一目标。万华化学也发挥了自身在化学材料领域的优势,开发生物基材料,助力整条价值链向绿色经济方向转型:万华推出了 100% 生物基原料制得的一款 TPU 产品,原料和添加剂均来自玉米秸秆、蓖麻等生物资源,减少了消费电子、鞋服等领域的终端消费品的碳排放。

针对污染处理问题,万华化学一方面强化对自身废气、废水、固体废弃物的管理,一方面致力于开发相关技术,助力电池等行业的高质量发展。在 2030 年及长期目标中,万华设定的水循环利用率目标为大于 99%;2022 年,企业水循环利用率为 98.4%,在评级组织 CDP 的评分中,万华的"水安全"评级为 B 级,达到化学品行业的平均水平。针对电池生产过程中产生的废水,万华化学作为膜材料供应商,开发了具有良好性能的反渗透膜产品,可以让大部分废水回用于生产装置,减少污染,提高资源利用率。

在社会(S)方面,万华化学围绕安全健康、人才发展、社会责任三个方面推进可持续发展。作为化工企业,化学品安全、劳工健康等议题对于万华的重要性不言而喻。除了在生产过程中按照相关安全要求进行管理、对储运包装等各环节进行监管、提供定期健康检查等措施,万华还为员工提供了安全方面的大量学习资源。2022 年,万华组织了公司内外部的专家资源,开发了 47 门面向一线员工的安全能力提升网络课程,以求拓展全员的安全知识面和知识深度。万华还通过仿真实训中心开设了 10 个技能等级课程,共培训了 5 902 人,提高了职工的安全生产实操能力。

在治理(G)方面,万华化学工作的重点是公司治理和商业道德。万华着力优化公司治理架构和管理机制,通过管理层级扁平化、部门设置极简化等方式提高管理效率。同时,万华纪委构建了《万华廉洁从业监督管理体系》,制定了《万华化学反舞弊管理制度》,在合规管理、信息披露等方面加强投入,连续多年获得上海证券交易所信息披露考核"A"级结果。

尽管化工企业由于其行业特征在 ESG 方面存在一些"先天劣势",且万华化学在一些评级机构(如路孚特)的 ESG 综合评分当中仍存在不小的改进空间,但近两年万华也取得了一些不错的成就,在国内和国际上都获得了荣誉和认可。例如,万华荣获了 2021 年度中国石油和化工行业企业公民楷模奖;2021 年和 2022 年两年,万华连续荣获欧洲评级机构 EcoVadis 金牌认证勋章;2022 年 12 月,万华荣获了 CDP 2022 年飞跃进步奖。

总而言之,万华化学在可持续发展方面投入了长久的努力,在 ESG 领域也在持续进步。作为一家化工企业,它在处理与社区的关系、打消社区对于企业污染的疑虑方面有哪些经验? ESG 战略规划又给万华的生产实践带来了什么样的变化? 请看下文对万华化学现任董事长廖增太的访谈。

❓ **思考题**

1. 万华化学有哪些关键的利益相关方? 这些利益相关方可能最关心什么实质性议题?

2. 万华化学关注了电池行业的绿色发展需求,并研发了有利于电池生产过程中废水处理的产品。这对于 to B 制造业企业有什么样的启示?

3. "万华化学在全球有十几个子公司和办事处"这一事实,可能会给万华化学的 ESG 合规带来什么样的挑战? 又可能提供什么样的机遇?

■ 参考资料

［1］万华化学：高瓴资本重注的千亿化工巨头，砺石商业评论，2022－11－14，
https://www.sohu.com/a/605588921_467215

［2］万华化学 2022 年营收 1655.65 亿元！同比增长 13.76％，化工 365，2023－
03－22，https://www.sohu.com/a/657671259_120421378

［3］万华化学官网，https://www.whchem.com/column/79/

［4］2009 年万华化学责任关怀报告，https://www.whchem.com/cmscontent/
533.html

［5］2022 年万华化学 ESG 报告，https://www.whchem.com/column/12/

廖增太：
企业的终极目标就两个，承担社会责任并且盈利

Q： **在 ESG 还没有大范围推广的时候，万华已经开始做 HSE。请您简单介绍一下万华 HSE 项目内容和实施情况，以及 HSE 是如何与生产和经营融合在一起的。**

A： 万华在 2006 年提出了 HSE 的"三零"目标，即"零事故、零伤害、零排放，建设绿色生态现代化工企业"，是化工行业内首个提出"零排放"（实施无组织排放为零，有组织 100％达标排放并持续削减，直至为零）环保理念并推广的企业。

万华提出"零排放"理念之始，我们的压力非常大。依据行业历史，大家认为化工企业不可能做到零排放，这也促使万华在这方面下更大的决心。我们创新了很多技术来支持零排放的工作。2008 年，万华宁波获得国家环境友好工程大奖，这也是目前化工领域唯一获此殊荣的企业，改变了中国化工企业"环保搞不好"的观点。除了利用创新技术来减少对环境的破坏，我们也非常重视员工对安全和健康的切身体验。万华制定了如"十大安全理念""十大不可违背条例"等一系列管理规定来指导员工的安全生产。多年来，我们一直在强化这方面的管理。久久为功，员工对安全管理产生了敬畏之心。有敬畏之心，再加上严格的管理制度和标准，二者相辅相成，HSE 才能贯彻。

目前已经形成全员承诺、全员责任、全员隐患排查、全员培训、全员事故调查，通过领导带头实践、全员参与形成强有力的 HSE 文化，并通过很多标准、很多制度、很多操作实践来支撑 HSE 与生产的结合。尽管我们在行业内做得比较早，也有了一定的成果，但在可持续发展这条路上，万华也好，整个化工行业也好，任重而道远。

Q：过去，万华把 HSE 化为整体战略的一部分。现在，万华的 ESG 战略是如何制定的？在制定过程中有哪些利益相关方的参与？万华未来的 ESG 目标和战略是什么？

A：万华的 ESG 战略制定除了内部参考环境、社会和企业治理三个方面要求，还会同时将之延伸到万华的上下游产业价值链。为锚定 ESG 管理要点，我们会通过内部访谈和外部发放调查问卷的形式，收集利益相关方关注的议题。利益相关方包括股东、供应商、客户、员工、社区、当地政府等。举个例子，比如在责任关怀议题方面，我们会询问货运伙伴的意见，了解在产品运输过程中需要什么样的服务，于是我们为司机提供休息站、特惠工作餐，防范疲劳驾驶。我们也会去和原料供应商沟通，把万华的合格标准延伸到供应商内部管理流程。例如，供应商的运输车辆必须符合国家标准，司机必须有符合要求的工作经验，车里必须配套灭火器，等等。

为督促落实，万华每年都会派出很多安全环保人员到客户处，帮助他们提高 ESG 能力和水平。这种提升也是相互的。在为客户提供服务的过程中，万华的 ESG 策略也逐步得到完善。

我认为要做好 ESG 不是我们自己做得好就行，而是要通过我们的努力去影响整个社会，影响我们的供应商，影响我们的客户。让全社会都来关注 ESG，从而帮助万华提高安全环保管理水平，提高社会安全度，提高环境治理能力。

在气候变化的大背景下，也跟随国家的"双碳"目标，万华提出了 2030 年实现碳达峰，2050 年实现碳中和的目标。为了实现这个目标，我们正与各相关方合作，携手开发风电、互补型光伏发电、光伏电站及核电等项目，提高绿色能源使用比例；积极研究降低能耗技术，它包括将低品位热能转化成高品位热能，实现为当地居民供暖，降低能耗，布局生物基绿色材料产业，生产可降解塑料产品等。

Q：产业链中的友商可能处于不同的发展阶段。它们是否会对万华提出的 ESG 要求有不同反应？在共同提升 ESG 表现的努力上，有没有一些能够分享的案例？

A：在我们 2020 年制定的 5 年目标中，采购供应商有两个指标：第一，供应商的企业社会责任（CSR）评估率必须达到 70%（2021 年已实现 100%）；第二，我们要求供应商要加入携手可持续发展倡议（Together for Sustainability, TFS），满足这个条件的新准入供应商 CSR 评估率应达到 30% 以上（2021 年已经达到了 67%）。针对下游的利益相关者，我们积极与下游客户开展合作，开发低碳环保产品，帮助下游客户提升 ESG 绩效。例如可降解塑料产品、风电机组材料和光伏材料产品等。

我们要求所有的供应商必须把 CSR 做好。做不到位,就不能成为万华的供应商。有些供应商以前根本没听说过 CSR 或者 ESG,万华提出要求以后,它们就按这个标准去做。落实过程中,发现真的进步很大,管理水平也提升了很多。

Q: 调研中,我们发现,万华一直把 ESG 相关的标准放在战略高度,例如生产安全、员工健康和环境保护。您能不能介绍一下驱动您和团队重视 ESG 和可持续发展的力量和因素有哪些?

A: 我认为一个企业经营的北极星就是可持续发展,或者说终极目标就是两件事,承担社会责任和实现盈利。盈利是企业可持续的前提,承担社会责任是企业运营的根本和核心,包括环保责任、安全责任、对客户和供应商的责任。万华是化工企业,安全、环保更是我们的生命线。我们的愿景便是希望创建受社会尊敬,让员工自豪的国际一流化工新材料公司。受社会尊重,只达标是不够的,必须超过一般人的期望。为让员工自豪,不仅是满意,企业就要创造经济成就之外的社会贡献。国际一流的产业地位是这一切的基石。

Q: 以现在的发展势头,ESG 会成为一个具有法律效力的制度规范。您认为中国化工企业应该以什么样的态度去看待这个新的制度规范?

A: 中国化工企业在安全和环保方面的管理水平进步非常大,这和近 20 年来国家高度重视和加强安全环保工作方面的监管是分不开的。

从外部来看,由于老百姓的认知和觉悟越来越高,社会对于安全环保的要求也越来越高,这对企业发展提出了更高的要求。从内部来看,确保安全和环保的可持续发展是增强企业竞争力的方式之一。所以无论从哪个方向看,企业都必须重视 ESG,重视可持续发展,否则可能会被时代淘汰。

Q: ESG 除了可以体现企业的可持续发展表现之外,它也是一个投资理念,比如说 ESG 理念融入绿色投资决策过程当中。您如何看待化工行业受到 ESG 投资策略影响的趋势?

A: 首先,我认为 ESG 为那些前瞻型和创新型企业提供了巨大的市场机会,比如在能源效率、可再生能源、储能、绿色建筑、医疗保健、教育、通信及新材料等领域。通过将 ESG 理念与企业自身业务的有机融合,将进一步拓展和扩大市场领域,提高企业的综合竞争能力。

其次，ESG 的纳入可以加强各利益相关者之间的联系。ESG 反映了利益相关方的期望以及国际、国家和地区的未来政策方向。积极参与并持续推进可持续发展，可以促进与客户、员工和其他相关方达成共识，增强彼此之间的信任与合作。除此之外，现阶段在全球范围内，消费者更加倾向于购买符合可持续发展理念的产品，更加尊重坚持可持续发展的企业。年轻一代更加注重社会责任，更加开放包容，更加青睐选择有社会责任感的企业就业。社会责任感成为"人才争夺战"的重要因素。

最后，从国际市场看，ESG 投资已成为近年来流行的投资策略，ESG 指数已成为投资者进行投资分析和决策时的重要非财务指标。从国内市场看，随着经济转型的持续深入，中国投资者对于上市公司 ESG 指数的关注度也在不断提高。所以我认为总体来说 ESG 投资因子对于企业来说更多的是带来了机遇。

Q：提到化工企业，所在的社区都会高度警惕，这是全世界普遍现象。化工企业和社区之间的关系非常重要，也极其敏感。万华在处理和社区之间的关系时，有什么样的策略？又是如何实践的？

A：我觉得和社区有更良好的互动，让社区来了解你，最终信任你，这是最重要的。因为了解是消除不信任的最好的手段。我们每年都会开展"园区开放日"活动，邀请周边社区的老百姓到我们工厂来参观，切身考察我们的生产过程，了解我们企业是怎么来管理的。比如很多社区居民在参观园区之前认为园区中排放的蒸汽含有污染物，社区居民不了解的时候以为这些蒸汽有毒，但实际上通过我们的技术处理，冷凝出来的蒸汽已经是纯净水。我们会向来参观的群众，特别是社区意见领袖解释和展示整个生产流程，当他们了解过后，反而变成了万华在社区中的代言人，让更多的老百姓了解和信任我们。

另外，我们还开展了"神奇实验室"活动，这个活动也已经成为万华的精品项目。每年我们会进入工厂所在社区周边的小学，与孩子们一起开展有趣的化学实验，提升他们对化学的兴趣，体验化学对人类生活的重要性。

Q：ESG 是一个非常大的框架，其中，非常重要的一点就是关于公司治理（G）。想请您介绍一下，万华是怎样看待 ESG 治理结构的？以及加入 ESG 战略之后，它给公司整体治理结构带来怎么样的变化？

A：我觉得 ESG 治理结构本质上就是我们企业的管理结构。万华在治理层面的终极目标是让企业治理更高效，同时可以更有效地来执行所有的规章制度。

　　至于变化,首先从 2016 年开始,经过几年的努力,我们把原本的三个集团整合成为现在的万华化学集团股份有限公司,并且大大压缩了管理层级,使从上到下的传达更准确,同时也提高了执行效率。我们对部门也进行了精减,2015 年至今,销售业务增长了 7 倍,管理部门反而还减少了 1 个。同时,我们还简化了业务流程,过去可能有 12 个流程,现在平均 3 个流程就可以结束,几乎所有的事情在当天提出后就可以得到各部门的回应。

　　万华在治理层面还有一个特色,我们有一个法人治理结构。基本原则是在保持国有控制力的基础上,员工、外资、社会、公众共同充分参与。同时,股东会、董事会、监事会和管理层权责清晰,大家各负其责,按照你的责任去行使你的权利。所以我们整个治理体系是一个非常高效运转的机器,所有的事情都能够得到及时的反馈和处理。

Q: 万华的国际化布局十分抢眼。从欧洲到北美洲、南美洲都有业务。在全球业务推进过程中,ESG 治理是否受到挑战? 目前,各个国家监管机构对 ESG 的要求各有不同,在这种情况下,万华以何种标准来统一企业内部的 ESG 治理结构和标准?

A: 各地的 ESG 具体要求虽有不同,但是主要原则基本一致,万华始终在努力和国际对标。比如我们每年会主动参与 EcoVadis 的评估,并且连续两年获得了金牌认证。EcoVadis 是一个帮助企业评估 ESG 绩效的权威平台,评估涵盖环境、劳动、人权和商业道德 4 个主题及 21 个可持续采购标准,以明确了解企业社会责任的履行情况。

　　另外,我们依托国际权威性机构对企业进行评估,这样企业的 ESG 表现和评估结果才有说服力和公信力,别人说好才是真的好。通过开展国际先进、认可度高的 ESG 绩效评估,可以让我们发现国内和海外公司的差距,从而不断持续改进和提升。

Q: 据我们了解,万华也正在向数字化转型。ESG 的数据收集与万华的数字化管理过程有没有很好的结合点?

A: 万华非常重视数字化管理和信息化管理。我们过去十几年花了十几亿元来做信息化的管理工作,其中包括我们的数据采集系统,包括建立全球的 HSE 平台,全球的运营数据平台,环保数据统计系统,化工化学品全生命周期供应商风险预警等数字化项目。

接下来万华会进一步加强 ESG 数字化方面的投入。主要体现在三个层面：(1)通过物联感知，完成数据实时采集，实现 ESG 数据实时可见；(2)通过多领域数据综合分析，精准聚焦 ESG 治理方向、识别需要改进的方面；(3)通过沉淀专家知识、借助 AI 等数智化手段，建立可持续投资模型、风险预测模型等，使 ESG 能够持续性运营与改进，达到整体最优，实现智能运营。

Q：过去企业讲社会责任，讲可持续性发展。现在，这些议题演化到 ESG 要求。它本身是一个进化的过程。顺应变化，国资委和证券交易所也提出与时俱进的报告要求。对此，万华目前有什么样的响应计划？

A：首先，万华很早就把 ESG 的理念融入了企业的发展战略中。比如说我们围绕产业创新、环境保护、能源效率、健康安全、可持续采购和和谐社区 6 个方面制定了 2025 目标。

其次，我们也积极参与行业标准的起草。万华参与编制了《中国石油化工行业上市公司 ESG 评价指南》，该指南目前已经成为化工行业 ESG 评级的重要参考依据，也很大程度上推动了石化行业 ESG 工作的发展。目前标准的编制已经接近尾声，当然这个标准以后会不断地完善，不断地升级。我们内部和外部都在对 ESG 的推动和实践积极响应。

Q：对于 ESG 的监管和披露要求，目前国外的要求更多一些，很多国际企业在 ESG 披露和实践方面也做出及时反应。万华本身也是个非常国际化的公司，您认为国际上有哪一些比较好的经验可以供中国的化工企业来学习和借鉴？

A：我觉得在这方面欧洲的企业是比较超前的，他们很多经验值得我们学习。尤其是德国、美国一些发达企业在 ESG 工作上，起步很早，体系完善，并在可持续发展战略中囊括了供应链、生产、运营、产品方案等各个方面，并以此制定了明确的 ESG 目标，每年就目标完成情况在企业可持续发展报告中进行披露。他们还建立了针对新项目投资的 ESG 评估流程，从环境、社会影响和公司治理能力三个维度对新项目进行评估后，才会启动新项目投资，从而确保了企业 ESG 战略可以顺利实施。

要不断推进中国企业本身的 ESG 体系建设。因为并不是所有的企业都应该加入国际组织来获取经验，有一些国内的企业由于种种原因不具备这个条件。我觉得一些有代表性的企业在这个时候应该起到带头示范作用，由这些企业学习到国际上成熟的经验后，来带动其他中国企业，甚至整个行业的 ESG 发展和实践。

Q：万华在 ESG 方面做出了大量的努力，但整体 ESG 评分并不十分理想，特别在各个评级机构之间所获评级有很大差异，您对此有什么看法？

A：有一些指标以前我们企业不大关注，确实需要一些时间来改善；各个评级机构之间的数据及口径不尽相同；也与我们对外披露报告时选取的数据、要素有关。这些都导致了在不同评估机构的评级中，我们的表现有所差异。

针对核心的指标，我自己很有信心，比如说我们的环境管理板块，和所有的同行相比，我有信心万华是做得最好的化工企业，包括我之前提到我们的"三零"和"三不见"目标，只有万华做到了。

当然，不同评级间的差异也为我们未来的工作指明了方向，我们会根据社会公众的关注，对标国际先进企业找差距，将 ESG 工作做得更好。总的来说，在核心环节上面，我们要继续提升，不能自满。在还有欠缺的部分，我们更加关注它，不断去改善它，我相信未来万华在 ESG 方面的表现会越来越好。

第十节　金伯利农场

金伯利农场（Kimberley Farms Inc.）始建于 1850 年，位于美国艾奥瓦州。其现任主人瑞克·金伯利是该农场的第五代经营管理者。他于 20 世纪 70 年代接手了这家高度现代化的农场。在大型农业机械、GPS 信息管理系统等科技的帮助下，如此大面积的农场仅需 4 人工作。金伯利农场曾被媒体誉为"拉动粮食生产的火车头"，瑞克也曾于 2017 年荣获艾奥瓦杰出农民奖。2012 年，金伯利农场品牌进入中国，与时创农业（上海）股份有限公司建立了战略合作关系，聚焦瓜类、水果玉米等作物进行气候韧性栽培系统及可持续栽培技术的创新研发，致力于打造可持续发展的高端农产品品牌；截至 2023 年 4 月，金伯利农场已与合作伙伴在中国建设了 13 个金伯利农场，坐落在内蒙古巴彦淖尔、陕西延安、宁夏银川等地。

艾奥瓦州的金伯利农场在可持续农业方面进行了卓有成效的探索实践。举例来说，在保护性耕作技术领域，金伯利农场采用了好几种不同的技术模式，包括"免耕""覆盖耕作""部分秸秆打捆离田处理""播种覆盖作物（黑麦草）"。实验表明，种植覆盖作物的技术能起到更好地抵抗土壤侵蚀、增加土壤有机质的同时降低大气二氧化碳含量、疏松土壤、提高种植作物产量等作用。在农场数字化管理领域，金伯利农场建设了烘干和储存一体化的粮仓，并安装了电子控制系统；在谷物进仓后，电子数据系统可以精确控制粮仓达到适宜的温度和湿度，并且可以进行远程控制。

该企业同样重视可持续发展,致力于打造区域农业现代化的品牌。以内蒙古巴彦淖尔和海勃湾为例,在育种和授粉、栽培及种植管理、农场经营及人才培养等多个环节,当地的金伯利农场都充分发挥了示范效应,推动了乡村振兴事业的进展。

首先,在育种和授粉环节,金伯利农场进行了科技创新,也高度重视生态多样性保护。金伯利农场与时创科技育种团队共同开展了种质资源保护创新工作。团队针对农场所在区域的主栽作物,利用基因组学等先进技术培育更高产量、更好品质的新品种,并利用先进的种子生产加工技术进行生产。另外,金伯利农场用进口熊蜂授粉取代激素授粉,并施用多种有益菌、有机肥改良土壤环境,用生物杀虫剂技术减少或替代 90％ 以上的杀菌剂,保障作物生长环境的洁净、安全。

其次,在栽培及种植管理环节,金伯利农场创新性地引入了气候韧性栽培系统,并且发扬了金伯利农场数字化程度高、构建现代农业系统经验丰富的长处,建设了"智慧农业"产业链,助力农业生产的可持续性发展。巴彦淖尔和海勃湾的金伯利农场结合产区的自然气候条件,研发了智能联动温室、智能温控、智能灌溉、智能喷雾、温室内耕作、采摘运输等系统。土壤的水分、温度等数据指标都可以通过物联网系统在手机上实时显示,1 名管理人员一键操作就可以自动调温、浇水,大大提升了种植的管理效率,也大大节省了水资源。此外,海勃湾的金伯利农场还将利用 5G 技术,全面实现园区数字化管理,提高物流配送、订购销售、质量安全溯源等全过程的效率,进一步促进海勃湾农区的现代化进程。

再次,在农场经营和人才培养环节,金伯利农场也贯彻了"可持续"思维,承担社会责任。一方面,巴彦淖尔的金伯利农场进行了"职业农民合伙人"经营模式探索:农民在土地流转后,既可以选择在农场打工,也可以选择成为合伙人。农场提供基地、种苗、生产资料和技术服务,每个职业农民合伙人管理连栋大棚,负责用工管理和生产。另一方面,农场也着力培养现代农业人才,追求"授人以渔";巴彦淖尔的金伯利农场将园区建成了全市新型职业农民培训基地,年培训新型职业农民 2000 人次以上,从长远来看,这有利于现代农业生产体系的构建。

金伯利农场基于 ISEAL 国际可持续标准联盟的框架,坚持执行可持续农业标准、Global GAP 标准(全球良好农业操作认证,是目前世界上使用最广泛的农场认证),在生态保护和商业的维度上都取得了成功。2020 年,巴彦淖尔金伯利农场项目获得了保尔森基金会的可持续发展绿色创新奖提名。在建设期及一个生产季中,巴彦淖尔金伯利农场基本实现了被流转土地 300 农户全部就业,农民总收入达 968 万元,户均收入达到 5.2 万元,是流转前户均收入的 3 倍。2021 年,巴彦淖尔的金伯利农场带动蜜瓜、鲜食番茄、爆裂玉米等高效农作物种植增收 1 亿元以上,并在 3 年间累计吸引了各地政务参观学习者 20 000 人次以上。

总而言之,在可持续发展与现代农业方面,金伯利农场利用可持续耕作技术、数字化信息技术,取得了亮眼的成就。那么,作为金伯利农场的管理者,瑞克·金伯利对于利用创新技术推动可持续农业转型有什么心得? 如何与周边居民、农民、工人、消费者进行沟通,以促进可持续农业在商业上的成功? 请看下文的访谈记录。

(?) 思考题

1. 在金伯利农场的商业模式当中,有哪些主要的利益相关方? 在金伯利的可持续农业发展中这些利益相关方是否获益?
2. 可持续农业的相关认证能够为金伯利农场的农业实践带来什么益处? 这会给其他企业(不限于农业企业)带来什么样的启示?

■ **参考资料**

[1] 关于金伯利农场,金伯利农场公众号,2022-07-22,https://mp.weixin.qq.com/s/73rZEM4ADInWqFMwTuD7dQ

[2] 美国农场主金伯利:可持续发展让黄山独特而珍贵,新民晚报,2023-04-02,https://new.qq.com/rain/a/20230402A036P500

[3] 李社潮:美国三家农场的不同保护性耕作模式,中国保护性耕作网,2017-05-18,http://www.cn-ct.net/news/357.html

[4] 中国智库代表团探访美国现代农庄 高科技带动现代农业集约发展,中国经济网,2017-06-15,http://www.ce.cn/xwzx/gnsz/gdxw/201706/15/t20170615_23635238.shtml

[5] 金伯利农场:现代农业带动农民增产增收,巴彦淖尔农牧公众号,2021-07-23,https://mp.weixin.qq.com/s/7BkPwDpc4eYdyq20orU9pQ

[6] 品牌引领 增长有道①|金伯利农场:打造全产业链智慧农业,巴彦淖尔市人

民政府办公室,2023 - 05 - 10,https://mp. weixin. qq. com/s/xPfIL_oJB-v4fHZLNegkwg

[7] 有底气! 海勃湾这块"金色招牌"越来越亮了,活力海勃湾公众号,2023-10-13,https://mp. weixin. qq. com/s/JVhsfk1Ustz_ZyAcIlPHaA

美国金伯利农场瑞克·金伯利:
平衡作物与环境,精准农业技术可提升农业韧性

Q: 请您简单介绍一下自己以及金伯利农场。

A: 我叫瑞克·金伯利。我的家族在 19 世纪从英国移民到了美国。我是第五代金伯利农场的农场主。我的曾曾祖父最初运营的农场规模不大,且几乎所有的工作都是手工完成的。我的曾祖父曾经从英国进口马匹到艾奥瓦州,用于耕种。

后来,我的祖父买了第一辆拖拉机,这使他能够扩大种植规模,并提高效率。我的父亲自 20 世纪 50 年代开始,使用机械化方式发展农场,他开始使用杂交的种子。

多年来,我们的农场一直在适应新的市场形势,积极采用新技术和耕作方式,试图寻找更好的方法来提高农业生产效率,使我们的农业经营更可持续。我们始终秉持着保护土地和水的理念,为下一代留下更好的环境。

Q: 美国其实有很多不同类型的农业实践项目,金伯利与其他农业项目相比最大的不同是什么?

A: 金伯利农场一直在改变和采纳新的实践方法,我们是创新技术的早期采用者,这也是我们发展得更快更好的根本原因。如果要描述金伯利农场和其他农业实践项目最大的不同,我认为是金伯利采用了精准农业技术。精准农业需要找到适当的平衡点,在提高作物产量的同时,找到对环境影响最小的方法。

精准农业不仅可以有益环境,也可以有利于农户,这是利用技术最大限度地提高作物管理能力和提高生产力、效率和可持续性的一种方法。精准农业强调使用先进的技术来管理,比如更精细地制作田间地图,根据观察、测量和响应作物的田间和田间内变化来改善作物质量,提升农场的盈利能力。

Q： 世界人口已进入"80 亿时代"，到 2050 年，将有接近 100 亿人需要在非常有限的土地上得到食物供应。这意味着我们需要转向工业化农场的生产方式。但工业化农场可能会带来一些与环境破坏和土壤退化相关的代价。在您看来，工业化农场的正面影响和负面影响分别是什么？我们又该如何解决农业可持续的问题？

A： 我认为工业化农场的生产方式可以带来一些正面影响，比如食品安全的提升、生物柴油之类的可再生能源的挖掘和使用、更有效的固碳等。当然也会产生负面影响，比如不可持续的生产方式可能导致土壤退化、水质污染、生态破坏等问题。

大规模使用化肥、农药和转基因作物也可能会对环境产生负面影响。如果化学物质会渗透到水源中，就会导致水体污染和水生态环境破坏。此外，工业化农业对生态系统的影响也可能会导致生物多样性的丧失。

在可持续农业的概念中，我们在发展农业的过程中必须保护自然资源，如土壤、水和生物多样性。通过可持续农业实践，减少温室气体排放。我们必须减少和转换对原生土地使用可能产生风险的耕种方式，通过良好的规划，提高效率和生产力，最小化农业对环境的负面影响。

为了解决农业可持续发展问题，我们需要探索新型的农业模式，例如生态农业、有机农业和再生农业。这些模式注重生态平衡、资源节约、环境友好和社会公正。我们还需要加强监管，制定有关环境保护和可持续性的法规和政策，扩大公众参与，推动农业的可持续发展。此外，农民还需要接受培训和技术支持，以实现高效的农业生产和管理。

Q： 为了应对农业产业的这些挑战，减轻农业产生的负面影响，实现农业产业的可持续发展，我们需要解决的最重要的问题是什么？

A： 为减轻农业产生的负面影响，我们需要解决的问题很多。

首先，水是主要问题之一，特别是在很多降雨不足的地区，很多时候在这些地区，为了农业生产，水被过度使用。因此，我们需要推广滴灌技术，它已经被证明是比喷灌或沟灌、漫灌更好的选择——这些灌溉方式需要更多的水。有数据表明，通过采用滴灌技术，我们可以节水 20%～70%。此外，滴灌技术还可以节省约 40% 的能源，这对减碳也很重要。我们需要采用创新的灌溉系统，减少水资源浪费，使用节水技术来有效地管理水资源。

其次，可持续农业要求确保自然资源的保护，如土壤和生物多样性。我们需要通过适当的土地管理实践,包括轮作、免耕农业和保护性农业,避免土壤侵蚀。

另外,我们需要减少温室气体排放。比如减少化肥的使用,采用保护性农业和使用可再生能源。化肥生产的过程也会产生大量的碳排放。

同时,实践可持续农业必须保护生物多样性。我们可以通过保护自然资源,如土壤和水,以及保护自然栖息地的方式来支持生物多样性的保护。可持续农业主张减少杀虫剂和化学品的使用,以帮助拯救对农业至关重要的传粉者。

还有很重要的一个方向是教育和公众意识提升。这对于推广可持续农业实践至关重要。我们需要鼓励农民、消费者和政策制定者采用可持续农业的方式,并支持可持续农业相关的倡议。

Q：提到气候变化的问题,韧性农业也是我们需要解决农业可持续发展的关键原则之一。您是如何看待这个概念的?

A：没错。在金伯利农场,我们采用了精准农业技术来帮助实现韧性。精准农业有助于控制施用于土地、土壤和作物的投入量。通过精准农业技术,我们能够准确地知道种植的植物数量、使用的化肥、化学品或杀虫剂的数量,并确保我们不会过度使用这些投入品。

在金伯利农场,我们使用更多的覆盖作物,这有助于保护和改善土地,帮助导入更多的有机物质,减少土壤侵蚀和水分流失。覆盖作物还有助于土地更好地吸水,它们的根系可以固定多余的养分,这些养分可以被下一年的作物释放和利用。

这是我们多年来学到的经验,我相信这些都是值得推广的实践方式。其他国家和地区也逐渐开始采用这些实践,以帮助保护他们的土地,改善土壤健康状况,使农业更具可持续性。

Q：您提到我们需要改变灌溉方式,但这也意味着我们需要投资和使用灌溉设施,势必会增加前期投入。这是否意味着实践可持续农业就需要增加成本? 保护环境的可持续农业是否意味着需要牺牲一定的利润?

A：我认为我们要从整体出发看待这个问题。在发展中国家,人们关心生存问题,养活家庭和粮食安全十分重要,利润不应该被牺牲。但我们可以使用这些新的可持续技术,来帮助增加生产力,最终有助于提高收入和食品安全。

尤其是可持续农业实践可以在不牺牲生产规模的情况下,在长期内带来盈利的增加。农民可以利用技术和创新来实践可持续农业,获取绿色可持续金融的支持,并参与共建可持续的供应链。平衡可持续性和盈利能力需要综合考虑环境、社会和经济因素,从整体出发。

例如,可持续农业实践要求改善土壤健康状况,增强生态系统服务,减少化肥、杀虫剂和其他投入品的使用量,减少水和能源的消耗,这实际上是在降本增效,提高了农场的整体盈利水平。

总体来说,从短期而言,虽然进行可持续农业实践可能要求前期投入,会增加一些成本,但从长远来看,这种实践可以带来更好的效益和更可持续的生产模式。

Q: 美国农民在种植大豆时采用的可持续农业解决方案处于领先地位。您能否给我们提供一些关于以下领域的可持续解决方案的例子,比如温室气体排放、灌溉水利用的改善、土地利用效率、能源利用效率的改善以及土壤保护?

A: 首先,美国农民采用了一系列措施来减少种植大豆时的温室气体排放,例如采用了更加环保的燃料和能源,实施了精细化肥料管理,采用了更加节能的机械设备,等等。

其次,他们通过采用高效节水的灌溉系统、实施土壤保水措施以及进行农田排水工程来改善灌溉水利用效率,并减少水资源的浪费。

再次,他们通过采用精细化管理技术、实施轮作种植以及种植耐旱性更强的品种等措施来提高土地利用效率,使得同一块土地上的产量可以得到提高。

最后,美国种植大豆的农民通过采用保持耕作技术、建立植被带、实施土壤保水措施等措施来保护土壤健康。同时,他们还采用有机肥料、绿肥等方法来改善土壤质量。这些都是可供参考的实践方式和经验。

Q: 您在美国有一个规模很大的农场,但只有4个全职员工在农场工作。技术和设施正在帮助这个行业增长,您的案例可能是一个非常好的证明。当谈到可持续转型农业业务时,我们期望创新和技术能够提供什么帮助?

A: 金伯利农场总是强迫自己接受变化,正是因为技术的发展,帮助我们提高生产力和效率。在金伯利农场,我们主要采用了几种技术:

第一是精准农业。我们使用GPS导航拖拉机和无人机等精准农业技术,优化种植、施肥、农药应用和其他作物管理实践。这可以降低成本、提高产量和改善环境效益。

第二是生物技术。不仅我们,美国其他大豆种植者也采用了更优良的大豆种子,改善虫害和病害抗性、提高产量和耐旱性。这些种子也有助于减少农药和除草剂的使用。

第三是保护性耕作。在美国,农民采用保护性耕作实践,有助于保持土壤中的水分、减少土壤侵蚀和固定碳。这包括最小化犁地或不犁地,减少土壤干扰,有助于维持土壤健康。

第四是覆盖作物。在主要作物收获后种植覆盖作物,有助于防止土壤侵蚀、改善土壤健康和为传粉昆虫提供栖息地。覆盖作物还可以减少对肥料和农药的需求。

第五是数据分析。美国大多数大豆种植者使用数据分析监测作物健康和产量潜力。这需要使用传感器和软件收集土壤湿度、植物健康和天气条件等数据。这些信息可以用于优化作物管理决策和提高产量。

第六是可再生能源的使用。考虑到气候变化带来的负面影响,美国大豆种植者也在探索使用太阳能、风能和生物能源等可再生能源来供电。这可以帮助减少温室气体排放,降低能源成本。

Q: 有许多不同的系统性方法可以验证农业的可持续。例如雨林联盟和良好农业规范标准,都是农民可以选择的成熟认证系统。您的农场是否获得过可持续农业相关的认证?您认为获得这些认证是否可以帮助您的农业实践变得更可持续?

A: 是的,我认为获得可持续相关认证可以帮助农业企业实现更可持续的发展。金伯利农场获得了美国大豆可持续性保证协议(SSAP)认证,这为我们带来了许多好处。

第一,是展示可持续性。SSAP 帮助大豆种植者展示他们致力于可持续农业实践和环境保护,这对消费者和买家越来越重要。

第二,可以提高效率。SSAP 提供工具和资源,帮助农民识别可以提高效率、减少浪费和最小化环境影响的方面。

第三,获得认证后,农民甚至可以接触到新市场:SSAP 得到了主要食品和饮料公司以及其他渠道买家的认可,这可以为符合协议认证的大豆种植者开拓新的市场机会。

第四,是帮助降低企业风险。通过遵循 SSAP,大豆种植者可以降低环境损害和其他可能对业务产生负面影响的问题的风险。

第五,是增强盈利能力。SSAP 可以通过提高效率、减少浪费和接触新市场等方式帮助大豆种植者提高盈利能力。

SSAP 为可持续大豆种植提供了全面的框架,可以帮助农民改善运营,同时满足对可持续和负责任来源大豆的需求。

Q: 您是如何与消费者沟通你们为了可持续发展所做出的努力的? 消费者是否知道或关心你们的做法是否可持续?

A: 公众认知需要时间。现在,我们大多通过协会来完成这项工作,而不是与公众进行一对一的交流。当然,一对一的交流也可以,如果你能够接触到更广泛的受众的话。但你需要积极主动,并能够解释你的可持续做法的好处,为什么你这么做,以及为什么它是可持续的。

此外,美国的大豆种植者还可以通过发布可持续发展报告和参与行业活动来传达他们的可持续发展努力。他们与食品公司和零售商合作,提供关于他们的生产实践和美国大豆的可持续性的信息。

消费者有兴趣了解他们的食品是如何生产的,这使得许多食品公司和零售商更关注可持续。美国的大豆种植者采用了美国大豆可持续保证协议,确保他们的大豆符合可持续性期望,并向消费者传达他们为可持续发展所做出的努力。

当然,种植户也可以通过第三方提供的可持续农业认证,来满足食品公司和零售商的要求。

Q: 可持续农业不仅关乎环境,在"ESG"框架下,还有一个"S"(社会)板块。金伯利农场在这个板块有哪些措施或成果?

A: 第一,我们为农村提供了就业机会。大豆种植对周边农村地区的经济发展和社会结构发挥着至关重要的作用。我们为当地居民提供就业机会,并为当地税收作出贡献。

第二,确保我们的员工拥有安全和公正的工作环境。许多大豆农场是家族经营的,他们致力于确保农场为所有员工提供安全和公正的工作条件。这包括遵守劳动法规和提供必要的安全设备。

第三,投资教育和培训。大豆种植者正在投资员工的教育和培训,以增强其技能和知识。这可以包括在职培训、研讨会和继续教育项目。

第四,我们还提供医疗保健服务。一些大豆农场为员工提供医疗保险福利,这包括提供医疗保险、预防保健和其他与健康相关的服务。

第五,我们支持当地社区和慈善事业。许多种植大豆的农民积极参与当地社区的公益活动，并支持符合其价值观的慈善事业，包括捐赠或支持救灾工作等。

Q： 在农业价值链上，周边地区的居民、农民和工人也是关键利益相关者。如何让他们加入到农业可持续发展的进程中？

A： 第一，最好的办法是积极与当地组织合作。大豆种植者可以与当地的保护团体、协会或其他组织合作，实施各项保护措施，如种植覆盖作物或恢复湿地。

第二，和他们共享知识和资源。大豆种植者可以与社区中的其他人分享他们的专业知识和资源，如举办培训活动或分享可用于保护项目的设施设备。

第三，大力支持当地企业。许多大豆种植者优先购买当地供应商的产品，并支持社区中的小企业，以加强当地经济。

第四，进行宣传。大豆种植者可以参加当地的集市或在社区会议上发言，分享关于可持续农业实践和大豆的好处的信息。

Q： 美国在农业研发方面的公共投资一直处于领先地位。所有投资都应该得到公平的回报，因此知识产权必须得到保护。同时，技术传播可以将良性溢出效应传播到发展中国家，并使所有人受益于环境。您对这两者的平衡有什么建议？当前国际社会的治理是否足够平衡？

A： 我认为法律措施，如专利、商标和许可协议，应该存在，并用以保护知识产权。但同时，应倡导通过与海外合作伙伴的教育和培训计划来共享知识和技术，促进可持续农业实践。

同时，可以建立公私合作伙伴关系，投资可持续农业研究和开发项目，加强地方经济，建立可持续实践的能力。包括贸易协议中可以增加可持续相关条款，来鼓励贸易伙伴采用更可持续的实践，改善环境和社会效益。

总之，通过合作、教育和战略伙伴关系，在保护知识产权的同时，在全球都可以持续推广可持续农业实践。

Q： 可持续发展的根本是解决下一代需求的问题。吸纳年轻人参与到其中也非常重要。根据您的经验，吸引年轻人加入农业部门的最佳方式是什么？

A： 我认为农业技术的革新是年轻一代真正需要投入的环节。新的农业方式可能会减少重体力劳动，而更多地利用到他们学到的知识技能。我认为这是吸引年轻人更多参与的好方法。

此外,提供和加强与现代农业相关的培训和教育计划,并解决人们对农业部门的误解,强调其创业潜力也很重要。同时,强调在农业中使用创新和技术,与经验丰富的专业人士建立联系也是非常重要的。

Q： 您能描述一下未来可持续农业实践的发展会是什么样子吗?

A： 首先,最理想的可持续经营方式是使用精准农业技术来优化肥料和农药的使用,并最大程度地减少它们对环境的负面影响。

其次,采用保护性耕作方式以减少土壤侵蚀,促进土壤健康,并减少温室气体排放。

最后,经济可持续性也将成为首要任务,通过谨慎的资源管理和市场多样化来降低农业行业的风险。

第十章

服务机构或金融机构 ESG 实践者访谈

第一节　鼎力可持续数字科技

鼎力可持续数字科技公司（Governance Solutions Group, GSG）成立于2017年，是中国最早的专注于 ESG 的专业服务机构之一。它为中国和境外机构的投资者提供针对中国上市公司、发债主体等的 ESG 评级服务，并为产业园区、企业等提供碳管理软件平台、碳中和解决方案等服务。鼎力秉持着"全球视野＋中国智慧"的理念：一方面，鼎力是多个国际可持续发展相关倡议的签署方和支持者，包括联合国负责任投资原则组织（UN PRI）、全球报告倡议组织（GRI）；另一方面，鼎力在中国投资市场深耕，参与了上海新金融研究院关于中国 ESG 披露标准的研究，并致力于推动国际性 ESG 原则在中国市场落地。其创始人王德全是"中国金融四十人论坛"的创始理事，目前也担任中国基金业协会绿色和可持续投资委员会专家。

面对投资者或金融机构，鼎力提供 ESG 评级和数据库相关的服务。举例而言，鼎力可以为资产所有人提供 ESG 投资解决方案（如 ESG 投资与评价体系建设、境内外 ESG 投资监管相关解读等），也可以提供气候相关风险管理规划（比如投资组合碳排放测算管理工具、投资组合气候相关风险分析等）。对于公募基金类客户，鼎力可以提供 ESG 数据库，如公司治理专题数据库、负面事件数据库等。值得一提的是，鼎力还对公募基金提供股东大会投票建议，包括股东大会投票政策制定、会议案研究报告等。针对一级市场基金（VC/PE），鼎力借助一套适用于研究非上市公司 ESG 管理水平的方法论进行尽职调查，可以帮助一级市场基金机构筛选项目，并对被投企业进行 ESG 表现追踪、评价和管理。针对银行和保险业客户，鼎力可以提供绿色信贷体系及数据库建设，推动实现低碳转型的目标。

  同时，鼎力也为企业提供服务，主要的商业模式是通过收取咨询顾问费用、软件授权费用盈利。在 ESG 发展战略方面，鼎力可以提供 ESG 战略咨询。在与投资者关系管理方面，鼎力提供利益相关方 ESG 问询回复、气候变化沟通策略等服务。在企业 ESG 能力内部建设方面，鼎力可以定制 ESG 培训课程，来帮助管理人员和相关团队提升对 ESG 理念的认知水平。鼎力还可以为企业提供绿色债券方面的服务，依据国内外标准，进行绿色债券第三方评估，协助绿债发行。

  鼎力最具个性特点的产品是它 2021 年 7 月推出的 ESG 评级产品——鼎力公司治商™，投资者可以通过 Wind 金融终端查阅和获取评级数据。这是国内首个以公司治理为主要考核指标的 ESG 评级产品。鼎力结合了中国市场的实践经验和国际公认的可持续发展标准，研发了鼎力公司治商评价体系，其中包含 5 个一级指标、20 个二级指标、150 余个底层指标，涵盖的基础数据信息点超过 1 000 个。鼎力运用了国内领先的自然语言处理技术，对全方位的治理数据进行提取、集成和结构化分析，最后的评级结果包含三个层级，即总分、5 个一级指标分数和 20 个二级指标分数，更新频率为每季度更新并辅以不定期的重大事项更新。它对公司的治理结构、治理行为和治理文化，包括财务诚信、商业伦理等方面进行考察，以期帮助投资人判断上市公司的治理隐患，规避潜在的投资风险。

  尽管作为一家专业服务机构，鼎力相对于一些同类老牌的事务所来说，历史还不算长，但它也已经吸引了很多行业领先、体量庞大的客户，并且在 ESG 领域持续活跃。它的客户既有全国社会保障基金理事会、IDG 资本、蓝山资本、法国巴黎银行、中国平安等金融相关的机构，也有阿迪达斯、太平鸟、鄂尔多斯、中国电信这类大企业。2023 年 8 月 23 日，鼎力的 CEO 受邀出席招商局集团 ESG 工作会议，解读了海外主流的 ESG 评价体系并分析了招商局集团不同业务板块面对的 ESG 核心议题；2023 年 9 月 15 日，鼎力携手汇丰银行(中国)有限公司发布了《高排放企业气候信息披露指南及指导工具》成果报告，其内容为指导企业如何充分利用已有的内部资源，将气候风险管理有机整合到常规风险管理中，并指导企业如何结合自身的战略规划，合理制定减碳目标。

  那么，企业应该如何设计 ESG 架构才能更好地实现可持续发展的目标？在执行的过程中，又有哪些应该注意的事项？作为 ESG 投资和可持续领域的专家，鼎力的创始人、CEO 王德全将在下面的专访中分享他的见解。

? 思考题

1. 在公司治理的维度,不同行业的企业面临哪些不同的实质性议题?不同规模的企业面临的治理实质性议题会有什么相同和不同之处?

2. 对于投资人而言,应该关注企业在"治理"这个层次哪些方面的具体表现?有哪些方式和手段能够帮助企业进步,或让投资有更好的回报?

3. 企业可以如何设计自己的 ESG 架构?成立专门的治理委员会和依托于原有的组织架构这两种方式,各有什么优点和缺点?

■ 参考资料

[1] 鼎力公司获上海新金融研究院股权投资 助力中国资本市场的公司治理和可持续发展,中国网财经,2020-08-26,http://finance.china.com.cn/news/20200826/5351661.shtml

[2] 鼎力官网,https://governance-solutions.com/

[3] "国内首家专注公司治理 ESG 评级产品来了,鼎力公司治商™ 正式登陆万得终端",2021-07-21,https://governance-solutions.com/xinwendongtai/112.html

[4] "鼎力受邀出席招商局集团 ESG 工作会议",2023-08-23,https://governance-solutions.com/xinwendongtai/182.html

[5] 搜狐新闻:"鼎力携手汇丰中国发布高排放企业气候信息披露指南及指导工具",2023-09-15,https://www.sohu.com/a/720816181_121186410

王德全:
ESG 生态圈应该以"实效主义"的态度在实践中完善

Q: ESG 对于中国企业家来说是个比较新的概念,许多人对 ESG 的理解可能还停留在企业做公益,实现"部分社会责任"的层面。总的来说,中国 ESG 整个生态圈的发展还处于较为初期的阶段,包括监管。您怎样看待目前中国的 ESG 监管体系?

A: ESG 刚进入国内市场的时候,大家对此的认知非常初级,基本上(认为)"E"就是环保,"S"就是公益,"G"就是"三会一层"。但之后中国 ESG 浪潮发展迅速,投资相关的顶层制度日渐完善。

ESG 是投资驱动的概念,最早成型的一些监管规定,基本也都是从绿色金融的角度出发的。

值得关注的是，2016年七部委联合印发了《关于构建绿色金融体系的指导意见》，《意见》的出台鼓励和推动了社会资本的发展，包括把长线资本投入到绿色产业、绿色投资、绿色信贷，完善环境权益的交易等，这对推动中国ESG的发展来说是很重要的一个里程碑。

后来在证监会的推动下，2018年中国证券投资基金业协会发布了《绿色投资指引（试行）》，界定了绿色投资的内涵，明确了相关的目标，为绿色投资的发展提供了推动和指引。银行业和保险业也引入了绿色金融的概念，包括绿色银行、绿色保险和绿色证券，等等。

自2020年确立了"双碳"目标后，又有《2030年前碳达峰行动方案》《科技支撑碳达峰碳中和实施方案（2022—2030年）》等一系列的政策的相继出台，提出了支撑2030年前实现碳达峰目标的科技创新行动和保障举措，以及如何发展低碳科技、引导证券投资相关的行动指引。

2022年5月，国资委发布的《提高央企控股上市公司质量工作方案》也正式提出了要贯彻落实新发展理念，构建健全的ESG体系，推动更多上市公司披露ESG专项报告。关于社会责任的表述正在向ESG过渡。

在2022年10月召开的G20会议上，通过了《2022年G20可持续金融报告》，采用了"可持续"这样的表述来指代绿色金融计划。因此，从监管角度来看，首先，我国ESG体系由明确内涵，到指导具体行动，目前正向着体系化、完善化不断发展；其次，环境、社会和治理以及可持续发展，在不同的情形下基本交换使用。

Q：ESG中的"G"就是公司治理。对一家公司来说，治理ESG的第一步可能是要考虑如何设计治理架构。不同的公司可能有不同的做法，有的可能是董事会直接管理，也有一些公司专门设置了ESG专职委员会来管理。从您的经验来看，不同的ESG治理架构有哪些利弊？到目前为止，您服务过的中国公司比较倾向于使用哪种治理结构？

A：公司治理确实是ESG这三块积木里最重要的一块，这也是为什么鼎力早期开发的数据和评级产品都是从治理角度出发的。我认为，由董事会层面介入ESG治理是必不可少的。因为ESG和公司治理一定是战略级别的事情，要高举高打，从最高层开始关注。如果ESG实践只是停留在品牌宣传部门，得不到最高层领导的重视，将很难在企业上下推动。在负责任投资原则组织（PRI）的

ESG 年度报告里，开篇都会要求机构的董事长发表一段声明，以表明最高层对 ESG 的重视。

在董事会下面，成立战略委员会、专门治理委员会，又或者是审计委员会来治理 ESG 的做法都有企业在执行。设立专门的 ESG 委员会，可以更专注地推动 ESG 在企业内部的发展。当然，即使设置专门的 ESG 委员会也可能会面临一些挑战。因为 ESG 覆盖面非常广，需要协调不同的职能部门共同推动和完成，所以 ESG 治理委员会的构成以及主要负责人的职权范围，会直接影响到执行效率。

除了必须由董事会制定 ESG 战略之外，在执行层面，也一定要在管理层设置专人负责，在操作层面有相应的人员配合。我认为，董事会－管理层－操作层的三层结构是比较理想的。比如联想集团，由杨元庆董事长直接负责董事会层面的战略制定和全面监督事宜；在执行层面有专门委员会来识别 ESG 风险，制订相关计划和绩效考核政策等；再往下还有 ESG 办公室、执行小组来统筹和落地执行。对大型企业来说，这样的三层结构是比较有效的。

Q：管理活动要有效果，一方面需要设计相对应的管理结构，另一方面还要有高效的执行过程。我们看到很多企业在 ESG 的实践过程中，对于管理结构比较重视，因为看得见，摸得着，容易进行评估，但是对于动态执行过程则缺乏同样的力度。您认为怎么样使执行过程能够和设立的结构相匹配，同时还能避免"漂绿"行为？您对执行过程有什么建议和看法？

A：治理制度或者治理结构本身是不会发挥作用的。我们不仅要看公司治理架构的搭建方式，更要看实际的执行情况和在治理过程中体现出的企业文化，再倒推回去看治理结构是否有效、是否为投资人提供了相应的保障。一个结构或者制度要发挥作用，需要配套措施，比如激励机制——最常见的就是对相关负责人制定考核目标，把高管薪酬和 ESG 治理效果挂钩，等等。

如果设置了很漂亮的治理结构和各种委员会，而在执行层面没有落实，就很容易陷入"漂绿"。哈佛商业评论针对董事 ESG 专业知识的研究表明，重大 ESG 因素的价值和意义日益显现，而董事会层面的 ESG 专业知识较为薄弱，多数董事会尚准备不足。

不仅如此，因为 ESG 涉及的问题比较多，涉及的知识领域也比较广泛，甚至包括如何减少供应链的碳排放，如何改善与员工的关系，如何识别 ESG 方面的风险并进行管理等方方面面。所以针对 ESG 的专职人员的选择，包括能力考核、绩效考核等,都是需要进一步去评估和判断的,否则整个事项有可能会流于形式。

有效防治"漂绿"的方法之一就是制定标准。现在全球比较知名的 ESG 披露标准有 GRI、SASB、TCFD 等,甚至还有针对产业的标准,比如说房地产行业有 GRESB。现阶段全球的 ESG 披露标准超过 600 个,到底应该使用哪一个标准来披露 ESG 数据,成为了众多企业的疑问。

Q: **您认为对于一家中国的上市公司而言,面对这么多披露标准应该如何选择?**
A: 鼎力自创立之初就开始研究全球的 ESG 披露标准。因为 ESG 是一个舶来品,在海外的发展比较成熟,所以鼎力针对 GRI、SASB、TCFD、CDP 等应用较为广泛的 ESG 标准都做了研究,并且积极加入了很多 ESG 相关的组织和倡议。鼎力是 GRI 的成员和认证的培训机构,也是 SASB 的联盟成员,PRI 的签约方,以及 CDP 的全球银级战略伙伴。

2021 年鼎力和上交所、深交所、中证指数公司和上海新金融研究院针对可持续信息披露的标准、国际 ESG 披露框架和中国 ESG 实践开展了研究,并于 2022 年的 4 月出版了研究成果《可持续信息披露标准及应用研究:全球趋势与中国实践》。研究内容包括系统梳理全球的 ESG 披露框架,研究这些标准在中国的适用性和对于中国市场、企业的可借鉴性,并提出了一个涵盖 190 个指标的框架标准。

对于中国的上市公司和发债主体来说,一个综合的且适用于中国实际情况的披露标准是迫切需要的。尽管我们需要考虑中国市场的特色,但这个特色应该依据中国的发展阶段和市场的具体情况来适当调整,而不是另起炉灶单独搞一套中国体系。这是我们的研究得出的一个重大结论。

简单来说,SASB 主要从环境、社会资本、人力资本、商业模式与创新、领导与治理等多个维度对企业的 ESG 披露提出要求,比较侧重于财务的角度或者为投资人服务的角度。TCFD 和 CDP 主要倾向于碳信息的披露:TCFD 更多是提供了一个治理、战略、风险管理与指标的框架;而 CDP 更多是以问卷的形式和评分体系来评价一个组织在应对气候变化时的表现,它为企业碳管理的完善程度和先进程度提供参考指标。GRI 更多是面向更广泛的利益相关方,涵盖了三四十项专项指标,在可持续发展议题方面也是最全面的。

企业可以根据自己的需求以及利益相关方的需求来选择其中一个或多个披露标准作为参照。

Q： 为了使披露的信息透明、真实、有说服力，很多企业追求其披露的 ESG 信息能够获得第三方的认证。但是第三方的认证机构非常多，它们的侧重点也不一样。您对第三方认证机构有什么看法？

A： 整个 ESG 生态系统里的角色主要有企业（信息的披露方）、披露标准的制定机构、信息和数据集成的机构、ESG 研究和评级机构、对披露数据进行审计和认证的机构，以及最终的使用者——投资机构和监管机构等。

我认为第三方认证机构的存在是很重要的。但在这之前有两个前提条件，尤其是在中国市场，需要我们多加关注。第一是披露标准的确定，第二是披露相关法律责任的明确。如果披露的信息没有明确的标准可以遵循，那认证和审计也是无从说起的；或者法律责任没有确定的话，可能出现披露虚假信息的情况。这两个前提条件的确认和明确比第三方机构的认证还重要。只有确定了标准和明确了法律责任，第三方机构的认证或审计才有标准可循，才有说服力。

ESG 披露数据的质量、真实性和可靠性确实非常重要。但由于 ESG 是一个特别庞大的框架和体系，企业要披露的不仅是公司本身的经营数据，还涉及供应链、产品和其他服务等整个价值链条，所有数据的收集和整理是非常繁杂的。

Q： 有研究表明目前还有大量的公司使用手动的方式来收集和处理数据，您对此有什么看法？

A： 中国 A 股市场目前是没有统一的强制披露标准来约束企业的。一部分同时在 A 股和港股上市的公司一般会按照 SFC 的要求进行 ESG 披露，A 股某些特殊行业，如高耗能企业，需要进行部分环境信息的强制披露。但对于大部分企业来说，是没有一个完全标准的披露模板进行参照的。鉴于企业的实际情况、对 ESG 认知和重视程度有所不同，企业愿意投入到 ESG 治理和信息披露的资源也不一样。因此，企业的披露存在披露内容、形式和格式上的差异。基于这样的披露现状，用非人工的、系统性的手段来收集数据其实是非常难的。不可否认的是，人工收集和处理的数据，其准确性、真实性和实时性会偏低。

但是，ESG 数据的自动化收集和处理一定是发展的方向。实际上，鼎力已经在人工智能方面做了大量投入，设计开发了自主知识产权的 AI 工具来收集数据，特别是针对披露比较规范的公司治理信息以及对容易量化评估的碳数据。我认为碳数据的收集一定要自动化，而且要系统化，这不仅可以为企业降低成本，还能最大化保证信息的准确性，也能提高不同利益相关方使用数据的便利性。

Q：目前在 ESG 的三个板块中，环境（E）方面的数据收集相对来说比较容易，因为这些数据可以定量，也可以定性。但是有些板块，例如社会板块（S）的数据在收集和披露过程中，目前还没有比较明确的衡量方法。您对此有什么看法？

A："S"板块数据的收集确实比较难。社会责任方面的标准、指标和数据点是比较难统一和规范的，但我认为各国的指标差别其实也不是很大。比如说员工问题、负责任营销、产品责任、反商业腐败等都是全球共识。另外中国法律重视员工保护、秉持以人为本的理念，其监管力度和关注度是高于很多国际市场的。反商业腐败也一样，从刑法到反不正当竞争法，都有一系列的法律法规来保障。国内在谈到社会责任指标时可能还会涉及扶贫和乡村振兴，这些具有中国特色的指标其实投资人也是非常认可的。我们做了仔细研究后发现，目前国际市场的一些 ESG 披露标准或指南就"S"板块的指标和原则，在中国的立法中其实都有体现。

Q：我们知道鼎力会采取一些 AI 技术和手段来处理 ESG 数据，但是数据的披露是有标准框架的。在 AI 设计过程当中，也有自己的算法。请问鼎力的 AI 算法中有没有一些偏向性？如果产生了偏向性，有没有一些纠错的手段？

A：AI 确实是处理 ESG 数据的一个重要技术手段。鼎力有一个强大的 AI 系统来收集和分析基础数据，但是再强大的 AI 最终都取决于设计系统的人和背后的商业逻辑，这是 AI 系统有效性和相关性的关键所在。

比如说"S"方面的数据，因为目前市场上的披露标准暂未统一，而且披露的形式和内容也参差不齐，有些企业的社会责任报告仅有 3 页，有些有 80 页，在这种情况下 AI 是很难发挥作用的，一定要由专业人士参与收集和判断。

公司治理的数据更合适使用 AI。因为在资本市场相关披露已经比较规范，特别是交易所有一些相应的格式要求，所涉及的因子和数据点都有相应的规则支撑，我们基于明确的披露要求开发出的 AI 系统能比较精准地收集、提取和解析相应数据。

当然 AI 所提取的信息的相关性还是得靠专业人士来进行研判。因此，我们一直坚持对我们的 AI 系统和数据进行反复回测、定期抽查、随时纠正，不断丰富和完善我们的 AI 系统。

Q：**鼎力为多家中国企业提供治理结构方面的解决方案。在您对客户进行咨询的第一阶段，肯定会被客户问到很多有关于 ESG 的问题。请问在最初始的阶段客户通常会问到哪些问题？在执行过程中，主要遇到的瓶颈又是什么？**

A：鼎力致力于为投资机构提供国际水准 ESG 数据和投资策略支持，同时为企业提供整套的低碳工具和解决方案。企业服务方面，第一个常被问到的问题经常是：为什么要做 ESG，或者说为什么开展可持续转型工作。因为企业是一个看重盈利的商业机构，而非慈善机构。

国内的 ESG 发展目前还停留在政策层面，并没有上升到法律法规层面，所以监管合规这个理由有时候未必能说服客户。无法获得长线资本投资这一后果也可能不会构成企业短期内投入成本开展 ESG 工作的推动力，客户可能会说非长线投资人的投资也足够支持企业发展。但如果 ESG 工作是企业最大的客户的要求，不进行 ESG 和低碳工作会影响公司的订单和收益，企业便会立刻执行。所以目前供应链驱动是企业践行 ESG 和低碳发展最大的动力。

另一个经常被问到的问题就是做 ESG 的成本效益如何。企业特别想知道可持续发展或者说低碳对它们的业务有何种贡献、在执行过程中会产生哪些成本。有时候高层认为开展 ESG 工作是好事情，符合国家发展战略，并且也是客户要求的重要部分。但在执行 ESG 行动过程中发现成本较高，这往往就是企业内部推动 ESG 最大的瓶颈。

为实现低碳和可持续转型，在整个价值链里某一个环节所产生的成本，应该如何在这个价值链进行分担，这是鼎力目前和头部机构在研究和探讨的一个问题。

Q：**依据您的经验，哪些企业/行业对于 ESG 特别敏感，哪些企业/行业对 ESG 相对来说比较迟钝？**

A：就鼎力的服务经验来看，早期接触社会责任的一定是大型企业，另一类就是在中国的跨国企业，这些企业的网站上通常都有 CSR 相关的栏目或链接；央企也在强调社会责任，因为它有足够的资源和人力投入到 CSR 相关的工作。关注 ESG 的往往是上市公司。基于投资人和资本市场披露方面的要求，发行主体需要对利益相关方进行披露，所以上市企业在 ESG 方面的认知要比其他未上市的企业更早一些。

从国际价值链看，中纺联在 2004 年就设立了社会责任办公室。因为纺织行业是一个全球竞争的行业，纺织行业的企业在国际的价值链中可能处于大型跨国企业的供应商、代工厂的地位，或者企业本身的产品有很大一部分用于出口;所以,从 2004 年起,中纺联社会责任办公室就开始关注员工问题,近几年来当然也关注碳、产品质量、生产过程规范、员工健康安全等问题,这些都是由国际价值链来传导的。我们选择服务这个行业,也是因为这个行业对 ESG 比较敏感。

碳是广义的 ESG 的一部分。当中国"双碳"目标出台之后,ESG 逐渐变成了落实国家"双碳"目标的抓手,从各级政府、不同行业到不同企业都在关注低碳和可持续发展等议题。但是从宣传到政策落实,再到企业实践还需要时间,所以到底是哪些行业能够做得比较好,也和政策的倾向性有关。

Q:ESG 最近两年风行全球,成为企业社会责任新趋势,欧洲、美国、亚洲的证券交易机构纷纷响应。在这个背景之下我们也听到了不同的声音,特别在美国,有人说 ESG 是一种觉醒文化,也有人指责 ESG 的推动者忽略了信托责任。从 ESG 实践者的角度,您如何看待这些不同的声音?

A:美国"反 ESG"(anti-ESG)的声音我一直在关注。反 ESG 的出现一方面是由于部分投资者认为 ESG 投资过于追求社会效益,而忽略了财务的投资回报。但这个说法其实是没有得到证实的。反而有实证研究表明,从中长期来看 ESG 表现和投资回报是正相关的,因为它帮助企业规避了特定风险。另外,美国 anti-ESG 的出现更多是由于政治驱动,很多州也仅仅停留在政治表态而已,对 ESG 投资的影响其实甚微。目前美国的 ESG 基金在持续发行,而且规模还在迅速扩张。

鼎力致力于做一个 ESG 的实干家,我们希望能够尽自己的能力,对我们服务的金融机构和企业客户提供一些行之有效的 ESG 数据、工具和解决方案,和企业一道做一些对环境和社会有益的事情。

第二节 德勤(中国)

德勤(Deloitte)创立于 1845 年,是国际四大会计师事务所之一,为客户提供审计及鉴证、财务咨询、管理咨询、风险咨询、税务与商务咨询等服务,其客户覆盖了福布斯全球 500 强当中约 90% 的公司。2023 年,其成员机构遍布全球 150 多个国家和地区,在全球共有 45.7 万名员工,全球成员机构收入合计 649 亿美元。

在 ESG 领域,德勤通过业务影响力、运营的环境影响力、社会影响力投资等形式发挥影响。

首先,作为服务机构,德勤主要为客户提供五种类型的服务,包括气候变化与脱碳管理、可持续金融、ESG 报告、可持续供应链、循环经济,并开发了多种数字工具。其一,德勤开发了脱碳管理数字化平台,具备四大板块的功能,即碳盘查、碳排放预测、碳减排和碳中和规划。其二,德勤运用绿色金融管理系统这项数字工具,构建绿色金融智能平台,进行绿色金融业务全线上化管理。其三,德勤还开发了 ESG 数字化管理平台,其功能模块包括 ESG 数据列表、ESG 任务管理、ESG 数据管理等,并提供 ESG 咨询服务,包括 ESG 战略、ESG 信息披露、ESG 报告鉴证等。其四,德勤为客户提供可持续供应链相关的服务,包括可持续供应链战略、供应链重构、可持续供应链审核、绿色税务等。其五,德勤还提供循环经济相关的服务,并开发了运用物联网等技术的"勤碳""双碳"智慧管理系统。

其次,除了通过业务发挥影响,德勤还注重在自身运营的过程中贯彻可持续理念,践行绿色低碳运营。以德勤(中国)为例,它通过打造绿色办公场所、减少废弃物排放、推动无纸化办公、倡导绿色出行、开发德勤(中国)碳中和管理工具等方式来履行气候承诺,实现可持续、负责任发展。截至 2023 财年末,德勤(中国)共有 11 处办公场所获得了 LEED 认证。它与专业供应商合作,回收处理办公室废弃物。2023 财年,德勤(中国)在办公场所回收了 2 208 千克的塑料和 54 702 千克的纸制品。

再次,德勤还通过直接进行社会影响力投资的方式来承担社会责任。德勤承诺未来 10 年内将在全球范围内进行超过 30 亿美元的社会影响力投资,开展教育与技能培训项目、人道主义援助等。并且,2022 年德勤还在欧洲和拉丁美洲成立了德勤健康公平研究院,协同位于美国、非洲和印度的健康公平研究院进行跨部门合作、研究活动和慈善投资。另外,德勤还在组建全球范围内最大的可持续发展经验网络之一,与领先的学术、政策机构、商业组织合作开展研究。2023 财年,德勤(中国)的社会影响力投资总额达到了 3 415 万元人民币。它开展了"智启非凡"计划,2023 财年共开展了 22 个公益项目,提供了乡村教师专业技能发展、乡村儿童阅读能力提升、农业生产经营人才知识学习、卫生健康人才能力培养等多个领域的培训,已让 550 万人从中受益。此外,德勤(中国)荣登 2022 中国企业志愿服务品牌榜前十强,意味着它在这一领域获得了认可。

总而言之,德勤作为在审计、财务咨询、管理咨询等业务领域有丰富经验,在企业数字化领域有专业积累的服务机构,通过提供多种 ESG 相关的业务、开发多样化的 ESG 管理工具的方式,充分发挥业务影响力,促进可持续发展。此外,德勤还关注自身运营的环境影响,并通过直接进行社会影响力投资的方式推动社会可持续发展。那么,根据德勤的经验,中国企业在 ESG 管理方面面临着哪些难题? 企业应该如何建立 ESG 治理结构? 请看下文对德勤中国华北区主管合伙人、德勤(中国)社会影响力主管合伙人王拓轩的访谈。

? 思考题

1. 请阅读访谈记录,并结合本书其他案例思考:可持续发展转型可能会为你所在的领域带来什么样的潜在商机?

2. 在 ESG 领域的客户需求浮现时,德勤充分发挥了自己的哪些原有优势?

■ 参考资料

[1] 卓越表现 源于专业——德勤 2023 财年全球营收再创历史新高,2023-9-7,德勤官网,https://www2. deloitte. com/cn/zh/pages/about-deloitte/articles/pr-global-revenue-announcement-2023. html

[2] 德勤官网介绍,https://www. deloitte. com/global/en/about. html

[3] 德勤在中国 - 追溯 1917,https://www2. deloitte. com/cn/zh/pages/about-deloitte/topics/creating-value/deloitte-journey-in-china. html

[4] 德勤与北京农学院联手打造低碳循环农业示范项目,助力平谷区农业绿色发展,2022 - 07 - 25,https://www2. deloitte. com/cn/zh/pages/about-deloitte/articles/dtt-joins-hands-with-beijing-agricultural-college-promote-green-agricultural-development-in-pinggu. html

[5] 德勤中国 2023 财年社会影响力报告,https://www2. deloitte. com/content/dam/Deloitte/cn/Documents/about-deloitte/deloitte-cn-2023-social-impact-report-zh-230829. pdf

---

德勤中国华北区主管合伙人王拓轩:
ESG 信息披露难题集中在数据的可用性、可比性、可靠性三方面

用公共产品扩大社会溢出效应

Q: 请您介绍一下自己,以及您在德勤主要负责的板块和您在 ESG 方面的经验。

A: 我现在有两个角色,一个是德勤中国华北区的主管合伙人,同时,我也是德勤中国社会影响力的主管合伙人。德勤在全球范围内承诺要把每年净利润的3％拿出来做社会影响力方面的项目。德勤中国公益基金会 2015 年在重庆成立的，主要有两个大的项目，一个是用 10 年时间为国家培养 1500 万名乡村振兴的人才的"智启非凡计划"，一个是长期达到净零排放的智护地球计划。

智启非凡计划已经启动了 20 多个项目，影响面达到 550 万人。其中，"青椒计划"是我们和友成企业家乡村发展基金会合作的项目，以互联网培训的方式帮助乡村青年教师提升教学水平。全国每年大概有将近 3 万位老师在这个平台上学习怎么教语文、数学、体育等课程。

智启非凡计划的另外一个项目是跟歌路营基金会合作的"一千零一夜"。这个项目是帮助那些很早就住校的孩子解决心理问题。根据调查，农村较高比例（66％）的孩子有情绪问题，甚至个别儿童有自杀倾向，校园霸凌等问题的出现也导致部分孩子晚上睡眠质量有问题。

我们就支持歌路营基金会在全国不少农村学校的宿舍装小广播，每天晚上8 点会播放 15 分钟的睡前故事。这些故事的一部分是德勤的员工写和朗读的。类似的还有医护人员计划等。这些各个社会影响力的活动加在一起，我们一共影响了近 550 万人，这个数字做过排重，而且有独立审计。

Q：　德勤参与建设可持续发展经验网络，并与利益相关方共同分享成果。它似乎是一种类公共产品，并注重面向社会的溢出效应。可否介绍"可持续发展经验网络"情况，特别是它的设计思路？

A：　德勤的可持续发展与气候变化服务是全球范围的。我们帮助客户重新规划策略，实施可持续运营，满足税务、信息披露和监管要求，并加速组织结构和价值链的转型。我们致力于打造全球最大的"可持续发展经验网络"（也叫作"可持续发展经验共享社群"）。在 2022 年 4 月，德勤宣布向客户相关服务、数据驱动型研究以及资产和服务能力投资 10 亿美元。

德勤的"可持续发展经验共享社群"，重点是分享丰富的知识和经验，解决复杂问题，涉及气候变化、人权、道德与行为，以及资源管理等领域。我们建立了全球性的网络，在逾 162 个国家与环境科学家、经济学家、律师和战略顾问等多学科团队合作，提供全方位的支持，汇集行业领袖和专业人士，推动合作和召集力，同时我们也承诺通过智护地球计划做出负责任的气候选择。

另外，德勤还设立了德勤可持续发展进程中心（DCSP），与领先的学术机构、政策机构、商业组织和政府机构合作。我们以结果导向的领先理念、数据驱动型分析和责任报告为核心,引领企业和组织在可持续发展之旅上前行。

四大类企业最关注脱碳话题

Q: **德勤目前提供脱碳管理的咨询服务。具体帮助企业在脱碳方面做出哪些举措?哪些企业特别关心脱碳行动?可否提供成功与失败的案例各一例?**

A: 德勤的脱碳管理服务帮助客户全面了解自身状况,降低碳排放量,并实施脱碳行动。通过这样做,我们能帮助客户将风险可视化、优化战略并抓住机遇。

德勤协助客户开展的举措包括这么几个方面:

第一,采用国内外主流、权威、通用的温室气体核算标准和工具进行碳盘查,编制碳盘查报告。

第二,结合企业现有的地理分布、业务板块、上下游产业分布、利益相关方沟通以及未来的业务发展规划等,评估 IPCC 不同情景下,气候变化造成的实体风险和转型风险。

第三,德勤协助企业制定符合科学碳目标要求的碳减排目标,指导企业完成目标设定的整个过程。

第四,基于企业碳排放现状和对未来的预测,协助企业编制碳中和整体规划,包括设定基准年、制订减碳目标及实施计划、制定与减排相关的分解目标,并制定详细的减排实施方案。

第五,德勤为管理气候风险和报告气候风险提供量身定制的综合解决方案。

第六,德勤协助企业搭建脱碳管理系统,协助企业完成碳排放监控与管理,从而提高信息可靠性,降低人工成本,增强数据安全性。

从德勤的经验来看,尤其关注和实施脱碳行动的企业主要包括四类。首先是大型跨国公司,这些公司通常面临全球的利益相关方、政府和投资者带来的压力,他们期望跨国企业承担更大的责任,采取更有力的脱碳行动。

其次是高碳排放企业,在中国,高碳排放的企业通常包括能源企业、工业与制造型企业、交通运输类企业,这些企业由于其自身运营的高排放面临着更大的减排压力。

然后是消费品企业,由于当前的消费者越来越倾向于对于环境影响更小的产品,那些直接面向消费者的品牌往往更关注脱碳行动。

当然还有绿色技术或可再生能源型企业,这类企业的核心业务就是提供绿色解决方案,它们也往往更注重自身运营的脱碳行动。

这里我谈一个成功案例。钢铁行业是典型的重碳排行业。我们有个客户是国内的龙头钢铁企业，正在探索碳中和路线，尤其是在生产制造环节中采用多种节能提效举措，推广数字化能效管理系统，实现全流程能源效率的可视化和可追踪等。这家企业的低碳转型实践已经成为行业的标杆方案，在满足监管侧压力的同时，前瞻性的转型布局也带来了更广泛的价值链合作机遇。

但是，当企业的脱碳策略受到怀疑时，一些投资方可能会选择撤资或者减少投资。例如近年来，某些大型机构投资者开始重新评估其对化石燃料公司的投资，尤其是在美国、欧盟等国家的多家知名投资机构都宣布了减少或摒弃某些化石燃料相关的投资决策。

ESG 的量化、管理以及鉴证存在难题

Q：当下 ESG 应该被视为一个重要的价值杠杆，但量化 ESG 风险和机遇仍然非常复杂，缺乏可比数据使难度进一步加大，ESG 的大部分领域仍然处于摸索阶段。目前中国企业在 ESG 管理方面还面临着哪些难题？国内上市公司目前在进行 ESG 信息披露时存在哪些待改进的问题？

A：从中国企业 ESG 管理现状来看，主要面临三方面的难题：第一，ESG 和可持续发展不仅是披露和监管要求，也是企业商业模式和战略核心，但是有些企业还是将 ESG 披露看作是一个合规问题，缺乏动力去探索它们所处的领域可持续发展转型的潜在商机。第二，ESG 话题往往局限于信息披露团队。企业管理层、董事会和企业高管均需充分理解 ESG 的内涵。有效的企业治理对于将可持续发展责任嵌入到企业运营模式中，确保其 ESG 信息披露的真实性很重要。第三，在全球 ESG 信息披露趋严的情况下，企业在面临大量信息和复杂的报告要求时，通常会感到不知所措。企业更需要一套管理体系来促进 ESG 能力建设、ESG 信息收集和 ESG 管理提升。

国内上市公司目前在进行 ESG 信息披露时存在的问题，主要集中在数据的可用性、可比性、可靠性方面。

首先，目前部分 ESG 信息披露报告，定性的政策、举措、案例等描述较多，可以用来衡量企业 ESG 绩效的关键定量指标占比较小。

其次，对于所有利益相关方来说，最重要的特征是透明度和可比较的数据，这对于做出决策和进行组织比较至关重要。目前很多企业往往是朝着对自己有利的方向选择性地披露，投资者和其他信息使用者很难在企业之间进行比较。

最后，在数据的可靠性方面，一种情况是企业看似提供了大量数据，但有效

信息过少而让利益相关方感到不知所云,对数据的可靠性产生怀疑;还有一种情况则是某些企业选择性披露相关内容,但偷梁换柱式的披露,以及缺乏对企业的可持续发展做出公平合理的评判,很可能会导致人们产生"漂绿"的印象。

Q：为了让 ESG 数据质量得到提升,不少公司也提出了对 ESG 数据进行鉴证,这成了一项蓬勃发展的新业务。可否介绍一下这个鉴证服务的具体方式？德勤在执行 ESG 鉴证服务时是怎么样确保 ESG 数据质量或者准确度的？

A：德勤基于客户的委托,为客户 ESG 报告中选定的 ESG 指标提供鉴证服务。德勤对于 ESG 指标的鉴证,主要基于 ISAE 3000 的规定。ISAE 3000 是当前 ESG 指标鉴证应用最为广泛的国际鉴证标准之一,分为合理保证鉴证和有限保证鉴证。

有限保证鉴证业务所实施的程序的性质和时间与合理保证鉴证业务有所不同,范围小于合理保证鉴证业务。我们的鉴证工作包括识别选定的 ESG 指标可能存在重大错报的领域。我们设计和执行鉴证程序以应对这些识别出的领域,并获取相应的证据。我们执行的鉴证程序取决于我们的专业判断以及对鉴证业务风险的评估。

Q：ESG 数据披露之后有哪些应用场景？

A：企业的 ESG 数据披露,主要是用于内外部利益相关方了解公司环境、社会和治理三方面的表现,从而影响内外部利益相关方相关的决策制定。通常来说,典型的 ESG 数据披露后的应用场景包括以下几个层面。

首先,监管机构、资本市场往往要求企业按照相关的监管要求或者指引,公开披露其 ESG 信息。同时,越来越多的机构和个人投资者参考 ESG 数据来决定投资策略。他们可能更偏好那些在 ESG 方面表现良好的公司。信用评级机构也会参考 ESG 评分来调整公司的信用评级。另外企业可能会通过 ESG 披露信息,考察供应商的 ESG 表现,确保其供应链的可持续性。最后,ESG 数据披露还会不可避免地影响消费者选择和企业声誉和品牌建设。

Q：ISSB 2023 年 6 月发布了国际可持续披露准则,国际证监会组织(IOSCO)也正式认可了这一标准。ISSB 的标准出台意味着什么？企业,尤其是中国的企业,应该做好哪些准备？

A：我想先介绍一下 ISSB 成立的背景。随着可持续性问题对企业创造价值的影响越来越明显,投资者和利益相关方希望在主流企业报告中看到与企业价值创造相关的 ESG 信息的披露。许多区域和国际组织制定了相关的可持续发展框架和标准,但由于各报告框架侧重点不同、所针对的受众群体不同,现行的可持续发展相关报告无法全面客观地反映企业经营的社会外部效益,尤其是如何将可持续发展信息反映到财务指标上。

在此背景下,国际财务报告准则(IFRS)基金会成立了国际可持续准则理事会(ISSB),将基于多年来积累的高质量国际财务报告准则制定经验,立足现有可持续标准基础,致力于建立一套通用的国际可持续报告准则,以体现价值创造为重点,更好地反映可持续发展对企业财务的短期、中期和长期影响,支持投资者和利益相关方决策。

2023 年 6 月 26 日,国际可持续准则理事会(ISSB)正式发布了首批两份国际财务报告可持续披露准则的终稿,标志着全球可持续披露迈入新纪元,一致、可比的全球可持续信息披露取得具有历史意义的重大突破。

紧跟着,7 月 25 日,国际证监会组织(IOSCO)发布声明,表示认可国际可持续准则理事会(ISSB)发布的首批两项国际财务报告可持续披露准则。IOSCO 鼓励各成员结合所管辖市场的情况,考虑实施 ISSB 准则的方式。IOSCO 的认可有助于推动各地区采用或使用国际财务报告可持续披露准则。

总体来看可持续披露是大势所趋,而 ISSB 可持续披露准则定位于全球基准准则,我们建议企业不应低估可持续信息披露带来的挑战,而应提前储备可持续信息披露能力。

这个过程中,首先,企业要注意,可持续披露既是挑战,也是机遇,企业要主动确保准则一旦适用,就能够高效、高质量地进行可持续信息披露。其次,对于多地上市、有跨国分支机构或处于全球价值链上的企业而言,应对可持续信息披露的挑战尤为紧迫。

基于相关资本市场或经营所处的国家或地区的可持续披露准则要求,企业需要进行相应的可持续披露,或者某企业需要遵循相应的可持续披露准则要求,则处于其价值链上的企业也可能根据要求(作为该企业的范围 3)需要提供可持续相关信息或数据。建议此类企业,应立即熟悉相关的可持续披露准则要求,了解和研究企业自身的适用性,评估潜在影响,提前规划和建立满足准则要求的可持续披露方案。

Q: 随着人工智能的发展和应用,无论类别还是数量,数字化管理工具都出现了大爆发。德勤作为一家专业服务机构,在一线助力企业应对可持续转型过程中的各种挑战。德勤提供了哪些助力企业可持续转型和 ESG 管理的工具和方案?

A: 德勤基于中国整体市场环境,以及市场核心关注的主题,在助力企业可持续转型方面,聚焦气候变化与脱碳管理、可持续金融、ESG 报告、可持续供应链、循环经济五大领域,提供了 15 项细分领域的服务方案。例如,端到端的脱碳管理服务,贯穿投前、投中、投后全流程的 ESG 投资服务等。

此外,针对上述五大领域,德勤对应开发了领先的数字工具,例如在气候变化与脱碳管理领域开发了 D. Climate 模型,脱碳管理数字化平台等;在可持续金融领域,开发了绿色金融管理系统;在循环经济领域,开发了勤碳-园区"双碳"智慧管理系统。还有值得一提的是,德勤首次发布了德勤中国 EEIO(Environmentally Extended Input-Output)碳足迹因子库,可用于产品碳足迹、价值链碳核算、金融机构投融资碳核算等领域,弥补了中国 EEIO 因子缺失的问题。

积极推动 ESG 系统向价值链普及

Q: 在我们采访和调研中发现,可持续供应链中,头部企业,特别是链主企业,正积极推动 ESG 系统向价值链的普及。一个伴生现象是,链主企业可以通过 ESG 管理体系,尤其是供应商的管理体系,强化生态伙伴对自己的友好依附,增强控制力,提高链主的市场竞争力。对此,德勤的观察是怎样的?

A: 德勤的观察也是如此。由于 ESG 的重要性在全球范围内日益增强,消费者、投资者和利益相关方都越来越关注企业的 ESG 表现。因此,为了满足期望,领先企业,尤其是链主企业,在实现自身运营的碳中和的基础上,凭借自身价值链链主的角色,带动产业链上游下游的协同减排。

比如说,领先企业逐渐强化对供应商的低碳环保要求,包括推动清洁电力应用、低碳材料使用及工艺改造等。我们也观察到部分领先企业凭借其链主地位,通过输出自身减碳逻辑及能源管理解决方案、打造低碳产业园吸引供应商入驻等方式,持续强化与供应商的战略绑定关系。对于下游企业,领先企业正探讨将低碳解决方案纳入到新的业务组合中,丰富新的价值主张。例如,某领先的商用车主机厂正协同其物流客户,定义低碳产品评估标准,向下游大型客户传达一致的低碳价值主张,进行市场培育。

总体来说,链主企业通过推动 ESG 系统向价值链的普及,可以强化与生态伙伴的关系,提高自己的市场竞争力。这种模式可能会在未来进一步发展和普及。

Q：　可持续发展也为全球制造业带来新课题,即如何加强后市场服务,把产品生产、消费和回收的碳足迹全过程管理起来。德勤在这个方面有什么思考和实践?

A：　推进工业节能降碳,深入实施绿色制造是我国实现"双碳"目标的重要举措之一。目前制造行业正在经历一场以可持续发展为核心的变革。在这个背景下,德勤基于在制造行业的服务经验、专精积累和领先洞察,发布了《可持续制造——从愿景到行动》报告,探讨了可持续制造为制造行业带来的机遇。

为此,我们重点着眼于五大可持续制造可助力大幅完善整个制造价值链的主要影响领域,主要包括:(1)工程方面,在产品设计过程中,小的修改和大规模改造都能降低成本并减少浪费;(2)采购方面,可持续性、替代性材料的道德选择和采购变得越发重要;(3)生产方面,通过提高运营效率、利用智能技术、使用绿色能源来打造未来工厂;(4)运输方面,在运输和交付过程中,供应链重构和去碳化工作正在使贸易路线合理化并有助于减少碳排放;(5)后市场方面,向循环经济模式的转型有望改变产品的设计、生产、销售、使用和处置方式。

此外,我们还通过真实案例分享介绍了制造商们如何引领可持续制造转型以及为开展可持续制造旅程所采取的战略。截至目前,制造行业已在可持续制造方面取得了长足的进步,但还远远不够。只有通过全行业的共同努力,承认变革的必要性,制造商才能开始全面显著地推动环境改善。

Q：　虽然 ESG 是一个议题覆盖面很广的话题,但是实际上很多企业却往往更倾向于关注减碳议题,而忽略了其他的一些重要议题,比如生物多样性,以及"S"维度的各种议题,对此您有什么看法和建议?

A：　大部分企业 ESG 会侧重于环境维度,跟中国监管的历史沿革有关。中国在环境维度的法律法规政策相对出台最早,也相对最全面和最完善,而且环境方面的监管仍在不断升级和加码。中国的"双碳"目标的提出,带动了各行各业的企业和所有民众都开始关注低碳话题。

每年召开的联合国气候大会的进展和成果,也逐渐引起人们的讨论和关注。每隔两年召开的联合国生物多样性大会,由于中国作为第十五次缔约方会议的主席国,对于生物多样性的话题在中国的关注度和热度提升也起到了很大的推动作用。

在我看来，对于企业而言，"E""S""G"三个维度，"G"是前提，如果没有治理，就谈不上"E"或"S"披露。治理是实现透明度的前提、基础和依据。有效的企业治理对于将 ESG 嵌入到企业商业和运营模式中，以及确保其 ESG 信息披露的真实性至关重要。

董事会首先应确定其治理架构、政策和做法，为监督问责制和对可持续性的战略聚焦提供框架。在"E"和"S"维度，则需要基于企业所处的行业特性、地理位置、社会环境等因素，识别和判定企业在 ESG 方面的实质性议题都有哪些。这里要考虑企业对环境、利益相关方产生的正面和负面影响，以及环境和利益相关方对企业经营和财务状况的正面和负面影响等维度，决定该企业自身的在"E""S"方面的实质性议题，从而合理分配关注度。

Q：您认为一个好的 ESG 治理结构应该是什么样的？

A：ESG 涉及的因素和领域非常广泛：一方面，往往需要自上而下的机制，由高级管理层来推动；另一方面，ESG 需要很多跨部门的协作和贡献。基于我们的研究和分析，ESG 表现好的企业，其 ESG 治理结构往往包括：董事会设立专门的 ESG 委员会，负责监督 ESG 策略的制定和执行，确保 ESG 问题在最高决策层面得到充分的重视。

制定和任命一位高级管理层，作为首席可持续性发展官或同职位，直接向 CEO 或董事会报告。ESG 策略的实施需要多个部门的协同工作。由公司管理层组成的 ESG 管理委员会或者相应的组织则能很好地承担该职责。ESG 管理委员会负责组织和制定公司 ESG 愿景、策略、政策，并推动落实；审视 ESG 主要趋势、风险及机遇；审阅公司 ESG 信息披露资料；召开 ESG 专题会议；等等。

绿色金融需加大向"棕色"产业倾斜

Q：可持续投资快速增长，可持续金融或绿色金融的形式多种多样，问题也层出不穷，特别是以绿色金融标签推出的金融产品。以您的专业视角，目前可持续金融的问题有哪些？怎样管理？

A：传统的绿色金融框架更注重于支持清洁能源、污染治理、生态保护等绿色的项目。实现"双碳"目标，除了发展满足"绿色"的产业，还需要包括发电、石化、化工、建材、钢铁、有色等传统"棕色"产业的低碳转型。这些传统高碳产业，往往是重资产运营，完成转型升级的新设备、新技术和新模式需要大量的资金投入，但在实际融资过程中，由于其资产负债率过高、面临的技术风险较大等原因，较难获取金融支持,有的外资金融机构甚至将煤电企业列入"禁止融资"名单。

因此,转型金融作为传统绿色金融概念的延伸和拓展,主要指对于"棕色"产业和碳密集产业低碳转型的金融支持。金融业在服务国家"双碳"目标的进程中,建议借鉴发展传统绿色金融的成熟经验和做法,探索形成转型金融的特色模式,以更好地支持高碳行业低碳转型,最终实现"双碳"目标。

Q：**ESG 在并购业务中的应用面临难以评估、"漂绿"、地区差异、重复计算、不透明性等诸多挑战。德勤建立了一套端到端的并购方法论（ESG Value Focus®）,可否介绍一下这个方法论,以及这个方法论的关键成功因素是哪些?**

A：对 ESG 的广泛重视正推动着私募股权基金和企业迫切转变其核心战略。在可预见的未来,在并购中加入对 ESG 的考量将是促进企业成长、提升竞争力和获得低成本资本的重要手段。当下 ESG 应该被视为一个重要的价值杠杆,但量化 ESG 风险和机遇以及对目标公司进行评估仍然非常复杂。

德勤研究发现并购交易中面临的 ESG 方面的挑战是多重且复杂的,例如："漂绿"——夸大或未经证实的环保方面的成就;"定性披露"——缺乏明确的财务价值;"标准和基准"——制定者众多,但关联性有限;等等。

因此,为了应对与 ESG 相关的多重复杂性,德勤开发了端到端的 ESG 并购框架体系,即 ESG Value Focus®,从并购战略、交易发起到尽职调查、交易公告和整合,再到交易完成后的长期价值创造方面为企业提供指导。其主要考虑方面包括:(1)企业需要将 ESG 融入长期战略中;(2)量化风险和机遇势在必行;(3)有效的整合可促进并购的有效执行和企业长期价值创造。此外,德勤基于"领导力、事实调查、对话、基线、一致性、执行、路线修正"七个关键成功要素,构建了 ESG Value Focus® 端到端的解决方案。

Q：**对于企业而言,有哪些必要的动作能够帮助它们提升 ESG 评级?**

A：上市公司的 ESG 信息在国际向来被资本市场重视,并已经发展出较成熟的 ESG 投资及评级体系,而伴随 A 股"入摩",国内对 ESG 评级也呈现出越来越关注的大趋势。ESG 评级的高低亦成为了衡量企业绩效的新指标。目前国际上较知名的 ESG 评级机构包括 MSCI、RobecoSAM、CDP、富时罗素等。

在企业回应及提升 ESG 评级方面,建议上市公司应主动学习并了解 ESG 主流评级要求、指标内容、评级流程与回应方法,并与自身 ESG 管理及信息披露现状进行对比,并提前梳理完善,加强内外部 ESG 沟通。一方面要与投资者、股东等重要利益相关方就 ESG 事宜进行沟通,努力在沟通过程中赢得利益相关方的理解、认同和支持;另一方面是需要与评级机构保持沟通,实时了解资本市场 ESG 动向,以更好地回应评级要求,提升 ESG 管理水平。

企业需要建立健全 ESG 组织管理架构,将可持续发展理念融入公司运营和管理,探索符合自身特色的 ESG 管理实施路径和载体,促使企业 ESG 理念、战略规划等落到实处、产生实效。企业要有针对性地进行 ESG 信息披露,根据业务特点,识别自身 ESG 实质性议题重点披露,披露的信息需要覆盖当地政府或交易所相关规则要求,同时应考虑主流 ESG 评级中关注的指标,有针对性地满足合规要求及评级指标要求。

Q: **目前,市场上对 ESG 人才求贤若渴。围绕可持续发展的"绿领"人才非常短缺。德勤有没有遇到类似的问题?你们如何看待和解决 ESG 人才暂时短缺的现象?**
A: 在我们看来,ESG 不是独立的,而是跨学科、融会贯通的学科领域。面对 ESG 人才短缺的现象,我们从内外部采取相关的举措,打造专精业务和研究团队,成立了可持续发展与气候变化事业群,整合跨部门资源和专业能力。

2021 年成立可持续发展与气候变化研究院,分享前沿行业洞见、深化生态圈合作,并且为客户提供端到端的解决方案。

2022 年收购可持续咨询机构低碳亚洲大部分业务,共同组建德勤低碳亚洲团队,进一步提升德勤可持续发展服务能力和规模。

德勤始终坚持赋能人才,2022 年 9 月德勤(中国)推出了首个由咨询机构推出的在线 ESG 知识平台德勤研修 App 的 ESG 频道,联动 ESG 学界与商界领袖,一站式分享活动资源、领先洞见、专业课程,以专业知识赋能人才、共建生态,助力各界可持续转型。

第三节　明　泽　投　资

安徽明泽投资管理有限公司(以下简称"明泽投资")于 2014 年在安徽合肥注册,注册资本为 2 118 万元。2015 年,明泽投资取得私募证券投资基金管理人牌照。2017 年,明泽投资选择以环保行业作为投研切入点,深耕产业投资。其创始人马科伟在环保行业的实业工作经验——包括污水处理、燃气改造、水固废、火电等领域——对于明泽投资向这一行业进军大有裨益。经过近十年的发展，明泽投资目前是中国证券投资基金业协会观察会员，安徽省私募基金业协会理事、副会长单位，并连续获得了中国证券报评选的三届（第十二届、十三届、十四届）私募金牛奖。此外，明泽投资还获得过中国基金报评选的 2022 中国私募基金英华奖、证券之星最具潜力私募管理人奖、私募排排网 2022 年三年期中国私募基金经理十佳等荣誉。

作为一家私募投资机构，明泽在内部管理和外部投资两个主要方面都注重践行 ESG 的理念。对内，明泽投资的 ESG 实践主要体现在注重公司治理这一点上。对外，明泽投资的 ESG 实践主要体现在用 ESG 的标准选择和评价投资标的、在环保和绿色金融领域投入研究并输出相关的智力成果、承担社会责任提升公众金融素养等多个方面。

首先，明泽投资高度重视自身的公司治理。鉴于私募管理行业的商业模式基础为受托管理，它以"信用、责任、危机、奋进"作为企业发展的宗旨，确立了公司治理为根、合规第一为本、专注专业、极度求真、极度透明的原则，尤其重视风险管理工作。作为治理的保障，明泽投资在董事会下设风险控制委员会，监管风控中心，独立履行合规管理、风险控制的职能。风控管理中心无差别参与公司业务全流程，并且风险控制委员会对于投资决策具有一票否决权。另外，明泽投资也关注自身的数字化转型，自主研发了明泽信息管理系统、明泽交易信息管理系统，通过科技赋能，提升自身实力。

其次，在投资标的公司的选择上，明泽贯彻了 ESG 的理念。一方面，明泽长期跟踪和关注环保新能源、绿色金融、消费升级、高端制造、医药生物与健康五个行业。2019 年，明泽投资的研究就已经覆盖了全市场 90% 的环保企业，并且能够做到持续跟踪，在私募行业的碳中和以及 ESG 领域的研究都处于国内领先地位。根据明泽投资 2022 年社会责任报告，截至 2022 年 12 月，明泽已累计直接投资环保上市公司超过 2 亿元人民币。另一方面，明泽的投资策略核心为"三个对象＋六大元素＋一票否决＋ESG 全流程评价"，将 ESG 作为公司研究和投资体系的重要指标。三个对象为"趋势、趋势的偏离、结构"；六大元素包括"行业和公司、流动性和投资者情绪、盈利增长及结构、估值、政策、周期"；而"一票否决"则指的是明泽投资建立的负面清单，其中包括 ST（Special Treatment，财务状况或其他状况异常）公司、有过造假历史的公司，上市公司会计师事务所两年内频繁更换，公司会计师事务所有多次严重作假史，上市公司实控人有不良嗜好等。显而易见，这些负面清单要排除的公司，与 ESG 理念提示的治理水平存在不足的风险企业也是吻合的。

再次,在投资研究和行业研究方面,明泽投资在环保、绿色金融、碳中和等领域投入了持续的努力,并且输出了丰富的智慧成果。2019 年,明泽形成了"1＋N＋M"的投研体系,通过自我培养,引入资深基金经理和独立研究员,与高校或专业领域研究的三方独立机构建立投研合作等方式,提高研究的效率和质量,使得投资更加稳健。根据明泽投资 2022 年的年度总结报告,公司全年共发布了自主撰写的《明泽观察》51 篇,《明泽早报》191 篇,专项投研报告和自主研报252 篇;截至 2022 年,明泽已经累计发布碳中和相关主题的 19 篇《明泽观察》报告,并进行了 40 余场碳中和主题产品投资策略路演。

最后,作为资产管理行业的从业者,明泽投资承担社会责任,推广投资教育,着力提升公众的金融素养。明泽投资积极响应了中国证券投资基金业协会的号召,通过微信公众号、抖音号、线上投教活动等形式,科普私募基金基础知识、违规案例、证券投资基础知识,并且结合法律法规,多层次、多角度讲解私募基金及证券投资的相关风险,力图提高投资者的认知能力、选择能力、资产管理能力。

总而言之,明泽投资深耕环保行业,并将 ESG 的理念融入对内的企业治理和对外的投资当中,在环保、碳中和、ESG 等领域都有独到的见地。那么,明泽投资如何构建自身的环保知识体系和人才梯队? 对于近几年在环保行业的投资机会有什么样的看法? 从投资方的角度,又具体选择了哪些指标来对企业进行 ESG 全流程评价? 请看下文对明泽投资董事长、创始人马科伟的访谈。

? 思考题

1. 明泽投资的商业模式中,有哪些主要的利益相关方? 明泽的 ESG 实践是否让这些利益相关方获益?

2. 作为投资机构,明泽有哪些和 ESG 有关的标的选择标准? 这能给希望获得投资的企业什么样的启示?

■ 参考资料

[1] "明泽投资马科伟:顺势而为 专注笃定",中国证券报,2022-11-14,https://www.cs.com.cn/tzjj/jjks/202211/t20221114_6307756.html

［2］"明泽投资|研究发掘价值,专业创造财富",招商证券智远理财,2021-09-24,https://mp.weixin.qq.com/s/8j_zdD4arqcZHHpl6AOf0g

［3］"明泽投资马科伟:投资于擅长 专注才专业",证券日报网,2021-12-15,https://www.zvsts.com/article/news/1/4e347ffffe8242d238d7bb1d52120000.html

［4］"明泽资本 2022",明泽资本公众号,2022-12-31,https://mp.weixin.qq.com/s/mGdRiftGmZqh6aVN_vURug

［5］明泽投资官网-2022 年社会责任报告,http://www.mingzetouzi.com/website/w/h?mt=1&mc=72412407&cc=2745879

［6］"明泽投资董事总经理接受金牛奖颁奖专访",明泽资本公众号,2023-09-29,https://mp.weixin.qq.com/s/CXvSeXSeacEZOeO0xu_ElQ

马科伟:
没有时代条件,我们不可能去做绿色投资的大事情

Q：**绿色环保行业是明泽的重点投资方向,您过去也有环保行业的从业经历,并受惠于此。不过,后期加入的团队成员不一定都有环保实业经历。明泽是如何帮助整个团队建立绿色环保的知识体系和能力的?**

A：首先,团队的核心成员是有实业经历的。在我们创业之初,原来环保公司的两位同事也加入了明泽。到今天他们还一直陪伴着明泽。最初的领导班子在环保行业的经验,也潜移默化影响了之后公司的框架设计、制度运行以及日常生活。比如,我们都没有使用塑料袋的习惯。

其次,我们与时俱进,就 ESG 发展趋势,做出人才选择和培养上面的布局。我们这个行业本身的人员就不太多,明泽的管理规模和人数已经比行业平均水平多了两倍。出于对长期规划和治理的需求,我们在组织架构的设计上确实做了一些和 ESG 相关的布局。比如我们在提拔高管时会比较注重他们的价值观。在面试阶段,我们就会询问是否认可环保和节能的理念,同时强调明泽追求的是长期利益。从入职阶段开始,明确告知高管的职责和履约义务。如果他们不认同这个理念,明泽也就不会选择。

再次,我们注重对标行业先进。我们认为成就是要站在巨人的肩膀上才能实现的。明泽的新人站在我们的肩膀上。我们也是继承行业先进,包括像贝莱德、桥水基金等的可持续核心理念,学习和吸纳它们的优秀经验来获得成就。

Q： 刚刚您谈到的是在人事招聘环节上，强调价值观和理念的合一。明泽在打造绿色金融的投资团队方面，有没有特别的人事培养战略？

A： 2019 年，明泽形成了"1＋N＋M"的投研体系。"1"是以专注专业的投研精神为核心；自我培养和外部引进相结合的 N 位资深基金经理、独立研究员和研究端口培养体系；M 则体现与多家一流的大中型证券研究所、财经高校、专业领域研究的三方独立机构建立投研合作，不断积累的投研数据支撑及丰富的外部专家委员会资源，使得研究更高效，投资更稳健。

另外，我们有很好的股权激励措施。只要入职满两年、评测优秀的同事，我们都会给予股权激励，让大家明白参与到公司管理，把制度体系做好才是公司能长远发展的基础。

在企业治理的过程中，我们强调中国属性，例如爱国和孝道。爱国，因为明泽的成就是一个大时代的产物。没有时代条件，我们不可能去做绿色投资的大事情。传统的孝道是信誉的坚实基础，我们这个行业的根本也是信誉。实践中，我们把诚信融化到明泽资本私募管理的五星原则。这样，原则与实践就结合在一起。

随着明泽业务板块的扩张，越来越多的新同事加入到这个大家庭里，对所有员工在核心理念上的培训工作我们也一直在加强和完善。

明泽的投资策略核心是"三个对象＋六大元素＋一票否决＋ESG 全流程评价"。

明泽选择重点投资环保节能板块。环保节能的下游是一种工艺的重整，需要高端制造去做支撑，它的两翼消费行业也是很大的市场。

通常情况下我们通过负面清单来确保自身的安全边界，比如我们不碰实控人有诚信作假记录的上市公司，或者这个公司属于高污染行业。因此，明泽目前的投资行业包括 5 个：环保新能源、绿色金融、消费升级、高端制造、医药生物与健康。除此之外的行业，我们暂时不涉及。

另外一个评估标准是，我们会优先选择能承担且愿意承担社会责任、环保责任的企业。一般情况下，我们选择的被投企业在上市前有 10～12 年的运营年限。我们认为只有完整经历过快速成长、成熟和衰退曲线之后的公司，才能真正理解可持续发展的理念。这些公司在面对诱惑和转型的时候，比较具备前瞻性和掌控能力。

另外，我们有一系列社会责任治理相关的严格指标来指导投资，例如分析这个公司的组织架构是否健全，和职位相对应的岗位人员是否认同可持续理念且具有相关的能力,包括对家族企业也有一些对应性的指标。其他更细化的指标,不管是财务指标,团队管理、团队的执行力指标,品牌化的指标,渠道方的一些指标,还是产品质量的指标,许多都涉及一票否决权。正因如此,明泽才能组建一个可靠风控的投资组合。

Q: 环保行业的范围很广,你们对环保行业有没有一些特别的分类?近几年的投资机会又会在哪里?

A: 环保行业大的分类,主要分为"水、固、气"三类,近几年还加入了"能"。

从气的治理上面来讲,中国在 2014 年到 2020 年基本上已经完成了所有的投资,现在在不断落实标准的执行,投资窗口已经基本结束。对于大气、固废物的处理,从 2017 年开始,就是明泽研究的主要切入点,特别是模型的建立。另外,现在以深圳为代表的相关环保改造,类似于水厂的升级,或者光伏板节能以及做净水化处理等,也是中国未来在环保领域的一个重要投资方向,它是明泽的关注区间。

固废物处理最开始仅仅限于垃圾分类,然后慢慢转变成了现在的危废处理,以及再生资源的回收,这也是我们这几年持续在考察的事情。在这个过程中我们重点关注的就是固废、净化水,还有一些环保节能的改造。特别针对环保节能的改造,涉及工艺的重整,对工艺进行优化。从全球范围来看,这些新技术大部分来自西门子或者三菱,但真正大面积应用的却是中国。我们希望通过选择这种高端制造的产业集群,做一个实验投资组合,然后变成一个规模化的投资领域。

再者,我们也关注最近几年在相关指标上的主动性申报,因为中国对于这方面的要求越来越严格。随着大家对生活质量有更高的要求,水净化的重要性日益凸显。它可以包括在城镇化进程中的城市运营项目。在中国提出的能源替代的新市场概念中,水相关的业务在 2030 年之前是非常大的一个投资机会。

具体来看,需要分阶段去投资。现阶段我觉得水的纯净化可能需要财政的支持,对于乡村振兴的水处理和固废处理,可能是目前投资端重点关注的板块。从中期来看,节能是一个主要方向,在新能源的使用过程中,我们分析对原有高耗能建筑、高耗能交通以及高耗能园区的改造,认为修复环保行业估值也可以期待。

另外能源金属的高成本也会倒逼利用率的提高,整体来讲是非常可期的,这也是环保行业里面一个真正需要投入大量资金的板块。

环保相关的投资选择对投资者来说非常重要,因为它里面涉及很多实际的运营,而不是简单的模型推广。依据运营效果投资,明泽的优势在这个时候就比较突出了。2017 年年初,明泽为了覆盖环保领域,为 90% 多的环保上市公司都建了数据库,除了是水、固、气,包括绿化等其他板块,我们都纳入到数据库做了长期跟踪。

Q: ESG 近两年引起了全社会和全行业的关注。无论是投资方还是被投资方,对这些指标都高度敏感。这本来是一个好事,但是也出现了一些负面的连带效果,比如有一些企业可能做一些表面的动作来满足这些指标,还有一些企业甚至做出了一些出格或者违法的行为,通过伪造数据来满足这些指标。我们通常称这些为"漂绿"行为。所以从投资方的角度,你们怎么样去看待和识别这些行为?识别"漂绿"也是一个蛮大的挑战,你们是怎么做的?

A: ESG 的二级指标有几百个,我们选择了其中核心的约三十几个作为重点指标。明泽的主要投资区域是中国,它本身有一些特性,很多企业还没有发展到相应的阶段,如果照本宣科去设定所有的二级指标,对中国企业而言可能有一半是无用的,企业甚至根本触及不到。

我们也充分认识到中国的上市公司,包括监管层,它们在不断地去鼓励大家把 ESG 作为一个长期的指导框架,因为中国的资本市场目前在外资的结构层面上不断加强,加上中东的一些主权基金开始投入到 A 股市场,它对 ESG 的要求也是零容忍。投资端的客户也在倒逼这个市场去进步和优化。目前 A 股的上市公司大概有 1/4 已经开始主动去披露 ESG 报告。我们自己投资只要持股占比超过 1% 的上市公司,在股东大会或者是在和投资者交流的时候,我们也会主动要求他们去披露 ESG 报告。

从一开始的形式化到现在开始结合践行,我觉得过程整体是向上的。怎么去杜绝"漂绿"现象,还是要关注众多 ESG 指标里边的重要指标是什么,有些行业大部分还处于"粉饰"阶段,跟他们自己的业务没有实质性的关系。当然类似于我们这样的投资机构会反向倒逼这些企业逐渐标准化。特别中国大部分的环保型、节能型企业已经国有化,跟国家的整体"双碳"目标以及 ESG 框架,形成了一个从内到外、从外到内的具有互动性的正向闭环。

未来很长一段时间内,"漂绿"会持续存在,但是会越来越少。越来越多的公司未来可能会更真切地了解到 ESG 是真正能帮助企业长久发展,同时也是对国家和社会负责的指导框架。

Q: 获得 ESG 相关的业绩和数据披露,可能也是一个大挑战。尽管可持续发展已经讲了很多年,把它归类到 ESG 这样清晰的标准上来说,也是近几年的事情。

很多企业可能还不具备披露能力，也不了解披露的具体要求。你们可能遇到被投企业有披露，但披露不完整，也可能遇到被投企业根本没有相关披露，怎么样去应对这样的情况？

A：早期的时候，基本上是我们自己先建模型，然后通过国家的绿色金融研究院以及国家能源署，结合联合国能源署或者是一些海关方面的数据，去加工整理。最后筛选出我们认为重要的指标，并做佐证。现在我们还用这个方式。

就国有企业里几个头部的能源性企业来看，可能因为针对它们的监管要求比较高，它们披露的 ESG 报告也相对较完善。但是尽管它们在所要求范围内的披露做得很好，但是它们对全生命周期的报告还需提高。

另外，针对披露不完整或者不披露的情况，除了加强监管，投资者也应该主动邀请被投企业披露相关的 ESG 报告。因为很多被投企业可能还没有意识到ESG 披露的重要意义。一些企业认为这是一个非常"高大上"的事情，或者说是投入非常大的事情。我们会告诉企业，现在在中国出具一份 ESG 的报告成本并不会很高。报告出具后，对企业自身的梳理，社会责任的梳理，以及企业内部可持续生命力的梳理，是非常有帮助的，相当于一种自测，可以帮助公司优化和纠正未来的发展方向。

Q：第三方机构出具的报告考察的方面很多，有些甚至超过十个维度。你们关注的角度和第三方的报告相比，有哪些比较大的差异？

A：就拿民生指数来讲，大的指标 10 个，二级指标有 270 多个。我们可能还是围绕着明泽的投资策略核心，举一个例子，我们在公司治理方面，比较关注管理团队、员工和产品服务的创新度，还有渠道的长久稳定性等。因为我们的员工规模也不大，所以我们现在主要在做一些信息化的工具来帮助评估。通常情况下，我们会挑 3 个主要指标，占比大概要占到 50% 以上；往下延伸的时候，我们大概会做 3～8、8～15 个三级指标，原则上不允许在同一个事件上的信息化指标超过30 个，这样可以减少工作量。

比如在环保节能这个行业里，我们比较看重股东的背景，如果它是国有企业或者央企，就会变成加分项，因为出于监管的要求，这些企业不太会去碰违反ESG 的事情。对于民营企业来讲，我们要看企业老板自身的资产状况。因为环保行业属于资金密集型行业，投资周期很长，资金实力很重要；所以，我们会针对民营企业的现金净流量设置个性化的投资性的指标。

Q： 从明泽早期选择和现在选择的被投企业来比较，有哪些选择标准是不变的，哪些是随着你们的学习理解和整个行业的变化而有所改变的？早期和近期的投资对象有没有比较有代表性的企业？

A： 我上大学的时候还没有 ESG 的概念，我在大学辅修证券投资分析的时候选择了两家公司进行研究，一个是万华化学，一个是贵州茅台。根据当时在学校里学的价值投资和产业思维，我认为它们都做了一些良性行为。随着在实业里累积了更多的经验后，我发现万华各方面的实践做得更扎实，因为万华作为化工企业，它在不断优化技术和产业链的革新。随着中国在环保领域越来越严格的要求，化工企业的装置装备不断精化；国际客户群体对整个生产过程中可追溯的要求，也促使企业不断革新。万华的很多指标都展现出了它们的社会责任，包括财务指标、管理人的执行力，还有产业化规模、纳税以及人才招聘的数量等。

到了今天，我看到越来越多的企业呈现出正面影响，例如比亚迪、吉利这样的公司，它们属于国内近几年比较火的新能源行业，也一直在不断完善自己的技术装备，主动在减碳方面做出一系列举措，以满足市场的需求。

在投资过程中，我们发现其实重工业和能源技术行业的国有企业，在这方面的主动性和持续效应超过了我们的想象。比如三峡集团。在早期的同样的指标里面，明泽不太选国有企业，而以民营企业作为主要投资对象，因为它们的执行力会很强。但是 2019 年之后我感觉有了一些大的变化，在贸易战之后，我看到了国有企业的管理能力、前瞻性和社会责任。我们在投一些资源性股票或者是一些重工业股票的时候，我发现它们会更长久地落实 ESG 指标，也更愿意遵守相关政策。

当然在民营企业里也有很多优秀的企业，我们会选择一些家族性企业，或者领导者有军人背景的企业。具备这些人文因素的企业有一个共性，即他们的社会责任感很强。比如 2019 年的时候，明泽选择了新希望，我们对新希望的家族做了调研，把它的整个融资规模、产品结构、公司结构以及整个商业模式，包括它的类金融等一系列内容做了可持续性抗风险能力的评价之后，发现类似这样公司的一个特征，就是它内生的可持续性非常强。

2018 年之后中国出现了很多这种比较优秀的公司。我们认为，一部分是企业自身在治理、在投研上不断丰富的结果，另一部分离不开这几年国家的主动引导。慢慢地，大家形成了这样的一个主流价值观，而且的确是产生了一些正向效应。

Q：ESG 本身跟绿色金融分不开。ESG 作为一个非常重要的投资标准,绿色金融也开辟了很多相关的分支投资种类,不过也招来了各个方面的不同的评价。

有一些评价认为绿色金融很大程度上只是创造了一个新的产品来吸引更多的人去做这一类投资,来收取更多的服务费用。换句话说投资者自己创造了一个新的业务线。还有一种意见认为绿色金融更多的是去告知投资者应该如何规避风险,并不是真正要在 ESG 的社会效果上做实际提升。对于这样的一些看法,您有什么样的意见和评价?

A：我们属于资管行业。绿色金融更多的是银行端。如果说我们去网上搜索绿色金融,会看到很多文章,说中国是目前绿色金融总规模最大的国家,我们称之为"绿色债券"。只要在水、固、废、气等相关性的行业里给贷款,它都能计算到绿色金融里。

我认为中国现在在探索一个方向,针对"双碳"政策,未来我们的三产、工业和建筑行业等都需要投入大量的资金,仅仅我们国家的电网改造就需要大概 140 万亿元,这 140 万亿元以我们现在的 GDP 水平跟金融规模是没办法支撑的。

所以我们需要去重塑一个绿色金融的架构,这个架构的大前提需要在现有的金融体系之外重新去建立一套可能跟企业相关度更高,也更加有引导性的机制。我觉得可能还是倾向于债权性质。比如企业的 ESG 治理可能在未来一段时间内是亏损的,但实践 ESG 的确会对上下游产业有帮助,助推内生性的效应产出。这些企业会对 NGO 组织有一些经济上的支持,或者要求部分企业自身提取一定比例的营收去助推,然后再把具体评价指标作为企业引导,我觉得这可能是中国目前最缺的绿色金融体系。

横向比较,我们现在给东南亚、非洲推的更多的是基建型投资,因为只有人均 GDP 达到一定程度,然后大家有了可持续发展的意识之后,ESG 才有机会作为公司或者社会发展的主要指标之一。

Q：ESG 高歌猛进,持有不同看法的人也随之增加。这部分人认为投资企业就是要去服务股东的利益,就是要去执行信托义务。所以如果加入了很多的价值观,就不再是在商言商,而是违反了对于股东信托义务的基本责任。您的看法是什么?

A：首先,作为明泽来讲,自身是一家民营的基金公司,我们从实业过来,带着资金进入市场,而不是说靠资金市场来让我们成长生存。为什么我把环保作为终身的研究行业,是因为我们得益于环保行业,我们要知恩图报,而且我们相信环保节能产业和 ESG 理念是一个持久的朝阳产业,值得一生坚持。这是我们的初心。

同时,当我们面对客户群体接受资产管理受托的时候,其根本是风险匹配,市场有 100 种客户,选择什么样的客户是我们自身的一个主观能动性体现。所以我们首先选择的是跟我们价值观一致的客户。有些资金追求的是快速回收,但我们追求的恰恰是长期的投资回报,并同时能对社会、对国家产生正面影响。我们会双向选择。

回到环保行业,中国的资产管理市场到 2022 年 9 月末,大概的数据显示已经有 131 万亿元,到 2025 年大概会上升到 250 万亿元,如果到 2030 年,应该基本上会和房地产市场现在的 460 万亿元基本上持平,并且进入快速增长期。如果企业主自身经历过负面清单的这种"迫害",它其实就会反向投资到 ESG 相关的议题,我觉得这会是一个主动选择的过程。

在今天这个时间点上,存在全球多文化、多业态、多发达体的差异性,市场仍然会把 ESG 做成一个主流,是因为受益方想去引导更多的商业主体加入,这个方向是不会错的,我也相信这类客户群体会越来越大。

Q:从 ESG 投资方的角度,如果您给准备投资 ESG 相关产业的投资者提三个建议,您会提哪三个?

A:第一点,我们作为投资者始终要相信,做好产品和服务是根本。

第二点,所有的投资机构一定要在自己能力范围内做好合规,不要去碰一些可以获得短期快速的效益,但有损环境、社会甚至国家和人类发展的事情。在金融监管要求比较严格的情况下,只有合规了,你才有机会投入到更大的经济活动框架和模型的主干上去。

第三点,在能力可及的情况下,对员工、对社会要主动地多去承担一些责任和义务。真正成功的企业或者企业家,他们都具备主动承担责任的能力和意识,这也是让企业走得更长远、更可持续的要素之一。

第十一章

评级机构、标准制定机构或非政府组织 ESG 实践者访谈

第一节 伦敦证券交易所集团(LSEG)

伦敦证券交易所集团(LSEG)是全球最大的金融市场数据与基础设施提供商之一[①]。在 ESG 领域,LSEG 扮演的重要角色是专业评级机构,它提供的 ESG 评级数据被业界和学术界广泛使用。LSEG 的 ESG 数据库是这一行业当中最全面的数据库之一,它的权威性和价值部分地来源于数据的数量大、覆盖广、时间长。它的 ESG 数据库历史可以追溯到 2002 年[②]。在 2002 财年,数据库覆盖了约 1 000 家公司,主要集中在美国和欧洲。起初,它根据 NASDAQ 100、FTSE 100 等[③]指数来决定收集哪些公司的数据。随着时间的推移,数据库又纳入了 Russell 1000、Bovespa、MSCI Emerging Markets-China 等指数作为选择公司的标准,且每个季度都会回顾检视,添加符合标准的新公司。目前,LSEG 的 ESG 评级已经覆盖了 15 000 多家公司。

那么,LSEG 是如何对企业进行 ESG 评分的?

LSEG 的 ESG 评分模型主要包含两个分数:ESG 分数(ESG score)和

---

① 该机构旗下的一个公司品牌名称曾为路孚特;它的前身是世界领先的跨国传媒与信息服务提供商汤森路透(Thomson Reuters)的金融与风险事业部。2018 年,汤森路透将金融与风险事业部的 55% 股权出售给著名私募基金黑石集团,成立了路孚特。2021 年,伦敦证券交易所集团(LSEG)买断了路孚特股权,使路孚特成为 LSEG 旗下公司。2024 年,LSEG 简化品牌名称使用,停用"路孚特"(Refinitiv)名称,路孚特数据和分析业务更名为 LSEG Data & Analytics(LSEG 数据和分析业务),客户和第三方风险业务将更改为 LSEG Risk Intelligence(LSEG 风险情报)。

② 此时数据库属于路孚特前身,被汤森路透收购的 Asset4 业务。后文不再另行区分表述。

③ NASDAQ 100 指数是美国纳斯达克 100 只最大型本地及国际非金融类上市公司组成的股价指数。FTSE 100 指数又称伦敦金融时报 100 指数,是富时集团根据在伦敦证券交易所上市的最大的一百家公司表现而制作的股价指数。

ESGC 分数(C 代表 Combined,是涵盖 ESG 相关争议的分数)。在全球范围内,
LSEG 有超过 700 名内容研究分析师,是世界上最大的 ESG 内容收集机构之
一。分析师们主要从各公司的年度报告、公司网站、非政府组织网站、证券交易
所备案文件、企业社会责任报告和新闻报道中采集 700 余个指标对应的数据信
息。这 700 多个指标当中,有 186 个会被作为评分的主要标准,并可以分为
10 个主题:在环境方面,有资源使用、排放、创新 3 个主题;在社会方面,有劳动
力、人权、社区、产品责任 4 个主题;在公司治理方面,有管理、利益相关者、企业
社会责任 3 个主题。LSEG 对每个主题赋予不同权重并计算 ESG 分数。不同
的行业在"环境"和"社会"两个大类指标上所占的权重不同,但所有行业的"公司
治理"方面占比都是一致的。

　　ESGC 分数则将评价的公司在 ESG 领域的负面新闻报道也纳入了考虑。
这一分数会统计该公司在 23 个 ESG 争议话题上重要且实质性的负面报道,包
括法律纠纷、罚款、丑闻等,并且根据 LSEG 的算法将其换算成争议分数
(controversies score)。如果争议分数大于等于 ESG 分数(即没有发生争议或只
发生了相对影响较小的争议),那么 ESGC 分数等于 ESG 分数;如果争议分数小
于 ESG 分数(发生了影响较大的争议),那么 ESGC 分数等于两者的均值。最
后,LSEG 会给出一个在 0 到 100 之间的评分,衡量企业的 ESG 表现。

　　目前,LSEG 已经在自己的网站上将 ESG 的公司评分免费对公众开放,用
户可以查询到相关公司的 ESG 分数、在 10 个主题指标上各自的评分,以及该公
司在同行业中的排名。此外,LSEG 也提供一些收费的产品和工具,让用户有机
会访问原始指标,并根据自己的价值理念创建自定义的评级。Eikon 的特色在
于用户可以深入挖掘调查数据和报告等源文档;Datastream 则可以帮助用户探
究数据之间的联系,进行关系分析、区域分析或者行业分析等。

　　总而言之,LSEG 作为一家金融数据和信息领域的重要提供商,同时也是在
ESG 数据库建设领域耕耘多年的专业机构,其 ESG 评分具备指标收集全面、涉
及时段长、覆盖范围广等特点。它的数据、指标和覆盖范围还在不断更新,也有
越来越多的中国企业参与到了这一领域之中。那么,LSEG 的评分方案是怎样
建立的?从全球级别的专业评级机构的角度,LSEG 对于中国企业目前的 ESG
实践有什么样的看法,又能够为中国企业提供哪些建议?本书将提供 LSEG 数
据与分析部门 ESG 中国及东南亚区数据内容主管鲁璐的见解。

? 思考题

1. 对于投资者而言，LSEG 的 ESGC 分数的指标选择存在什么样的合理性？是否存在潜在的缺陷？

2. 作为一家评级机构，LSEG 充分利用了哪些资源？对于中国本土的评级机构有什么样的启发？

■ **参考资料**

［1］Refinitiv 官网，https://www.refinitiv.com/en/about-us

［2］MarketsWiki Refinitiv 词条，https://www.marketswiki.com/wiki/Refinitiv

［3］梁昊："中国企业的 ESG：从评级到实践"，中国 ESG30 人论坛，2023-02-03.
https://index.caixin.com/2023-02-03/101994376.html

［4］Refinitiv methodology 介绍文件，2022-05，https://www.refinitiv.com/
content/dam/marketing/en_us/documents/methodology/refinitiv-esg-scores-
methodology.pdf

鲁璐：
ESG 评级代表了一定的价值观，较难在不同的市场上形成统一标准

Q：伦敦证券交易所集团在做金融服务的过程中，商业模式设计是怎么样的？给客户带来了什么样的价值？在应用 ESG 的服务方面，你们是怎么思考和定位的？

A：伦敦证券交易所集团是全球最大的金融市场数据和基础设施提供商之一。我们的服务包括有广度和深度的金融数据以及一流的分析，从而推动全球市场的创新和增长。我们高效的解决方案，从交易、市场监控到财富解决方案等全方位帮助我们的客户提升业绩表现。除了数据与分析业务之外，伦交所集团还拥有资本市场以及交易后另外两大业务部门。

在伦交所集团，我们的目标是与世界各地的客户合作，帮助他们解决最具有挑战性的金融问题。

在 ESG 服务方面，我们可以把整个 ESG 体系分为三个层次：ESG 信息披露、ESG 评级，以及 ESG 投资实践。伦敦证券交易所集团是一个专业的 ESG 评级机构，它处在中间位置，量化了企业在 ESG 方面的表现，解决投资者和企业之间信息不对称的问题。伦敦证券交易所集团对业务覆盖范围内的公司在 ESG 方面所披露的信息及表现进行打分评级,并反馈给投资者和市场。

Q: 刚刚说到 ESG 评级是为了解决信息不对称的问题,那么 ESG 评级评价的究竟是什么? 以及评级的方法是怎样设定的?

A: 目前市场上大概有两类比较常见的评级机构,一类是专业的 ESG 评级机构,比如说伦敦证券交易所集团、Russell,还有明晟(MSCI)、商道融绿。这些评级机构都有自己的一套评级方法论,基于数据,根据自身的评级方法,得出企业 ESG 评级。还有一类评级机构是具有 NGO 背景的国际组织,例如 CDP(碳信息披露项目),CDP 以主题问卷的形式做评级。比如它应某投资机构的需求,给目标公司发放 ESG 信息披露的要求,通过问卷收集目标公司的相关数据,其他投资机构再向 CDP 购买这个数据。

ESG 评级到底评的是什么,我觉得在此之前,我们需要了解 ESG 究竟代表什么。ESG 是环境、社会和公司治理的缩写,它从这三个维度衡量一家公司的可持续发展状态。从传统角度来看,大家更倾向于用财务绩效,或企业报表上的数据去衡量一家公司的表现,但 ESG 给了一个更全面的维度,让企业的利益相关方了解这家企业如何处理和环境、社会、公司治理相关的一些非财务绩效的风险与机遇。

就环境而言,ESG 关注的是公司对自然环境方面的影响,以及如何管理这些风险,包括资源利用、排放,对物理气候风险(比如洪水、极端天气事件、火灾等)的应对能力和弹性等。从社会角度,主要关注公司和利益相关方(包括股东、员工、供应链、客户,还有公司所在社区等)的关系。从治理角度,主要关注公司是如何运作和管理的,相关管理政策是怎样的,公司的股东结构、董事会结构是怎样的。所以 ESG 是以一个更全面的维度去衡量一家公司的可持续发展能力。

在"黑天鹅"事件不断出现的时代,企业是否有足够的能力和韧性去应对这些风险,也是 ESG 的表现方式之一。比如,特斯拉曾计划在德国建一个工厂,却受到了德国环保组织的反对,因为特斯拉没有给出一个具体的预防毒气泄漏的措施,且无法保证毒气外溢的事件不会发生。如果工厂建成后发生了毒气泄漏,那么必然会给当地社区、环境以及特斯拉自身带来不可估量的负面影响。这个案例正是说明了 ESG 是从综合的维度去考察一个公司的可持续发展状态。

Q： 刚刚您也提到不同的评级机构有自己的一套方法论。就伦敦证券交易所集团而言，在环境层面你们主要考虑到的是资源、排放和创新；在社会层面你们主要考虑到的是劳动力、人权、社区关系、产品责任等；在公司治理层面你们主要考虑到的是管理、利益相关者和社会企业责任。请问重点关注这 10 大主题的依据是什么？ 它们之间的逻辑关系、思想依据或者实践依据在哪里？ 为什么伦敦证券交易所集团认为这套方法论是科学的、可靠的以及可测量的？

A： 这可以从我们是通过什么样的逻辑去制定方法论来解释。伦敦证券交易所集团有专门的 ESG 数据专家研究团队和 ESG 战略及解决方案团队，并且我们还有一位前欧盟委员会可持续金融技术专家组成员，曾参与了《欧盟可持续金融分类方案》的制定，他们会紧密地追踪行业以及市场的动向。在这个评级方法论制定的过程中，伦敦证券交易所集团集中了这些专家和智库，同时邀请行业里的专家或者一些学术界的研究人员加入，听取他们的意见，最后制定出方法论。

　　伦敦证券交易所集团的 ESG 评价体系是有非常久远的历史的。LSEG 的 ESG 的前身是 Asset4，Asset4 非常早就开始做 ESG 数据，在学术界非常知名。2009 年，汤森路透把 Asset4 的 ESG 业务收购了（之后又把这个业务板块卖给了伦敦证券交易所集团）。Asset4 的历史数据可以追溯到 2002 年，是一个非常庞大的数据库。同时我们也在 Asset4 的基础上做升级，现在总的指标数据点已经增加到 630 多个，我们在这 630 多个指标当中挑选了具有可比性且披露率非常高的 186 个指标去作 ESG 分数的计算。同时对数据点分行业进行权重分配，把历史数据作为样本数据分析，紧跟行业趋势，根据数据本身披露情况和行业相关性去辨别行业关键的议题并进行权重分配，从而反映各行业面临的不同的重大风险和机遇[①]。

Q： 回到最初的问题，ESG 评价的到底是什么？ 是一个公司的投资价值，还是这个公司是否值得投资？ 是公司应对商业风险、抓住市场机遇的能力，还是回到 ESG 最初的设定，从可持续发展的角度评估公司对社会和环境的影响？ 或者更直接地来说，它的目标是要帮助公司实现可持续转型，还是让公司有更好的商业价值，并体现到股价上？

A： 我认为 ESG 评级的出发点应是中立且客观的。比如说 LSEG 的 ESG 评级体系，是完全根据企业披露的信息，给企业相应的评级分数。至于后面谁来使用这

---

① 访谈时间为 2022 年。到 2024 年，指标的数量发生了一些变化。

个评级结果,以及是否能在某个课题上起作用,需要根据使用主体的实际需求。

我们也可以从驱动力的角度来看。ESG 现在有几个重要的全球驱动力:气候变化、不同利益相关者的需求、国际监管。在这三大驱动力之下,ESG 评级对于不同的主体产生了不同的作用。

从 ESG 生态圈的角度,参与方的其中三个重要主体包括监管机构、资管机构和企业。监管机构提出政策指引,约束和引导企业的可持续发展;资管机构来做 ESG 研究应用和推广;企业则是 ESG 的践行主体。

回到 ESG 对企业的商业价值,有几个方面值得探讨。第一,现阶段 ESG 是一个"国际通用牌照",国际上用 ESG 来评价一家公司是不是具有可持续发展能力。如果企业的 ESG 表现良好,可以打通和拓宽国内和国际的融资渠道。第二,对于已经是千禧一代主宰的时代来说,如果一家公司或者一个商品具备 ESG 属性的话,对新世代消费群体更有吸引力;除了消费,千禧一代也更愿意就职于一家有 ESG 价值观的公司。同理,公司可以吸引和留住这部分人才,给企业创造更多价值。第三,ESG 信息披露优质、ESG 表现好的公司,更容易获得投资者的青睐,这也给企业带来了更多更新的商业机会。

对于投资者来说,他们会利用 ESG 来做一些负面筛选,把对环境、社会有负面影响的企业从投资组合中删除。此外,如果某家公司在 ESG 表现方面爆雷了,被监管机构处罚,或给当地社区造成了非常负面的影响,投资者也可以对其进行动态剔除。投资者还可以把 ESG 和传统的财务绩效结合到一起,综合评估一家公司的总体表现。所以,ESG 评级只是一个工具,企业或者投资者可以结合自身的需求和工作流应用。

Q: 刚才您提到,不仅是 LSEG,其他的评级公司在形成自己方法论的过程中,都通过了专家的验证,通过了历史性数据的概括和总结。在这个基础上,方能形成一套言之有物和言之成理的 ESG 评判和评级的框架。总的来说,第一,我们看到出现在 ESG 的很多评估来自历史上对于风险的担心,但是历史数据不一定可以投射到未来我们对 ESG 的考量中。第二,往往基于统计数字得出来的东西,它只有统计的意义,没有实践的价值。第三,得出来的这些框架对于理论者而言,言之有物、言之成理;但是对于实践者而言,它像咬了一只刺猬一样,不知道怎么下口,就是一个"魔幻文件"。我想请问您对此怎么看?您看到了哪些问题?或者如果说我刚刚提出的问题和担忧其实是不存在的,从实践的角度可以怎样解决?

A: 从 ESG 的评级机构和评级方法论而言,它一定不是非常完美的,需要不断与时俱进,不断完善和优化。

指标体系一定也是需要持续优化和更新的,需要密切追踪市场动向和行业趋势以及现在的可持续发展框架,包括指引和监管要求去改善。我们需要随时关注指标体系当中有哪些已经过时了,或者不适用于这个行业了,因为行业也在不断地更新,不断地发展。LSEG 会定期审查指标体系,保持与国际可持续发展框架以及国际绿色投资标准的一致性。目前 LSEG 的指标体系可以对应到 GRI、SDGs、SFDR、SASB 等国际准则。

从大的范围看,虽然说行业会有一些变化,但还是相对稳定,基于历史大数据分析出来的指标依然有参考价值。但还有一个前提不能忽略,就是公司的 ESG 披露质量。公司披露的信息数量越多,质量越高,ESG 评级就会越准确。我认为,ESG 信息披露的质量是 ESG 评级的基础。

目前,国内不少企业的信息披露工作还面临非常多的挑战,除了没有统一的披露标准,一些公司可能对披露的指标体系不了解,也没有人去指导企业应该怎么披露,披露什么,明确哪些指标对评级重要。我们可能需要多花心思做好这些工作。当然,在"双碳"目标的提出下,国内监管机构也在不断推出和落实相关政策,会加速推动企业去做好 ESG 披露。

再者,比如中国企业财务管理协会 ESG(环境、社会、治理)分会这样的机构,它们在做一些推广活动,举办 ESG 论坛,帮助大家提高对 ESG 的认知。我觉得这个是非常关键的,让整个社会知道 ESG 的重要性本身就很重要。

ESG 有一些指标体系对不同区域和国家的企业不具备普适性,也包括我们国内的公司。历史发展的阶段不一样,经济发展的阶段以及文化背景、价值取向的不一样,都会造成所谓的"水土不服"。

就公司治理的维度而言,国外可能更多关注高管是不是会有政商越界的行为,从而产生一些风险和不良后果,但在国内这可能不是关注重点。我认为还是要去做一些和本国国情相吻合的指标体系或规则,同时结合国际上优秀的评分体系和标准以及可持续发展的框架,"取其精华,去其糟粕"。当然,如果国内企业想扩展海外市场,还是必须参考国际体系,看一看哪些是我们真的可以做到的,虽然可能费力一些,但是在需要满足国际监管要求的时候,这是有必要的。

Q: 确实如您所说,中国的很多上市公司以及需要披露 ESG 的公司,由于缺乏指导,所以披露的数据质量参差不齐,这有可能会影响它们的 ESG 评级。但也许公司没有及时披露或者披露的数据质量差,不代表它在 ESG 方面做得就一定差,有可能只是没有披露好。LSEG 在做评级的时候是不是百分之百地依赖于企业披露的数据? 如果是这样的话,会不会导致最后的评级跟企业实际的 ESG 表现有偏差?

A: 就 LSEG 的 ESG 评级而言,我们是完全根据公司披露的信息来进行 ESG 评级的。企业披露什么,我们就收集什么。同时我们会提供一个另外的通道,叫自主披露通道,公司可以通过我们提供的端口,自主披露 ESG 数据。这就是为了避免您提到的这种情况,一方面可以对自身 ESG 表现以及披露有个清晰的梳理,同时企业可以清晰地了解到评级框架从哪些角度评,从而知道哪些方面是需要提升的。比如企业其实做了一些 ESG 相关的举措,但是没有披露出来。我们在收集相关数据后,会给专业的 ESG 分析人员进行审核,确保这个数据的真实性和可靠性。如果在这个过程中,我们看到一些数据和上一年的差距较大,或者有明显不合理的地方,我们会主动和这家公司联系并确认这些数据的准确性。

至于选择哪一个通道,就看公司自身的需求了。有些公司非常在意自己的 ESG 评分和表现,就可以通过第二种渠道来进行相关数据的披露。

Q: 如果说一家企业完全没有披露任何 ESG 相关信息,你们是会默认这家企业的 ESG 评级就是 0 分,还是会采取行业平均值输入式地给予分数?

A: 没有披露就是 0 分,因为我们的出发点是鼓励企业去披露的。当然我也知道有一些评级机构会给没有披露的企业取一个行业平均值,但我认为这对其他 ESG 披露好的公司是不公平的。因为披露 ESG 信息,撰写 ESG 报告不是一件非常容易的事,需要公司付出很大的努力,承担不低的人资成本、智力成本和管理成本。

我对您的发言进行几点反思,第一,我们其实已经认识到 ESG 框架存在着一些缺陷,需要不断进行优化和矫正。第二,企业需要开始实践 ESG 才有价值,可以在实践的过程中随时优化和修订。第三,驱动力很重要,因为不同的动机会导致不同的应用场景,不能够一蹴而就。

Q: 假设我是一家做国际贸易的企业,从"万事开头难"和"做起来再说"这样的一个出发点,您可以从行业专家的角度给予这样的企业一些实践经验吗?

A: 您所提到的这个语境下的公司已经有实践 ESG 的意识了,就看怎么去采取行动,迈出第一步。第一,我认为可以寻求专业机构的支持,比如专业的咨询公司,也可以查询一下国际通行的披露标准框架以及评级机构的评级框架。第二,可以参考同行业的优秀案例,看看别的企业是怎么做的。第三,需要真正去落地,要把 ESG 的理念加入公司的发展战略,让全公司都知道我们要去做这件事情了,以及为什么要去做这件事情,让整个企业都了解实践 ESG 的价值和意义,发动全公司的人一起完成这个事情。

Q:　现在市场上的 ESG 评级机构有很多,不同的评级机构都有自己的方法论和标准。所以不同机构的评级方法不同,会不会导致同一家公司,同样一致披露的 ESG 报告,最后得出的评价结果却不一样? 如果存在差异的话,产生差异的原因是什么? 对于中国企业来讲,要怎么去应对这样的情况?

A:　差异肯定是存在的。各个评级机构的方法论之间的相关性其实不高。这和几个因素有关,第一是因为不同机构背后的价值观不一样,第二是数据收集和数据处理的方式不一样。至于说如何避免不同评级机构对同一家公司最终的评级结果不同,我觉得是避免不了的。企业能做的,就是把自己的 ESG 数据披露好,优质的披露数据无论经过哪个评级机构评级,最终得出的分数都不会太差,即使有一定的差异,也不会特别大。我觉得评级的前提和根基还是数据、信息披露。

除了看自身的评级结果之外,更有指导意义的还得看同行业企业 ESG 的水平和表现。同行业内的企业有非常多的共性,在同行业里去和 ESG 表现好的公司对比,是非常好的一个指导方向。

Q:　ESG 起源于西方,中国市场在实践 ESG 时和西方不一样,甚至有些冲突。西方目前的 ESG 体系应该怎样开一个接口来容纳非西方国家和企业在 ESG 上的思想和实践?

A:　确实,ESG 最早起源于西方,经历了很长时间的摸索,它更多关注的是西方比较发达的资本市场的现状。现阶段,在环境维度,全球共识或者全球正在面临的一些问题是相对共通的。对于社会和公司治理这两部分,可能需要根据不同的市场情况加入不同的指标,比如 LSEG 的 ESG 框架,已经包含了 SDGs 的 17 个目标的相关数据点,用来考察企业的生产经营活动是否支持联合国可持续发展的 17 个目标。也有一些指标关注是否在发展中国家进行疾病药物相关的研究计划,来帮助发展中国家解决和应对健康问题。又比如说,会考察公司是不是有针对低收入地区的人群设计和销售一些产品,为弱势群体提供一些服务等。

还有的数据点考量的是公司有没有参与捐赠或者社区志愿服务，包括参与教育或健康相关的活动等。在 LSEG 的评价体系当中，是有这些数据点可以去衡量公司在社会和治理方面的表现的。

怎么在西方的体系当中加入东方的特色？我认为我们可以从自身的标准去切入。首先，各个国家的发展状态、特色、遇到的风险和机遇都是不同的，很难用一个通用的标准去涵盖所有的情况。对于中国的企业而言，可行的方式是尽快出台既借鉴西方成熟经验，又立足于本土国情特色的标准，指标体系中可以包括扶贫、共同富裕等社会维度相关的数据点。但对于那些要去其他资本市场获取机会的企业而言，可能更偏向于关注国际市场所关注的数据点，比如对社区的贡献，是否有捐赠等。其实这些也是扶贫的另一种方式，我们可以将西方和国内的特色数据点结合在一起，这样做同一件事时就能同时符合国内和国际的标准，一箭双雕。

Q：您的建议是说中国企业应该主动对话，在主动对话过程之中去寻找和凝聚新的故事？

A：没错。

Q：现在有一个现象，不仅是需要实践 ESG 的企业，即使是我们这些边缘的研究者和关心 ESG 的人，也都和实践者一样患上了 ESG 焦虑症。焦虑症的一个重要来源就是因为 ESG 的评级处在不断变化之中。不过通过刚刚跟您的沟通，企业其实无需过于焦虑。总结来看，一个是看到 ESG 领域尚无权威，但不必担心；另一个是掌握披露能力就可以不变应万变，是否如此？

A：确实是这样。ESG 在国际上已经践行了很多年，也经历了一个不断摸索，不断更新换代，不断改进的过程。ESG 披露在国际市场相对成熟，但对于中国企业而言，我们的 ESG 发展才刚刚起步，对 ESG 意识的提升、披露标准的建立和统一，还有一段路要走，还是一件非常具有挑战性的事情。对于披露能力，我觉得更重要的是把披露能力具象化到背后的 ESG 实践能力。

因为只关注披露能力可能存在非常大的一个问题，就是 ESG 报告里写的内容企业真正做到了吗？可能未必。大部分的国内企业还停留在只披露政策要求的信息，但是实际上怎么去落实，或者说落实得怎么样，这个数据是不足的。数据不足背后的原因我觉得很可能是大家还没有开始做，或者说做得还不到位。披露能力应该映射到真正的 ESG 实践能力。

Q：ESG 评级是否也需要标准？标准是个非常有价值的问题，披露是需要标准的。其实最近我们也听到很多对 ESG 评价负面的声音，尤其是西方媒体，就是跟 ESG 评价缺乏标准相关。除了披露本身需要执行标准，评价是不是本身也需要有一个标准呢？因为刚刚说到我们有这么多不同的评级机构，各自的方法论不同，价值观不同，所以导致了可能评级机构对同一家公司的同一份报告最后形成的结果相关性不够高。您如何看待评价本身也需要标准的这个问题？是否也是未来的一个发展趋势？

A：我也听到了这些负面的声音。如果对评级有标准要求的话，应该由谁来制定这个标准，是个问题。这就相当于现有评级机构再往上增加一个评级机构。现有的评级机构可能大家都还认为权威性不够。大家对评级机构的评价是否客观和权威呢？这是一个需要考虑的事情。当然这个出发点我觉得是对的。

另外，应用评级的主体是不同的，不同投资者有不同的价值观，企业可能更偏好和其价值观更契合的评级机构合作，所以我们很难去界定和衡量哪一个评价方法论是更"标准"的。评级如果能够帮助投资者做投资决策，为企业带来利益，或者提升企业 ESG 能力，对于应用主体来说就是好的评级。我认为要给评级一个标准是一件很有挑战的事情。

Q：刚刚提到西方市场出现了一些反对声音，除了对 ESG 评级是否有标准存在争议之外，还有一些投资者认为投资本身就需要以"财务回报"为最终目的，不应该过多考虑与价值观相关的环境和社会的因素。那 ESG 评级到底和公司的估值有没有相关性？能不能真的帮助公司获得更好的财务回报？不知道您怎么看这个问题？

A：市场对 ESG 评级与公司估值是否有相关性这个问题的研究已经有很多年了，到现在也没有达成一个共识。我看过很多之前的研究文献，主要是两个方向，一个是以企业为中心，另一个是以投资者为中心，目前的结论是"half and half"，有一半认为它是正相关的，有一半认为它是弱相关的。但就近些年来的研究而言，得到正相关结论的研究越来越多，呈一个增长的趋势。

但是针对中国企业的研究，基本结果都呈现弱相关，甚至是负相关。有一个很重要的原因是 ESG 在中国才刚刚起步，非常年轻，实践的时间不久，但对于 ESG 投资来讲，主张的是长期投资。目前国内的 ESG 数据还没有办法支撑做这个研究，更别说得出一个具有指导性的结论。我和我的同事之前对 ESG 中的一个重要议题——D&I（多样性和包容性）进行了研究，LSEG 的 D&I 指标体系里有 24 个数据点,我们研究了这 24 个数据点和企业净资产收益率的一个联系,发现在全球范围内都是相关性比较弱的。但是在一些特定的数据点上,正相关性更明显一些,比如说女性员工占比,女性领导者占比,以及和员工培训相关的一些数据点等。所以我认为很难下定论说 ESG 评级和公司股票估值到底是有怎样的相关性。

Q:**假设我走进采访室的时候,我是企业实践者,我是一个焦虑者,因为 ESG 给我这个实践者公司带来了太多的焦虑,似乎在离开采访室的这一瞬间,我从焦虑者变得稍微有了一些信心。想请您总结一下中国企业实践 ESG 的意义。**

A:我曾经看过一句话,觉得总结得特别好:ESG 的投资理念就是站在全人类可持续发展的角度,去约束微观企业的现实行为。企业一定是践行 ESG 的核心主体,但是并不是说 ESG 践行只是企业自己的事情,它其实是需要社会各界的合力和支持。在全人类都面临可持续发展挑战的背景之下,ESG 的推动和实践一定是必然的趋势,也是不可逆的。所以我希望企业能够迈出第一步,先构建和提升意识层面的认知,然后将 ESG 纳入整个公司的战略层面。其实中国已经有了推动 ESG 的顶层设计,就是"双碳"目标的制定,企业应该在这个窗口期提升自己的 ESG 信息披露的能力和应对风险的能力,来抓住更多的机遇。

第二节　全球报告倡议组织(GRI)

全球报告倡议组织(GRI)成立于 1997 年,由环境责任经济联盟(CERES)和联合国环境规划署(UNEP)共同发起。它是一个独立的国际组织,主要工作领域为给企业和其他机构提供具备通用性的、便于交流的披露标准,推动有关企业影响的透明公开对话,并促进可持续发展未来的实现。它 2000 年发布的 GRI 指南是全球首个关于可持续报告的框架。目前,GRI 标准是全球最广泛应用的可持续报告标准。2022 年的调查数据显示,全球最大的 250 家公司当中有 73% 在使用 GRI 进行可持续报告,最大的 100 家公司当中有 67% 在使用 GRI 进行可持续报告。它的总部位于荷兰阿姆斯特丹,在全球有七个地区办公室,为各地的利益相关方提供有关可持续发展报告相关的帮助。

GRI 的重点工作内容可以分为三大块:制定可持续发展相关的披露标准;与政策制定者及其他标准制定者进行协作;以及为企业和其他机构提供帮助和支持。

　　首先,GRI 最重要的工作内容是制定可持续发展的相关披露标准,并收集利益相关方的意见,定期对标准进行更新。GRI 标准由三个系列组成:通用标准,内容包括一系列组织用于报告实践的披露项;行业标准,如石油与天然气行业、煤炭行业、农业、水产养殖与渔业等,帮助组织确定适用于行业的实质性议题;议题标准,帮助组织确定报告某一实质性议题的具体信息。GRI 的全球可持续标准委员会(GSSB)会每三年对 GRI 标准进行检视,以确保内容符合当前的需要。在收集意见期间,GRI 会邀请各利益相关方参与。除了与时俱进这一优点之外,GRI 标准还具备内容详细、系统性强、可操作性强的特征。在 GRI 的网站上,可以免费、便捷地下载所有的披露标准文件。以议题标准"供应商环境评估"为例,针对披露项"供应链的负面环境影响以及采取的行动",GRI 列举出了 5 项具体的报告要求,包括"开展了环境影响评估的供应商数量""经确定为具有重大实际和潜在负面环境影响的供应商数量""经确定为具有重大实际和潜在负面环境影响,且评估后一致同意改进的供应商百分比"等。此外,针对这一披露项,GRI 还给出了改进指南,包括"改变组织的采购模式、培养能力、流程变更"等。这些将有助于企业准备高质量的可持续发展报告,也将有助于不同地区和行业的企业用同一套标准进行对话。

　　其次,GRI 还致力于与其他的标准制定者协作,推动报告标准和框架的统一。这将有利于提高 GRI 及其他标准的通用性,便于企业使用。例如,2021 年 7 月至今,GRI 和欧洲财务报告咨询组(European Financial Reporting Advisory Group, EFRAG)开展合作,共同构建欧洲可持续报告标准(European Sustainability Reporting Standards, ESRS),该标准将成为欧洲的 50 000 余家公司完成强制性披露时的依据。2022 年 11 月,在 EFRAG 向欧盟委员会提交 ESRS 的初稿之后,GRI 发布了问答指南,解释 GRI 标准和 ESRS 标准之间存在的一致性。另外,2022 年 3 月,GRI 和国际财务报告准则(International Financial Reporting Standards, IFRS)签订了备忘录,其中提及了进一步促进报告标准统一能带来的益处,并指明双方的标准制定机构会寻求合作,也将共同推进全球范围内的能力建设。不仅如此,GRI 还与政策制定者沟通,目前在全球 60 余个国家和地区总计有 160 条政策参考了或者需要用到 GRI 的标准。

　　再次,GRI 还为企业提供帮助和支持,以便企业更好地进行可持续发展相关的披露。GRI 提供的支持主要涉及四个方面。其一是对于披露标准内容和所需信息的解释,这类似于一项咨询服务。2022 年,GRI 为全球的客户提供了超过 500 次的相关服务,帮助企业更清晰地理解 GRI 标准的要求和各指标的含义。

值得一提的是,作为一个独立的标准设立组织,GRI 不会直接对披露报告的质量进行评估,也不会在披露的数据准备等环节帮助企业推进;企业仍然对报告的质量负全责。其二是提供可持续发展相关数据管理的软件和工具。为了减少可持续发展披露的障碍,GRI 通过"受认可软件和工具"项目与软件提供商合作,提供基于 GRI 标准的数字化的工具,让企业能更便捷、更容易地使用并进行披露。其三是提供可持续发展报告相关的培训课程,帮助参与者——包括企业工作人士、咨询师、学术界人士等——增进对 GRI 标准的理解和可持续披露相关的专业技能。其四是通过不同主题、多种形式的论坛或研讨会,帮助相关人士建立联系网络,推动彼此之间的相互学习,进一步建设可持续发展能力。

总而言之,GRI 作为最早在可持续发展披露标准领域建立框架的机构之一,具备很大的影响力。其发布的标准具备通用性、实用性、可操作性,并且与时俱进。它过去、现在和未来都会与其他在可持续发展领域具备较大影响力的组织进行合作,进一步推动可持续发展披露标准的统一,这将有利于不同地区、不同行业、应用不同标准的企业组织进行交流。那么,GRI 制定报告标准的方法和程序是怎样的?工作过程中又会遇到哪些挑战?请看下文对 GRI 大中华地区负责人 Verna Lin 的访谈。

? 思考题

请阅读访谈记录并思考:企业有哪些方式参与到 GRI 的标准制定过程当中?

■ 参考资料

［1］ about GRI Brochure 2022,GRI 官网,https://www.globalreporting.org/media/wmxlklns/about-gri-brochure-2022.pdf

［2］ GRI Annual Sustainability Report 2022:Towards a global comprehensive reporting system, GRI 官网,2023-06-26, https://www.globalreporting.org/about-gri/mission-history/gri-s-own-reports/

［3］ GRI 标准简体中文译文,https://www.globalreporting.org/how-to-use-the-gri-standards/gri-standards-simplified-chinese-translations/

Verna Lin：
可持续的未来应通过透明度和公开对话来实现

为可持续发展披露提供最佳做法和全球通用语言

Q： **请您介绍一下自己以及您在全球报告倡议组织的角色。**

A： 我是 GRI 大中华区的负责人。我主要负责为这个区域制定并执行战略，包括与当地监管机构和政策制定者合作，帮助政策的制定；与市场上的战略伙伴紧密合作，提供能力建设的通道；以及积极与各利益相关方进行对话，参与活动，进行宣讲等，利用不同且多元的渠道来传播 GRI 的使命和标准。

Q： **请您介绍一下 GRI 和它的使命。**

A： GRI 是一个独立的国际组织，为企业的透明度提供全球通用的语言。如果我们要有一个使命宣言，那就是我们设想可持续的未来应该是通过透明度和有影响力的公开对话来实现的。

正因如此，我们制定了 GRI 标准。作为可持续发展报告中采用最广泛的框架，GRI 标准是一个公共产品，每个人和每个组织都可以免费下载。我们希望可以为可持续发展披露提供最佳做法和全球通用语言。这就是 GRI 的使命。

Q： **GRI 的用户应该从哪里开始了解和使用你们的标准？**

A： 我首先介绍一下 GRI 的标准体系。GRI 标准一共有三个模块。第一个模块是通用标准（Universal Standards），最新的版本是在 2021 年发布的；第二个模块是行业标准（Sector Standards），它是在 2021 年修订通用标准时同步推出的；第三个模块是议题标准（Topic Standards）。

行业标准并不是一个独立的标准，它们是 GRI 标准体系的一部分，旨在帮助识别一个特定行业内最重要的可持续方面的影响，同时它们也反映了利益相关者对可持续报告的期望。我们最终会发布 40 个行业标准，但这并不复杂，因为每个公司都在一个特定的行业中运营。企业并不需要同时参考 40 个行业的标准。

例如，我们已经发布了石油和天然气行业标准。如果你的公司是一家石油公司，你可以先从通用标准开始参考，然后再参考石油和天然气的行业标准。

GRI 标准为企业提供了一系列实质性议题,企业可以根据自身情况来识别自己的实质性议题。

事实上,行业标准在很大程度上是为了降低可持续报告的披露难度,为企业提供便利。但要注意的是,行业标准并不能取代企业自己的评估流程,企业需要制定一套流程来识别自己的实质性议题。

例如,石油和天然气行业标准或采矿行业标准,列出了 26 个实质性议题,但企业必须通过一个符合自己实际情况的流程来识别自己的实质性议题,之后匹配差异,并提供相关解释。一些行业标准中的内容可能不适用于某个企业,企业在做了自己的成熟的评估之后,也有可能会发现还有实质性议题没有列在行业标准的议题范围内,那么企业都需要解释原因。

Q:可持续发展报告在当今商业环境中的意义和重要性是什么?与其他报告框架相比,GRI 的优势是什么?

A:大概在十几、二十年前,中国不少公司就开始披露企业社会责任报告(CSR 报告),而现在全球的可持续发展报告体系有了很大变化。现在当我们想了解一家公司所提供的服务或产品时,会查看这家公司的可持续发展报告(ESG 报告),ESG 报告旨在帮助企业和其股东以及利益相关者就企业的表现和影响进行沟通。

这个角度已经和之前的 CSR 有所不同了,我们又回到了实质性议题的评估上。例如,GRI 列出了 31 个议题,并不一定适用于每家企业。所以我们需要了解一家公司业务最主要的影响因素是什么。是对谁的影响,还是对社会的影响,抑或对经济的影响?

此外,不同公司在不同的资本市场运营,需要符合不同的监管要求。对于很多公司而言,披露的第一阶段很可能是为了满足监管要求。所以公司开始披露 ESG 报告时,需要采用本地监管机构要求的报告框架。

例如公司在中国香港上市,需要遵循香港交易所的 ESG 指南。但是一旦公司业务超越了单一司法管辖区,这意味着企业需要和除不同区域的利益相关方进行沟通,如果你正在与东欧的投资者交流,他们不太可能了解中国香港的 ESG 标准,那么这时候就需要全球性的语言,需要世界各地的利益相关方和投资者都可以理解的语言。

这就是 GRI 标准的优势,目前全球 250 家最大的公司中约有 73% 采用了 GRI 标准,因为它是一种通用语言。

Q： GRI 是如何制定报告标准的？有哪些方法和程序？如何确保这些框架保持相关性和及时性？

A： 我们有一个全球可持续发展标准委员会，负责制定 GRI 的标准。

我们严格遵循职权范围内的正当程序来监督 GRI 标准的制定。GSSB 和我们的标准部门之间有一道"防火墙"，所以他们是独立的。GRI 标准最重要的制定元素之一，是多利益相关方模型（multi stakeholder model）。从 GRI 1997 年成立开始，我们就采用多利益相关方模型，让不同的团体参与进来，比如社区、商业公司、投资机构、员工组织和学术界的代表等，以确保 GRI 标准可以成为全球通用的语言。

除了不同群体的参与，我们的标准还听取了全球不同市场的反馈意见。例如，我们刚刚为中国的采矿业标准举办了一个公众咨询研讨会，因为中国也是一个非常重要的矿业市场。

首先我们会把不同的利益相关方都邀请进来，作为工作组成员。然后工作组会起草一份标准草案。在确定最终版的标准之前，为了解中国矿业利益相关方的需求和期望，我们会公开邀请市场参与者进行反馈，所以我们举办了一个为期六周的公众咨询研讨会，以便搜集更多的市场反馈。

整个标准的制定过程中，我们会与众多利益相关方接触，确保他们的声音被听到，他们的观点可以成为标准的一部分。在公众咨询结束之后，我们会花几个月的时间来整理从全球范围内收集的所有反馈，并对此进行整理和考量，确保将这些重要的反馈意见纳入标准中。最后才会进行标准的发布。

至于如何保持标准的时效性，首先，GRI 有一个非常严格的程序，我们不断与标准的重要参与者进行交流，以确保 GRI 标准能够反映当前的实际情况，并且符合国际框架，例如经合组织的指导方针或联合国的指导方针。其次，GSSB 的工作计划在网站上是完全公开的，包括开发全新的标准，以及对原有标准进行更新和修订。

挑战在于充分沟通以及搜集反馈

Q： 在标准的制定过程中，您认为最大的挑战是什么？

A： 从我个人角度来说，我所面临的挑战也是我最重要的工作之一，就是确保和利益相关方的充分沟通以及收集他们在标准制定过程中的反馈，这也是我们举办各种研讨会的根本原因。

当制定新标准时，我们会公开招募一个工作组，任何一个和标准议题相关的专家都可以提交申请成为工作组成员。我要确保利益相关方理解并且注意到工作组的公开招募,来自大中华地区的代表能够参与标准开发过程是非常有价值的,我们希望拥有来自所有不同市场的声音。

另外,除了促进 GRI 标准在大中华区的推广,我也希望将大中华区利益相关方的声音反馈到总部,并让他们能够充分参与标准的制定过程。

Q: GRI 如何解决不同组织和行业披露的 ESG 报告的可比性和一致性问题?

A: 让不同组织和行业之间的 ESG 报告具有可比性和一致性,这本质上就是 GRI 标准的使命。正因如此,每家公司都必须从通用标准开始参考和使用 GRI 标准框架,包括 GRI 1 基础、GRI 2 一般披露、GRI 3 实质性议题。

GRI 还提供了一套实质性议题评估的方法。当企业采用 GRI 标准时,可比性和一致性已经嵌入这个过程中了。但你不是在比较所谓的实质性议题,因为每个部门的实质性议题都是不同的。每一个组织都应该从通用标准开始提供它们的企业信息,之后再参考和采用行业标准。

当然,前提是如果有可用于这个企业所处行业的标准。例如,废弃物管理对这个行业里的企业来说都是实质性议题之一,那么企业将采用相同的废弃物管理标准。这就是一致性和可比性。

Q: 一些国家和地区可能有自己的法规和指令来指导企业可持续发展表现的披露。GRI 是如何与当地政策制定者和监管机构合作,来推动政策制定者们采纳 GRI 标准的?

A: ESG 的披露标准会依据各区域 ESG 相关政策、法规或指令等有所不同,如 CSRD 将采用欧盟可持续发展报告标准(ESRS)作为其报告标准。

欧盟在制定 ESRS 标准时,他们找到了 GRI,GRI 也是 ESRS 的共同构建者之一。从一开始,欧盟就决定他们不会重新发明一套全新的标准,因为市场已经存在现有的国际标准,比如 GRI 标准。

我们派出技术人员参与了技术委员会,当欧盟制定这套新标准时,GRI 不断和他们交流如何调整模型、术语和结构。我们不会承诺 GRI 的标准可以达到完全互通,但如果一家公司已经采用了 GRI 的标准,那么可能只需要添加一些内容,就可以满足欧盟对新的可持续发展报告要求的合规性。这就是 GRI 比较典型的国际协调工作。当然,我们还和 IFRS 保持密切合作。

从区域角度来看,我们一直与当地监管机构合作。就大中华地区而言,我们目前与香港交易所保持畅通的沟通管道。我们与香港交易所发布了更新版的 GRI 标准及香港联交所 ESG 指引的关联文件，为需要提供 ESG 报告的公司提供便利，它们可以在 GRI 标准和香港标准之间进行交叉比对，因为这两者之间其实有很多相同的地方。

如果一家企业在香港上市，那么可能会采用香港地区的 ESG 指引，但是事实上也有很多公司的业务或投资标的远远超出了香港或亚洲的范围，它们就会一并采用 GRI 的标准，与该公司注册地司法管辖区以外的利益相关者进行沟通。

双重实质性原则不可或缺

Q：GRI 提出了双重实质性原则的概念，但在其他报告框架中很少看到这个概念。您能解释一下什么是双重实质性原则吗？为什么 GRI 致力于推广这个概念？

A：双重实质性原则是 GRI 标准框架里重要的主导因素，简单而言，就是财务实质性加上影响实质性。

举个例子，在气候变化的这个议题下，TCFD 要求企业做情景分析，了解气候变化给企业带来的机遇和风险有哪些；而 GRI 关注的则是影响实质性。我们想了解你的公司或组织，无论规模大小，当你提供服务或产品时，你的行为对气候变化的积极或消极影响是什么。所以双重实质性原则本质上是两个同等重要，但出发点不同的视角。

GRI 之所以强调和支持双重实质性原则，是因为如果公司只关心财务方面的事情，这意味着这家企业并不关心其行为对环境和社会的影响。这个想法会把我们拉回 20 年前。我们理解财务业绩固然很重要，但可持续议题是关于如何减轻我们对环境、经济和社会的负面影响。

Q：采纳双重实质性原则，也意味着需要衡量相关的影响。对于公司来说，衡量它们对社会和环境所造成的影响会是一个挑战吗？

A：当你收集数据时，不仅要从内部利益相关者处收集数据，还要从外部利益相关者那里收集数据。对许多中国公司来说，可能会有许多上下游的商业伙伴，企业也必须考虑到它们产生的影响。

如何进行实质性议题评估也是因公司而异的。企业需要和自己的团队以及商业伙伴一起收集数据。每一方收集数据的方法都是不同的，可以是一份调查问卷,或者可以是现场调研或举办不同的研讨会来收集数据。需要强调的一点是,这不是一次性的行为,而是一个持续的过程。

Q: 最近出现了一些批评 ESG 的声音,比如说 ESG 就是"漂绿"的工具,也出现了一些和 ESG 相关的丑闻,甚至诉讼。对于 GRI 来说,有没有遇到过挑战或批评?

A: 我想先稍微谈一下 GRI 的中立性。GRI 是全球标准制定者,是非政府组织,也是一个独立的组织。为什么 GRI 的影响力很大,原因之一是我们的多利益相关方模型。我们获得了很多来自不同群体的支持和帮助。我们把 GRI 标准作为公共产品。身为 GRI 的一分子,我们常会代表 GRI 参加研讨会,但为了保持中立性,我们不会做评审来评断企业报告的好坏。我们将尽最大努力与市场和政策制定者合作,帮助企业提高报告质量,但我们不会评判谁的报告最好。

在过去的几年里,市场上出现了一些"漂绿"事件,我认为这得依靠监督机构及市场的力量来防备和阻止。ESG 不像会计,因为会计框架已经是几十年的框架了,但很多公司才刚开始尝试它们的可持续发展之旅。当企业采用 GRI 标准时,必须遵循相关报告原则,其中最重要的是准确性、平衡、清晰度、可比性、完整性、可靠性、时效性,并且把数据开放给第三方进行验证。这就是我们应对"漂绿"的态度。

Q: GRI 未来的战略布局和发展方向会如何?

A: 第一个优先事项是积极与欧盟"欧洲财务报导资讯小组"(EFRAG)及国际财务报告准则(IFRS)基金会合作,为 ESG 披露提供全球基线。

第二件事是保持 GRI 标准框架的持续更新,为 ESG 披露的最佳实践提供路径。我们也希望持续提高标准制定的能力。目前我们的标准编写团队仅有 20 人左右,未来想增加约一倍的团队力量。毕竟我们一共有 40 个行业标准要制定,到目前为止我们发布了其中的 3 个,还有几个正在进行中。

除此之外,我们正在致力于加强 GRI 标准相关的培训,同时也对世界各地的培训伙伴进行认证,例如我们在中国有 5~6 个经过认证的培训合作伙伴。我们帮助他们培训合格的培训师,他们帮助我们为有需要的企业和个人提供 GRI 标准的相关培训。我们也将继续与世界各地的培训伙伴合作,加强企业对 GRI 标准的认知和了解,以帮助企业提高 ESG 报告的质量。

第三节 国际可持续准则理事会(ISSB)

国际可持续发展准则理事会(以下简称 ISSB)在 2021 年 11 月的第 26 届联合国气候变化大会上由国际财务报告准则基金会(International Financial Reporting Standards Foundation,以下简称"IFRS")宣布成立,其目标是制定一套综合性、高质量的全球可持续信息披露标准,增进不同地区披露标准之间的互用性,以满足投资者的信息需求。2023 年 6 月,ISSB 正式发布了首批国际财务报告可持续披露原则的两份终稿,分别是 IFRS S1 和 IFRS S2。这两份报告的发布对于可持续发展披露意义重大,有专家分析称,IFRS S1 和 S2 的颁布,"标志着可持续发展报告进入新纪元"。

为何 ISSB 发布的可持续披露原则有产生重大影响的潜力?一部分原因是 IFRS 在财务报告领域已具备受到认可的标准制定能力和广泛的影响力。IFRS 基金会成立于 2001 年,是一个非营利机构,其目标是制定国际财务报告准则,以提升全球金融市场的效率和透明度,通过增进信任、促进全球经济的长期金融稳定、促进发展,来为公共利益服务。它还设立了国际会计准则理事会(IASB),其理事成员中有世界重要经济体的资深专家,如欧洲财务报告咨询小组前首席执行官弗朗索瓦丝·弗洛雷斯、巴西中央银行金融系统监管部前主管阿玛罗·戈麦斯、中华人民共和国财政部会计司前处长陆建桥等。通过设定议程、开展研究、发布公众讨论稿、征求意见并修改等步骤,IFRS 和 IASB 发布了国际财务报告准则。现在,IFRS 的会计标准已经在财务领域成为了一种实质上的"全球语言",全球有超过 140 个司法管辖区要求采用该标准,包括加拿大、澳大利亚、巴西、新加坡等。因此,与 IASB 紧密合作、同样得到 IFRS 的咨询委员会支持的 ISSB,在专业能力和品牌信誉方面都获得了认可,具备成为可持续披露原则领域权威的潜力。

另一部分原因则是 ISSB 的披露标准在建立的过程中参考了多个已经广受认可的可持续相关的国际标准,并得到了许多国家的支持。在 ISSB 的标准建立的过程中,它整合了气候披露标准委员会(CDSB)、气候相关财务披露工作组(TCFD)、世界经济论坛等广受认可的标准制定机构的资源,并与全球报告倡议组织(GRI)——它提供目前全球最广泛运用的可持续报告标准——进行了紧密的合作。尽管两者存在受众的区别(ISSB 主要为投资者提供需要的信息,而 GRI 标准提供的信息适用于范围更广的利益相关者),但 ISSB 致力于促进两个标准之间的互通性，以方便公司进行披露。另外，ISSB的工作还得到了G7、G20、金融稳定理事会和国际证券委员会组织（IOSCO）以及超过40个司法管辖区的财政部部长或中央银行行长的支持，这也将有助于ISSB标准未来成为可持续披露标准领域的国际通用标准。

IFRS标准在2024年1月正式生效。S1标准要求公司披露与可持续发展风险与机会相关的实质性信息，并运用了TCFD的框架架构，包括治理、战略、风险管理、指标和目标。S2标准也同样纳入了TCFD的建议，要求公司披露与气候有关的风险和机会的实质性信息，并要求公司进行针对行业的披露，这部分内容将得到基于SASB标准的、附带指导的支持。另外，在IFRS S1和IFRS S2发布的同时，ISSB还发布了一系列配套文件，说明ISSB在制定标准的时候考虑的因素，分析了IFRS S1和S2可能带来的收益和成本，以及总结了对IFRS S1和S2征求意见稿的反馈意见和ISSB的回应。

总而言之，ISSB发布的IFRS S1和S2在ESG领域和投资领域有重要的意义，由于IFRS本身的影响力和ISSB建立标准时采取的方法，它将有助于建立具备一致性、可比性的全球可持续信息披露标准。那么，在ISSB标准制定的过程中，中国发挥了哪些作用？已经采取其他报告框架的公司应该如何应对ISSB的出台？请看下文对ISSB副主席华敬东的访谈记录。

❓ 思考题

1. 从投资者的角度来说，ISSB发布的可持续披露标准有什么样的意义？
2. 企业有哪些方式参与到ISSB的标准制定过程当中？

■ 参考资料

［1］International Sustainability Standards Board, https://www. ifrs. org/groups/international-sustainability-standards-board/

［2］ISSB: Frequently Asked Questions, https://www.ifrs. org/groups/international-sustainability-standards-board/issb-frequently-asked-questions/

［3］关于我们和我们的使命：国际财务报告准则基金会和国际会计准则理事会，https://www.ifrs. org/content/dam/ifrs/about-us/who-we-are/who-we-are-chinese-v2. pdf

［4］郭沛源：解读ISSB新标准，展望ESG信披新格局，2023－07－04，https://www.syntaogf. com/info-detail/％E3％80％90％E8％A7％82％E7％82％

B9％E3％80％91％E8％A7％A3％E8％AF％BBissb％E6％96％B0％E6％
A0％87％E5％87％86％EF％BC％8C％E5％B1％95％E6％9C％9Besg％
E4％BF％A1％E6％8A％AB％E6％96％B0％E6％A0％BC％E5％B1％80
　〔5〕ISSB 发布了首批可持续披露准则，2023－06－26，https：//www. ifrs. org/
content/dam/ifrs/news/2023/issb-standards-launch-press-release-chinese. pdf

ISSB 副主席华敬东：
可持续发展领域需要一套全球标准

投资者需要一套全球标准

Q：请您介绍一下自己以及您在 ISSB 的职责。

A：我是 ISSB 副主席。曾任世界银行副行长兼司库，负责绿色债券计划和可持续金融能力建设项目。此前，我也曾担任国际金融公司副总裁兼司库、亚洲开发银行副司库，并曾在联合国开发计划署和非洲开发银行任职。

去年，ISSB 与中华人民共和国财政部签署了谅解备忘录，并在北京开设了办公室。我的核心职责之一是保障 ISSB 战略的制定和实施，包括重点支持新兴和发展中经济体以及中小型公司的利益相关者。同时我还负责制定综合性战略，以提高各企业和机构使用 ISSB 准则的能力。

Q：在您看来，我们为什么需要可持续信息披露？以及为什么需要统一全球标准？

A：将可持续作为影响投资决策以及公司规划、管理和报告的重要因素正逐渐成为主流。虽然可持续信息披露报告已经存在了一段时间，但如何让披露变得更有效率一直面临挑战，包括缺乏可比性以及对众多"字母汤"倡议（各种倡议的名称缩写）的混淆。

这些现象意味着资本市场的运作效率并不尽如人意。

所以，投资者需要一套全球标准，帮助他们获得对决策有用、具有一致性和可比性的信息。ISSB 的任务是为所有与可持续发展相关的风险和机遇提供透明、可靠的信息标准，使投资者能够基于公司提供的信息做出相关决策。

Q：**2023 年 6 月，ISSB 发布了首部可持续披露准则，包括 IFRS S1 和 IFRS S2，为可持续信息披露建立了全球通用语言。请您简要介绍一下这两项准则。**

A：IFRS S1 为可持续发展相关的财务披露奠定了概念基础。它要求公司披露与可持续发展相关的、可能会对公司发展前景产生影响的所有风险和机遇的重要信息。对于使用 IFRS 会计准则编制财务报表的公司来说，IFRS S1 中的许多概念、原则和要求它们都不会陌生。同时，我们的准则在设计时也考虑到了与其他会计准则的配合。

适用 IFRS S1 的公司需要披露任何可能对其短期、中期或长期前景产生可持续发展相关的风险和机遇的重要信息，包括现金流、资本成本或融资渠道。例如，一家公司的业务模式依赖于水等自然资源，那么水资源的质量、可用性和价格的变化就可能会对该公司产生影响。

IFRS S2 以 IFRS S1 的要求为基础，进一步要求公司识别并披露与气候相关的风险和机遇的信息。

IFRS S2 将气候相关风险定义为气候变化对公司产生的负面影响。这些风险包括物理风险（如日益严重的极端天气造成的风险）和转型风险（如与政府政策变化和技术发展相关的风险）。

与气候相关的机遇是气候变化对公司产生的潜在积极影响。例如，公司可能会因为努力减缓和适应气候变化而获得新业务或开发新产品。

既是挑战，也是支持

Q：**IFRS S2 要求公司披露报告期内产生的温室气体绝对排放总量，根据《京都议定书》(GHG Protocol)，温室气体可以分为范围 1、范围 2 和范围 3 的排放。范围 3 的披露是衡量和管理公司价值链排放的重要一步。但它也给许多公司带来了重大挑战。企业应该如何披露范围 3 的温室气体排放？ 未来 ISSB 是否会为企业提供披露方面的相关指导？**

A：我们已经意识到披露范围 3 的温室气体排放将给一些公司带来挑战，这就是为什么 ISSB 标准提供了一年的宽限期，即公司只需在报告的第二年开始披露其范围 3 的排放。然而，必须要强调的是投资者对准则草案的反馈意见明确表示，他们希望将范围 3 的披露包括在内，哪怕最初的数据质量可能并不完美。

在 IFRS S1 和 IFRS S2 发布之后，我们的重点转向支持各司法管辖区和公司实施这些要求，这当中就包括与准则一起发布的说明指南。

我们在 30 余个伙伴的支持下推出了初步的伙伴关系框架。该框架旨在为准备使用我们准则的报告编制者、投资者和资本市场利益相关方提供支持。

我们现在还在世界各地直接开展能力建设工作。我们知道,公司、监管机构、审计公司及投资者都需要接受大量的教育和培训,了解如何准备这些信息以及如何使用 ISSB 标准所产生的信息。

虽然许多能力建设工作将通过我们的伙伴关系框架和教育开展,在 IFRS S1 和 IFRS S2 之外进行,但准则本身也内置了一些措施,确保公司有提高其能力的空间。

Q：从 2024 年起,国际财务报告准则基金会将接管 TCFD(气候相关财务信息披露工作组)。TCFD 自建议发布以来一直在监督气候相关披露的进展情况。为什么 IFRS 要接管 TCFD？ 重组背后的理由或动机是什么？ 这对企业会产生什么影响？

A：气候相关财务信息披露工作组(TCFD)一直是提高气候相关披露实践和质量的推动力,为投资者提供急需的气候相关风险和机遇信息。

ISSB 准则整合了市场领先的以投资者为中心的可持续发展报告倡议,而 TCFD 框架建议是其中的核心组成部分。

继首部 ISSB 准则(IFRS S1 和 IFRS S2)发布之后,金融稳定理事会(FSB)已要求 IFRS 接管 TCFD 对气候相关披露进展的监督工作。FSB 在 2017 年设立 TCFD,它表示 ISSB 将 TCFD 建议纳入其准则,代表了 TCFD 工作的最高成就。

2024 年起,随着 ISSB 准则开始在世界各地实施,IFRS 将从 TCFD 接管一系列职责,包括监督各方正在按照其建议推动的气候相关披露。

Q：ISSB 准则对实质性议题的定义与 IFRS 会计准则中使用的定义一致,侧重于影响公司财务健康的可持续发展风险和机遇,并没有采用双重实质性原则。这与《欧盟可持续发展报告标准》(ESRS)的要求有所不同。请您进一步说明原因何在。

A：IFRS 的职责一直是为资本市场提供信息。这些准则之间并不完全一致,因为它们是根据不同的任务制定的。ISSB 的重点是向投资者提供相关信息,而 ESRS 则具有更广泛的应用,包括满足公共政策目标。

因此,这就会导致 ISSB 准则与 ESRS 存在差异,ESRS 超越了投资者的视角,更关注纯粹的财务影响实质性。然而,我们在互操作性方面所做的协同工作意味着公司可以有效地应用两套气候相关标准,并最大程度地减少重复工作。

Q:ISSB 准则何时生效?是否具有强制性?哪些司法管辖区将采用这些准则?IFRS 将如何与不同司法管辖区合作?是否会给公司设置任何形式的过渡期?

A:ISSB 准则适用于 2024 年 1 月 1 日之后开始披露的年度报告。不过,在不同管辖区的生效日期,以及是否作为强制性披露要求,这将取决于各个地方法律规定。

我们正与不同司法管辖区的监管机构密切合作,以促进新准则的采纳,同时也鼓励公司自愿采用准则来提高与投资者沟通的质量。ISSB 制定的《应用指南》将会有助于促进准则中的要求能够在司法管辖区层面得到推广和分阶段实施。

全球许多司法管辖区都在积极考虑如何采用这两项准则,其目的是为可持续披露创建一个全球基线,并在此基础上再增加与当地公共政策相关的要求。

尽管许多公司在可持续发展披露方面具备丰富的经验,但对一些公司而言,应用新准则也会意味着大量学习。为此,IFRS S1 和 IFRS S2 为第一年应用准则的公司设置了过渡期,包括免除气候相关要求之外的可持续发展相关要求,免除与财务报表同时披露气候相关披露的要求,以及免除披露公司价值链中发生的范围 3 温室气体排放的要求。

Q:对于那些已经在使用其他报告框架的公司(比如 TCFD、SASB、GRI 等),您有什么建议?

A:已经自愿采用其他可持续发展报告框架的公司在采用 ISSB 准则方面将处于有利地位。我们鼓励这些公司继续沿着这条路走下去。

我们的准则是通过整合自愿性倡议而成的,包括针对不同行业设定的 SASB 准则(现已被纳入 IFRS)以及 TCFD 建议。因此,已采用这些标准和建议的公司在应用 IFRS S1 和 IFRS S2 时将会得心应手。采用 ISSB 准则的公司将自动符合 TCFD 建议框架。

ISSB 准则侧重于满足投资者的信息需求,而 GRI 则旨在满足更广泛的利益相关方的信息需求。希望为投资者以及利益相关方提供一整套信息的公司,可以将 ISSB 准则和 GRI 结合起来作为披露依据。我们与 GRI 已签署的一份备忘录,有助于确保我们各自的标准能够作为一套无缝的披露标准发挥作用。

中国深度参与

Q：中国在 ISSB 的准则制定过程中发挥了哪些关键作用？

A：不少来自中国的利益相关方为 ISSB 制定 IFRS S1 和 IFRS S2 做出了贡献。ISSB 在征求意见的过程中，得到了广泛的国际反馈，收到了来自世界各地的 1400 多封意见函，其中就包括来自中国的意见函。中国与欧盟、日本、英国和美国都是 ISSB 区域管辖工作组成员，该工作组的目的是促进 ISSB 全球基线与各司法管辖区的倡议之间的对话和互操作性。

Q：您对希望使用 ISSB 准则的中国公司有何建议？

A：ISSB 的工作基础是希望通过高质量的信息帮助企业和投资者更好地决策，通过建立信任、提高效率和透明度来促进资本市场的健康发展。在制定 ISSB 准则的过程中，我们致力于提高公司向投资者披露信息的透明度和效率。

众所周知，可持续发展因素正在成为投资决策的主流。在 ISSB，我们正在为可持续发展信息披露建立一种通用语言，并将在全球范围内使用。我们的准则所提供的信息将帮助投资者评估与可持续发展相关的风险和机遇，为他们的决策提供依据，从而提高决策能力。

随着信息的标准化和规范化，公司需要进行严格而准确的披露，以保持对全球投资者的吸引力。

自 2018 年以来，中国一直鼓励上市公司披露可持续发展的相关信息。越来越多的中国公司自愿开始进行披露，我们预计这一趋势将持续下去。我们也鼓励企业继续这一旅程，并充分利用好 ISSB 网站上提供的支持文件和材料，以便更有效地适应和采纳 IFRS S1 和 IFRS S2 准则。

第四节　负责任投资原则组织（PRI）

负责任投资原则组织（PRI）于 2006 年由时任联合国秘书长的科菲·安南发起，目前是全球在 ESG 投资方面影响最大的独立非政府组织之一，其宗旨是推动负责任投资，支持可持续的全球金融体系和市场，并实现全球共同繁荣。在 PRI 成立时，安南邀请了 20 位来自全球规模最大的投资机构的投资者，并联合了 70 名来自投资业、政府间组织和民间团体的专家，共同制定了 6 项负责任投资原则。尽管 PRI 并非联合国的下属机构，但它却一直得到联合国的支持，并且与联合国环境规划署金融倡议(UNEP FI)及联合国全球契约(UNGC)建立了协作伙伴关系。

资产所有者、资产管理机构和服务机构成为 PRI 的签署方之后,便承担按照六项原则进行投资的义务,同时也享有 PRI 提供的支持和各项权益。近年来,随着 ESG 话题得到越来越多的关注,PRI 的签署方数量和管理资产规模也快速增加。2013 年,全球 PRI 签署方为 754 家,管理资产规模为 34 万亿美元;2018 年,全球 PRI 签署方累计数量为 1 804 家,管理资产规模为 81.7 万亿美元;到了 2023 年 6 月,全球 PRI 签署方的规模达到了 5 372 家,管理资产规模则超过了 121 万亿美元。在中国,这一快速增长趋势也表现得很明显:2017 年,中国的 PRI 签署方只有 6 家;2020 年,PRI 签署方机构数量为 47 家;截至 2023 年 6 月,则共有 140 家资产管理者或服务机构签署了 PRI。

PRI 签署方承诺按照六项原则进行投资,并且从加入 PRI 的第二年开始,需要每年按照 PRI 的模板发布负责任投资报告。目前,PRI 采用的是 2023 年年初更新的报告框架,共有 12 个模块,内含强制披露与自愿披露的指标,强调"以ESG 任务为导向"和"以签署方为中心"。在签署方完成填写之后,PRI 会将强制披露指标相关的内容形成报告,在官网上公开发布。同时,尽管 PRI 并非评级机构,也不会对资产管理机构给予公开评分,但 PRI 会对机构的披露报告进行评估,以帮助签署方了解自身在 ESG 投资实践方面需要加强提升的方面。

签署方会在负责任投资领域得到 PRI 的全面帮助和支持,这也是 PRI 能吸引更多机构加入的重要原因。首先,PRI 能为签署方提供工具、方法和指导,帮助签署方将 ESG 相关因素整合到决策过程中。除了全球认可的报告框架以及年度评估,PRI 还为签署方提供积极的所有权工具包。PRI 还在全球 17 个城市设立区域关系管理团队,为签署方提供当地市场知识、PRI 资源和技术等方面的支持。其次,PRI 能为签署方提供负责任投资相关的学习资源和最新信息。PRI 于 2014 年创办的 PRI 学院开设了负责任投资基础、高级负责任投资分析等线上课程,内容包括国际专家讲解、真实案例研究、虚拟案例研究、财务建模等。这些课程以及 PRI 提供的 ESG 领域的相关资讯,将有助于签署方建设负责任投资能力。再次,PRI 也为投资者构建了合作和交流的重要平台。签署方每年可以参与一百多场活动或工作坊,其中包括 PRI 大会。在大会上,PRI 会邀请嘉宾进行演讲,同时签署方和投资专业人士也可以分享各地区和组织的经验。同时,PRI 合作平台论坛也能为签署方提供机会,与学术界、非政府组织和其他投资者联络、社交,或参与到 ESG 相关的研究当中。鉴于 PRI 现在已经具备了非常可观的成员规模,它所能提供的网络对于签署方将很有价值。

2017 年,PRI 发布了未来发展的 10 年蓝图,确立了工作集中的三大影响领域:负责任投资者、可持续市场、全球共同繁荣。在 2023 年的年度报告中,PRI 提出,除了通过构建网络来创建负责任投资行动之外,PRI 也在通过影响政策制定者等方式来推动体系化的可持续发展转型。

总之,PRI 作为一个独立非政府组织,可以为签署方提供高质量的智力资源及有价值的交流平台,这促进了更多机构参与到 PRI 的负责任投资实践中。PRI 对签署方的披露要求和报告评估,也将有助于投资机构提高自身的 ESG 投资与管理水平,并有利于投资业的机构和其他利益相关者建立一套共同语言和统一要求。那么,全球负责任投资呈现出了什么样的未来发展趋势? 从 PRI 的角度,企业又应该如何权衡影响投资和财务回报的因素? 下文对 PRI 亚太地区政策主管 Daniel Wiseman 的采访,或许能够提供更多思考。

? 思考题

1. 国内一家签署了 PRI 的服务机构的研究人员评论称:"我们在进行 PRI 报告填报时,如果能够理解这个指标本身在考核什么,客户就能很快反应过来,过去做过什么事情,符合国际上对于 ESG 投资的要求。责任投资、长期投资、价值投资这些概念本质和 ESG 投资是一体的,ESG 并不是完全创新的概念。"(陈晓琼,2023)这一观点对于投资机构有什么样的启示?

2. 作为负责任投资和 ESG 理念的实践者,PRI 通过哪些方式对全球可持续发展产生积极影响?

■ 参考资料

[1] PRI, https://www.unpri.org/about-us/about-the-pri

[2] PRI brochure 2021, https://www.unpri.org/download?ac=10968

[3] 超 5 380 家加入,UN PRI 到底有什么神秘力量?,Wind 万得,2023-07-06, https://www.sohu.com/a/694969472_99992453

[4] 陈晓琼:机构投资者如何交出一份优秀的 UNPRI 报告?,全景财经,2023-04-19,https://www.governance-solutions.com/yanjiudongcha/157.html

[5] 负责任投资蓝图,2017,https://www.unpri.org/download?ac=5744

[6] PRI 报告框架,https://www.unpri.org/reporting-and-assessment/investor-reporting-framework/5373.article

［7］PRI 2022-23 annual report, https://dwtyzx6upklss.cloudfront.net/Uploads/z/s/n/pri_ar2023_smaller_file_8875.pdf

> **Daniel Wiseman：**
> **我们要给新生事物一个实验和发展期，避免过度执法**

Q：请您介绍一下自己和负责任投资原则组织（PRI），以及您在 PRI 担任的角色。

A：我是 PRI 的亚太政策负责人，同时也是一名律师。我最初在私人律师事务所从事企业咨询和并购相关的工作，在可持续金融政策领域工作了大约十年。

PRI 由联合国前秘书长科菲·安南于 2006 年牵头发起，其目的是帮助投资者理解环境、社会和公司治理问题在投资实践中的意义和影响。大约一年半前，我开始担任 PRI 的亚太政策负责人，负责 PRI 整个亚太地区的政策相关工作，我也是 PRI 全球政策团队的一员。

目前我们在亚太地区有三个重点市场区域——中国、日本和澳大利亚。我们在每个市场区域都有一个专门的政策团队，通过与政策制定者合作，帮助 PRI 的签署方制定有雄心的、有效的政策框架，从而支持负责任的投资和可持续金融的发展。

Q：据了解，PRI 有六项原则。能和我们分享一下这六项原则的具体内容吗？它们与可持续投资有什么关系？

A：PRI 的六项原则是指导性和鼓励性的，而非强制性原则。它们分别是：

（1）将 ESG 问题纳入投资分析和决策过程；

（2）成为积极的所有者，将 ESG 问题纳入所有权政策和实践；

（3）寻求被投资实体对 ESG 相关问题进行合理披露；

（4）推动投资业广泛采纳并贯彻落实负责任投资原则；

（5）齐心协力提高负责任投资原则的实施效果；

（6）报告负责任投资原则的实施情况和进展。

认可这六项原则并签署 PRI 的投资机构，其目标是对其受益人的长期利益负责，这涉及环境、社会和治理等多方面的问题。PRI 的这六项原则除了符合受益人和客户的长期利益需求，也让投资机构的发展方向与更广泛的社会目标和可持续发展目标保持一致,并且指导他们在实践中达成这一目标。

Q：**PRI 的原则在投资领域众所周知,但对大部分企业来说还比较陌生。请您给刚接触 PRI 的企业,特别是中国的企业,分享一个 PRI 最成功的案例或事件。**

A：PRI 最成功的是将负责任投资的概念在全球范围内主流化。在过去的 15 年里,负责任投资的概念以及 ESG 理念并没有得到充分认可,或者即使有人认可,也只是一个非常小众的概念。但发展到今天,PRI 目前在全球有超过 5 500 家签署机构,管理的资产规模超过 120 万亿美元,占全球资本管理机构总规模的一半以上。

从 15 年前公司和投资者对 PRI 和 ESG 有限的认知,到现在拥有超过全球一半的投资机构签署 PRI,越来越多的企业高层认识到负责任投资和 ESG 与他们的投资决策息息相关,甚至会潜移默化地影响到投资活动和公司行为。所以我认为围绕这些议题的高层和主流认知的提升就是 PRI 最大的成功。

Q：**您如何看待 PRI 成立至今的表现和成果？未来 5～10 年,全球市场和金融机构对 PRI 最大的期待是什么？**

A：PRI 过去的成功可以通过整个行业对负责任投资重要性意识的提升来衡量。我认为 PRI 与许多行动者一起,在提升负责任投资意识上发挥了非常关键的作用。我们未来 5～10 年的目标是将更多负责任的投资者聚集在一起,为实现更可持续的市场,创造更繁荣的世界而努力。

2016 年,为了纪念 PRI 成立 10 周年,我们根据之前制定的目标实施情况进行了分析和回顾,并为未来的工作方向和中心制定一个新的目标,从而形成了我们未来 10 年的发展蓝图,它涵盖了多个领域：

第一,加强、深化和扩大我们的核心工作,支持负责任的投资者追求长期价值,在整个投资链中加强负责任投资的一致性和认可度；

第二,围绕解决投资者所处的一些市场不可持续的问题,帮助构建负责任投资者和受益者所需的可持续全球金融体系；

第三,助力签署方在现在以及未来改善对现实世界的影响。我认为这是投资者、受益人和客户越来越关心,也越来越多投入精力和资源的一个方面。

Q: 有其他事务所最近针对 PRI 的签署方进行了一项调查,调查结果发现签署机构高管们的想法其实存在一定的矛盾性。一方面,大多数 CEO 和董事会成员都喜欢参与 ESG 的相关计划;另一方面,他们又不愿意在投资回报上进行妥协。您对此有何看法?

A: 在我看来,这并不是一个矛盾点。实际上,在大部分情况下,ESG 是公司需要考虑的财务实质性问题,我认为这反映在此类的调查结果中,即投资者认为这些问题与财务业绩高度相关。因此,他们不认为这是一个单独的附加组件,而是希望将其作为日常战略的一部分,并直接影响收益和回报。

我认为 ESG 议题在时间维度上常常存在挑战,即为解决一些 ESG 议题所需的早期投资可能会带来初始成本,但也能在未来通过更可持续的业务方式获得回报,这样的业务能够在公司面对 ESG 带来的压力时,帮助企业增强韧性,并迅速做出应对。

Q: 企业不仅要考虑财务回报,还要考虑非财务表现的影响。从 PRI 的角度,企业应该如何权衡影响投资和财务回报的因素?

A: 我认为围绕投资影响的讨论,以及如何考虑、追求和衡量这些影响,确实是负责任投资中最重要的问题。

越来越多的投资者希望了解他们的投资带来的影响。一方面,是他们看到投资组合中一家公司的行为和表现会影响到投资组合中其他公司的表现。例如,一家公司排放的温室气体或其他污染物是如何影响其投资组合中的其他公司,甚至是影响到整体经济表现,对于广泛组合的投资者来说,这是他们考量整体回报的关键驱动因素。

另一方面,这些投资机构的受益人和客户要求他们这样做。我们听到很多关于千禧一代投资者的评论,他们更想让其价值观与投资行为保持一致,并且用他们的投资行为去影响他们生活的世界。因此,我们看到受益人和客户越来越关注投资影响。

另一个重要驱动因素来自监管者和政策制定者,我们看到政府希望金融市场与更广泛的公共政策目标尽可能保持一致。在这些驱动力的作用下,人们显然更加关注可持续投资的影响和结果。随着时间的推移,这些驱动因素将推动市场变得更加成熟。

Q：一些非上市公司并没有非常完整的 ESG 披露数据。投资机构如何才能确保所有的投资组合都符合 PRI 原则？他们如何确保这些投资能满足投资者的要求和期望，同时确保他们的投资行为产生了积极的社会影响？

A：这是一个新兴的领域，投资者在这方面正变得越来越成熟。这也是一个政策发展和框架可以发挥关键作用的领域。我们看到越来越多的投资者正在与被投公司直接接触，他们通过参与被投公司的管理来直接获得信息，并相应地更新他们的投资策略。

早些时候这个方式在可获得信息方面有一些局限性，特别针对中小型企业。但是监管者在更新政策和监管预期后，它在鼓励企业披露相关信息方面发挥了重要作用，考虑范围和覆盖面也越来越广。我们可以看到，新的可持续发展披露要求适用于上市公司，同时也适用于私营公司。

很多投资者单独与被投公司接触，但同时我们也看到有影响力的团体和集体行动正发挥作用和发展中。例如，在气候变化方面，我们有气候行动 100＋倡议（Climate Action 100＋），这个倡议由投资者联合发起，目的在于促进全球排放最高的 160 多家企业采取实际行动关注气候变化问题，实施健全的治理框架以应对气候变化风险，并帮助企业提升信息披露质量。

Q：您如何看待从股东资本主义到利益相关者资本主义的过渡？

A：围绕利益相关者资本主义的讨论已经持续了很多年，这是一个关于企业运营目的的问题。企业是否应该只对股东做出反应？还是他们也应该考虑更广泛的利益相关者？

我对这个问题有两个思考。首先，许多公司认为对更广泛的利益相关者的回应与股东的需求并不矛盾，良好的利益相关者关系可以解决更广泛的 ESG 问题，帮助公司获得更长远、更稳固的财务回报。

这是简单的答案。我认为此问题中更为复杂的地方是，我们现在看到，股东本身，尤其是机构投资者，正在采用更广泛的利益相关者视角，因为他们的受益人和客户迫使他们这样做。

因此，机构投资者本身开始受到来自市场的压力，将更广泛的利益相关者纳入考虑范围，然后通过他们的行动将其传递到公司行为中。我们将看到股东在如何看待自己的利益和他们需要考虑其受益人和客户的利益之间的重叠越来越多。

Q： 哥伦比亚大学和伦敦政治经济学院联合发表的一篇研究论文发现，ESG 投资组合中的公司在劳动和环境法规方面的合规记录表现比较差，甚至涉及一些"漂绿"行为。PRI 可以如何帮助避免和减少"漂绿"？

A： 我对这项特定的研究和发现没有任何看法，但我确实认为现在已普遍认识到，可信度和"漂绿"是目前负责任投资领域的重要问题。我个人的看法是，这在某种程度上是该行业走向成熟的必经过程。

但是，我们也看到市场对公司声明可信度的期待更为清楚，如果公司言其行，则需要行其言。我认为在未来几年，将必定有一个成熟的过程，我们将会看到此领域的很多行动。

总的来说，这将有助于推动更强大、更可信的市场发展，并将提高整个行业的标准。我们将看到来自市场的压力越来越大，因为消费者更加敏感和挑剔。同时，我们还将看到来自监管机构的行动，它们希望确保企业所做的可持续声明是可信的，市场不会被误导。同时，我们要确保合理地试验和发展，避免因过分执法而限制其发展。我认为这是一个逐步走向成熟的过程。

Q： 很多中小型公司高管对各种新的行政负担和复杂的合规程序感到担忧。大多数公司都担心 ESG 和负责任投资将是另一种新规定和繁文缛节的监管。您认为 PRI 能做些什么来帮助公司减轻这种焦虑？

A： 我听到过这种焦虑，我想我们的签署方也对合规负担普遍感到担忧，特别是如果不同市场有不同的标准、要求和期望，我们的许多签署方都有全球业务，他们投资的许多公司都是相同的，因此统一不同司法管辖区的标准非常重要。

人们普遍担心激增的标准、报告数量、监管要求和市场期望。我想，我们会支持签署方参与这些标准和要求的制定，使其尽可能务实和实用，这是非常重要的。

在 PRI，从投资者的角度来看，我们正在与签署方进行非常密切的合作。当我们与政策沟通时，其中一个关键问题是如何确保市场之间的一致性和操作上的互通性，以及任何新的要求都应该是务实的并且适合市场采纳的。

我认为，投资者在帮助制定良好的、稳健的、有效的、负责任的投资政策方面可以发挥重要作用。同时，公司也要在制定强大的、有效的、有用的披露框架方面发挥重要作用。

Q：**PRI 发布了 2023 年报告框架更新文件，并要求签约方于 5～8 月报告关于负责任投资的行动，预计 11～12 月发布透明度报告以及评估报告。您可以和我们介绍一下新框架和旧框架的区别吗？**

A：完成 PRI 年度报告是 PRI 签署方的基本义务之一。通过填写 PRI 的年度报告，可以帮助投资者梳理和完善其 ESG 政策、流程和实践。

　　总的来说，新的报告框架更简短、更简单，这在很大程度上是对过去要求报告的问题数量和详细程度的广泛关注的回应。除此之外，此次更新的主要目的是减少签署方的报告负担，提高一致性和适用性，并使其尽可能有用和可用。

Q：**目前来看，PRI 的签署方有什么特点？**

A：PRI 目前在全球有超过 5 500 家签署方，我认为我们最独特的一点是成员的多样性。我们的签署方有资产所有者，比如养老基金和保险公司；有管理着不同资产类别的资产管理公司，从上市股票到房地产和基础设施领域的私募股权；也有为所有这些不同组织提供服务的机构。

　　PRI 确实具有令人难以置信的广泛和多样化的签署方基础。总的趋势是会越来越完善和成熟。因此，对负责任投资和对 ESG 问题的考虑，我们也要采取不同的方法。目前的一个趋势是，越来越多的签署方关注其投资对现实世界所带来的结果和影响。他们不仅是关心直接的财务影响，还有投资者与现实世界的可持续结果和影响保持一致的问题。这一趋势很可能会持续下去。

Q：**我们看到 ESG 被整合到战略愿景和战略任务的发展中，领导力很重要。根据你的观察和经验，签署机构的董事长或 CEO 做出的负责任相关承诺有多重要？**

A：来自高层的声音当然很重要。我们不止一次地看到负责任投资实践是如何在整个组织中进行整合的。在许多情况下，负责任投资和考虑 ESG 的压力可能来自不同的方向：它可能来自组织内部的员工，也可能来自市场和外部竞争者。

　　不同的压力会产生一系列不同的影响，但它在多大程度上被全面整合到整个组织中，或者被分割成一个独立的部分，或者负责任投资实践以嵌入方式加入，就因公司而异了。其中，最高层的意见和看法能左右决策。

　　显然，领导力在这方面起着极其重要的作用。我认为我们正在看到越来越多的投资行业的领导者加入进来，因为他们在某种程度上同意并理解这样做的好处。他们被事实所说服，即 ESG 问题会对财务产生直接影响，他们也看到了来自利益相关者的市场压力和期望。这些因素都鼓励他们更系统地考虑 ESG 战略。

Q：您如何看待日益增长的、来自中国的负责任投资趋势？

A：PRI 现在在中国有 129 家签约方，这个数字在过去 5 年里有着非常显著的增长。在过去的 5 年里，我们在中国设立了办公室来推动这一发展。

有趣的是，在中国，这种增长实际上是由投资管理公司先于资产所有者推动的，这或许与其他市场不同。所以中国大部分的签署方都是资产管理公司。当然，大型资产所有者，如全国社保基金理事会和中投公司，也开始在进行负责任投资和 ESG 的相关行动。

正如我们在其他市场看到的那样，当最大的资产所有者开始行动时，就会真正推动并加速广泛的市场接受度。我认为这是未来一两年的关键趋势之一。

另一个趋势是中国人民银行、证监会对绿色金融政策和法规的支持越来越多。它们一直非常注重和支持绿色金融和可持续金融，特别是对银行和保险业的绿色金融活动发布了新的指引。资产所有者的行动加上监管的发展将进一步推动中国市场的成熟度和负责任投资意识的提升。

Q：未来，会有越来越多的中国投资机构加入和签署 PRI。PRI 会采用什么举措吸纳中国签署方？

A：我们在北京有一个团队，他们定期与签署方沟通，开展会议和活动，并帮助中国机构加强对 PRI 的认识和了解。在过去的两年里，我们也举办了很多线上活动。例如，去年我们举办了为期 3 天的关于碳中和和可持续投资的在线论坛，我们把签署方和政策制定者聚集在一起，包括国际的和中国的，举办了一系列线上讨论。今后，我想会组织更多的线下活动。

Q：趋势永远是投资者和公众最想要了解的内容。可否请您总结一下全球负责任投资的趋势？

A：我认为今年的一件大事将是在全球范围内制定趋于一致的可持续披露标准。目前 ISSB 正在推动这个项目，ISSB 致力于将世界各地在不同背景下制定的不同标准结合在一起，建立一套全球统一的可持续披露基准，以便提高未来企业 ESG 报告的可读性和可比性，帮助全球投资机构更快、更准确地获得企业 ESG 相关信息，提升 ESG 报告的参考价值。

这些标准被采纳，然后在不同的国家和区域迅速实施，是我们很快会看到的事情。这对中国也非常重要，因为中国也一直在密切关注和讨论全球标准。目前为止，中国围绕绿色金融的监管和政策有很多，可对于可持续性信息的强制性披露要求还落后于很多国家和地区。统一披露标准这一趋势将帮助中国 ESG 投资发展的提速。

另一个重要的趋势是尽责管理。投资者如何在 ESG 问题上影响被投公司，是负责任投资中越来越重要的一部分。因此，在资产所有者和资产管理人内部，对尽责管理的重视程度以及为尽责管理分配资源的方式都在增加。有证据表明，这不仅能直接为公司业绩带来好处，还能为可持续发展带来明显的好处。

在这一领域，我们在中国也做了大量的工作。我们与签署方进行了大量接触，并总结了它们在中国如何开展尽责管理的案例研究。中国保险资产管理业协会（IAMAC）和中国证券投资基金业协会（AMAC）等行业机构也在密切关注这一话题，并希望为市场提供指导，以开展更有力、更稳健的尽责管理工作。

最后一个关键趋势是关注负责任投资的结果和影响正越来越受到市场和监管机构的关注。市场越来越关注这个领域，并试图定量分析负责任投资的影响。在许多市场，这一趋势正得到监管机构和政策制定者的大力支持，为投资者提供相关工具和机制，帮助他们发展这一实践。

第五节　保尔森基金会

保尔森基金会于 2011 年由美国前财政部长亨利·保尔森创建，是一家无党派、独立的、以知行合一为原则的智库，其总部位于芝加哥，并在华盛顿和北京设有办事处，团队成员在生态领域都具备丰富经验和一流的专业知识。基金会聚焦于中美关系，致力于在快速演变的世界格局下探寻中美两国的合作机会。基金会在经济、金融市场和环境保护的交叉领域开展相关工作，为中美两国的利益相关者提供前沿思考，并促进关键生态系统保护与可持续经济增长。

具体而言，保尔森基金会的工作可以分为三大板块：推动绿色金融相关实践，提供中国经济相关的智库报告，以及开展以生态保护或可持续发展为主旨的项目和倡议。

保尔森基金会关注绿色金融体系的构建，并在 2018 年正式成立了绿色金融中心,主要通过高层研讨、政策倡导、思想引领、专业支持等方式来推动绿色金融融入主流金融市场。例如,2023 年 7 月 20 日,保尔森基金会、国际金融论坛、美国高盛集团牵头,在北京举行了"气候投融资——政策、实践和案例"高级别研讨会,20 多家全球各行业领先企业派专家参会,生态环境部应对气候变化司司长亦出席了会议。此外,保尔森基金会目前担任"中美绿色基金"的非商业顾问。该基金成立于 2015 年,作为政府和社会资本合作基金,它投资绿色技术和商业模式,助力中国低碳经济转型。

保尔森基金会的内部智库 MacroPolo 则为市场参与者、企业领导人和政策当局提供与中国经济有关的解读报告。该智库推出的智慧产品有多种呈现形式,包括数据可视化分析、在线互动产品、创意性多媒体内容等,主要涵盖经济、能源、政治和技术四大主题。

生态保护领域则是保尔森基金会投入最多、成果最丰硕的领域。它在湿地保护、国家公园建设、负责任的投资与贸易等方面均有建树。保尔森基金会调动自身的学术和行业资源,与学术机构、非政府组织、政府部门等广泛合作,开展三个类别的生态保护、可持续发展领域的工作:研究类、培训类、生态保护话语建设与扩大国际影响类。

首先,保尔森基金会联合中国科学院、国家林业和草原局、老牛基金会等合作伙伴,开展了一系列生态保护相关的研究。一部分研究的成果被用于建立系统数据库,提供数据交流和获取的平台,便于科研人员和相关政府部门进行更深入的研究。例如,2018 年,保尔森基金会、中国科学院地理科学与资源研究所启动中国沿海水鸟及其栖息地数据集编制项目,收集沿海水鸟迁徙的情况,评估栖息地生态状况,截至目前,项目已经确定了 151 个中国沿海的重要鸟区。

基金会的另一部分研究成果——包括湿地综合科学考察、国家公园试点区评估报告、生态产品国际案例研究报告等——则直接转化为政策建议,促进中国的生态保护实践。例如,2014 年,保尔森基金会与国家林业和草原局、中国科学院共同启动了为期 18 个月的中国滨海湿地保护管理战略研究项目,几十位中外专家进行了野外调查和数据分析,并提出了综合全面的政策建议;2015 年,该项目的成果在北京发布。

保尔森基金会的另一项处于试运行阶段的研发成果是中国境外投资项目环境风险快速筛查工具(ERST),该工具的受众是中国的境外投资监管部门、金融机构和投资企业。它与生态环境部对外合作与交流中心共同进行了开发,运用地理信息技术,将投资项目所在的区域与生物多样性分布、自然保护地分布等信息比对,提示项目可能引发的环境风险,帮助决策人做出科学的判断。

其次,保尔森基金会在生态保护和可持续发展方面提供多层次的培训和知识分享。例如,保尔森基金会于 2012 年启动了"可持续城镇化高级研究班"的项目,与清华大学和芝加哥大学合作,为中国市长或同级别的政府官员提供可持续城镇化领域的研修培训,主题涵盖城市建设的规划、海绵城市建设、供水管理、公共设施建设创新等。针对湿地保护区和国家公园的管理人员或当地政府官员,保尔森基金会提供管理培训课程。自 2015 年以来,保尔森基金会还在中国举办了三次国家公园体制建设的国际研讨会,并邀请来自全球各地的专家与数百位中国的公园管理者及研究人员分享知识和经验。保尔森基金会还重视公众教育,自 2022 年 1 月开始,它借助中国生态大讲堂平台,与中科院地理所等机构合作,开展系列专题讲座,为关心湿地和水鸟保护的公众提供学习最新专业理论、掌握业内动态的机会。

再次,保尔森基金会作为一家聚焦中美关系、具备全球视野的基金会,注重全球生态保护话语体系的建设和国际合作,以及扩大生态保护创新实践的国际影响。2020 年,联合国在昆明举办了《生物多样性公约》第十五次缔约方会议(CBD COP15),为未来十年的生物多样性保护设定新的目标。中国是这次大会的东道国。保尔森基金会与大自然保护协会、康奈尔大学、北京大学及其他国际机构合作,发布了《为自然融资:填补全球生物多样性资金缺口》全球报告,分析了填补资金缺口的可行机制并提出一系列建议,为 CBD COP15 中涉及资源调动的谈判提供了技术支撑。此外,保尔森基金会还与清华大学联合主办了"保尔森可持续发展奖"。该项目发起于 2013 年,现在是可持续发展领域最具影响力的国际奖项之一。该奖项每年颁发一次,设立"绿色创新"和"自然守护"两大类别,分别立足于城市人居环境和自然生态环境,表彰中国境内兼具经济和环境双重效益、具备创新性和可复制性的解决方案。该奖项不仅为世界提供了可持续发展领域的新智慧,也为获奖的机构提供了新机会:获奖的项目通过参与保尔森基金会和清华大学的研讨活动,可以进一步获得智力、产业和资本支持。例如,2020 年"保尔森可持续发展奖"的获得者格林美股份有限集团在获奖之后走出国门,成功开拓了韩国、印尼等国家的废旧电池回收利用业务;2021 年获奖者顺昌县国有林场则与欧盟国家积极对接,有望进入欧洲市场。

总而言之,保尔森基金会作为一家由美国前政要创立、学术资源和社会资源丰富的基金会,通过构建生态数据平台、提供管理政策建议、开展经验分享培训、参与国际公约制定等多种方式促进中国的生态保护事业发展,进而引领全球可持续变革。基金会在生物多样性、湿地保护等领域有着深厚的积累。在下面的访谈中,保尔森基金会顾问唐瑞(Terry Townshend)先生,将分享他对于生物多样性的看法,并针对生物多样性丧失带来的风险向企业提出建议。

? 思考题

1. 生物多样性的丧失可能会给企业,尤其是跨国企业,带来什么样的风险?
2. 企业要想提升自身的环境友好度,可以寻求哪些外部资源或者工具的帮助?保尔森基金会的案例可以给企业什么样的提示?
3. 请尝试列举你所在的企业组织可能面对的生物多样性风险,并思考是否已有或可能有应对的方式。

■ 参考资料

[1] 保尔森基金会,https://paulsoninstitute.org.cn/
[2] MacroPolo,https://macropolo.org/
[3] 《中国生物多样性保护资金投入与资金机制初探》报告 – 执行摘要发布,2023-06-20,http://www.greenfinance.org.cn/displaynews.php?id=4095

唐瑞:
我们对生物多样性保护的觉醒太晚

唐瑞现任保尔森基金会的顾问,主要负责生态保护项目的联络沟通。作为顾问,唐瑞与保尔森基金会的生态保护和传播团队密切合作,为制定和实施关键研究和倡议的外展战略提供支持。

唐瑞具有环境法和野生动物保护的背景,曾在地球环境国际议员联盟和英国环境、食品及农村事务部中担任领导职务。他是第一份《全球气候法规研究报告》(现已成为年度报告)的主要作者,该报告纵览研究 100 个国家的气候相关立法。

作为野生动物保护主义者,唐瑞多年来深耕于自然生态领域,在 ESG、生物多样性和气候变化等方面都有着丰富的经验。

Q：有时候，创造一个词可以更容易让人记住，但也可能丧失这个词本身所包含的复杂的逻辑。有人认为"生物多样性"（biodiversity）一词就是这样的一种"宽泛且虚无缥缈"的存在。"生物多样性"有确切的定义吗？如果由你来解释，你会怎么定义这个词？

A：联合国将生物多样性定义为所有生物体之间的多样性，包括陆地、海洋和其他水生生态系统，以及它们所构成的生态综合体，以及物种内部、物种之间和生态系统的多样性。

你说得没错，这个定义听起来确实很学术，很复杂，这可能就是让人们感到困惑的地方。所以当我与非专家谈论生物多样性时，我更倾向于简单地使用"自然"（nature）一词。我认为每个人都对自然有所了解，了解什么是自然，了解自然对我们人类的重要性，因为全人类都在自然中进化，并依赖着自然。这个解释可能比较容易让普通人接受和理解。

Q：前不久，世界自然基金会发布了《2022 年生命星球报告》（Living Planet Report 2022），报告显示 1970—2018 年期间监测到的脊椎野生动物数量下降了69％，不幸的，我们正在经历地球上第六次大规模物种灭绝。通常，人们都愿意去采取一些行动去控制身边那些能够被感知到的环境变化。但对于生物多样性，似乎普通人无法立即与他们的日常生活联系在一起。生物多样性的丧失对普罗大众意味着什么？有什么好的办法帮助每个人看到这种联系，并对生物多样性的破坏采取应对措施？

A：《2022 年生命星球报告》和其他类似报告披露出的数据和信息都令人非常震惊。我认为这已经为人类敲响了警钟。地球上脊椎动物数量已经平均下降了69％。如果拿这个数字放在人类身上，那相当于把北美洲、南美洲、非洲、欧洲、中国和大洋洲的人口全部清空了，这是多么可怕的数字。不仅如此，还有更多骇人听闻的数字——据估计，地球上 96％ 的哺乳动物是人类养殖的牲畜，而地球上 70％ 的鸟类是鸡。

如果地球上物种的数量持续下跌，将直接严重影响到人类的生存。这些数字和事实对于大部分生活在城市里的人来说，可能非常遥远且无感。但人类应该清楚地认识到，失去生物多样性将会给人类的生存带来严重的经济风险和公共健康风险。

首先是经济风险。世界经济论坛最近公布的一份报告显示，全球经济中超过 44 万亿美元（约占一半）高度或适度依赖自然或其提供的服务。所有的经济活动都取决于是否有干净的空气可供呼吸,是否有干净的水可供饮用,以及是否有宜居的气候。其中一个可以把自然价值量化的例子就是传粉——如果我们失去了所有的传粉昆虫,每年农业产出将会减少约 2170 亿美元。这意味着传粉昆虫作为一种自然资本,其价值至少为 14 万亿美元。事实是,我们永远无法真的计算出大自然的全部价值,但我们必须意识到,对自然的破坏会给人类社会带来巨大的经济风险。

其次是公共健康风险。越来越多的证据表明,生物多样性丧失会加大生态系统的压力,从而增加人畜共患疾病的风险。在过去 50 年,生物多样性灾难般地丧失,我们看到了人畜共患疾病的频发,如非典、中东呼吸综合征、埃博拉,以及最近三年的新冠肺炎,这些公共流行病的暴发都不是巧合,和生物多样性的丧失息息相关。随着我们失去的生物多样性越来越多,未来这些流行病的暴发只会有增无减。

我们在生活中面临严重风险时,理性的反应是购买一份保险。对于生物多样性丧失而言,这份保单必须获得全球的共同努力,我们要重视、保护和恢复自然。一些科学家认为生物多样性丧失的风险甚至比气候变化还要大。我认为这两个板块是密不可分的,它们本质上是生态危机的两个要素。如果我们能够尽快建立正确和有效的政治、经济和金融框架,就有机会获得充分的保护和恢复自然的资金,这份投资对全人类来说"稳赚不赔"。

Q:你提到生物多样性和气候变化息息相关,同样重要,但事实上,目前的 ESG 往往被气候变化所主导。人们常常谈论低碳经济,而生物多样性,就像 ESG 拼图中缺失的部分,常常被遗漏。为什么会发生这种问题?

A:今天许多人把可持续发展或环境保护与气候变化和零碳画等号。然而,可持续发展要比这广泛得多。气候变化的风险是众所周知的,且对人类的生活和生存造成了直接影响,我们"看得到""感受得到"。但是人类并没有意识到很多已经面临的风险和负面影响其实是由于生物多样性的丧失造成的,我们对生物多样性保护的觉醒太晚,这也许就是它并没有受到关注的主要原因。

有人认为应该先处理气候变化问题,再去处理生物多样性丧失的问题。我认为这种想法是非常错误的,因为如果我们不把这些问题结合起来应对,就可能在处理气候变化问题的过程中无意加剧了生物多样性的丧失。例如,太阳能和风能是清洁能源转型的关键组成部分,但很多人不知道的是,一个太阳能或风能发电厂所产生的土地足迹可能是传统能源的 12 倍或更多。因此,这些清洁能源基础设施的建设位置，以及传输系统的规划，都至关重要。大自然保护协会最近的一份报告显示，对北美地区原始生物多样性的最大威胁就是清洁能源基础设施的选址和建设。好消息是，目前还有大量的"棕色"地带（指待重新开发的城市用地）可在减少生物多样性压力的情况下，用于清洁能源基础设施的建设，但这需要正确的判断和决策。

Q：您相信会有一个机会，或者我们可以称之为一个窗口，人类仍然有机会拯救物种，减轻生物多样的丧失吗？

A：没错。首先我们需要了解为什么生物多样性丧失得如此之快。我认为其中一个重要原因是我们的政治、经济和金融体系没有重视自然。那些破坏自然的人没有得到应有的惩罚，而那些致力于保护和恢复自然的人没有得到应有的奖励。要纠正这种情况，就需要对市场经济模式进行变革，调动更多的资金用于自然的保护和恢复。这并不是一夜之间就能实现的，它需要明确的政策和令人信服的执行步骤，从政治层面倡导并得到广泛的公众支持。

虽然政府的引导和作为非常重要，但仅靠政府却也不能提供保护生物多样性所需的全部资金。由于流行病、能源危机、俄乌冲突等种种原因，大多数国家的公共预算都面临着巨大的压力。生物多样性保护的部分资金，其实可以从私营部门来，事实上，私营部门能带来的资金资源远超过政府和慈善机构。

然而，尽管有不少企业愿意提供资金用以支持自然保护，但前提条件却是在不影响企业盈利的情况下。政府必须制定正确的框架、政策和激励措施，如税收减免、风险担保等，来引导私营部门投资于自然，因为这其实是"有利可图"的投资。

Q：正如您所说，大自然的价值是非常难以计算和衡量的。目前，气候相关财务披露工作组（TNFD）正在致力于应对不断变化的自然相关风险，例如毁林、栖息地破坏、物种丧失和干旱等问题。可否介绍一下 TNFD 是如何运作的呢？您认为 TNFD 存在和推广的最大价值是什么？

A：生物多样性的丧失比气候变化的衡量标准要复杂得多，也更具有地方性。例如，我们如何比较巴西的一公顷热带雨林与哈萨克斯坦的一公顷草原或西伯利亚的一公顷冻土的价值？要开发一套可在全球应用的指标，还有很多工作要做。

TNFD 致力于制定生物多样性指标的框架体系。它着眼于七个原则——市场可用性、以科学为基础、与自然相关的风险、目标驱动、综合和适应性、气候和自然的关系及全球包容性。我认为所有公司都应该密切关注 TNFD 的进展,甚至参与进来一起开发这个框架。

重要的是,生物多样性指标的复杂性,不应该成为公司不作为的借口。我们有足够的知识储备,来做出明智的决定,以减少人类对生物多样性的影响。现在已经有许多风险评估工具可以帮助企业和金融机构做出科学决策——例如判断生物多样性丰富的区域或濒危物种所属的区域,以决定在哪里进行开发和建设,等等。此外,还有许多 NGO 组织或咨询公司也可以提供专业的咨询建议。

从企业的角度,应该知道其商业活动对生物多样性的影响是什么,同时也应该了解生物多样性的丧失对企业有哪些风险——比如影响供应链,进而影响财务表现;也有可能由于企业从生物多样性影响严重的可疑来源进行采购,被媒体曝光后带来的声誉影响。TNFD 可以帮助企业或机构识别和衡量这些来自生物多样性的风险,帮助企业做出明智的决策,采取措施来减轻或避免此类风险。

Q: 我们知道《生物多样性公约》(Convention on Biological Diversity, CBD)缔约方大会第十五次第二阶段会议(COP15)将于 12 月在加拿大举行。十多年前,CBD 的 COP10 会议制定了 20 个生物多样性保护的相关目标。不幸的是,截至 2020 年仅有 6 个部分实现。在您看来,这些目标没有实现的原因是什么,或者您认为在未来我们如何才能真正实现这些目标。

A: 2010 年,COP10 制定了 2011—2020 年全球生物多样性保护目标,即"爱知目标",这是一个试图解决生物多样性丧失的十年计划。这个计划失败的主要原因之一是,它是由环境部长们谈判达成的。环境部部长在政府中没有推动实现这些目标所需要的权力。

理由很简单,生物多样性的丧失不仅是一个环境问题。如果我们要减缓和阻止生物多样性的丧失,需要集合社会所有领域的力量来共同完成,从基础设施建设到运输,从能源到农业和住房,这种范围的整合只有总统和总理才能做到。为确保对自然资本的投资,需要从国家财政的层面采取措施,这是财政部的责任,不光是环境部的责任。在 2010 年,无论是领导人还是财政部长,都没有深度参与 COP10 的谈判。

如果我们回顾一下《京都议定书》,会发现这份协议对全球排放的积极影响也微乎其微,因为那也是由环境部长们谈判的结果。只有当国家领导人从 2009 年的《哥本哈根协议》开始真正参与进来之后,直到后来的《巴黎协议》,才取得进展。如果 COP15 要取得进展，各国领导人和财政部部长都应该参与进来，并从国家层面进行推动。

Q：**环境领域有一个概念——基于自然的解决方案。您能分享一下您对这个概念的理解吗？有没有例子可以与我们分享？**

A：我认为基于自然的解决方案是真正的机会所在，也说明了气候变化和生物多样性是密不可分的。

例如，基于自然而建成的基础设施就是一个很好的解决方案。与其建造混凝土墙来抵御海平面上升和风暴，不如恢复海岸周围的珊瑚礁或红树林，或创造新的湿地生态系统来吸收剩余的海水，后者效果可能会更好。而且这种基于自然的解决方案通常不需要太多的维护。如果是墙，也许每隔几年就必须进行维修，甚至在一定的使用寿命后需要更换它；而珊瑚礁和红树林，如果照顾得当，随着时间的推移反而变得越来越坚固。

另外有一个很好的基于自然的解决方案的案例是纽约的卡茨基尔山脉供水系统。20 世纪 90 年代末，纽约市的水质开始下降，需耗资近百亿美元新建一个具备强大过滤系统的水处理厂以满足纽约市近 800 万人的饮水需求。通过调查，当地政府和相关机构发现水质下降是由于不合理的农业和基础设施开发导致的。最终政府没有选择新建工厂，而是通过给予当地农民和土地所有者相应的补偿和激励补助，让他们自发地修复和保护流域内的土地，来修复卡茨基尔山脉的生态系统，从而改善水质，这不仅为纳税人节约了不少钱，还获得了优质的水资源。

基于自然的解决方案有巨大的投资潜力，既可以用于应对气候变化，也可以用于支持生物多样性保护，资本支出和维护费用也更少。

Q：**您参与撰写了一份名为《融资自然：缩小全球生物多样性融资缺口》的研究报告。能否请您简要介绍一下报告的研究结果？从保护生物多样性的角度来看，我们的融资系统有什么问题？我们能做些什么来改变这种状况？**

A：我们研究了全球在自然保护方面的支出，以及为了保护生物多样性和自然服务需要多少钱。我们得出了两者间的一个数字——这个资金缺口在全球范围内大约是每年 7000 亿美元。这是一个很大的数字，但如果你把它放在全球经济背景中，它还不到全球 GDP 的 1%。

我们也研究了应该如何填补这个缺口。结果非常有趣，因为我们发现多达一半的缺口可以通过改革补贴政策来实现。目前在全球有一个奇怪的现象，即我们每支付 1 美元来支持自然保护，反过来我们会支付 4 美元来补贴一些可能会损害自然的行为。这显然是一个不可持续的情况。因此，对损害自然的补贴进行改革非常重要，需要确保我们的补贴政策激励的是对自然有益的活动。我们在报告中非常清楚地表示，如果不解决有害的补贴，我们就无法弥补生物多样性的资金缺口。

企业投资是为了盈利。因此，我们必须让那些投资于危害自然的项目无利可图，让投资于保护和恢复自然的项目有利可图。这必须依靠政府建立正确和有效的监管框架。

还有一个弥补缺口的渠道就是向发达国家申请援助。这对发展中国家，特别是贫穷的发展中国家非常重要，因为这些国家往往也是世界上生物多样性最丰富的国家。虽然与私营部门的资金相比，这个渠道能筹措的资金非常少，但就达成全球协议而言，这也是非常重要的一个环节。

另外，生物多样性抵消也是一个重要的资金渠道。类似于碳抵消，生物多样性也有抵消方式。如果你正在建造一个工厂，首先应该尽可能采取对生物多样性影响最小的方式，但如果实在无可避免，可以通过投资栖息地的保护和修复，以抵消建造工厂所造成的生物多样性损失。

总的来说，如果没有政府层面的引导和行动，企业的投资就无法满足生物多样性的资金缺口。私营部门有巨大的潜力，但政府行为才是填补全球生物多样性融资缺口的核心。

Q：有人认为，和碳抵消一样，生物多样性抵消其实并不是消除对生物多样性有损害的行为，虽然有了新的补偿，但那些本身有损自然的活动还是存在的。您如何看待这个问题？

A：很多人可能都有点理想主义。但我认为，现实是我们将在未来 10 年、20 年内继续建造越来越多的基础设施。无论我们是否接受，它都将会造成损害。那么，我们是否希望开发商为这些损害买单？

我认为必须有一些适用于"污染者付费原则"的制度存在——任何破坏或损害自然的人都应该为此付费。它创造了一种双重激励的制度。首先，企业为了降低最终的抵消所支付的费用，就会在建造过程中重视生物多样性的保护，尽可能减少损害；其次，其他的自然修复项目也会得到相应的资金支持。

Q：许多中国的金融机构和非政府组织参与和发起了《生物多样性金融伙伴关系全球共同倡议》（Global Joint Initiative on the Partnership of Biodiversity and Finance，PBF）。能否请您简单介绍一下 PBF？PBF 的目标是什么？

A：生物多样性金融伙伴关系倡议是由世界资源研究所（The World Resources Institute，WRI）发起，超过 40 个对生物多样性融资有共同兴趣的组织组成。其目的是加强金融部门和其他利益相关者之间的合作，并动员更多的资金进入生物多样性领域，帮助填补全球生物多样性融资缺口。

PBF 正在研究帮助公司和各类金融机构将生物多样性纳入机构的服务、商业策略、决策过程和融资政策中，开发更多的金融工具和融资产品，调动更多财政资源支持生物多样性保护。同时，PBF 正在制定一份政策文件，将在 12 月的 COP15 发布。

Q：谈论生物多样性必须基于区域，比如某个具体的国家和区域。不同的国家和地区可能有不同的问题，需要不同的立法或框架来保护生物多样性。有人经常争论，很多地方的开发商应该优先考虑当地的经济繁荣，而不是全球的生态平衡。例如，在南美洲，特别是亚马孙地区，生物多样性的丧失对全球生态系统构成了极大的威胁，但甚至当地的居民都认为应该把经济发展提到生物多样性保护的前面。全球社会应该如何应对这种情况？是否有一些积极的解决方案？

A：这是一个非常棘手的问题。显然，亚马孙的热带雨林在全球具有特殊价值，它们为气候调节和碳封存等关键问题的解决，提供了巨大的价值，为全球提供了"自然服务"。因此，我认为那些接受了热带雨林提供的价值和"服务"的人群，应该把其他能创造经济价值的服务带给当地社区和居民。

我个人参与了北京大学山水自然保护中心的工作。我们一直在研究是否可以通过生态旅游，以可持续的方式为当地社区带来经济效益。生态旅游的规模和游客容量都是非常低的，不容易影响到环境和生物多样性，但它有机会给这些社区的当地居民带来收入。当然，生态旅游只是其中一种方式，我们必须找到更多的渠道来制定更完善的机制。

另外还有对国际航运征税的机制。对穿越大西洋或太平洋的每艘船进行征税，使用所征来的资金用于海洋保护、帮助提升海域附近居民的生活水平，也是一种平衡机制。总体而言，我们必须找到把资源带到这些特殊区域，帮助本地社区的方法，否则，就会出现我们现在所探讨的问题——这些特殊区域的人群无视当地环境和生物多样性的保护，为了发展经济做出有损自然生态的行为，这对全世界来说都是百害而无一利的。

Q： 让我们回到 ESG 的部分。现阶段，地缘政治冲突是全球推进 ESG 的障碍之一，是否有办法将地缘政治冲突变成促进 ESG 的杠杆？

A： 没有多少受地缘政治局势影响的政府会积极地关注 ESG 问题，ESG 问题在这些国家面临的种种问题中，实在排不上靠前的地位，因为它们有更严重的问题需要处理。但实际上，这样的认知和想法是非常危险的。气候变化和生物多样性丧失实际上正是风险加速器。气候变化问题的凸显，生物多样性的丧失，正是加剧现有冲突局势的原因之一。农作物歉收、干旱、洪水和极端天气，所有这些现象都会增加人口迁移的压力。

随着气候变化带来的越来越多的影响，未来我们会看到更多的人口迁移，而这种迁移可能会加剧冲突，给社会和政府带来更大的压力和风险。因此，长远来看，我认为很多国家应该将解决生物多样性丧失和气候变化问题提升到国家战略层面，重视起来。

不可否认，这对于全球社会来说都是一个巨大的挑战，因为我们需要处理的问题是长期且复杂的。解决这些问题，需要优秀的政治领导力，以确保这些问题处于战略的上位。

Q： 在应对生物多样性丧失有关的风险和机会时，您对中国企业有什么建议？

A： 我的建议是按照对待气候问题（比如"双碳"目标）的重视程度和战略高度同等对待生物多样性的丧失。我们已经看到包括中国在内的多国政府制定了净零目标，各种机构和公司也在为之努力。企业应该将生物多样性提高到与气候变化相同的高度，纳入公司战略，纳入运营，纳入企业文化，纳入报告、构建生物多样性领域的能力。

另外，还应该了解你的公司及供应链对生物多样性的影响，与生物多样性丧失有关的风险，并将其纳入企业风险管理的一部分。还需要制定一个具体的生物多样性战略，尽可能地减少影响，同时也为未来的机遇做好准备——在未来，公司将有很大的机会投资于自然资本，利用这些机会也是非常重要的。

生物多样性保护不是一个消极的议题。企业应该在内部建立起和国家乃至全球生物多样性框架一致的框架体系，对保护生物多样性有益的决策或商业行为予以奖励，对损害生物多样性的行为予以惩罚，并及时治理。企业不应该仅仅把生物多样性看作一个风险来进行管理，投资自然是一个长远却具有重要价值，且能获得收益的投资行为。

第六节　自然相关财务披露工作组(TNFD)

自然相关财务披露工作组(以下简称"TNFD")是一个以市场为主导、以科学为基础、受到政府支持的全球组织,主要工作的环节是企业的自然相关披露,目标是通过企业自然报告为商业和资本市场的决策者提供更优质的信息,并改善企业和投资者的风险管理。2020 年 7 月,TNFD 宣布成立,筹备期为一年。2021 年,TNFD 正式启动,并得到了 G7、G20 的支持。此后的两年间,TNFD 与其知识合作伙伴紧密合作,其中包括 ISSB 和 GRI 等标准制定机构。它充分考虑现有的标准、框架和工具,并经过广泛收集市场意见、进行试点测试、参考市场反馈修改等流程,在 2023 年 9 月发布了 TNFD 正式建议和附加指南。

TNFD 的披露建议主要围绕四大支柱构建,分别是"治理"、"战略"、"风险和影响管理"(risk and impact management)及"指标和目标"。"治理"这一支柱指的是企业应当披露组织对自然相关依赖性、影响、风险和机遇的治理,需要描述的内容包括董事会对自然相关内容的监督,管理层在自然相关问题上的角色等。"战略"这一支柱指的是企业应当披露与自然相关的依赖性等对组织的业务模式、战略和财务规划的影响,包括介绍组织在短期、中期和长期发现的与自然相关的依赖性、风险、影响和机遇,披露与自然相关的问题对组织的业务模式、价值链、战略和财务计划的影响等。"风险和影响管理"支柱则指的是企业应当描述组织用于识别、评估、优先排序和监控与自然相关的依赖性、影响、风险和机遇的流程,既需要描述直接运营中的相关流程,也需要描述组织在上下游价值链中识别、评估和优先考虑这些自然相关问题的流程,还需要描述如何将这些流程整合到组织的整体风险管理流程中。"指标和目标"支柱则指的是披露用于评估和管理实质性与自然相关的问题的指标,包括指标内容和绩效。在 TNFD 发布的披露建议文件的附录当中,给出了大约 14 个核心指标,包括污染物排放量、废水处理、废物产生与处理、塑料污染等。此外还给出了一系列补充指标,包括光和噪声污染、总和用水量、物种灭绝风险等。

2023 年 9 月发布的披露建议和附加指南也标志着 TNFD 第一阶段工作的完成;目前,它已经进入了第二阶段的工作,其重心是提高 TNFD 标准的市场采用率。尽管成立的时间还不长,但 TNFD 的影响力很有未来增长的潜力。一方面,它得到了多国政府和多个具有影响力的国际组织的关注和资助,包括澳大利亚、法国、德国、英国、荷兰、挪威、瑞士政府,以及联合国开发计划署(UNDP)、全球环境基金(GEF)等。另一方面,TNFD 论坛——一个便于各类组织了解 TNFD 工作最新情况的平台——会员数量也在快速增长。截至 2023 年 11 月,已经有超过 1 200 个会员(组织),他们来自全球 58 个国家和地区,涵盖 22 个与自然高度相关的行业。

总而言之,TNFD 关注企业活动对自然的影响,并且鼓励企业管理与自然相关的风险——这对一些企业来说,还是较为陌生的议题。那么,在制定框架的过程中,TNFD 是如何与利益相关者合作的? 我们应该如何认识自然对企业财务表现的影响? 下文的访谈中,TNFD 的联合主席 David Craig 分享了他的看法。

? 思考题

1. 请思考您所在的组织需要用到哪些自然资源,以及可能存在哪些会对组织的财务情况产生影响的自然风险。您所在组织的上下游价值链又会用到什么自然资源,可能会面临哪些自然风险?
2. 请思考自然相关披露与气候相关披露之间的联系和区别。

■ **参考资料**

[1] TNFD, https://tnfd.global/about/#mission

[2] Recommendations of the Taskforce on Nature-related Financial Disclosures, 2023-09, https://tnfd.global/wp-content/uploads/2023/08/Recommendations_of_the_Taskforce_on_Nature-related_Financial_Disclosures_September_2023.pdf?v=1695118661

[3] Getting started with adoption of the TNFD recommendations, 2023-09, https://tnfd.global/wp-content/uploads/2023/09/Getting_started_TNFD_v1.pdf?v=1698156380

[4] Guidance on the identification and assessment of nature-related issues: The LEAP approach, 2023-10, https://tnfd.global/wp-content/uploads/2023/08/Guidance_on_the_identification_and_assessment_of_nature-related_Issues_The_TNFD_LEAP_approach_V1.1_October2023.pdf?v=1698403116

TNFD 联合主席 David Craig:
从全球看,一些政府政策和补贴是在支持破坏自然的活动

关注和解决应对自然的投资策略迫在眉睫

Q：请您简单介绍一下自己和 TNFD,以及 TNFD 的主要目标是什么?

A：我和 Elizabeth Maruma Mrema 共同担任 TNFD 的主席。我在金融服务技术和数据领域工作了 30 年,曾担任整个金融市场最大的数据供应商之一——路孚特的首席执行官和创始人,在这之前我在麦肯锡和几家技术公司工作。

我担任 TNFD 的联合主席,是因为我意识到我们不仅要解决应对气候变化的投资策略,而且还要关注和解决应对自然的投资策略。我坚信,如果得以用正确的方式引导金融市场,它可以创造巨大的能量和价值。但目前的问题是,自然相关的风险、依赖性和影响还没有得到恰当的定价。

TNFD 的目标是致力于改变金融市场与自然合作的方式,尤其是投资公司、股票以及使用工具时,我们正试图将全球资金流从对自然不利的结果转向对自然有利的结果。

Q：TNFD 是如何组建起来的? 谁在资助和支持 TNFD 的工作开展?

A：TNFD 作为一个完整的工作组已经工作了 2 年。早在 2020 年 7 月,我就参与发起了这项倡议,当时最初的工作组和正式工作组由 75 名成员组成,包括金融公司、保险公司、世界自然基金会、联合国开发计划署、联合国环境规划署和其他领先的机构。

我们为 TNFD 做了一个范围界定和计划,这个动作非常重要,它规范了 TNFD 的目标、范围和我们的工作要遵循的原则。

TNFD 是在 2021 年 6 月正式启动的,当时 G7 的轮值主席国是英国,随后 G20 还制定了可持续金融路线图。值得庆幸的是,TNFD 同时得到了 G20 和 G7 的大力支持,以及可持续金融工作组的认可。

我们随之成立了一个正式工作组,目前有 40 个成员,共同创建 TNFD 框架,这些成员包括来自美国银行、贝莱德、挪威投资基金、汇丰银行和新加坡交易所等机构的主要管理人员。我们还建立了一个更大的支持者论坛,现在已有超

过1000名人员支持和签署了我们的原则。

尽管存在挑战，但还是有一群人意识到需要同时解决自然和气候的问题。虽然 TCFD（气候相关财务披露工作组）在解决气候问题方面已经取得了惊人的进展，但却没有能够解决自然的问题。我们确实需要一起考虑自然和气候问题，同时需要解决数据问题。但当时没有足够的数据可用来评估自然风险、依赖性、影响和机会。这就是整个倡议的背景。

Q：TNFD 是如何基于气候相关财务披露工作组（TCFD）成立的？

A：TCFD 成立于 2015 年，早于我们很长一段时间。从一开始，我们就与 TCFD 的秘书处和主席密切合作，寻求他们的批准以再次使用 TCFD 的四大支柱，并尽可能地与他们的披露要求保持一致。我们的重点是治理、战略风险、指标和目标。我们与 TCFD 保持着密切的沟通，并通过沟通经验来解决以前可能被忽视的领域，比如数据催化。

我认为，培训和发展以及转型是另一个领域。此外，我们还在情景分析上与 TCFD 合作，分享信息和经验。值得注意的是，我们工作组的 90% 的成员也是 TCFD 的工作组成员，这意味着我们的团队对 TCFD 的工作非常熟悉。

Q：能否请您简要介绍一下 TNFD 框架的主要组成部分？谁是 TNFD 框架的目标用户或受益者？该框架将于何时定稿和发布？该框架是强制性的还是自愿性的？

A：我首先介绍一下 TNFD 的组成部分。我们制定了一个全面的框架，围绕着 3 个核心要素排列成一个圆。在这个圆圈的中心，是对自然、商业和金融的核心概念和定义，概述了 TNFD 建议市场参与者在评估和披露其自然相关问题时所使用的关于了解自然的基本概念和定义。

基于 IUCN 和 IPBES 等科学知识和标准，我们创建了一套描述自然的术语。我们的框架在一年多前发表，将地球分为 4 个领域：淡水、海洋、陆地和大气层。这 4 个领域又被进一步划分为 34 个生物群落，例如大草原、农业用地或者近岸水域等。这些生物群落位于自然界的不同区域，具有共同的生态系统供应、服务和特征。

这个框架很重要，因为它使我们能够准确地评估对自然界的依赖性和影响。通过将问题分解到具体地点并考虑其区域独特性，我们可以更好地了解影响的性质。另外，这种科学知识还可以被金融市场和企业所消化，将所有必要的信息汇集起来。这是我们框架的第一部分，它为理解自然、商业和金融之间的相互作用提供了一个坚实的基础。

框架的第二个核心要素是评估与自然相关的依赖、影响、风险和机遇的方法。然而，目前企业和金融领域对自然相关问题的评估实践很少。为解决这个问题，工作组从 TNFD 成员的优秀案例中进行总结，并创造了"LEAP"的综合性评估方法。

LEAP 是 Locate（定位）、Evaluate（评价）、Assess（评估）和 Prepare（准备）的缩写，企业可以通过这套方法论，去评估与自然相关的风险和机遇。

最后，是评估的指标。评估与自然有关的风险有成千上万的指标。但最重要的是披露相关的要求指标。TNFD 建议公司完整披露所有自然相关的依赖、影响、风险和机遇，包括气候，也包括企业的运营以及整个价值链的情况。我们参考了 TCFD 的方式，确定了披露要求，并公布了最终草案。我们希望企业会采用这些标准。

TNFD 框架的受众群体主要是公司，农业公司、工业公司以及服务提供商。他们有评估自然相关依赖与影响的需求，并需要尽享相关披露。金融机构对此也有兴趣，并持续与公司进行沟通和对话，有不少金融机构已经开始对这些公司自然相关的风险进行评估。金融机构将审阅这些公开披露的信息，并与公司进行对话，了解它们对于自然的依赖程度以及影响究竟在哪里。

我相信企业和金融投资者都将从 TNFD 的框架中受益，因为他们将有机会在投资组合中获得更丰富的数据，从而能够识别特定的问题，并与公司展开更有意义的对话。

此外，像你和我这样的个人投资者，以及拥有养老金或投资基金的公众，将更有信心，因为自然已经被评估为风险和机会。最终，我们都将受益于自然系统——从呼吸的空气到使用的产品——当然，自然系统本身将是主要受益者。

至于您提到的最后一个问题，TNFD 框架是自愿采用的。TNFD 由 12 个政府和机构支持，其中一个重要的原则就是自愿性。当然，是否采用 TNFD 框架，是要由不同国家、省份和地区的监管机构来决定的。

一些国家已经表示有兴趣采用 TNFD，但他们也希望看到该框架首先在自愿的基础上进行测试和使用，这与 TCFD 的适用方式相似。因此，在 TNFD 框架成为强制性框架之前，我们鼓励各个公司自愿采用。

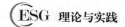

“如何评估自然相关的风险和机会”——需要多种工具

Q：**LEAP 是帮助评估与自然有关的风险和机会的工具。能否请您更详细地阐述一下公司和金融机构如何利用 LEAP 为战略、治理、风险管理和资本分配决策提供信息？**

A：LEAP 是一个框架工具，就是为了给人们提供帮助的。虽然许多公司都有自己的方法来评估与自然有关的风险和依赖性，但我们想创造一套我们认为是最好的做法。

大部分公司现在的做法是将它们的气候和自然团队合并为一个团队，并系统地查看它们的业务、生产区和供应链的所在地，采取系统的方法来评估各个地点、生产区域和供应链所依赖的生态系统服务，以及确定每个地方的高压力区域和潜在问题。

需要注意的是，世界上并非所有地区都是一样的，每个地方都需要独特的评估方法。公司负责人需要问自己："我们是否已经评估或完成了评估？"虽然财务价值评估对依赖性、影响、风险和机会的评估并非完美，但却可以帮助理解"无论是对公司业务还是对自然系统本身的风险在什么水平"。"P"代表"我如何调整我的策略"。

战略、治理、风险管理、指标和资本分配都是以 TCFD 的四个支柱进行建模的，我们参考了 TCFD 的 4 个支柱，以便更多的企业可以真正将其纳入它们的资本分配考量中。正如我所说，这是将风险管理融入资本分配的过程。为了使数据披露有意义，仅仅发布数据是不够的，重要的是要对所处的环境有深刻的理解，包括依赖性和影响。

Q：**在生物多样性方面，"定位"非常重要。与自然有关的风险和机会可能因部门、地点的不同而不同，你们是否会制定部门指南？**

A：我们已经发布了几个行业指南，针对农业和采矿。此外，我们还计划在 9 月份发布更多的行业指南。为了确保指南的清晰度和对指南的理解程度，我们利用行业分类标准来定义不同的行业部门。在最新的草案中，我们创建了一套可适用于各行业的一般披露规则。

针对行业的指南进一步提供了不同行业情况下的建议。公司需要同时考虑地点和行业，并在两者之间进行结合和交叉。因此，我们建立了一个行业指导工作小组，包含来自世界各地 1 104 名成员，在世界各地对试点项目进行测试。

Q： 世界上一半以上的经济产出都适度或高度依赖自然，但我们目前没有所需的信息来评估"自然如何影响一个组织的直接财务业绩，或组织如何积极或消极地影响自然而可能产生的长期财务风险"。一个组织的财务表现可能会受到哪些与自然有关的影响，遇到哪些相关风险？

A： 有很多例子显示自然目前正在影响商业表现，进而影响那些投资于自然的公司的财务表现。例如，像加利福尼亚这样的地方缺水，或者去年夏天的意大利也同样缺水。水资源的流失显然影响了农业、物流，也影响了电力生产，因为核电站和发电站需要水来冷却。

水资源还影响了我们的物流行业。这些例子都显示了水是我们赖以生存的生态系统服务之一，无论是从农业到纺织品，还是从能源生产到工业生产，我们都离不开水。

如果你关注到传粉相关的问题，你会发现昆虫和蜜蜂的数量减少了，这个现象非常令人担忧。在世界上一些地方，正在使用卡车搬运蜜蜂以确保农业传粉过程的完成，在美国这项服务每年要花费数亿美元。传粉非常重要，因为它是食物、纺织品和其他很多材料的来源，这不仅会影响食品供应，还会影响药品。

例如，我们的成员之一葛兰素史克公司（GSK）就依赖于在巴西的许多天然产品制药。更广泛的观点是，许多生态系统服务，如清洁的空气、土地肥力和干净的水源，都面临威胁。因此，作为投资者和公司，重要的是要了解我们对自然的依赖，并管理与之相关的风险和影响。

Q： 利益相关者在所有情况下和各个部门都发挥着重要作用。在制定框架时，TNFD 是如何与利益相关者合作的？你们是如何让科学界、当地居民、当地社区以及金融机构、企业参与到这个过程中的？

A： 当你开始研究对自然的依赖性时，你必须让当地人参与进来，因为他们是自然系统的管理人和受益者。确保当地社区，特别是原住民群体参与到对自然系统及其依赖性的研究中是至关重要的。因此，TNFD 从一开始就有当地人的参与。然而，由于本地环境的破坏，许多本地社区居民常常会感到十分沮丧和焦虑，尤其是面对一些复杂的土地权利和法律规定时。

虽然我们承认我们无法解决所有问题，但我们强调了公司和金融机构在利用 TNFD 框架时应重视哪些议题。其中一个方面是在进入新的区域开发时，或在利用土地时，要与当地社区进行接触和协商，采取不同的方法论论证，这已经成为 TNFD 框架的要求之一。

要知道,农业是非常社区驱动的产业,全球90%的农场规模都在一公顷以下。因此,在审视自然时,不能回避 ESG 的"S"。这是从 TCFD 工作中得到的重要教训。

虽然 TNFD 方法不能解决当地和原住民面临的所有问题,但我们指导公司和金融机构如何使用框架,积极与当地社区进行协商和沟通。该框架已经参与解决了一些问题。此外,公正的过渡方式已经融入框架中,以确保每个机构顺利过渡,更好地采纳和使用 TNFD 的框架。

Q:为了解与自然有关的风险和机会,技术解决方案,如物联网、传感器,是至关重要的。TNFD 如何处理相关技术领域的演变? 特别是当某些方法论或工具仍在开发中的情况下。

A:我们早在 2022 年 6 月就做了一份报告,强调了数据方面的差距和问题。在该报告的基础上,我们成立了一个叫数据催化剂的小组。现在有超过 160 家公司加入了这个小组,从卫星公司到人工智能公司,到一些传统的数据供应商和金融服务机构,如路孚特(Refinitiv)或彭博(Bloomberg),或标准普尔(S&P),以及一些更传统的公司。

为了解决数据丰富但没有整合在一起的问题,可以通过新的和传统方法的组合。重点是让公司更容易和更持续一致地使用数据。一个很好的例子是非洲的一家公司,它使用传感器和人工智能在每年的同一个月测量野生动物的自然声音系统。我想通过人工智能来完成这个动作非常机智。

还有另一家公司,它使用采样、卫星监测和人工智能创建地球某个区域的数字孪生体,重建了水、公用事业、土壤碳含量和其品质。TNFD 允许数据催化剂的成员使用 LEAP 方法,在 LEAP 各个阶段的数据集可以在在线工具集上找到。

Q:TCFD 建议通过情景分析,使公司能够了解和量化在不同假设的未来下可能面临的风险和不确定性。TNFD 框架是否要求进行情景开发和分析? 你们是否会提供情景指导?

A:是的,我们推荐使用情景分析。我认为情景对于描绘发生的一些风险和机遇非常重要,就像 TCFD 一样,我们开发了情景分析工具,并在最终的 V0.4 版本框架中进行了发布。我们建议围绕关键不确定性构建情景分析,与物理和转型风险相关,并与气候变化联系起来。

我们认识到,气候和自然情景分析应该一起进行,而不是分开进行,因为两者是紧密相关的。尽管这增加了一些额外的开发和学习成本，但也更有效率，这意味着企业不需要分别分析风险。

"自然积极"需要被更精准地定义

Q：**TNFD 对缓解自然界的负面效应和促进自然界的正面效应进行了同等的权衡。长期以来，ESG 社区从消极的外部性及其缓解的角度来考虑问题。你的建议将讨论转向了一个新的方向：在人类和自然之间建立一个有益的循环。什么是"自然积极"（nature-positive）？是什么推动了背后的变化？有什么案例吗？**

A："自然积极"是一个非常美妙的术语，我们都喜欢使用它。但它还没有得到很科学的定义。我认为 TNFD 正在朝这个方向努力，但科学团体仍需要更多的工作来定义什么才能被称为"自然积极"。我认为，公司在自称为"自然积极"或投资"自然积极"项目时应该谨慎，因为它们可能将接受监管审查。

世界自然基金会在定义"自然积极"方面做得非常好——到 2030 年停止自然系统和生物多样性的退化，进行积极重建，即为"自然积极"。这是一个全球性的措施，并正在朝着正确的方向发展。

从机遇的角度而言，现在出现了新技术、新方法，也包括一些旧方法的新发展，既有益于自然系统，又为我们以前做事的方法提供了替代方案。在包装方面，有大量的资金被投入用于研发植物基包装和减少使用塑料和有害化学物质的替代包装方法。

再生农业，这种已经实践了数千年的农业方式，也因其对产品健康、土地健康和碳捕获的好处而再次兴起。通过避免使用化肥，可以帮助保护环境。

此外，替代蛋白质和垂直农业等领域也为环境和金融投资提供了巨大的机会。随着"自然积极"概念的不断发展，我希望能出现更精确的定义，以便更好地沟通和理解它的好处，我认为这个方向是正确的，但我们现在需要谨慎，不要试图包装它的准确性，而实际上，它还没那么精确。

Q：**您曾尝试让股东和利益相关方参与到"自然积极"的对话中。您似乎认识到基于市场的解决方案必须尊重产权。税收和碳排放贸易是用于减轻负面气候影响的两种方法。激励"自然积极"行动的方法是什么？**

A：目前存在一个全球性的问题，即政府政策和补贴实际上是在支持破坏自然的活动。据估计，在粮食和农业等领域，有数千亿美元的补贴被用于对自然不利的结果。政府在通过政策或税收促进自然积极成果方面发挥着关键作用，比如在制造业领域。

有必要制定一项以市场为导向的倡议，与政府合作并获得政府支持。这就是为什么我们非常重视在蒙特利尔生物多样性大会上签订的《全球生物多样性框架》(Global Biodiversity Framework，GBF)，因为它将政府和企业聚集在一起，讨论这些问题。如果政府政策和激励措施朝相反的方向发展，投资者投资于"自然积极"的结果就变得没有意义。

所以，我们要确保这些事情朝着同一个方向发展。

Q：您能否分享与 TNFD 框架实施相关的正在进行的试点计划或案例？以及目前已经获得了哪些启示？是否有机会让中国的企业和金融机构加入？

A：我们目前有大约 140 个试点正在进行中，来自世界各地的近 200 家公司参与其中。这些试点涵盖了广泛的主题，包括植树造林、最低限度开采、纺织、生产、农业、食品生产、棕榈油和东南亚的棕榈种植园。

在这些项目中，东南亚的试点项目非常令人期待，因为他们提供了非常多宝贵的见解。通过这些试点，我们了解到许多人已经认识到目前存在着直接又紧迫的与自然相关的风险，在某些情况下，这些风险可能比气候风险更大。

这是一个重要的收获，凸显了解决这些风险的紧迫性，因为它们不是 20 或 30 年后才会发生的事情，而是现在正在发生的事情。虽然这对某些人来说可能并不意外，但对于许多金融机构投资人和公司来说，这是一个至关重要的认识。

第二个发现并不容易。我们需要尽早开始填补学习技能的差距。许多公司采用的一种有效方法是将气候和自然团队聚集在一起，这被证明是一种明智的策略。我们有公众公司和私营公司的案例研究，有些公司已经成功完成了第一次 TCFD 和 TNFD 的合并报告。

第三个重点领域是数据，数据的可用性很丰富，但仍然缺乏一致性。错位和差距也是这方面的挑战，我们需要在这方面进一步努力。这是三个最重要的发现，其中最令人担忧的是与自然相关的风险更为紧迫和直接，我们需要更快地采取行动加以解决。

我们有很多机会让中国参与，包括试点和案例研究，以及 TNFD 本身。事实上，我们最近在 G20 上与中国代表就这个话题进行了非常积极的对话。显然，中国在自然和生物多样性方面拥有大量专业知识，同时在中国各地也存在一些非常独特的挑战。

因此，我们非常鼓励更多的中国企业参与进来。目前已经有一些公司积极参与其中，我们希望看到更多。由于 TCFD 和 TNFD 正在努力成为一个全球框架，因此有很大的机会可以从中国的环境和中国的专业知识中吸取经验，并将其纳入框架。这些公司非常积极地参与 TCFD，我认为这是我们未来想要遵循的模式。

Q：**在您的领导下，TNFD 似乎非常重视沟通策略。概念、术语、语言、讨论稿、信息等在您的演讲中经常被强调。您认为语言对于建立新的范式重要吗？**

A：清晰的沟通是至关重要的。当我开始接受这一挑战时，我意识到我们的障碍之一是复杂性。对于那些刚进入这个领域的人来说，无论这种复杂性是真实的还是认知的，都会让人感到不知所措。因此，我们的首要任务是尽可能地简化事情。我们通过分解自然和采用 LEAP 方式来消除人们对复杂性的担忧。

自然无疑是复杂的，而生物多样性增加了这种复杂性。关于我们的自然系统，还有数以万计的相互联系尚未被理解。尽管如此，我们必须努力做出改变，这个过程的第一步是向人们解释为什么需要改变。与自然退化相关的经济依赖性正是"为什么需要改变"的原因。

下一步是专注于如何在自然界中实现积极变化。这需要仔细考虑造成伤害的驱动因素，如森林砍伐或土地使用，并确定如何衡量进展。因此，我们非常注重沟通。清晰的沟通是必不可少的，特别是在处理不同的边界和界限时。

多年来研究这个议题的科学家对金融部门缺乏行动而感到失望，但我认为我们的最终目标是从科学界获取这些知识，与更多的合作伙伴一起，将其转化为金融市场能够理解和采取行动的方法论。我们就像两者之间的沟通桥梁。

挑战与机遇同在

Q：**您能谈谈将 TNFD 框架整合到现有金融系统和市场机制（如碳市场或绿色债券）中可能面临的潜在挑战或机遇吗？**

A：我们已经发布了最终草案，并将在 9 月份提出更广泛的建议。我们的旅程才刚刚开始，因为现在我们需要专注于适用。令人鼓舞的是，超过 1 000 家公司参与了 TNFD，许多公司承诺将使用这个框架。然而，考虑到与自然系统退化相关的风险的规模和时间，还有很长的路要走。

碳市场特别有趣，因为大多数有效的抵消是基于自然的。这突出了自然和气候需要合二为一，不可能把自然和气候分开处理。例如仅使用自然抵消，如砍伐森林或森林、海草、绿地保护等，而不考虑自然。

绿色债券也很耐人寻味,但涉及自然的资金用途尚未明确定义。在这个领域需要做更多的工作。虽然我们把重点放在上市和非上市公司方面,但融资在自然积极的举措中也发挥着重要作用。我们已经与法国开发署(AFD)建立了合作关系,引领着 100 多家跨国和国家开发银行的融资行动,这对全世界积极开展"自然积极"的行动来说意义重大。

因此,我认为旅程才刚开始,还有很多工作要做。此外,还有一个新出现的生物多样性信贷(biodiversity credits),有了它,人们可以为实现对生物多样性的积极影响获得贷款。

然而,这个领域需要可衡量和有强大的数据支撑和保证。我们需要建立更好的信任,以确保它们不是"漂绿"。对于消费者和投资者来说,重要的是了解并确信公司真的是在努力实现"自然积极"和净零排放,并且对这些努力予以信任。

Q:2023 年对于 TNFD 来说是非常重要的一年,你们刚刚在 3 月份发布了第四版测试框架,并计划在 2023 年 9 月份发布最终建议框架。那么到目前为止你们做得怎么样? TNFD 在 2024 年是否有和中国地区相关的计划?

A:我们很幸运地把握住了时机,因为人们越来越意识到自然相关问题是金融、经济和商业中的一个重要板块。在 COP15 达成的《全球生物多样性框架》使我们感到幸运,我们的工作成果超出了预期,团队为此付出了很多努力。但这只是一个开始,下一步是让更多企业采用 TNFD 的框架,这并不是一件容易的事。

基于区域的分析和供应链评估对许多公司和投资组合投资者来说是全新的,而且关于供应链的数据也很缺乏。我们对来自政府和基金会的支持也深表感谢。我们将继续努力实现我们的目标,争取推动企业在 2024 年采用全新的框架。

我们也已经与中国的许多机构接触。中国也是 G20 集团可持续金融工作小组的联合主席。因此,我们的计划是加强和中国的接触。我们与银行协会和许多机构进行了良好的对话,所以我们希望有更多的中国机构参与到 TNFD 的活动中来,把它们的知识和学习带到其他领域的案例研究中。

Q:中国的企业家对 ESG 相关的话题非常感兴趣,但同时,他们又对 ESG 相关要求的快速变化感到茫然。如果请您给中国企业在应对或利用 ESG 进行商业机会和风险管理时提建议,您会有什么建议?

A:首先,我会将气候和自然同时考虑,因为这两者都带来了风险和影响。这是明确的优先事项，因为我们对这些因素有依赖和影响。

其次，我会把社会因素纳入气候和自然领域。我认为将社会因素整合进来，而不是将其视为单独的问题很重要。这种方法确保金融市场专注于其主要角色，即投资风险。然而，当前市场存在的问题是，我们没有量化与气候和自然相关的未知风险。我们必须解决被忽视的外部性问题，这是需要解决的优先事项。

第七节　全球可持续旅游委员会（GSTC）

全球可持续旅游委员会（Global Sustainable Tourism Council, GSTC）是一家具有权威性和影响力的、致力于建立和管理可持续旅游相关标准的独立非营利组织，其前身是 2007 年由联合国环境规划署、联合国基金会和联合国世界旅游组织发起的"全球可持续旅游标准伙伴"（Partnership for Global Sustainable Tourism Criteria）。它的愿景是希望旅游业充分发挥在社会、文化和经济方面的潜力，同时在环境和社会影响方面消除和避免负面影响。同时，它也是国际可持续标准联盟的成员。它的工作主要涵盖三个方面：制定可持续旅游的相关标准；评审可持续旅游相关的认证机构；提供可持续旅游培训项目。

首先，GSTC 的最重要工作是制定和推广可持续旅游的相关标准，以建立世界范围内关于可持续旅游的"通用语言"。目前，GSTC 已经制定了两个可持续旅游的相关标准：为旅行社和酒店建立的《可持续旅游产业标准》，以及为公共政策制定者建立的《可持续旅游目的地标准》。两个标准都围绕四大支柱目标建立，即有效的可持续发展规划（经营管理）、当地社区的社会经济利益最大化、提升文化传承效益、减少环境负面影响。在每一个支柱目标下，标准又列举了若干具体目标和行动。例如，在产业标准中，"有效的可持续发展规划（经营管理）"之下，又包括了经营者遵守国内与国际法律法规、经营者传达可持续旅游行动与绩效给利益相关者与客户等。"提升文化传承效益"之下，又包括尊重当地社区知识产权、将地方文化真实元素融入营运、除法律法规允许范围之外不可出售具有考古意义的工艺品等。在目的地标准中，"当地社区的社会经济利益最大化"目标之下，有"评估旅游业的经济贡献"（具体指标包括准备收集经济数据的方案、每年制作旅游业经济贡献的年度报告等）、"提供就业机会"（具体指标包括向妇女、少数民族和残疾人在内的当地人提供培训就业机会等）、"支持本地企业"（具体指标包括帮助当地农民、工匠和食品生产商参与到旅游产业链等）等目标。"减少环境负面影响"目标之下，包括建立系统应对生态系统保护、防止入侵物种的引入和传播、建立一套系统管理和优化游客流等等。这些标准将被作为可持续认证的基础，为希望建设可持续旅游的企业和公共政策制定者提供基本指南或基本框架，并帮助消费者识别名副其实的可持续旅游项目。自 2008 年标准制定以来，GSTC 一直致力于让更多的旅游业利益相关方——包括消费者和旅游业经营者——采用这些标准。

GSTC 标准的权威性和影响力很大程度上来源于它在制定过程中表现出的专业性、包容性，以及具有与时俱进的特征。在 2007—2008 年，GSTC 标准最初确立时，全球可持续旅游伙伴组织广泛咨询了可持续发展和旅游业专家的意见，并且回顾和分析了当时已经在全球各地实行的 60 余个资质证明或相关标准。在标准正式发布之前，总共有超过 80 000 人（包括自然环境保护主义者、行业从业人士、政府官员等）被邀请对标准进行评价。所以，GSTC 标准的制定既考虑到了不同的利益相关方，又涵盖了全世界不同国家和地区的标准，具有包容性和普遍适用性。另外，GSTC 标准还注重与时俱进：自发布以来，GSTC 标准每隔3~5 年，就会进行一次评估，判定是否需要对内容进行修改。如果需要修改，其过程包括两轮公众意见征集，任何感兴趣的利益相关方都可以参与并提出意见。定期修改的机制充分保证了 GSTC 标准适应当前的全球旅游业形势发展，具备权威性和实用价值。

其次，GSTC 会对可持续旅游相关的认证机构进行评审。作为标准制定机构，GSTC 不会直接对旅行社、酒店、目的地进行可持续旅游评级，而是会评审认证机构的资质。GSTC 会对认证机构的管理人员、审计员进行考核，判断他们是否具有相应的能力。目前，得到 GSTC 认可的认证机构包括必维国际检验集团（Bureau Veritas）、管制联盟全球集团（Control Union）等。旅行社、酒店等可以再向这些 GSTC 认可的认证机构寻求评估，获得认可后，在市场上会更受具备可持续旅游意识的消费者和采购商青睐。

再次，GSTC 还提供可持续旅游相关的学习资源和培训项目。在 GSTC 的网站上，有"可持续旅游业课程""可持续酒店管理课程""旅游包容性和可及性课程"等一系列学习资源，面向旅游业从业者、公共政策制定者和普通公众。大部分的课程都为在线课程。"可持续旅游业课程"也在全球多个地点提供一个 3 天的线下培训项目，受培训者除了聆听讲座、参与小组讨论之外，还可以得到实地考察的学习机会。

总之，在可持续旅游方面，GSTC 制定的标准具备专业性、包容性、实用性，并且与时俱进，在全球范围内具备权威性和影响力。那么，GSTC 如何看待旅游业的未来趋势？GSTC 未来又将采取什么样的行动推动可持续旅游的发展？请看下文对于 GSTC 首席执行官 Randy Durband 的访谈记录。

？ 思考题

1. GSTC 的标准考虑到了哪些主要的利益相关方？
2. 对于普通公众来说，"可持续旅游"有哪些最相关的具体议题？对于旅游业从业者（如酒店管理人员、旅行社管理人员）呢？
3. 践行可持续旅游的产业和目的地标准，除了保护环境的意义之外，有可能带来什么样的潜在商业机会？

■ 参考资料

［1］GSTC，https：//www.gstcouncil.org/about/for-the-press/
［2］全球可持续旅游议会：产业标准，2016-12-21，https：//www.gstcouncil.org/wp-content/uploads/2017/05/GSTC-Industry _ Criteria _ FinalVersion _ SimplifiedChinese_by_GETC_Submitted201704112.pdf
［3］全球可持续旅游委员会目的地标准 2.0 版本，2019-12-6，https：//www.gstcouncil.org/wp-content/uploads/GSTC-%E5%8F%AF%E6%8C%81%E7%BB%AD%E7%9B%AE%E7%9A%84%E5%9C%B0%E6%A0%87%E5%87%862.0%E7%89%88%E6%9C%AC.pdf

---

Randy Durband：
人类需要旅行，但旅游业需要改变

Q：请您介绍一下自己以及您在 GSTC 的角色。

A：我从事旅游业已经 40 多年了，其中有 25 年是担任三家业务遍布全球的出境旅游运营商的执行官。这一段职业生涯给了我非常多环球旅行的机会，在这个过程中，我学到了很多，也逐渐找到了后半生的职业目标——我希望把对全球旅游业务的相关知识和对旅游的热情投入到可持续旅游这个领域中，让旅游和世界都变得更可持续。

这个想法也许听上去有些华丽，但这确实是我的真实想法，我愿意把我的后半生都投入进来。

从 2014 年起，我开始担任 GSTC 的首席执行官。在那之前的 4 年里，我在东南亚做了很多旅游项目的开发。这些项目对我的帮助很大，让我了解了旅游产业链上的众多部门和环节，包括政府部门、利益相关者参与和旅游社区发展等。

4 年后我加入了 GSTC，我被 GSTC 的科学系统方法和对商业的了解所吸引，这一套成熟的体系可以帮助我实现我的职业理想。我是一个环球旅行者，我不能停止旅行，但是我需要改变，旅游需要改变。

有些人认为旅行会带来"飞行羞耻"，而我不认同这个说辞。我们想要限制短途旅行，但是我们不能消除旅行，人类需要旅行，它深藏在我们的 DNA 里。所以唯一的解决方式就是让旅游变得更可持续。

Q： 您可否为我们介绍一下全球可持续旅游委员会？

A： 全球可持续旅游委员会全称是 Global Sustainable Tourism Council，成立于 2007 年。最开始由两个联合国机构——联合国环境规划署（UNEP）和联合国世界旅游组织（UNWTO）联合成立。它们共同定义了旅游和旅游领域的可持续性。后来它们意识到可持续旅游需要一个更广、更优、更系统的定义。

大多数人第一次接触可持续旅游这个概念时，也许只能联想到环境方面的那几件事，而忽略了旅游对社会和经济的影响，无论是正面影响还是负面影响。

因此，UNEP 和 UNWTO 要求制定出可以反映这些影响的相关标准，覆盖环境因素、社会因素和文化因素，并增加治理维度，这四个完整的支柱才能帮助旅游机构和公众更好地了解可持续旅游的含义，并通过这些标准的辅助，实现旅游产业的可持续转型。正因如此，GSTC 在联合国的支持之下成立。

GSTC 是一个独立的非营利组织，也是可持续旅游的标准制定和管理机构。GSTC 在遵守国际可持续标准联盟（ISEAL）组织的标准制定准则的基础上制定可持续旅游的相关标准。

到今天为止，我们已经发布了两个可持续旅游相关标准，一个是《可持续旅游目的地标准》，这个标准为公共政策制定者和旅游目的地管理者提供旅游目的地管理标准；另一个是《可持续旅游产业标准》，它为酒店和旅行社经营者提供产业标准。接下来，GSTC 还会开发两个新的标准，分别是针对会展旅游和景点的可持续标准。

创建标准是一个极其复杂，但又非常包容的过程。不分文化，不分政治。我们从每一个利益相关者、专家、公共部门、私营部门顾问处获得信息，听取意见。

正因如此,GSTC 的标准作为全球性的标准得到了广泛认可和赞赏,非常多国家和地区的旅游机构都采用了我们的标准,以帮助旅游产业进行可持续转型和管理。

Q:GSTC 是制定可持续旅游标准的领先机构之一。您能和我们分享一下 GSTC 标准发展的过程吗?

A:GSTC 的标准是包容的。在制定标准的过程中,我们会要求旅游相关的贸易协会、政府、学术机构等共同参与进来,并在他们的平台上进行制定标准的信息传播,并收集大量反馈信息。我们希望尽可能获得较为全面的信息,这是一个漫长的过程。

我们即将开始制定会展旅游可持续标准,之后我们还会研究景点相关的可持续标准。我们并不是从零开始制定这两个新标准,ISEAL 联盟标准设置代码是我们的指南,公共部门也可以使用,但我们还需要搜集这些信息并进行整合,ISEAL 给了我们指导。

Q:旅游具有双面性。一方面,旅游可以为我们带来丰富的娱乐体验,促进旅游目的地经济的发展。另一方面,我们也不能否认,没有科学引导和管理的旅游会带来一些负面影响。您能不能更详细地说明一下旅游业造成的负面影响?如何通过可持续的方式来帮助促进旅游业的正面效益,并缓解反面效益?

A:GSTC 的可持续标准四个支柱分别是:A. 治理和管理问题;B. 关于社会经济问题;C. 关于文化问题;D. 关于环境问题。B、C 和 D 主要致力于把利益最大化和负面影响最小化。B 是一个内置问题。

总的来说,我们所推崇的是多做好事,少做坏事。旅游的正负面影响交织在一起,无法真正分开。因此,当你试图修复这些负面影响时,不只是净零,还要尽最大努力去再生,利用商业机会的加持做出改变,朝着更加正向的方向发展。

目前,气候变化和塑料制品的使用是人们比较关注的两大问题;但是 GSTC 试图提醒大家,不仅这两个议题,每一个与可持续相关的议题都值得关注,并为之做出改变和努力。

要获得可持续转型的成果,需要一套成熟且完整的体系,这正是制定标准的原因,我们需要通过标准体系对负面的影响进行矫正。当然这不是一个容易的过程,因为当前人们对于可持续旅游的认知意识还很浅。

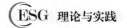

Q：过度旅游是目前旅游业造成负面影响的很大原因之一。您可以和我们解读一下过度旅游以及过度旅游所造成的影响吗？

A：过度旅游是一个非常严峻的问题。尽管过去的几年间，由于疫情影响几乎所有地区都没有出现过度旅游的现象；但随着被抑制后的需求，未来一段时间内我们可能面临很多严峻的旅游问题，甚至会达到高峰。

一个区域的承载能力是有限的，也应该基于科学来确定其承载能力。

作为世界遗产委员会可持续发展政策委员会的成员，2009年我在敦煌莫高窟与联合国教科文组织合作项目，专家可以告诉我们，每个洞穴每天限制多少人进入，这个洞穴可能限制200人，那个限制350人，这些数据都是基于科学推算出来的。但科学不能告诉我们上海的一个街区每天可以容纳多少人，因为这属于非常主观的社会层面。

对于过度旅游的理解和改善，我们还需要对社区的态度进行更多调查分析，因为包含了非常多的主观因素在里面，只有充分了解社区或者目的地，并通过科学的管理才能使之改善。

Q：前两年发生的公共卫生事件改变了很多行业，很多产业的新政策也随之被修改并正在实施。就旅游业而言，公共卫生事件后的旅游业是什么样的？发生了哪些新的变化？

A：是的，很多事情都发生了改变，我们看到非常多的国家、政府和企业都利用这段时间进行了更好的规划和开发，并希望通过改进后的系统降低公共卫生事件带来的负面影响。

但旅游长的产业链非常庞大，也非常开放，很多企业和机构都可以进入到旅游产业的不同环节。这是一件好事，也是一件坏事，因为太多的企业和机构会给旅游行业的监管带来挑战。

非常多的旅游机构发布了相关报告和数据，这些报告和数据都证实了旅行者越来越倾向于选择可持续的旅游产品和旅游服务。当然，这些旅行者也表达了他们对可持续旅游产品选择的困难，可能是找不到渠道，可能是信息不够完善，等等。

所以我们也看到现在很多旅游服务平台正在改进和优化，它们通过科学的评判标准，帮助准确识别出真正的可持续产品和服务，以供出行者筛选和选择。

就中国市场而言，我知道中国正在使用"报复性消费"和"报复性旅游"这样的字眼来形容公共卫生事件后的市场状态。我认为形容得很准确。我也相信，未来越来越多的旅游消费会出现在可持续的产品和服务中,这已经是有目共睹的趋势。

Q：GSTC 的标准并不是强制性的执行标准,我们将如何推广这个类型的全球标准? 这套标准如何在中国市场进行推广? 我们知道 GSTC 正在与土耳其政府进行密切合作。您能分享一下这个案例吗?

A：2022 年在 GSTC 的西班牙国际年会上,土耳其旅游促进和发展局(TGA)与 GSTC 签署了一项合作协议。根据这项协议,TGA 将采用 GSTC 的目的地标准推出国家可持续旅游计划。

这也使土耳其成为与 GSTC 共同制订强制性国家计划的政府。得益于这项新计划,土耳其旅游业将加快其全球可持续发展实践,GSTC 全球可持续旅游目的地、行业标准与国家政府间的合作也标志着迈向可持续发展的典范一步。

很高兴 GSTC 获得了这个合作机会,或者说授权。但不得不承认由于不同的政治制度和不同社会背景,能从国家层面进行这样的合作非常少见。

要知道,类似于 GSTC 这样的自愿型标准,我们其实花了很多精力来解释和说服人们理解和接受它们的价值。如果我们要在中国或任何地方看到这种程度的普及,都需要强有力的领导者带领推广。

除了政府的支持,行业的积极推广和实践也非常重要。特别在中国这样市场基数非常大的区域,更需要联合众多的行业组织和企业一起发声,共同推广。

Q：展望未来 10 年,GSTC 将如何发挥作用,与不同业务领域建立更具包容性的战略联盟?

A：我们可能会从一些较大的品牌着手。多年来,我们一直在与 Booking.com 合作开发可持续认证标签,帮助出行者选择更可持续的酒店。

未来,我们希望和包括携程、猫途鹰在内的"大玩家"达成更多的合作,所有人都在关注"大玩家"们在做什么,这会吸引市场上的"小玩家"们加入,产生涟漪效应,这可能是变革的主要动因。

我们也非常希望能和携程以及中国的其他 OTA 平台达成类似合作,这不仅是产业转型,更多的其实也是市场驱动,越来越多的旅行者希望获得可持续旅游的相关信息。因此,OTA 可以发挥非常有价值的作用,为旅行者提供信息过滤。

我们在酒店板块的可持续转型比较有经验,Skyscanner 在交通出行板块比较有经验,他们会帮助出行者做出更可持续的飞行选择。尽管现在整个可持续

349

旅游体系还不够完美,但它们确实都在变得更好。所以我们希望每个人都参与到这个生态系统中,利用不同环节的服务为出行者提供更为可持续的出行选择。

Q:如今,ESG 成为了社会的主流,越来越多的企业出于政策要求或自愿,开始披露 ESG 报告。GSTC 本身也有一个非常可靠和全面的认证系统,可以帮助旅游企业有效验证是否真正实现了可持续转型。您认为 ESG 标准矩阵和 GSTC 评判标准有什么不同?

A:ESG 的标准矩阵比 GSTC 的评判标准范围要广得多,因为我们更多关注的是子行业和细分市场,特别是住宿、陆地交通和目的地三个领域。接下来的一两年里我们还会把重心放在会展和景点的可持续标准制定上。

其实,我认为 GSTC 的标准应该属于 ESG 标准的一部分,而且是非常重要的一部分。如果 ESG 愿意把 GSTC 的标准纳入为其中一个指标维度,并且推广给更多的企业来使用我们的标准,我相信 GSTC 可以帮助 ESG 发展得更好,披露的信息和报告可信度也更高。

Q:GSTC 其实一直以来和中国有着密切联系,2015 年的 GSTC 年会也是在中国黄山举办的,您本人也经常到中国旅游。那么您认为未来中国旅游业可持续发展的走向会是什么?

A:黄山景区是中国区域内 GSTC 标准的第一个倡导者和实践者。2012 年 GSTC 理事会就批复中国黄山入选全球目的地可持续旅游标准实验区,这也是 GSTC 在亚太地区唯一遴选的目的地。从一开始黄山景区就通过使用 GSTC 的目的地标准,来帮助维护其世界遗产的地位。黄山景区一直是 GSTC 的亲密朋友和支持者,他们还帮助创建了中国山地文化旅游协会。我每年都会参与到协会的活动中。

正如我之前提到的,建立战略联盟非常重要,除了政府层面的推动,旅游市场里"大玩家"的积极参与也至关重要,大型的连锁酒店、大型的 OTA 平台都应该积极参与进来,大家形成战略联盟,并利用 GSTC 可信的、成熟的、系统的框架对旅游产品和服务进行评估,最终将其进行推广,那我们就会看到非常重大的且正向的变化。

因为中国的旅游市场巨大,而且已经有头部旅游景区和头部旅游服务提供商在积极推动旅游产业的可持续转型,我认为中国旅游业未来的可持续转型是非常乐观的,也是令人期待的。

结　语

怎样掌握 ESG 话语权？

鲍勇剑

　　哲学家、思想系统的历史学家米歇尔·福柯（Michel Foucault）指出：社会实践，特别是话语（Discourse）的实践，制造社会权力关系和控制社会生产与再生产的知识体系。在一个新的话语体系尚未主导之前，旧话语要先失去合法性。然后，新话语才能成为一切社会活动意义的解释权威。话语包括叙事、故事、修辞、对话、比喻和解释一切的意识形态。同期的社会学和哲学家尤尔根·哈贝马斯（Jürgen Habermas）、布鲁诺·拉图尔（Bruno Latour）、皮埃尔·布尔迪厄（Pierre Bourdieu）等从不同角度响应福柯的看法：对话是一个形成社会秩序的谈判过程，公共沟通编织出制度新结构，真理来自沟通中的共识，社会行动者通过语言实践确立个人、制度和社会之间的关系和地位。

　　话语拆解和构建秩序，对话行动筑造社会现实。这个观点更好地解释了当前围绕 ESG 的全球话语竞争。它也能指导企业选择匹配的 ESG 话语策略。基于对全球 30 家企业负责 ESG 高管的访谈，本文力图说明当前 ESG"野蛮生长"是再全球化话语体系必然经历的过程。受福柯等话语实践理论（theory of critical discursive practice）启发，我们建议四种对话策略（4E 模型），以便企业按照自身条件做适配选择。

一、ESG 的"巴别塔"

　　人们用《圣经·旧约》中的"巴别塔"（Tower of Babel）形容人类的语言被变乱，自说自话，互不理解。当前，处于"野蛮生长"中的 ESG 就类似于这种情况。

　　ESG"野蛮生长"的第一个现象是层出不穷的政策、法规、倡议和引导，而各家的内容侧重点不一样。ESG 既有可能提高全球的包容性经济的可持续发展，也有可能成为政治实体重新分配全球经济权力和统治地位的政治技术。

2004 年，联合国全球契约组织首次正式提出了 ESG 概念，要求企业综合考虑环境、社会和治理层面的非财务指标，制定包括可持续发展绩效的商业策略。之后，联合国、各主权国，以及全球机构推出相应的政策规范。2006 年，联合国责任投资原则组织发布负责任投资原则（UNPRI），推动商界在投资决策时系统地纳入对 ESG 因素的考量。2011 年，可持续发展会计准则委员会（SASB）成立，为企业在 ESG 问题上建立行业特定的标准。2015 年，由 G20 辖下的金融稳定委员会组织了气候相关财务信息披露工作组（TCFD）。同年，联合国正式确立了 17 个可持续发展目标（SDGs）。2019 年，欧洲银行管理局发布了《可持续金融行动计划》。同年，欧盟委员会发布了《欧洲绿色新政》的长期发展战略。纳斯达克证券交易所于 2017 年发布了第一版《ESG 报告指南》，并于 2019 年发布了《ESG 报告指南 2.0》。欧盟于 2020 年采用了《可持续分类法》。美国证交会（SEC）于 2022 年 3 月 21 日提交了《气候披露规则提案》。中国方面，2019 年，港交所公布《ESG 指引》的最新版本。2020 年，港交所新修订的《ESG 指引》增加了气候变化层面"不遵循就解释"的内容。2019 年，《上海证券交易所科创板股票上市规则》要求企业报告其履行社会责任的情况，并视情况自愿发布 ESG 报告；之后，对科创板公司提出了在年度报告中披露 ESG 相关信息的要求。2022 年，深交所全资子公司深圳证券信息有限公司正式推出国证 ESG 评价体系。中国国务院国资委提出，于 2023 年做到央企控股上市公司 2023 年 ESG 专项报告披露全覆盖的目标要求。

通过对文件内容和谈话的分析，我们看到全球 ESG 政策未来有三种情境。（1）统一标准。建立类似国际会计准则（GAAP）那样的全球通用标准。（2）区域标准。为预防出现 ESG 话语霸权倾向，即以一套符合发达国家利益的标准规范国际贸易和经济交往，各大经济体努力建立具有当地特征的 ESG 标准。（3）双标准。在当地 ESG 标准之间，形成能够对照比较的 ESG 国际基本框架。

ESG"野蛮生长"的第二个现象是披露标准有严重的路径依赖。主流机构发布的评估标准之间相关程度也有待提高。主流 ESG 标准机构受到成长路径的影响很大。第一条是沿着联合国内部组织的动议而发展起来的标准机构，例如 GRI 和 PRI。第二条是国际专业非营利组织开发出来的标准机构，例如 SASB 和 IFRS。第三条是本国或跨国政府组织政策指导下形成的标准，例如欧盟颁布的《欧洲绿色新政》。沿不同途径发展起来的标准机构在政策引导和专业规范这两方面各有侧重，有待兼容。

　　以国际上普遍认可的标准，GRI、SDGs、SASB、TCFD、CDP、IIRC、CDSB 等为例，各类国际标准在内容、标准侧重和行业要求方面不尽相同。GRI 标准包含"GRI 101 基础""GRI 102 一般披露""GRI 103 管理方法"共 3 项通用准则，以及"GRI 200 经济议题披露""GRI 300 环境议题披露""GRI 400 社会议题披露"等议题专项标准等。SASB 可持续发展框架包括了 5 大维度的可持续主题和 26 个具体议题，其中 5 个维度分别为：环境、社会资本、人力资本、商业模式与创新、领导与治理。TCFD（气候相关财务信息披露工作组）的标准的构建围绕 4 个主题领域：治理、战略、风险管理、指标和目标。对应 4 大要素，TCFD 还针对性地提出了 11 项建议披露指南。新近建立的 TNFD（自然相关财务信息披露工作组）则注重量化标准和全球数据库建设。CDSB（气候披露标准委员会）是一个由商业和环境领域的非政府组织所构成的国际性联盟。CDSB 制定了 7 条关于环境信息披露的指导原则，旨在确保主流报告中的环境信息对投资人有用。CDP（全球环境信息研究中心，也称碳披露项目）专注于气候、森林和水相关环境问题和企业碳排放进程的披露。IIRC（国际综合报告委员会）旨在通过综合性报告框架阐述组织如何根据外部环境，通过自身的战略、治理、业绩以及愿景来引导短期、中期、长期的价值创造。

　　我们访谈了包括 PRI、GRI、TNFD 等在内的国际 ESG 标准设立组织。一个共同的特征是：各家还处于积极与全球利益相关者沟通，寻求建立自身标准的合法性和权威性的过程中。大家对公共沟通的概念、话语和叙事风格都高度重视。

　　ESG"野蛮生长"的第三个现象是商业评级机构如雨后春笋，勃发兴起。据安永（EY）统计，全球目前有超过 300 家商业评级机构，并且还在不断增加。以目前国际上具有影响力的 ESG 评级机构为例，它们包括：明晟 MSCI ESG 评级、标普道琼斯指数 ESG 评级、路孚特 Refinitiv ESG 评级、富时罗素 FTSE ESG 评级等。随着中国资本市场的日益国际化，本土 ESG 评级也蓬勃发展，例如商道融绿、国证、华证、社会价值投资联盟等逐渐成为国内主流的 ESG 评级机构。评级机构所采用的方法不同。各家的商业模式也不一样。有些严格遵守内部评级部门和咨询部门之间独立的原则，有些则宣传一站式服务，咨询和评级打包在一起。

　　商业评级机构的营利性质影响了评级服务的可靠性和切实性。一方面，ESG 商业生态需要大量的商业评级服务机构；另一方面，类似于会计师事务所可能出现财务造假，ESG 商业评级也有"漂绿"的潜在风险。

"野蛮生长"的第四个现象是令人应接不暇的评级指数。以主流评级机构为例,MSCI ESG 评级体系关注每个公司在环境、社会和治理 3 大方面 10 个主题下的 37 项关键评价指标表现。标普道琼斯核心 ESG 指数系列包含道琼斯可持续发展指数(DJSI)、标普 500 ESG 指数、标普中盘 400 ESG 指数和标普小盘 600 ESG 指数等。此外,标普道琼斯指数还开发了气候变化、碳效率相关指数,以及关注特定 ESG 相关主题的指数,例如洁净与可再生能源指数、绿色房地产指数及全球水资源指数等。路孚特 Refinitiv(原汤森路透金融与风险业务部门)是伦敦证券交易所集团旗下公司。路孚特 Refinitiv ESG 评级衡量公司在 10 大主题方面的 ESG 相对表现、承诺和有效性。这些主题的评分构成了环境(E)、社会责任(S)和公司治理(G)三大支柱的评分。ESG 争议事件的评分为其一大特色。路孚特 ESG 评分制定开发了 450 多项公司层面的 ESG 指标。其中,最具可比性且最重要的 186 项指标为公司整体评估和评分流程的基础。富时罗素,属于伦敦证券交易所集团信息服务部门。富时罗素(FTSE ESG)评级框架由环境、社会、公司治理 3 大核心内容、相应的 14 项的主题评价及 300 多项独立的评估指标构成。14 个主题评价中,每个主题包含 10 到 35 个指标。商道融绿 ESG 评级框架包括 14 个核心议题,近 200 个 ESG 指标的近 700 个数据点。14 项 ESG 议题中包括环境议题 5 项、社会议题 6 项,以及治理议题 3 项。深交所的国证 ESG 评价方法设置 15 个主题、32 个领域、200 余个指标,从高到低分为 AAA、AA、A、BBB、BB、B、CCC、CC、C 和 D 共 10 档,反映公司 ESG 表现在市场中的相对水平,评级对象覆盖中国全部 A 股公司。

通过访谈调研,我们发现,评级指数的形成过程有些是"闭门造车",有些是无法操作的"魔幻文件"(fantasy documents)。指数的切实性(衡量的是对应的表现)和可靠性(同一表现的反复测量是一致的)都存在极大的问题。

总之,ESG 的话语体系仍处在七嘴八舌和争论不休的"巴别塔"阶段。但暂时没有统一的话语体系不是 ESG 没有意义和价值的理由。与过去关于商业伦理、企业社会责任、企业公民的话题相比,前者还主要在市场主导的前提下讨论企业带来的社会负外在性,而后者已经通过公共政策选择强迫企业把经济和社会的负外在性内化到企业战略行为中。前者还鼓励用产权和降低交易成本的市场手段消化负外在性,后者已经要求企业兼顾降低负外在性和提升正外在性。处于嘈杂的 ESG 话语体系阶段,有前瞻性的企业要透视 ESG 话语的问题性质,然后判断选择匹配的 ESG 沟通策略。

二、ESG 话语策略

我们的访谈调查显示，在看似繁杂的 ESG 现象中，话语竞争是频繁出现的核心活动。国际机构、政府政策部门、专业 NGO、商业评级机构、证券交易所、律师事务所、会计师事务所、学术研究机构、企业，它们之间的对话和沟通创造着再全球化的 ESG 新秩序。围绕 ESG 话语体系，概念、标准、价值、行为、奖惩措施的表述皆在流动的谈判中。随着话语体系的稳定，一个全球 ESG 的场域（field）秩序也逐渐形成。再全球化的未来实践中，ESG 话语规范了行动的合法性、权威性、权力结构、等级关系。ESG 话语正在火热地生产、传播、消费和盈利中。积极行动的企业才能锚定再全球化权力关系和权威结构中的有利地位。

我们的研究表明，在全球 ESG 话语竞争中，企业受到外部制度约束和内部战略意向的影响。制度约束方面，有些企业只需要在单一系统中合规，并具有广泛适用性（泛系统合规）；有些则需要同时在多个有竞争关系的制度中合规（多系统合规）。战略意向上，受到高管团队认知能力和发展路径的影响，有些企业待环境变化的刺激出现后，做出反应（适应）；有些则利用 ESG 带来的变化，进行组织变革和创新（善用）。物种进化过程同时有适应（adaptation）和善用（exaptation）现象。根据制度约束和战略意向的具体特征，企业可以选择四种不同的 ESG 话语策略（见图 12-1）。

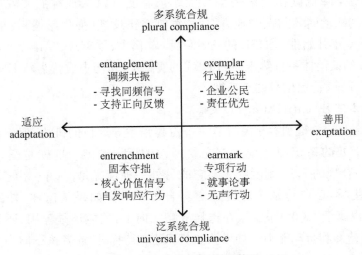

图 12-1　企业 ESG 话语策略

1. 调频共振(entanglement)策略

对于 ESG 话语影响,公司首先要考虑最关键的利益相关者,其次要衡量高管团队对 ESG 的认知和执行能力。如果关键利益相关者处于国际和国内两个制度环境中,而且两个制度对 ESG 合规的要求不一致,企业必须同步合规。如果高管团队的认知和执行能力驻足于当前业务,尚未能理解 ESG 要求,那么企业战略意向一般表现为适应,以避免新旧战略目标断代和错位。

巴黎银行(中国)过去在中国投资了许多高碳行业,如能源、基建材料等。它需要同时兼顾欧盟和中国对碳排放和 ESG 的政策侧重点,并同时保持在两个制度系统中的合规。因此,它在中国的 ESG 实践更多强调对高碳行业的赋能转型,引进低碳技术,降低能耗和碳排放。作为外资银行在华分行,巴黎银行(中国)更多是借力总行的 ESG 专家智慧,适应制度环境的新要求。类似的选择也体现在烟台万华化学集团股份公司的 ESG 策略中。万华是全球排名前列的化工企业,产品销售到全球各地,并在境外有分公司。化工企业对环保也高度敏感。万华的大股东是烟台国资。因此,同时兼顾国际化工行业和中国国资委对它的制度约束是必然选项。万华选择适应,还因为高管团队的知识基础和能力构成主要在化工领域。保守的、渐进地适应也符合大型化工企业的战略风格。

选择调频共振策略,企业在 ESG 对话中可以寻找 ESG 舆论场和企业商业性质相契合的主题信号,争取同频共振。例如,巴黎银行(中国)强调,对高碳企业赋能转型是降低碳排放的关键步骤。企业还可以从现有的实践中提炼与 ESG 倡导的活动同频共振的地方,并持续制造正反馈(强化反馈)效果。例如,万华从 2006 年开始推广 HSE 的三零目标(零伤害、零事故、零排放)。现在,万华把 HSE 的话语体系自然延伸到 ESG 的实践中,让历史成就为新 ESG 目标背书,强化对 ESG 价值信号的正反馈。

2. 固本守拙(entrenchment)策略

如果企业的关键利益相关者有一个占超强主导地位的机构,那么适应该利益相关者所处的系统便是企业首先要考虑的话语策略。这就是泛(单)系统(universal)合规的 ESG 制度约束。它的另外一种情况是泛(单)系统合规有广泛的适用性,不必在跨系统环境下更新合规要求。如果是这样,外部制度的 ESG 约束也属于泛(单)系统。在选择战略意向上,适应还是善用,还是要看高管的 ESG 认知和行动能力。如果认知共识还有待提升,或者执行能力受资源条件限制,那么适应是更匹配的战略意向。

我们访谈的美国金伯利农场就属于此范畴。这是一个家庭农场,人力资源有限。它又处于强调可持续农业的美国制度环境下。因此,农场主金伯利选择用精准农业技术提高农业韧性。它既是对农业技术变化的适应,也能够符合在美国农业领域对农场合规的要求。同时,因为在美国农业制度中的合规有先进性,金伯利在中国浙江等地的合资农场也不需要额外考虑更新合规要求。另一个例子是锦江酒店——全球排名第二的酒店集团。它的主要业务范围在中国,并且有较强的国资投资背景。酒店的高管选择把合规重点放在国内 ESG 制度规范上。执行中,小步快跑,避免与团队能力和国资委要求不合拍或错位。

选择固本守拙的策略,企业在 ESG 话语体系中强调有历史延续性的核心价值信号,防止矫枉过正。例如,锦江希望把"人和锦江,礼传天下"的传统理念与 ESG 新实践结合在一起。企业更守本分,从自身业务出发,选择性地接纳 ESG 实践。例如,金伯利农场从风险管理的角度选择种子、肥料和精准农业技术。它是对可持续农业技术自发的响应,而非担心惩罚的选择。这些都体现在它们的 ESG 叙事对话中。

3. 专项行动(earmark)策略

对于一些企业,它们的投资具有不可转移性的专属特征(high asset specificity)。同时,它们的合规实践有鲜明的地域或制度特征,那么,企业合适的 ESG 话语策略是专项行动。专属特征和鲜明的地方特色让泛(单)系统内合规更有吸引力,因为保持跨系统同时合规的协调成本太高。采取专项行动的另一个原因是高管团队有足够的 ESG 认知和执行能力,以至于他们看到 ESG 带来的活跃性能被善用到组织变革和创新之中。善用 ESG 的战略意向鼓励高管用专项行动改善企业的核心竞争能力。

麦当劳(中国)2017 年变更为金拱门(中国)。此后,如果再强调跨国和本土同时合规就有违股东变化的现实。集中于国内的制度合规与公司现状更匹配。受过去母公司可持续发展战略的熏陶,现在的高管团队对 ESG 和商业影响有较高的理解。他们倾向于利用 ESG 激发产品创新。因此,高管选择符合当地政策期望的年轻人职业规划、食品安全和纸质包装材料为改革专项,并以此体现与 ESG 的融合。香港太古地产是专项行动策略的另一个范例。他们把整体社区的环境提升作为每个地产开发项目的专项行动。通过改善项目周边的物理环境和与社区街道的关系,表达"以人为本"的社会意义。

选择专项行动的企业追求行胜于言。它们的经营环境可能不鼓励高调宣传,更看重用行动展示对 ESG 的态度。例如,麦当劳(中国)股权变化后,过去母公司的一些宣传资料就不合适再使用。另外,无声的专项行动包含的信号更丰富,更有相互强化的效果。例如太古地产协同三里屯街道改造"脏街"社区环境。它产生的多方面价值就只适合慢慢体会,不宜大张旗鼓地宣传。

4. 行业先进(exemplar)策略

在 ESG 全球话语场域中,企业可以选择行业先进的策略。它意味着企业对 ESG 舆论涉及的事件有鲜明的立场,并力求成为舆论旗手。它高调保持公司价值观与主流舆论的一致性。企业决策者认为,在自己的商业环境中,国际 ESG 舆论已经显现高度共识,本企业的价值立场与有共识的舆论不谋而合。因为同时在国内外市场经营,企业需要保持多系统合规。对主导舆论走向的国内外利益相关者的所作所为,企业乐观其成。因此,企业与各路利益相关者之间的互动是正反馈,汇聚合力的过程。这样的舆论环境,具有较高认知和执行能力的高管团队看到的是机会。因此,他们取善用的战略意向。具体做法上,企业通过多种渠道表达明确的立场,并有一一对应的行动。它们凸显企业提倡的社会责任价值和企业公民的心理身份。

菜鸟就是一个天生的需要在国际和国内制度环境下同时合规的企业。它的跨国物流业务促使它同时在境内外都保持 ESG 先进的地位和声誉。菜鸟的高管对绿色经营带来的核心竞争优势有明确的认识,并通过 ESG 的"七瓣花"策略全面推进到公司内外商业生态的每个维度。联想也是一家高度国际化的中国企业。收购 IBM 个人电脑业务后,联想也承接了 IBM 在可持续发展方面的战略。它利用 ESG 带来的外部刺激,带动产品环保和包容性设计。作为供应链的头部企业,联想围绕 ESG 建立平衡记分卡,带动上下游企业绿色转型。在国内,联想积极参加工信部的绿色制造计划,努力成为中国制造业绿色转型的领头羊。

选择行业先进的企业看到 ESG 与新核心竞争力的关联性。因为自我行业定位,企业明确要担负价值观和信念捍卫者的责任。选择此话语策略的企业有全面系统的 ESG 战略路线图,有积极的行动和甘为人先的社会责任承诺。例如,菜鸟通过驿站和站长把减碳活动推送到社会每个角落。联想为国内诸多行业协会的绿色转型提供专业支持。

四种选择,没有最优,只有是否适配。每个企业的战略意向不同,所处制度环境特征有差别,各自选择的 ESG 话语策略也不一样。4E 模型的价值在于提炼出影响选择的重要维度,并为决策者提供四个原初模型。

维特根斯坦说:"我词不达意的语言对应着我捉襟见肘的世界。"(The limits of my language mean the limits of my world.)如果你对 ESG 无所适从,请先理顺你的话语策略。

主要参考文献

1. 陈宏辉,张麟,向燕.企业社会责任领域的实证研究:中国大陆学者 2000—2015 年的探索[J].管理学报,2016,7:1051-1059.

2. 陈晶晶.绿色保险突进:三年保额高达 45 万亿,中国经营报,2021.

3. 陈丽,胡树华,牟仁艳.市场化进程与企业社会责任:基于 124 家制造业上市公司的面板数据[J].财会月刊,2016,5:3-7.

4. 陈智,徐广成.中国企业社会责任影响因素研究:基于公司治理视角的实证研究[J].软科学,2011(4):106-111.

5. 仇书勇.论公司社会责任与公司外部治理的完善[J].北方工业大学学报,2003,15(4):5.

6. 崔新健.跨国公司社会责任的概念框架[J].世界经济研究,2007,4:64-68.

7. 高汉祥.企业社会责任与公司治理:概念重构、互动关系与嵌入机制[M].苏州:苏州大学出版社,2012.

8. 高勇强,何晓斌,李路路.民营企业家社会身份、经济条件与企业慈善捐赠[J].经济研究,2011,12:111-123.

9. 哈特曼,德斯贾丁斯,麦克唐纳德,等.企业伦理学:原书第 3 版[M].苏勇,郑琴琴译,北京:机械工业出版社,2015.

10. 胡鞍钢."十三五"规划:引领绿色革命[J].环境经济,2016 年第 Z2 期.

11. 黄世忠.TCFD 框架的践行典范:微软气候信息披露案例分析[J].财务研究,2022(3):10-18.

12. 黄世忠.支撑 ESG 的三大理论支柱[J].财会月刊,2021(19):8.

13. 黄一灵,薛瑾.银行理财公司抢占投资风口 ESG 主题产品发行升温[N].中国证券报,2022.2.8.

14. 贾明,张喆.高管的政治关联影响公司慈善行为吗?[J].管理世界,2010,4:99-113.

15. 李长海.从边缘走向主流 2014CSR 从业者职业状况报告发布[J].WTO 经济导刊,2014,8:78.

16. 李德尚玉,马骏.每年与生物多样性相关投资需求接近 1 万亿美元[N].21 世纪经济报道,2021.10.11.

17. 李维安. 公司治理学:第二版[M]. 北京:高等教育出版社,2009.

18. 李增福,汤旭东,连玉君. 中国民营企业社会责任背离之谜[J]. 管理世界,2016,9:136-148.

19. 梁建,陈爽英,盖庆恩. 民营企业的政治参与、治理结构与慈善捐赠[J]. 管理世界,2010,7:109-118.

20. 刘春济,彭屹. 中国企业社会责任表现的制度环境效应:市场化、社会资本与行政监管的影响[J]. 南京财经大学学报,2018(1):77-88.

21. 刘连煜. 公司治理与公司社会责任[M]. 北京:中国政法大学出版社,2001.

22. 卢代富. 企业社会责任的经济学和法学分析[M]. 北京:法律出版社,2002.

23. 沈洪涛,杨熠,吴奕彬. 合规性、公司治理与社会责任信息披露[J]. 中国会计评论,2010(9):364-376.

24. 童庆蒙,沈雪,张露,等. 基于生命周期评价法的碳足迹核算体系:国际标准与实践[J]. 华中农业大学学报(社会科学版),2018(1):46-57,158.

25. 王大地,黄洁. ESG 理论与实践[M]. 北京:经济管理出版社,2021.

26. 王静,骆南峰,王艳,等. 企业社会责任经理:角色、职责和胜任能力[J]. 中国人力资源开发,2017(9):97-109.

27. 王彭. 2022 年可持续发展(ESG)投资白皮书[N]. 上海证券报,2022.12.09.

28. 夏立军,方轶强. 政府控制、治理环境与公司价值:来自中国证券市场的经验证据[J]. 经济研究,2005,5:40-51.

29. 谢文武. 公司治理环境对企业社会责任的影响分析[J]. 现代财经,2011(1):91-97.

30. 许晓玲,何芳,陈娜,等. ESG 信息披露政策趋势及中国上市能源企业的对策与建议[J]. 世界石油工业,2020,27(3):13-18,24.

31. 杨东宁,周长辉. 企业自愿采用标准化环境管理体系的驱动力:理论框架及实证分析[J]. 管理世界,2005,2:85-95.

32. 杨兴全,吴昊旻,曾义. 公司治理与现金持有竞争效应:基于资本投资中介效应的实证研究[J]. 中国工业经济,2015(1):121-133.

33. 尹珏林. 中国企业履责动因机制实证研究[J]. 管理学报,2012,9:1679-1688.

34. 俞建拖,李文. 国际 ESG 投资政策法规与实践[M]. 北京:社会科学文献出版社,2021.

35. 郑海东,曹宇. 企业承担社会责任的阻力要素分析:基于跨案例研究方法[J]. 经济研究参考,2015,32:64-72.

36. 郑琴琴,李志强. 中国企业伦理管理与社会责任研究[M]. 上海:复旦大学出版社,2018.

37. 周祖城. 企业伦理学:第四版[M]. 北京:清华大学出版社,2020.

38. Alchian A. A., Demsetz H. Production, Information Costs, and Economic Organization[J]. American Economic Review, 1972, 62(5): 777-795.

39. Allenby B. Design for Environment: A Tool Whose Time Has Come[J]. SSA Journal, 1991, 12: 5-9.

40. Andrews, R. The Concept of Corporate Strategy[M]. Homewood, IL: Richard D. Irwin: 1971.

41. Annandale D., Morrison-Saunders A, Bouma G. The impact of voluntary environmental protection instruments on company environmental performance[J]. Business Strategy & the Environment, 2010, 13(1): 1-12.

42. Aragón-Correa J. A., Sharma S. A Contingent Resource-Based View of Proactive Environmental Strategy[J]. Academy of Management Review, 2003, 28(1): 71-88.

43. Ashby, M. F. Materials and The Environment: Eco-Informed Material Choice (2nd ed), Butterworth-Heinemann, Oxford.

44. Bansal, P., Roth, K. Why Companies Go Green: A Model of Ecological Responsiveness [J]. Academy of Management Journal, 2000. 43(4): 717-736.

45. Basu, K. & G. Palazzo, Corporate Social Responsibility: A Process Model of Sensemaking[J]. Academy of Management Review, 2008, 33(1): 122-136.

46. Baumast, A. (2013). Principles for Responsible Investment. S. O. Idowu, N. Capaldi, L. Zu, & A. D. Gupta (ed), Encyclopedia of Corporate Social Responsibility (1898-1904). Springer.

47. Baumgartner R. J., Ebner D. Corporate Sustainability Strategies: Sustainability Profiles and Maturity Levels[J]. Sustainable Development, 2010, 18(2): 76-89.

48. Belkaoui, A. & Pavlik, E. The Effects of Ownership Structure and Diversification Strategy on Performance[J]. Managerial and Decision Economics, 1992, 13(4): 343-352.

49. BNY Mellon. Shareholder Rights Directive II. BNY Mellon, 2020. https://www. bnymellon. com/emea/en/insights/all-insights/shareholder-rights-directive-ii. html

50. Bommel, K. Amsterdam, V., Spicer, A. Crowding out Morality: How the Commensuration of Sustainability Reporting Sidelined Moral Reflection, a "Best Paper" for SIM of AOM, 2022.

51. Bradley, B. ESG Investing for Dummies. Wiley, 2021. https://learning. oreilly. com/ library/view/esg-investing-for/9781119771098/

52. Campbell, J. T., Eden, L. & Miller, S. R. Multinationals and Corporate Social Responsibility in Host Countries: Does Distance Matter[J]. Journal of International Business Studies, 2012, 43(1): 84-106.

53. Carroll, A. B. A Three-Dimensional Conceptual Model of Corporate Performance[J]. Academy of Management Review, 1979, 4(4): 497-505.

54. Carroll, A. B. Carroll's Pyramid of CSR: Taking Another Look[J]. International Journal of Corporate Social Responsibility, 2016, 1(1): 3.

55. Carroll, A. B. The Four Faces of Corporate Citizenship[J]. Business and Society Review, 1998, 100(101): 1-7.

56. Carroll, R. J., Primo, D. M. & Richter, B. K. Using Item Response Theory to Improve Measurement in Strategic Management Research: An Application to Corporate Social Responsibility[J]. Strategic Management Journal, 2016, 37(1): 66-85.

57. Carson, R. Silent Spring. Houghton Mifflin Harcourt, 2002.

58. Chen Y. S., Lai S. B. & Wen C. T. The Influence of Green Innovation Performance on

Corporate Advantage in Taiwan[J]. Journal of Business Ethics, 2006, 67(4): 331-339.

59. Child, J. Organizational Structure, Environment and Performance: The Role of Strategic Choice[J]. Sociology, 1972, 6(1): 1-20.

60. Cowen, S. S., Ferreri, L. B., Parker, L. D. The Impact of Corporate Characteristics on Social Responsibility Disclosure: A Typology and Frequency-Based Analysis [J]. Accounting, Organizations and Society. 1987, 12(2): 111-122.

61. Crilly, D. Predicting Stakeholder Orientation in The Multinational Enterprise: A Mid-Range Theory[J]. Journal of International Business Studies, 2011, 42(5): 694-717.

62. Davis, K. Can Business Afford to Ignore Social Responsibilities? [J]. California Management Review, 1960, 2: 70-76.

63. Deegan, C., Rankin, M., Tobin, J. An Examination of The Corporate Social and Environmental Disclosures of BHP From 1983 - 1997: A Test of Legitimacy Theory. Accounting[J]. Auditing & Accountability Journal, 2002, 15(3): 312-343.

64. Dolan, C. & Zalles, B. Z. Transparency in ESG and the Circular Economy: Capturing Opportunities Through Data, Business Expert Press, 2021.

65. Donaldson, T. & Dunfee, T. W. Ties that Bind: A Social Contracts Approach to Business Ethics[J]. Ethics, 1999, 13(4): 109-110.

66. Du, S., Bhattacharya, C. B. & Sen, S. Corporate Social Responsibility and Competitive Advantage: Overcoming the Trust Barrier[J]. Management Science, 2011, 57(9): 1528-1545.

67. Eckert, E. & Kovalevska, O. Sustainability in the European Union: Analyzing the Discourse of the European Green Deal[J]. JRFM, MDPI, 2021, 14(2): 1-22.

68. Elkins, A. Toward a Positive Theory of Corporate Social Involvement[J]. Academy of Management, 1977, 2(1): 128-133.

69. Epstein, E. M. Business ethics, corporate good citizenship and the corporate social policy process: a view from the United States[J]. Journal of Business Ethics, 1989, 8: 583-595.

70. Fama, E. F. Agency Problems and The Theory of The Firm[J]. Journal of Political Economy, 1980, 88(2): 288-307.

71. Fama, E. F. & M. C. Jensen. Separation of Ownership and Control[J]. Journal of Law and Economics, 1983, 26: 301-325.

72. Fatemi, A., M. Glaum & S. Kaiser. ESG Performance and Firm Value: The Moderating Role of Disclosure[J]. Global Finance Journal, 2017(38): 45-64.

73. Ferrell, O. C., Fraedrich, J. & Ferrell, L. Business Ethics: Ethical Decision Making and Cases: 8th Ed. [M]. South-Western: Cengage Learning, 2011.

74. Freeman, R. E. Strategic Management: A Stakeholder Approach[M]. Marshfield, MA: Pitman Press, 1984.

75. Friede G., Busch T. & Bassen A. ESG and financial performance: aggregated evidence from more than 2000 empirical studies[J]. Journal of Sustainable Finance & Investment,

2015, 5(4): 210-233.

76. Friedman, M. The Social Responsibility of Business Is to Increase Its Profits. The New York Times Magazine, 1970, 13: 32-33.

77. George, W. W. Restoring Governance to Our Corporations[J]. Vital Speeches of the Day, 2002, 68(24): 791.

78. Gibson K., O'Donovan G. Corporate Governance and Environmental Reporting: An Australian Case Study[J]. Corporate Governance, 2007, 15(5): 944-956.

79. Glossner S. Investor Horizons, Long-Term Blockholders, and Corporate Social Responsibility[J]. Journal of Banking & Finance, 2019, 103(6): 78-97.

80. Gollier, C., & Pouget, S. Investment Strategies and Corporate Behaviour with Socially Responsible Investors: A Theory of Active Ownership[J]. Economica (London), 2022, 89(356): 997-1023.

81. Graedel, T. E. Streamlined Life-cycle Assessment[M]. NJ, USA: Prentice Hall, 1998.

82. Grant, R. Strategic Planning in a Turbulent Environment: Evidence from the Oil Majors [J]. Strategic Management Journal, 2003, 24(6): 491-517.

83. GRC Capability Model (OCEG Red Book): Guidance for People Who Govern, Audit and Manage Performance, Risk And Compliance. 3rd edition, 2017.

84. Grossman, S. J. & Hart, O. D. One Share/One Vote and the Market for Corporate Control[J]. Journal of Financial Economics, 1988, 20: 175-202.

85. Gunnar Friede, Timo Busch & Alexander Bassen. ESG and Financial Performance: Aggregated Evidence from More Than 2000 Empirical Studies[J]. Journal of Sustainable Finance & Investment, 2015, 5(4): 210-233.

86. Halme, M. & Laurila, J. Philanthropy, Integration or Innovation? Exploring the Financial and Societal Outcomes of Different Types of Corporate Responsibility [J]. Journal of Business Ethics, 2009, 84: 325-339.

87. Hamel, G. & Prahalad, C. Strategic Intent[J]. Harvard Business Review, 1989, 67 (3): 63-76.

88. Haniffa, R. M. & Cooke, T. E. The Impact of Culture and Governance on Corporate Social Reporting[J]. Journal of accounting and public policy, 2005, 24: 391-430.

89. Han, Y. & Zheng, E. Why Firms Perform Differently in Corporate Social Responsibility? Firm Ownership and the Persistence of Organizational Imprints [J]. Management and Organization Review, 2016, 12(3): 605-629.

90. Hartman, Laura Pincus; Desjardins, Joseph; MacDonald, Chris, Business Ethics: Decision Making for Personal Integrity and Social Responsibility[M]. NY: McGraw-Hill Education, 2015.

91. Hart, S. L. A natural-Resource-Based View of The Firm[J]. Academy of Management Review, 1995, 20(4): 986-1014.

92. Henisz, W., Koller, T. & Nuttall, R. Five Ways That ESG Creates Value [J]. McKinsey Quarterly, 2019, 14.

93. Heugens, P. M., Kaptein, M. & Van Oosterhout, J. Contracts to Communities: A Processual Model of Organizational Virtue[J]. Journal of Management Studies, 2008, 45(1): 100-121.

94. Hitt, M. & Tyler, B. Strategic Decision Models: Integrating Different Perspectives[J]. Strategic Management Journal, 1991, 12(5): 327-351.

95. Hofer, C., & Schendel, D. Strategy Formulation: Analytical Concepts[M]. St Paul, MN: West Publishing Co, 1978.

96. International Organization for Standardization (ISO). Environmental management — Life cycle assessment — Critical review processes and reviewer competencies: Additional requirements and guidelines to ISO 14044: 2006[S]. Geneva: ISO, 2014.

97. Islam, Azizul Muhammad, & Craig Deegan. Motivations for an Organisation within a Developing Country to Report Social Responsibility Information: Evidence from Bangladesh[J]. Accounting, Auditing, & Accountability, 2008, 21(6): 850-874.

98. Jensen, M.C. & Meckling, Theory of the Firm: Managerial Behavior, Agency Costs and Ownership Structure[J]. Journal of Financial Economics, 1976, 3(4): 305-360.

99. Johnson R. A., Greening D. W. The Effects of Corporate Governance and Institutional Ownership Types on Corporate Social Performance [J]. Academy of Management Journal, 1999, 42(5): 564-576.

100. Keoleian G. A., & Menerey D. Life Cycle Design Guidance Manual[J]. Environmental Requirements and the Product System, 1993(10): 289-291.

101. King, G., Felin, T. & Whetten, D. A. Finding the Organization in Organizational Theory: A Meta-Theory of the Organization as a Social Actor[J]. Organization Science, 2010, 21: 290-305.

102. Lee, K. H., Cin, B. C., & Lee, E. Y. Environmental Responsibility and Firm Performance: The Application of An Environmental, Social and Governance Model[J]. Business Strategy and the Environment, 2016, 25(1): 40-53.

103. Lins K. V., Servaes H., Tamayo A. Social Capital, Trust, And Firm Performance: The Value of Corporate Social Responsibility During the Financial Crisis[J]. The Journal of Finance, 2017, 72(4): 1785-1824.

104. Liu B., Mcconnell J. J. The Role of The Media In Corporate Governance: Do The Media Influence Managers' Capital Allocation Decisions? [J]. Journal of financial economics, 2013, 110(1): 1-17.

105. Maignan, I., Ferrell, O.C. & Ferrell, L. A Stakeholder Model for Implementing Social Responsibility in Marketing [J]. European Journal of Marketing, 2005, 39(9/10), 956-977.

106. Marquis, C. & Qian, C. Corporate Social Responsibility Reporting in China: Symbol or Substance[J]. Organization Science, 2014, 25(1): 127-148.

107. Matten, D., Crane, A. & Chapple, W. Behind the Mask: Revealing the True Face of Corporate Citizenship[J]. Journal of Business Ethics, 2003, 45(1/2): 109-120.

108. Matten, D. & Moon, J. "Implicit" and "Explicit" CSR: A Conceptual Framework for a Comparative Understanding of Corporate Social Responsibility [J]. The Academy of Management Review, 2008, 33(2): 404-424.

109. McWilliams, A. & Siegel, D. S. Corporate Social Responsibility: A Theory of The Firm Perspective[J]. Academy of Management Review, 2001, 26(1): 117-127.

110. McWilliams, A., Siegel, D. & Wright, P. Corporate Social Responsibility: Strategic Implications[J]. Journal of Management Studies, 2006, 43(1): 1-18.

111. Mena, S. & Waeger, D. Activism for Corporate Responsibility: Conceptualizing Private Regulation Opportunity Structures[J]. Journal of Management Studies, 2014, 51(7): 1091-1117.

112. Mitchel, R. K., Agle, B. R. & Wood, D. J. Toward a Theory of Stakeholder Identification and Salience: Defining the Principle of Who and What Really Counts[J]. Academy of Management Review, 1997(22): 853-886.

113. Mohd Ghazali, N. A. Ownership Structure and Corporate Social Responsibility Disclosure: Some Malaysian Evidence [J]. Corporate Governance: The International Journal of Business in Society, 2007, 7(3): 251-266.

114. Morrison, R. Environmental, Social, and Governance Theory—Defusing a Major Threat to Shareholder Rights. Profiles in Capitalism, 6.

115. Muller, A. & Kolk, A. Extrinsic and Intrinsic Drivers of Corporate Social Performance: Evidence from Foreign and Domestic Firms in Mexico[J]. Journal of Management Studies, 2010, 47(1): 1-26.

116. Murphy, J. W. Faithful Investing: The Power of Decisive Action and Incremental Change[M]. Church Publishing, Inc, 2020.

117. Murray, K. & Montanari, J. Strategic Management of the Socially Responsible Firm: Integrating Management and Marketing Theory[J]. Academy of Management Review, 1986, 11(4): 815-827.

118. Ness, K. E. & A. M. Mirza. Corporate social Disclosure: Anoteona Test of Agency Theory[J]. British Accounting Review, 1991, 23(3): 211-218.

119. Neu, D., Warsame, H. & Pedwell, K. Managing Public Impression: Environmental Disclosures in Annual Reports[J]. Accounting, Organizations and Society, 1998, 23(3): 265-282.

120. Oliver, C. Strategic Responses to Institutional Processes[J]. Academy of Management Review, 1991, 16(1): 145-179.

121. Parmar, B. L., Freeman, R. E. & Harrison, J. S., et al. Stakeholder Theory: The State of the Art[J]. The Academy of Management Annals, 2010, 4(1): 403-445.

122. Parrino R., Sias R. W., Starks L. T. Voting with Their Feet: Institutional Ownership Changes Around Forced CEO Turnover [J]. Journal of Financial Economics, 2003, 68(1): 3-46.

123. Pfeffer, J. & Salancik, G. R. The External Control of Organizations: A Resource

Dependence Perspective[M]. Stanford University Press, 2003.

124. Porter, M., Competitive Advantage: Creating and Sustaining Superior Performance[M]. New York: Free Press, 1985.

125. Porter M. E, Linde C. V. D. Toward a New Conception of The Environment-Competitiveness Relationship[J]. Journal of Economic Perspectives, 1995, 9(4): 97-118.

126. Porter, M. & Kramer, M. Creating Shared Value[J]. Harvard Business Review, 2011, 89(1/2): 62-77.

127. Rexhaeuser S. & Rammer C. Environmental Innovations and Firm Profitability: Unmasking the Porter Hypothesis[J]. Environmental & Resource Economics, 2014, 57(1): 145-167.

128. Riedl A. & Smeets P. Why Do Investors Hold Socially Responsible Mutual Funds?[J] The Journal of Finance, 2017, 72(6): 2505-2550.

129. Roberts, R. W. Determinants of Corporate Social Responsibility Disclosure [J]. Accounting, Organizations and Society, 1992, 17(6): 595-612.

130. Russo, M. V. & Fouts, P. A. A Resource-Based Perspective on Corporate Environmental Performance and Profitability[J]. Academy of Management Journal, 1997, 40(3): 534-559.

131. Russo, M. V. & Fouts, P. A. A Resource-Based Perspective on Corporate Environmental Performance and Profitability[J]. Academy of Management Journal, 1997, 40(3): 534-559.

132. Saul, G. K. Business Ethics: Where Are We Going?[J] Academy of Business, 1981, 6(2): 269-276.

133. Sharma, S., Vredenburg, H. Proactive corporate environmental strategy and the development of competitively valuable organizational capabilities [J]. Strategic Management Journal, 1998, 19(8): 729-753.

134. Sheikh S. Is Corporate Social Responsibility A Value Increasing Investment? Evidence from Antitakeover Provisions[J]. Global Finance Journal, 2018, 38: 1-12.

135. Sheldon, O. The Philosophy of Management[M]. Sir I. Pitman, 1923.

136. Sherwood, M. W., & Pollard, J. Responsible Investing: An Introduction to Environmental, Social, and Governance Investments[M]. Routledge, 2018.

137. Shleifer, A. & Vishny, R. W. A survey of corporate governance[J]. The Journal of Finance, 1997, 52(2): 737-783.

138. Shrivastava P. The Role of Corporations In Achieving Ecological Sustainability[J]. Academy of Management Review, 1995, 20: 936-960.

139. Soewarno N., Tjahjadi B. & Fithrianti F. Green innovation strategy and green innovation[J]. Management Decision, 2019, 57(11): 3061-3078.

140. Spencer, J. & Gomez, C. MNEs and Corruption: The Impact of National Institutions and Subsidiary Strategy[J]. Strategic Management Journal, 2011, 32: 280-300.

141. Starks L. T., Venkat P. & Zhu Q. Corporate ESG Profiles and Investor Horizons[M]. Social Science Electronic Publishing, 2017.

142. Sternberg, E. Corporate Governance: Accountability in the Marketplace[M]. Institute of Economic Affairs, 2004.

143. Suchman, M. C. Managing Legitimacy: Strategic and Institutional Approaches[J]. Academy of Management Review, 1995, 20: 571-610.

144. Sun, J., Wang, F. & Wang, F., et al. Community Institutions and Initial Diffusion of Corporate Social Responsibility Practices in China'a Banking Industry[J]. Management and Organization Review, 2015, 11(3): 441-468.

145. TCFD-Report: Recommendation of the Task Force on Climate-related Financial Disclosures, 2021.

146. The Global Compact. (2004). Who cares wins: Connecting financial markets to a changing world. UN. https://www.unepfi.org/fileadmin/events/2004/stocks/who_cares_wins_global_compact_2004.pdf

147. Tilt, Carol Ann. The Influence of External Pressure Groups on Corporate Social Disclosure Some Empirical Evidence[J]. Accounting, Auditing, & Accountability, 1994, 7(4): 47-72.

148. U.S. Sentencing Commission, Federal Sentencing Guidelines Manual, effective November 1, 2004 (St. Paul: West, 2008).

149. Valor, C. Corporate Social Responsibility and Corporate Citizenship: Towards Corporate Accountability[J]. Business and Society Review, 2005, 110(2): 191-212.

150. Van Buren H. J. III. Business Ethics for the New Millennium[J]. Business and Society Review, 1995, 93(1): 51-56.

151. Van Luijk, H. J. L. Business Ethics in Europe: A Tale of Two Efforts. In R Frederick (ed.). A companion to business ethics[C]. Cambridge, M A, & Oxford: Black well, 2001: 643-658.

152. Velte, P. Does ESG Performance Have an Impact on Financial Performance? Evidence from Germany[J]. Journal of Global Responsibility, 2017, 6: 13.

153. Waddell, S. New Institutions For The Practice of Corporate Citizenship: Historical, Intersectoral, and Developmental Perspectives[J]. Business and Society Review, 2000, 105(1): 107-126.

154. Waddock, S. Parallel Universes: Companies, Academics, and the Progress of Corporate Citizenship[J]. Business and Society Review, 2004, 109(1): 5-42.

155. Wang, H. & Qian, C. Corporate Philanthropy and Corporate Financial Performance: The Roles of Stakeholder Response and Political Success[J]. Academy of Management Journal, 2011, 54(6): 1159-1181.

156. Wang J., H. D. Dewhirst. Boards of Directors and Stakeholder Orientation[J]. Journal of Business Ethics, 1992, 11(2): 115-123.

157. Weaver, G. R., Trevino, L. K. & Cochran, P. L. Integrated and Decoupled Corporate

Social Performance: Management Commitments, External Pressures, and Corporate Ethics Practices[J]. Academy of Management Review, 1999, 42: 539-552.

158. Wernerfelt R. A Resource-based View of the Firm. Strategic Management Journal, 5(2): 171-180.

159. Wesley, J., & Hughes, H. M. The use of money. Wesleyan Methodist Union for Social Service. 1912.

160. Williams, C. A. The Securities and Exchange Commission and Corporate Social Transparency[J]. Harvard Law Review, 1999, 112: 1197-1311.

161. Wood, D. Corporate Social Performance Revisited[J]. The Academy of Management Review, 1991, 16(4): 691-718.

162. Yin, J. Institutional Drivers for Corporate Social Responsibility in And Emerging Economy A Mixed-Method Study of Chinese Business Executives [J]. Business & Society, 2017, 56(5): 672-704.

163. Young, S. & Thyil, V. A Holistic Model of Corporate Governance: A New Research Framework[J]. Corporate Governance, 2008, 8(1): 94-108.

164. Zadek, S., Pruzan, P. & Evans, R. Building Corporate Accountability, Emerging Practices in Social and Ethical Accounting, Auditing and Report[M]. London, UK: Earthscan, 1997.

165. Zetzsche, Dirk Andreas & Anker-Sørensen, Linn. Regulating Sustainable Finance in the Dark [J]. European Business & Organisation Law Review (EBOR) Forthcoming, University of Luxembourg Law Research Paper No. 2021-007, European Banking Institute Working Paper Series 2021-No. 97.

166. Zheng, Q., Luo, Y. & Wang, S. Moral Degradation, Business Ethics, and Corporate Social Responsibility in a Transition Economy[J]. Journal of Business Ethics, 2014, 120(3): 405-421.

图书在版编目(CIP)数据

ESG 理论与实践/郑琴琴,唐素君主编;(加)鲍勇剑,何明璐副主编.--上海:复旦大学出版社,2025.1.--(复旦博学大学管理类教材丛书). -- ISBN 978-7-309-17588-2

Ⅰ.X322.2

中国国家版本馆 CIP 数据核字第 202495VT77 号

ESG 理论与实践
ESG LILUN YU SHIJIAN
郑琴琴　唐素君　主编
责任编辑/于　佳

复旦大学出版社有限公司出版发行
上海市国权路 579 号　邮编:200433
网址:fupnet@ fudanpress.com　http://www.fudanpress.com
门市零售:86-21-65102580　团体订购:86-21-65104505
出版部电话:86-21-65642845
上海新艺印刷有限公司

开本 787 毫米×1092 毫米　1/16　印张 24.25　字数 435 千字
2025 年 1 月第 1 版第 1 次印刷

ISBN 978-7-309-17588-2/F · 3058
定价:88.00 元

如有印装质量问题,请向复旦大学出版社有限公司出版部调换。
版权所有　侵权必究